普通高等院校计算机基础教育“十四五”系列教材

大学计算机基础

郝庆华　胡英佳　杜艳华◎主　编
姜　爽　赵继红◎副主编

中国铁道出版社有限公司
CHINA RAILWAY PUBLISHING HOUSE CO., LTD.

内容简介

本书为普通高等院校计算机基础教育“十四五”系列教材之一，较为全面系统地介绍了计算机基础知识、基本技能和日常应用。全书共分6章，主要包括计算机基础与信息技术、操作系统、文字处理、电子表格处理、演示文稿制作、新一代信息技术与应用等内容。书中尽可能介绍学科领域大数据、人工智能、物联网、区块链等前沿知识。全书力求内容精练，融知识性、趣味性、可读性、操作性、易用性、实用性、工具性于一体。

本书适合作为应用型本科院校的公共基础课教材，也可作为高职院校的学习教材，还可作为成人的自学用书和参考用书。

图书在版编目（CIP）数据

大学计算机基础 / 郝庆华, 胡英佳, 杜艳华主编. 北京：中国铁道出版社有限公司, 2024. 9（2025. 7重印）. --（普通高等院校计算机基础教育“十四五”系列教材）. -- ISBN 978-7-113-31526-9

Ⅰ. TP3

中国国家版本馆CIP数据核字第2024LV8163号

书　　名：大学计算机基础
作　　者：郝庆华　胡英佳　杜艳华

策　　划：王文欢　　　　编辑部电话：（010）51873090
责任编辑：潘星泉
编辑助理：史雨薇
封面设计：刘　颖
责任校对：安海燕
责任印制：樊启鹏

出版发行：中国铁道出版社有限公司（100054，北京市西城区右安门西街8号）
网　　址：https://www.tdpress.com/51eds
印　　刷：北京联兴盛业印刷股份有限公司
版　　次：2024年9月第1版　2025年7月第2次印刷
开　　本：787 mm × 1 092 mm　1/16　印张：19.75　字数：479千
书　　号：ISBN 978-7-113-31526-9
定　　价：54.00元

前　言

随着计算机技术和网络技术的快速发展，计算机技术的应用已经融入人们生活和工作的各个领域，发挥着越来越重要的作用，甚至成为一种必不可少的工具。计算机应用水平和教育水平已经成为衡量社会发展和进步的一个重要标志，因此能够熟练运用计算机进行信息处理已经成为每个大学生必备的基本能力。

“大学计算机基础”课程是各专业必开的一门公共基础课，在培养学生的计算思维和计算机应用能力方面发挥着基础性的重要作用。但是高等学校学科种类较多，各学科对计算机应用能力的要求也不尽相同，来自不同地区的学生的计算机水平也存在着较大差异。“大学计算机基础”课程教学改革面临着前所未有的机遇和挑战。

本书综合考虑了目前大学计算机基础教育的实际情况和计算机技术的发展状况，紧贴学生职业能力需求和新一代信息技术的发展，由编者结合多年的教学经验，精心编写而成。其主要特点是结构合理，层次分明，理论和实践相结合，注重实际应用和创新，可以更好地激发学生的学习积极性，充分提升学生的实践动手能力和综合职业能力，满足企业对人才素质的要求。

本书主要内容如下:

第1章为计算机基础与信息技术，主要内容包括计算机的概述、计算机系统的组成与功能、计算机中信息的表示、中英文的输入、信息技术和信息素养、计算思维的基本方法、计算机网络、信息安全技术等。

第2章为操作系统，主要内容包括操作系统概述、Windows系统功能、Windows系统应用等。

第3章为文字处理，主要内容包括Word 2016基础操作、表格制作、文档排版、排版技术等。

第4章为电子表格处理，主要内容包括Excel 2016基本操作、图表的操作、数据管理和分析、工作表的打印等。

第5章为演示文稿制作，主要内容包括演示文稿制作概述、制作多媒体演示文稿、定制演示文稿的视觉效果、设置演示文稿的播放效果等。

第6章为新一代信息技术与应用，主要内容包括大数据、人工智能、云计算技术、物联网技术、区块链技术、生成式人工智能等。

本书由哈尔滨信息工程学院郝庆华、胡英佳、杜艳华担任主编，由姜爽、赵继红担任副主编。具体分工：第1章由郝庆华和赵继红编写；第2章由姜爽编写；第3章由杜艳华编写；第4~6章由胡英佳编写；全书由郝庆华审核并统稿。

在教材形成和撰写过程中，得益于同行众多同类教材的启发，也得到了学院领导的支持和指导，得到了中国铁道出版社有限公司的鼎力帮助，在此表示感谢。尽管在本书编写过程中查阅了很多资料，核对了内容，但由于编者水平有限，加之技术的发展更新速度很快，书中难免存在不足，欢迎各位专家和读者给予宝贵意见，将不胜感激。

编　者

2024年6月

目　录

第1章 计算机基础与信息技术

计算机是20世纪以来最重大的科学技术发明之一，自从1946年世界上第一台通用电子计算机问世以来，计算机经历了几十年的快速发展。计算机由程序控制，能自动、高速地对信息进行存储、传送和处理。计算机的应用领域涉及社会的各个领域，推动了社会的发展与进步，对人类社会的生产和生活都产生了极其重要的影响，并以强大的生命力继续飞速发展着。

本章主要介绍计算机的一些基础知识，包括计算机的发展历程、计算机的特点和分类、计算机中信息的表示、中英文的输入、信息技术和信息素养、计算思维、计算机网络以及信息安全技术等。

1.1 计算机的概述

1.1.1 计算机的起源和发展

人类自从具备了认识世界的能力开始，计算就已经开始存在了。计算技术的发展历史是人类文明史的一个缩影。计算机的产生和发展经历了漫长的历史过程，在这个过程中，科学家们经过艰难的探索，发明了各种各样的计算机，推动了计算机技术的发展。

1. 计算工具的发展

人类最早的计算工具也许是手指，当然还可能包括脚趾，因为这些计算工具与生俱来，无须任何辅助设施，具有天然优势。但是只能实现计数，不能进行存储，而且局限于20以内自然数的计算。

算筹如图1-1所示，是中国古代最早的计算工具之一。成语“运筹帷幄”中的“筹”就是指算筹。算筹在春秋战国时已非常普遍。根据史书记载和考古材料的发现，古代的算筹实际上是一些差不多长短和粗细的小棍子，多用竹子制成，也有木头、兽骨、象牙、金属等材料。南北朝科学家祖冲之（429—500）借助算筹作为计算工具，成功地将圆周率计算到了小数点后第7位。祖冲之因此入选世界纪录协会世界第一位将圆周率值计算到小数第7位的科学家。

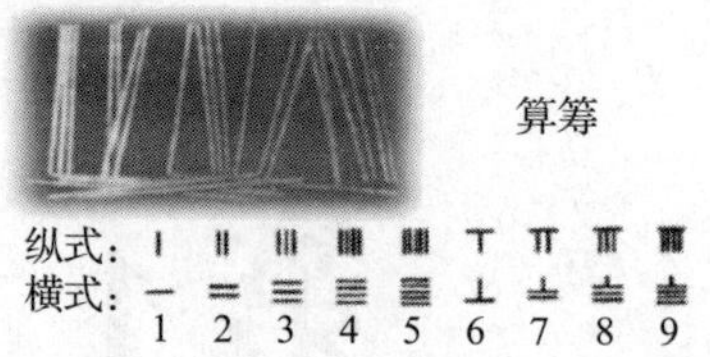

图1-1　算筹

图1-2　算盘

中国周代的十进制已经有了明显的位值概念，春秋战国时期，出现了严格的十进制算筹计数，九九乘法口诀已开始流行。九九乘法口诀广泛用于算筹中进行乘法、除法、开方等运算，到明代则改良并用在算盘上。后来，九九表传入日本等东方国家，经过丝绸之路西传到印度、波斯，继而流行全世界。十进制位值的概念和“九九表”是古代中国对世界文化的一项重要的贡献。

算盘如图1-2所示，是从算筹发展而来的，产生的时间大概在元朝。它是由穿在小棍上的珠子组成，这些小棍被依次固定在一个矩形的框架中，用珠子的位置来表示数位。当珠子在小棍上被上下拨动时，他们的位置就代表了存储的值。从计算的角度来看，算盘的进步主要体现在两点：一是有一套完整的算法规则，如“三下五去二”；二是具有存储功能，能连续进行运算。算盘作为主要的计算工具流行了相当长的一段时间，它的特点是作为辅助工具，不包含计算程序，主要靠人脑来计算。

2. 早期计算机器的发展

直到中世纪，欧洲哲学家们提出一个大胆的问题：能否用机械来实现人脑活动的个别功能？最初的目的并不是制造计算机，而是试图从某个前提出发，机械地得出正确的结论，即思维机器的制造。

1）帕斯卡加法器（也叫滚轮式加法器）

图1-3　布莱士·帕斯卡

1642年，年仅19岁的法国数学家、物理学家布莱士·帕斯卡（Blaise Pascal，1623—1662）如图1-3所示，引用算盘的原理制造了第一台能进行六位十进制机械加法器——Pascaline，如图1-4所示。帕斯卡加法器由一套8个可旋转的齿轮系统组成，利用发条作为动力装置，能进行加法和减法运算，某一位小齿轮或轴完成10个数字的转动，促使下一个齿轮转动一个数字，用连杆实现自动进位，并配置了一个可以显示计算结果的窗口。帕斯卡加法器的出现标志着人类已经开始向自动计算领域迈进了。

图1-4　帕斯卡发明的机械加法器和它的内部齿轮结构（1642年）

2）莱布尼茨乘法器

1673年，德国数学家、哲学家莱戈特费里德·威廉·莱布尼茨（Gottfried Wilhelm Leibniz，1646—1716）（见图1-5）在帕斯卡加、减法机械计算机的基础上进行改进，设计了一架可以进行乘法、除法和平方根计算的莱布尼茨乘法器，最终答案可以最大达到16位（见图1-6）。莱布尼茨是现代机器数学的先驱，他制造的乘法器的关键部件是梯形轴，即齿长不同的圆柱，第一次实现了带有可变齿数的齿轮，达到了可以进行四则运算的水平。

图1-5　莱布尼茨

图1-6　莱布尼茨乘法器

3）巴贝奇的自动计算机器

1822年，英国剑桥大学著名数学家查尔斯·巴贝奇（Charles Babbage，1792—1871）设计了差分机和分析机，如图1-7所示。分析机不仅可以做数制运算，还可以做逻辑运算，已经开始具有现代计算机的概念了。

巴贝奇的目标是制作一台可以计算多项式的“差分机”（加法机），用于快速编制对数、三角函数以及其他算术函数的数学用表。他用了10年时间，于1822年完成了第一台差分机，这台差分机可以处理3个不同的5位数，计算精度为6位数字，可以演算出几种函数表。

差分机由以前每次只能完成一次算术运算，发展为自动完成某个特定的完整运算过程。之后，巴贝奇又设计了一种程序控制的通用分析机。为了加快运算的速度，他设计了先进的进位机构。他估计使用分析机完成一次50位数的加减法只要1 s，相乘则要1 min。分析机是现代程序控制计算机的雏形，在存储、程序自动控制、系统结构和输入输出等方面为现代计算机的产生奠定了一定的技术基础。

图1-7　巴贝奇发明的差分机和分析机复制品模型（1822年）

4）布尔与数理逻辑

1847年，英国数学家乔治·布尔（G. Boole，1815—1864）如图1-8所示，他的第一部著作是《逻辑的数学分析》，他设计了一套符号，使用通常的代数符号并设法以等式来表示逻辑关系，他的分析是对符号进行形式上的处理而抽出了符号所代表的具体含义。1854年，布尔再次出版了《思维规律的研究——逻辑与概率的数学理论基础》，这是他最著名的著作。凭借这两部著作，布尔建立了一门新的数学学科——布尔代数，布尔代数建立了一个完整的二进制数计算理论体系，奠定了计算机进行逻辑运算的基础。

图1-8 乔治·布尔

3. 电子计算机的发展

现代计算机是指利用电子技术代替机械或机电技术的计算机，现代计算机经历了80多年的发展，其中最重要的代表人物有英国科学家艾伦·麦席森·图灵（Alan Mathison Turing, 1912—1954）如图1-9所示，和美籍匈牙利科学家约翰·冯·诺依曼（John von Neumann, 1903—1957）如图1-10所示，他们为现代计算机科学奠定了基础。

图1-9 艾伦·麦席森·图灵

图1-10 约翰·冯·诺依曼

1）图灵与人工智能

1936年，英国数学家图灵发表了论文《可结算数字及其在判断性问题中的应用》，论文中图灵为大家构造了一台完全理想的通用计算机，被后人称为“图灵机”。1950年，图灵发表了另一篇著名论文《计算机器与智能》，论文中指出：如果一台机器对于质问的响应与人类做出的响应完全无法区别，那么这台机器就具有智能。这一论断称为图灵测试，它奠定了人工智能的理论基础。后来为了纪念图灵的杰出贡献，在图灵发表论文的30周年之际，1966年，美国计算机协会（ACM）为之创立了一个“图灵奖”，这个奖项是计算机科学领域的最高奖项。

2）第一台现代电子数字计算机ABC

第一台现代电子数字计算机是ABC（atanasoff-berry computer，阿塔纳索夫—贝瑞计算机），它是美国爱荷华州立大学物理系副教授约翰·文森特·阿塔纳索夫（John Vincent Atanasoff）和他的研究生克利福特·贝瑞（Clifford Berry）在1939年10月研制成功的，ABC复制品和设计草图如图1-11所示。1990年，阿塔纳索夫获得了全美最高科技奖“国家科技奖”。

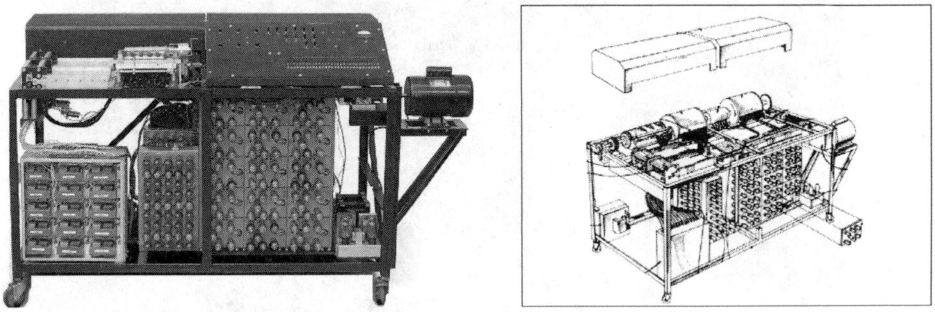

图1-11　第一台现代电子数字计算机ABC复制品和设计草图（1939年）

ABC计算机采用二进制电路进行运算；存储系统采用不断充电的电容器，具有数据记忆功能；输入系统采用了IBM公司的穿孔卡片；输出系统采用高压电弧烧孔卡片。

阿塔纳索夫提出了现代计算机设计最重要的三个基本原则：

（1）以二进制的方式实现数字运算和逻辑运算，以保证运算精度；

（2）利用电子技术实现控制和运算，以保证运算速度；

（3）采用计算功能与存储功能的分离结构，以简化计算机设计。

3）ENIAC计算机

1946年2月，宾夕法尼亚大学莫尔学院的物理学家约翰·莫奇力（John Mauchly）教授和他的学生普雷斯伯·艾克特（Presper Eckert）博士，成功研制出了世界上通用电子计算机ENIAC如图1-12所示。ENIAC采用了18 000多个电子管，10 000多个电容器，7 000个电阻，1 500多个继电器，功率为150 kW，质量达30 t，占地面积170 m^2。ENIAC的程序为外插型，即用线路连接、拨动开关和交换插孔等形式实现。它没有存储器，只有20个10位十进制数的寄存器，输入输出设备有卡片、指示灯、开关等。ENIAC的主要缺点是存储容量太小，只能存储20个字长为10位的十进制数，基本上不能存储程序，要使用到线路连接的方法来编排程序。

ENIAC的诞生让人类的运算速度和计算能力都有了惊人的提高，表明了电子计算时代的到来，具有划时代的意义。这台计算机从1946年2月开始投入使用，到1955年10月最后切断电源，总共服役了9年多。

4）冯·诺依曼与EDVAC计算机

1944年，冯·诺依曼专程到莫尔学院参观了还未完成的ENIAC，并参加了为改进ENIAC而举行的一系列专家会议。冯·诺依曼对ENIAC计算机的不足之处进行了认真分析，并讨论了全新的存储程序的通用计算机方案。当军方要求设计一台比ENIAC性能更好的计算机时，他提出了EDVAC方案。1945年，冯·诺依曼发表了计算机史上著名的题为《电子计算机逻辑结构初探》报告，首次提出了电子计算机中存储程序的概念，提出了构造电子计算机的基本理论，报告提出的体系结构一直延续至今，即冯·诺依曼结构，它奠定了现代计算机设计的基础。

图1-12　世界上第一台通用电子计算机ENIAC

冯·诺依曼型计算机是以运算器为中心的存储程序的计算机模型，由五大部件组成：运算器、控制器、存储器、输入设备和输出设备，如图1-13所示。

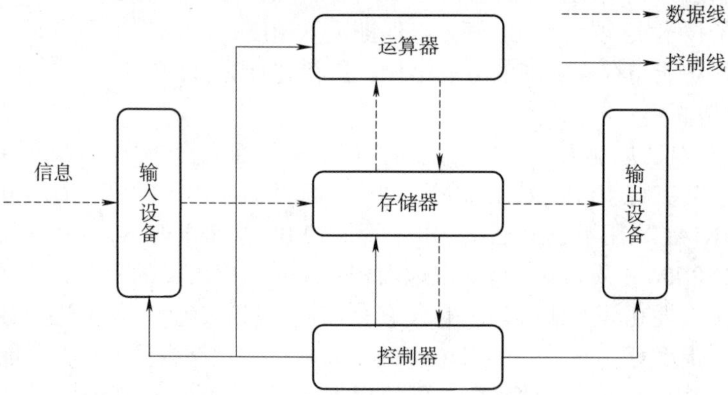

图1-13　冯·诺依曼计算机模型

冯·诺依曼计算机的主要思想是存储程序和进行程序控制。工作原理：充分发挥电子元件的高速性能采用了二进制，程序由指令构成，并且和数据一起存放在了存储器里，计算机只要一经启动，就能按照程序先前制定的逻辑顺序把指令从存储器中读取出来并且逐条去执行指令，直到自动完成指令为止。

1952年，EDVAC计算机投入运行，主要用于核武器的理论计算。EDVAC使用了大约6 000个电子管和12 000个二极管，占地面积约为45.5 m^2，质量为7.85 t，功率为56 kW。EDVAC利用水银延时线作主存，可以存储1 000个44位的字，用磁鼓作辅存，并且具有加减乘除的功能，运算速度比ENIAC提高了240倍。

4. 计算机的发展历程

自从ENIAC诞生到如今，计算机经历了近80年的发展，构成计算机的基础电子元器件也发生了几次重大的技术革命，分别经历了电子管、晶体管、中小规模集成电路、大规模和超大规模集成电路四个发展阶段，见表1-1。

表1-1　计算机的发展历程

发展阶段	第一代（1946—1958年）	第二代（1959—1964年）	第三代（1965—1970年）	第四代（1971年至今）
逻辑元器件	电子管	晶体管	中小规模集成电路	大规模和超大规模集成电路
运算速度（每秒）	几千到几万次	几十万次	几十万到几百万次	千万到千万亿次
软件	机器语言或汇编语言	汇编语言和高级语言	汇编语言和高级语言	各种高级语言
存储器	汞延迟线	磁芯存储器	半导体存储器	半导体存储器
应用范围	军事和科学研究	数据处理和自动控制	文字处理、企业管理、工业控制	向巨型机和微型机两个方面发展

1.1.2　计算机的特点

计算机是一种用于高速计算的电子计算工具，通用性好，使用简单，还能联成网络，可以进行高速数值计算和逻辑计算，具有存储记忆功能，能够按照程序运行的现代化智能电子设备。计算机技术的迅猛发展，它的应用范围从最开始的数值计算迅速扩展到自动控制、信息处理、智能模拟等各个领域，能处理包括数字、文字、表格、图形、图像在内的各种各样的信息。与其他工具和人类自身比较，它具有以下几个特点：

1. 运算速度快

运算速度是计算机的一个重要性能指标。计算机的运算速度通常用每秒钟执行定点加法的次数或平均每秒钟执行指令的条数来衡量。其单位是MIPS（milllion isntructuions persecond），即每秒执行百万条指令。计算机的运行速度已由早期的每秒几千次发展到现在最高可达每秒几千亿次甚至亿亿次。

由于计算机采用高效的电子器件和线路并利用先进的计算技术，使得计算机可以有很高的运算速度。计算机高速运算的能力极大提高了工作效率，过去用人工旷日持久才能完成的计算，计算机可以在瞬间完成。例如，卫星轨道的计算、大型水坝的计算、24小时天气的计算等，过去需要计算几年甚至几十年的工作量，计算机只需几分钟就可以完成。

2. 计算精度高

现在计算机提供多种表示数据的能力，以满足对各种计算精确度的要求。在科学研究和工程设计中，对计算的结果精度有很高的要求，一般的计算工具只能达到几位有效数字，而计算机对数据的结果精度可达到十几位有效数字，根据需要甚至几乎可达到任意的精度，是任何计算工具所望尘莫及的。科学技术的发展，特别是尖端科学技术的发展，需要高度精确的计算。计算机控制的导弹之所以能准确击中预定的目标，是与计算机的精确计算分不开的。

3. 逻辑运算能力强

由于采用了二进制，计算机不仅能进行算术运算，同时也能进行各种逻辑运算。正是因为计算机能够进行比较、判断等各种基本的逻辑运算，才能根据逻辑运算的结果自动决定下一步该做什么，求解各种复杂的计算任务，进行各种过程控制和完成各类数据处理任务。逻辑运算能力是计算机处理逻辑推理问题的前提，计算机的逻辑判断能力也是计算机智能化必备的基本条件。

4. 存储容量大

计算机的存储器可以存储大量数据，它能够将输入的原始数据、计算的中间结果及程序保存起来，提供给计算机系统在需要的时候反复调用，计算机的这种存储能力使得计算机具有“记忆”功能，这是计算机区别于传统计算工具最重要的特征。

随着计算机技术的发展，计算机的内存容量已经达到几十兆甚至上百兆，而计算机的外存容量更是越来越大，目前一台微型计算机的硬盘容量可以达到几百GB甚至数十TB。计算机的存储容量，由每台计算机的存储介质决定，计算机各种存储介质（包括硬盘、内存、光盘等）的存储容量单位有KB、MB、GB和TB等几种。存储容量大和持久保持是现代信息处理和信息服务的基本要求。

5. 自动化程度高

由于计算机具有存储记忆能力和逻辑判断能力，所以人们可以将预先编好的程序纳入计算机内存，在程序控制下，计算机可以连续、自动地工作，不需要人工的干预。

6. 通用性强和联网性高

通用性是计算机能够应用于各种领域的基础。任何复杂的任务都可以分解为大量的基本的算术运算和逻辑操作，计算机程序员可以把这些基本的运算和操作按照一定规则（算法）写成一系列操作指令，加上运算所需的数据，形成适当的程序就可以完成各种各样的任务。

丰富的高性能软件及智能化的人机接口，大大方便了使用。多个计算机系统能超越地理界限，借助通信网络，共享远程信息与软件资源。

7. 性价比高

计算机越来越普遍化、大众化，使得几乎每家每户都能够拥有并使用它。随着技术的发展，计算机不仅功能强大，而且价格逐渐降低，使其成为21世纪家庭不可或缺的电器之一。无论是台式机还是笔记本，都体现了这一特点，满足了大众化的需求。

1.1.3 计算机的分类

计算机系统可以按照系统的功能、性能、体系和结构来进行分类。

1. 按用途进行划分

按照用途来分类，可以分为专用机与通用机。

早期计算机均针对特定用途而设计，具有专用性质。专用机一般拥有固定的存储程序或内装的固定逻辑线路，具有结构简单，针对性强，体积较小，使用简便，解决特定问题的速度快、可靠性高等特点。例如，控制生产过程用的专用机、控制计算机导弹弹道的专用机、连续动力学系统的全数字仿真机、超微型的空间专用计算机等。

20世纪60年代起，开始制造兼顾科学计算、事务处理和过程控制三方面应用的通用计算机。特别是系列机的出现，标准文本的各种高级程序语言的采用，操作系统的成熟，使一种机型系列选择不同软件、硬件配置，就能满足各行业大小用户的不同需要，进一步强化了通用性。通用机适应性很强，应用面很广，功能齐全，在各行各业，各种工作环境都可以使用，学校、家庭、工厂、医院、公司等用户都能使用。

2. 按性能进行划分

按照性能分类，可以分为巨型计算机、大型计算机、小型计算机、工作站、微型计算机等。

1）巨型计算机（supercomputer）

巨型计算机即超型计算机，它通常是指每秒钟能运算5 000万次以上、存储容量超过百万个字节的电子计算机，是计算机中功能最强、运算速度最快、存储容量最大、价格最高的一类计算机，是国家科技发展水平和综合国力的重要标志。通常是由数百数千甚至更多的处理器组成的、能计算普通PC和服务器不能完成的大型复杂课题的计算机，主要应用于解决诸如天气预报、生命科学的基因分析、军事、航天、能源、医药等尖端科学研究和战略武器研制等领域承担大规模、高速度的计算任务的复杂计算。

图1-14所示为我国国防科技大学研制的“天河二号”（Tianhe-2）超级计算机，2013年6月排名世界500强计算机第一名。它曾成功地运行了三万亿粒子中微子以及暗物质的宇宙数值模拟，揭示了宇宙爆炸开始到随后的130亿年的演变过程。

图1-14　“天河二号”超级计算机集群系统

2016年，神威·太湖之光出现了，如图1-15所示，更是标志我国进入超级计算机世界领先地位。它的浮点运算技术十分强悍，峰值在12.5亿亿次/秒，持续的运算速度为9.3亿亿次/秒，通过先进的架构和设计，实现了存储和运算的分开，确保用户数据、资料在软件系统更新或CPU升级时不受任何影响，保障了存储信息的安全，真正实现了保持长时、高效、可靠的运算并易于升级和维护的优势。

2）大型计算机（mainframe）

大型计算机，也叫大型主机。大型机是计算机中通用性能最强，功能、速度、存储量仅次于巨型计算机的一类计算机。大型计算机具有比较完善的指令系统和丰富的外部设备、很强的处理数据的能力，由于价格昂贵，使用大型计算机的一般以政府、银行、保险公司和大型制造企业为主。

图1-15　神威·太湖之光

1964年IBM公司花费了50亿美金开发出了IBM System360大型计算机，开始了大型计算机的历史。目前生产大型计算机的企业主要是IBM和UNISYS。大型计算机采用集中式体系架构，这种架构的优势之一是其出色的I/O处理能力，因为最适合处理大规模事务数据。

3）小型计算机（minicomputer）

小型计算机是计算机中性能较好、价格便宜、应用领域非常广泛的一类计算机。小型计算机具有体积小、价格低、性能价格比高等优点，适合中小企业、事业单位用于工业控制、数据采集、分析计算、企业管理等，常用来作为服务器，一般小型计算机采用精简指令集处理器，一般不同厂家的小型计算机的处理器、I/O总线、网卡、显示卡、SCSI卡和软件都是特别设计的，有各个厂家的专利，所以一般不能通用。

4）工作站（workstation）

工作站是一种高档微型计算机系统。它是为了单用户使用并提供比个人计算机更强大的性能，尤其是在图形处理、任务并行方面的能力。通常配有高分辨率的大屏、多屏显示器及容量很大的内存储器和外部存储器，并且具有很强的信息和高性能的图形、图像处理能力，较高的运算速度和较强的网络通信能力的计算机。工作站的应用领域有科学和工程计算、软件开发、计算机辅助分析、计算机辅助制造、工程设计和应用、图形和图像处理、过程控制等。

常见的工作站有计算机辅助设计（CAD）工作站，办公自动化（OA）工作站，图形处理工作站，数字音频工作站等，不同任务的工作站具有不同的硬件和软件配置。

比如图形处理工作站的主要硬件配置为：顶级计算机，一般还包括超强性能的显卡、图像数字化设备（包括电子的、光学的或机电的扫描设备、数字化仪），图像输出设备，交互式图像终端。软件配置除了一般的系统软件外还要有成套的图形处理软件包，它可以完成用户提出的各种图像处理任务。

5）微型计算机（microcomputer）

微型计算机也称为个人计算机（personal computer, PC），是将计算机的核心器件中央处理器（运算器和控制器）集成在一块半导体芯片上，特点是体积小、功耗低、结构简单、价格便宜、使用方便。自1981年美国IBM公司推出第一代微型计算机以来，微型计算机以其执行结果准确、处理速度快捷、性价比高、轻便小巧等特点广泛应用于办公自动化、事务处理、过程控制、小型数值计算以及信息检索、家庭教育和娱乐等领域，能够处理数字、符号、文字、语言、图形、图像、音频等多种信息。微型计算机主要有以下几种：

（1）台式计算机。台式计算机在外观上有立式和卧式两种类型，它们在性能上没有区别，如图1-16所示。台式计算机主要用于企业办公和家庭应用，因此要求有较好的多媒体功能。台式机的机箱空间大、通风条件好，具有很好的散热性，机箱方便用户升级和扩展，应用软件也最为丰富，具有很好的性价比，台式机的缺点是便携性差。

图1-16　X86台式计算机和目前的台式机

（2）电脑一体机。电脑一体机是有一台显示器、一个键盘和一个鼠标组成的计算机。它的芯片、主板与显示器集成在一起，显示器就是一台计算机，因此只要将键盘和鼠标连接到显示器上，机器就能使用。有的电脑一体机还具有电视接收、AV功能，也整合专业软件，可用于特定行业专用机。随着无线技术的发展，电脑一体机的键盘、鼠标与显示器可实现无线链接，机器只有一根电源线，这就解决了一直为人诟病的台式机线缆多而杂的问题。

（3）笔记本计算机。笔记本计算机主要用于移动办公，要求机器具有短小轻薄的特点。“上网本”和“超级本”也是笔记本计算机的一种类型。笔记本计算机在软件上与台式计算机完全兼容，在硬件上虽然按照PC设计规范制造，但是由于受到体积限制，不同厂商之间的产品不能互换，硬件兼容性很差。在与台式计算机相同的配置下，笔记本计算机的性能要低于台式计算机，价格也要高于台式计算机。笔记本计算机屏幕为10~15英寸，质量为1~3 kg，一般具有无线通信功能，新旧笔记本计算机如图1-17所示。

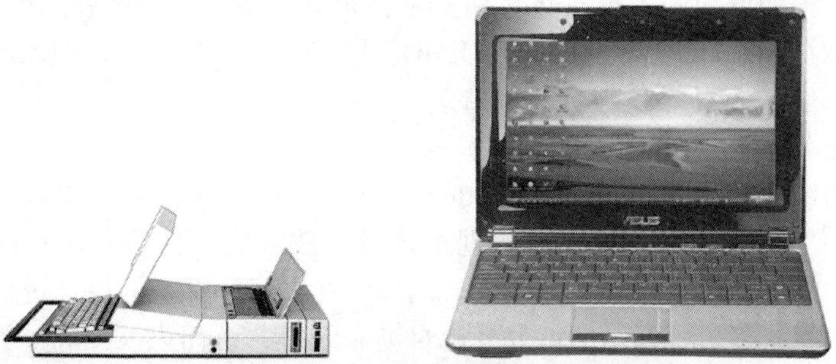

图1-17　第一台笔记本计算机（1984年）和目前的笔记本计算机

（4）掌上电脑（PDA）。掌上电脑是个人数字助手的意思。顾名思义就是辅助个人工作的数字工具，主要提供记事、通讯录、名片交换及行程安排等功能，还可以具有上网浏览页面、收发E-mail、录音机功能、英汉汉英词典功能、全球时钟对照功能等。可以帮助人们在移动中工作、学习、娱乐等。

（5）平板计算机。平板计算机也叫平板电脑（Tablet PC），平板计算机是一种小型、方便携带的个人计算机。平板计算机在外观上只有杂志大小，以触摸屏作为基本输入设备，所有操作都通过手指或手写笔完成，而不是传统的键盘或鼠标。用户可以通过内置的手写识别、屏幕上的软键盘、语音识别或者一个真正的键盘（如果该机型配备的话）实现输入。平板计算机除了拥有笔记本计算机的功能外，还支持手写输入或语音输入，移动性和便携性更胜一筹。

（6）智能手机。早期的手机是一种通信工具，用户不能安装程序，信息处理功能极为有限。而智能手机打破了这些限制，它完全符合计算机关于“程序控制”和“信息处理”的主要定义，而且形成了丰富的应用软件市场，用户可以自由地安装各种应用软件。智能手机成为一个移动计算的最佳终端。智能手机作为一种新型的大众化计算机产品，功能越来越多，性能越来越强大，应用领域也越来越广泛。

1.1.4 计算机的应用与发展趋势

1. 计算机的应用

计算机的应用领域有科学计算（或数值计算）、数据处理（或信息处理）、辅助技术（或计算机辅助设计与制造）、过程控制（或实时控制）、人工智能（或智能模拟）、网络应用，多媒体应用以及云计算等。

1）科学计算（或数值计算）

计算机是为了完成和解决科学研究和工程技术中的科学计算的需要而发明的，科学计算也是计算机最早、最基本的应用领域之一。在现代科学技术工作中，科学计算问题是大量的和复杂的。利用计算机的高速计算、大存储容量和连续运算的能力，可以实现人工无法解决的各种科学计算问题。

2）数据处理（或信息处理）

数据处理是目前计算机应用最广泛的领域之一，是指对各种数据进行收集、存储、整理、分类、统计、加工、利用、传播等一系列活动的过程。目前，数据处理已广泛地应用于办公自动化、企事业计算机辅助管理与决策、情报检索、图书管理、电影电视动画设计、会计电算化等各行各业，成为衡量社会数据化质量的重要依据。目前信息正在形成独立的产业，多媒体技术使信息展现在人们面前的不仅是数字和文字，也有声情并茂的声音和图像信息。据统计，80%以上的计算机主要用于数据处理，这类工作量大面宽，决定了计算机应用的主导方向。

3）辅助技术（或计算机辅助设计与制造）

计算机辅助技术包括CAD、CAM和CAI等。

（1）计算机辅助设计（computer-aided design, CAD）。计算机辅助设计是利用计算机系统辅助设计人员进行工程或产品设计，以实现最佳设计效果的一种技术。它已广泛地应用于飞机、汽车、机械、电子、建筑和轻工等领域。例如，在电子计算机的设计过程中，利用CAD技术进行体系结构模拟、逻辑模拟、插件划分、自动布线等，从而大大提高了设计工作的自动化程度。又如，在建筑设计过程中，可以利用CAD技术进行力学计算、结构计算、绘制建筑图纸等，这样不但提高了设计速度，而且可以大大提高设计质量。

（2）计算机辅助制造（computer-aided manufacturing, CAM）。计算机辅助制造是利用计算机系统进行生产设备的管理、控制和操作的过程。例如，在产品的制造过程中，用计算机控制机器的运行，处理生产过程中所需的数据，控制和处理材料的流动以及对产品进行检测等。使用CAM技术可以提高产品质量、降低成本、缩短生产周期、提高生产率和改善劳动条件。

将CAD和CAM技术集成，实现设计生产自动化，这种技术被称为计算机集成制造系统（CIMS）。它的实现将真正做到无人化工厂（或车间）。

（3）计算机辅助教学（computer-aided instruction, CAI）。计算机辅助教学是利用计算机系统使用课件来进行教学。课件可以用制作工具或高级语言来开发制作，它能引导学生循环渐进地学习，使学生轻松自如地从课件中学到所需要的知识。CAI的主要特色是交互教育、个别指导和因人施教。

4）过程控制（或实时控制）

过程控制是指用计算机及时采集各类生产过程中的实时检测数据，把得到的数据按照预定的算法进行处理，然后反馈到执行机构去进行自动调节或自动控制，它是生产自动化的重要技术和手段。采用计算机进行过程控制，不仅可以大大提高控制的自动化水平，而且可以提高控制的及时性和准确性，从而改善劳动条件、提高产品质量及合格率。因此，计算机过程控制已在机械、冶金、石油、化工、纺织、水电、航天等部门得到广泛的应用。

5）人工智能（或智能模拟）

人工智能（artificial intelligence, AI）是计算机模拟人类的智能活动，诸如感知、判断、理解、学习、问题求解和图像识别等，让计算机具有获取知识、自动推理和搜索、学习知识、处理知识、自然语言理解等能力。人工智能的应用包括指纹识别、人脸识别、视网膜识别、专家系统、智能搜索、博弈和决策支持等。最典型的就是机器人，现在开发的机器人早就可以用于搬运、焊接、喷漆、送餐等普通的机械作业，还能够在危险的工作中代替人来进行劳动，例如，军用机械狗可以进行弹药、食物的运送，排爆机械人可以进行爆炸物的拆卸等。

6）网络应用

计算机技术与现代通信技术的结合构成了计算机网络。计算机网络的建立，不仅解决了一个单位、一个地区、一个国家中计算机与计算机之间的通信，各种软、硬件资源的共享，也大大促进了国际间的文字、图像、视频和声音等各类数据的传输与处理。人们可以在任何地方通过计算机和网络浏览世界各地新闻、收发邮件、聊天、购物以及生活和学习等。

7）多媒体应用

多媒体技术是指把文字、图形图像、动画、音频、视频等各种媒体通过计算机进行数字化的采集、获取、加工处理、存储和传播而综合为一体的技术。多媒体技术的应用领域也非常广泛，几乎遍布各行各业以及人们生活的各个方面，如医疗、商业、广播和教育等领域。

8）云计算

云计算是当前比较热门的技术名词，它的出现被认为是继个人计算机、互联网之后信息技术的又一波浪潮。“云”是一种形象的比喻，是指网络和互联网。云计算是指分布式计算、网络计算、并行计算、网络存储以及虚拟化计算机和网络技术发展相融合的产物。它由硬件、软件和服务构成，用户不需要专门购买硬件和软件，只需支付使用费给云计算的服务商即可。云计算的核心是对大量用网络连接的计算资源进行统一的管理和调度，构成一个计算机资源向用户提供服务，提供资源的网络称之为“云”。

目前，云计算按照部署方式大致分为公共云和私有云两种。公共云是指云计算的服务对象没有特定的限制，是为外部客户提供服务的云。私有云是组织机构建设的专供自己使用的云，它所提供的服务是外部人员和机构无法使用的。

此外计算机在电子商务、电子政务方面的应用也得到了突飞猛进的发展。

2. 计算机的发展趋势

计算机的技术一直在不停的向前发展着，有着广阔的发展前景。目前，计算机的发展趋势向着巨型化、微型化、网络化和智能化发展。

（1）巨型化。指计算机具有极高的运算速度、大容量的存储空间、更加强大和完善的功能，主要用于航空航天、军事、气象、人工智能、生物工程等学科领域。

（2）微型化。微型化是指计算机向着使用更方便、体积更小、成本更低和功能更加齐全的方向发展。由于大规模及超大规模集成电路发展，使得计算机微型化的发展速度越来越快。计算机芯片集成度越来越高，所完成的功能越来越强，使计算机微型化的进程和普及率越来越快。笔记本式计算机、平板计算机以及智能手机以更优的性能和价格越来越受到用户的青睐。

（3）网络化。网络化是计算机技术和通信技术紧密结合的产物，网络技术的发展使计算机应用从单机走向联网，也就是分布在不同地点的计算机互相连接在一起，通过通信设备和传输介质，按照网络协议相互通信，实现网络中的计算机之间共享资源、交换信息、协同工作，共享各种软件资源和硬件资源。计算机网络的发展水平已成为衡量国家现代化程度的重要指标，在社会经济发展中发挥着极其重要的作用。

（4）智能化。让计算机能够模拟人类的智力活动，如学习、感知、理解、判断、推理等能力。具备理解自然语言、声音、文字和图像的能力，具有说话的能力，使人机能够用自然语言直接对话。它可以利用已有的和不断学习到的知识，进行思维、联想、推理，并得出结论，能解决复杂问题，具有汇集记忆、检索有关知识的能力。随着人工智能技术的不断发展，通过计算机实现智能的原理，制造类似于人脑智能的计算机，使计算机能实现更高层次的应用。

1.1.5 计算机的文化与特征

不同的社会形态有不同的文化，原始社会的文化是渔猎文化，农业社会的文化是农业文化，工业社会的文化是工业文化，信息社会的文化是信息文化。

1. 计算机文化的特征

文化概念的内涵极为广泛和深刻，精神方面包括语言、文字、思想、道德、传统、宗教信仰、风俗习惯等，物质方面渗透生产、生活、住房、饮食、交通、旅游、娱乐、体育等领域。

人类文化的发展与传播文化的媒体技术关系极大。1968年，美国一位计算机科学家设想过将来的计算机将成为“超级媒体”，并希望它能像活字印刷术那样对人类产生革命性的冲击。技术的发展证实了他的预言，在计算机的支持下，无纸贸易、无纸办公、无纸新闻、无纸出版正在成为现实。

计算机文化的形态体现为：计算机理论及其技术对自然科学和社会科学的广泛渗透；人类创造的计算机软件和硬件设备大大丰富了文化的物质基础；计算机应用介入人类社会的方方面面，从而形成一些新的科学思想、科学方法和价值标准。

计算机文化在网络文化中表现得最为充分。网络技术的发展使人们在信息交流时在时间和空间上的距离大大缩小。

2．网络文化的外在特点

1）新媒体

计算机网络是一种全新的文化媒体，它以人类最新科技成果的互联网和手机为载体，依托计算机网络系统，运用一定的语言符号、声响符号和视觉符号等，传播思想、文化、风俗民情，表达看法观点，宣泄情绪意识等。网络媒体不仅能够实现文字、音频、视频等多种形式的信息传播，而且形成一套具有网络特色的符号系统，如特定的语言（如顶、亲、打酱油、水军等），特殊的图形符号（如@、^_^等），这些符号系统为某些群体的网民所接受和掌握，形成新的网络文化。

2）全球化

早期由于地理阻隔、语言不通和科技落后等原因，不同地域的人类文明之间很难进行文化交流，各种文化具有很大的独立性和地域性。网络文化打破了不同文化的地域限制和时空隔断，形成网络文化的全球化。可以预料，网络文化发展的全球性必将给各种现有的文化带来难以估量的深刻影响。

3）虚拟性

网络文化具有虚拟性，它依赖于虚拟的网络空间而存在，这是网络文化一切特性的基础。在计算机网络诞生前，人们生活在一个实体空间。计算机网络诞生后，人们的生存空间发生了全新的变化。人们在实体空间建立起来的生活准则和生活习惯正在被打破，取而代之的是一个全新的网络虚拟空间。当人们在网络环境中把虚拟现实作为一种真实存在时，人们的虚拟意识也由此产生。

3．网络文化的传播特点

1）匿名性

网络交往表现为计算机与计算机之间数据的交换，相互交往的人并不知道对方的真实身份。在网络交流中，人们可以隐藏自己的相貌、年龄、地位等在实体空间里不能隐藏的东西。更重要的是，人们在网络空间里完全摆脱了在真实社会中受到的各种约束、规范和心理压力，可以完全按照自己希望的方式表现自我，所表现的东西往往是隐藏在内心深处的一些思想观念和价值观等，它们可能是个人感情的真实流露，也可能是一种虚假表象。

2）广泛性

从理论上看，网络文化是一种没有门槛、没有限制的文化交流与沟通，而且能够实现全民参与。在网络文化面前，大家都是平等的文化参与者，没有身份和地位的高低之分。可以说，网络文化第一次实现文化的人人参与、全民参与。

3）时效性

网络信息的传播不受时间、地点和空间的限制，只要能上网，就可以在网上尽情地浏览、下载和交流，人们传播和交流信息的方式打破了时间和空间上的限制。互联网的普及大大加快了信息的传输速度，使信息的收集、资料的查询变得更加快捷和有效。通过网络可以随时了解世界各地正在发生的事。

4．网络文化的本质特点

1）平等性

与报纸、广播、电视等传播媒体相比，计算机网络更富平等性。人们在面向庞杂的网络资源时，可以根据个人的兴趣、爱好和需要进行信息选择或信息交流，每一个人都能够从容地选择和吸收信息。网络文化中最彰显个性的是各种“客”文化，如博客、播客、闪客、黑客等。

2）交互性

在网络中每个网民不仅是信息资源的消费者，而且是信息资源的生产者和提供者。人们的信息获取方式由传统的被动式接受，变为主动参与，这提高了信息的传播效果，激发了人类的创造性思维。

3）开放性

互联网上不同主题的论坛、社交网络等，向任何感兴趣的人开放，因此任何人都可以根据自己的意愿，去获取自己想得到的任何信息，任意与世界各地网民进行联络、交流，自由地访问各种信息资源。

5. 信息社会的基本特征

1）战略资源

在工业社会，能源和材料是最重要的资源。信息技术的发展，使人们逐渐认识到信息在促进经济发展中的重要作用，信息被当作一种重要的战略资源。一个企业如果不实现信息化，就很难提高企业自身的竞争能力。目前，信息产业已经成为国家最重要的产业。美国学者M.U.Poftat提出一种宏观经济结构理论，将信息产业、工业、农业、服务业并列为四大产业。统计资料表明，从2006年开始信息产业已经成为世界第一大产业。

2）文化冲突

网络文化在逐步消除信息交流中的文化差异和隔阂，改善人类的信息环境、走向全球化的同时，又给各国保持政治独立、文化独特性带来新的矛盾和冲突。

3）舆论风险

网络文化极大地改变了社会舆论的生态环境，形成了新的舆论媒体。与传统舆论媒体比较，网络舆论媒体已具备与之相抗衡的实力。拥有数十万、数百万甚至数千万“粉丝”的“网络意见领袖”，完全有能力在网络舆论上兴风作浪。一个主观故意的“微博”，完全可以挑起不小的是非波澜。网络越是发展，社会风险的治理成本也越高。如何认识、把握、管理网络舆论媒体，已成为世界各国政府十分关注又十分头痛的问题。

练 习 题

1. 电子计算机ENIAC诞生于（　　）。

   A. 1946年2月　　B. 1946年6月

   C. 1949年2月　　D. 1949年5月

2. 最原始的人造计算工具是（　　）。

   A. 绳子　　B. 石子　　C. 算筹　　D. 算盘

3. 台式计算机、笔记本计算机、掌上计算机等都是（　　）。

   A. 高性能计算机　　B. 微型计算机

   C. 工作站　　D. 服务器

1.2　计算机系统的组成与功能

计算机是一种能快速、高效地完成信息处理的数字化电子设备，它能按照人们编写的程序对数据进行加工处理。要用好计算机，需要了解计算机的结构以及硬件组成，了解软件的分类及定义。

本节主要介绍计算机系统的理论结构、工作原理、硬件组成和软件系统方面的知识。

1.2.1　计算机系统概念

一台完整的计算机系统应包括硬件系统和软件系统，如图1-18所示。

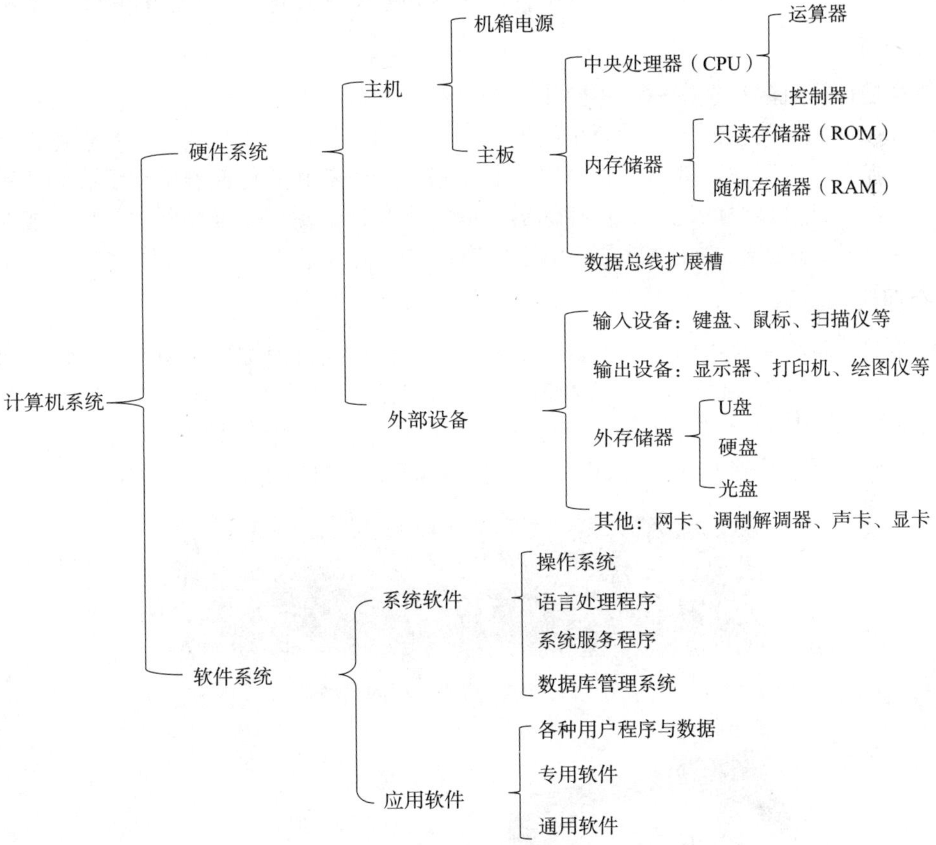

图1-18　计算机系统组成

硬件系统是指用电子器件和机电设备组成的物理实体，包括中央处理器、存储器、输入输出控制系统和各种外部设备。从外观上来看，微型计算机由主机箱和外部设备组成。主机箱包括CPU、内存、主板、硬盘驱动器、光盘驱动器、各种扩展卡、连接线、电源等；外部设备包括外存储器、显示器、鼠标、键盘等。

软件系统是指计算机运行所需要的全部程序、数据和相关文档的总称。一般来讲软件划分为系统软件和应用软件。

硬件系统和软件系统共同决定了计算机的工作能力。通俗来说，硬件是计算机的躯体，软件是计算机的头脑和灵魂，二者缺一不可。

1.2.2 计算机硬件系统

冯·诺依曼提出的计算机“存储程序”工作原理决定了计算机必须包括运算器、控制器、存储器、输入设备、输出设备五大部分。

1. 运算器

运算器由算术逻辑单元（ALU）、累加器、状态寄存器、通用寄存器组等组成，它是计算机进行算术运算和逻辑运算的部件。算术运算有加、减、乘、除等；逻辑运算有比较、移位、与、或、非、异或等。在控制器的控制下，运算器从存储器中取出数据进行运算，然后将运算结果写回存储器中或暂时寄存在运算器中，运算器和控制器共同组成了CPU的核心部分。

2. 控制器

控制器是计算机的神经中枢，主要用来控制程序和数据的输入输出，以及各个部件之间的协调运行。在控制器的控制下，计算机能够自动按照程序设定的步骤进行一系列操作，以完成特定任务。控制器由程序计数器、指令寄存器、指令译码器和其他控制单元组成。控制器工作时，它根据程序计数器中的地址，从存储器中取出指令，送到指令寄存器中，再由控制器发出一系列命令信号，送到有关硬件部位，引起相应动作，完成指令所规定操作。

3. 存储器

存储器是计算机系统中的记忆设备，主要功能是存放运行中的程序和数据。计算机中的全部信息，包括输入的原始数据、计算机程序、中间运行结果和最终运行结果都保存在存储器中。目前的微型计算机系统均采用了分层次的存储结构，一般将存储器分为三层：内存储器、外存储器和高速缓冲存储器，分别如图1-19、图1-20和图1-21所示。

图1-19　内存储器——内存条

图1-20　外存储器——机械硬盘及U盘

图1-21　高速缓冲存储器

对存储器的基本操作是数据的写入或读出，这个过程称为“内存访问”。为了便于存入或取出数据，存储器中所有单元均按顺序依次编号，每个存储单元的编号称为“内存地址”。当运算器需要从存储器某单元读取或写入数据时，控制器必须提供存储单元的地址。向存储单元存入数据称为“写入”，写入新的数据则覆盖了原来存储单元的旧数据。从存储器单元里取出数据称为“读出”，数据读出后并不破坏原来存储单元内的数据，因此数据可以重复读出，多次利用。

4. 输入设备

图1-22　键盘

输入设备指向计算机输入数据和信息的设备，是计算机与用户或其他设备通信的桥梁。它的第一个功能是用来将外部世界中的数据输入计算机，如输入数字、文字、图形、电信号等，并且转换成为计算机使用的二进制编码；第二个功能是由用户对计算机进行操作控制。常见的输入设备有键盘（见图1-22）、鼠标、数码照相机等设备。

5. 输出设备

输出设备是计算机硬件系统的终端设备，用于接收计算机数据的输出显示、打印、声音、控制外围设备等操作，它将计算机处理的结果转换成为用户熟悉的形式，如数字、文字、图形、声音、视频等。常见的输出设备有显示器（见图1-23）、打印机（见图1-24）、硬盘、U盘、音箱、网卡等。

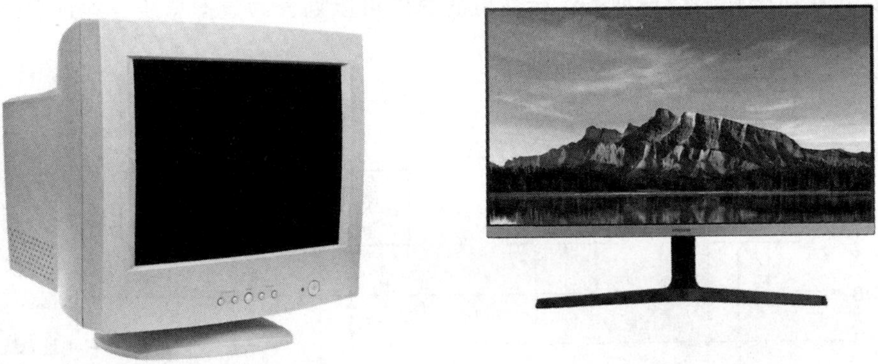

（a）CRT显示器　　（b）LED显示器

图1-23　显示器

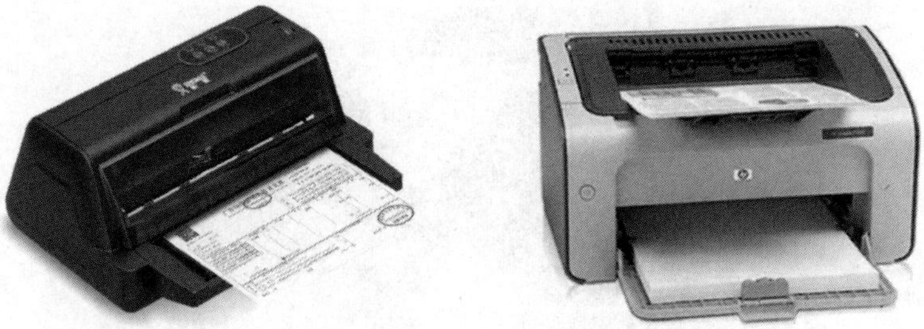

图1-24　打印机

6. 中央处理器

中央处理器（CPU）又称微处理器（microprocessor）是对计算机的所有硬件资源进行控制调配、执行通用运算的核心硬件单元，它是计算机系统中最重要的一个部件。CPU是整个计算机系统的运算和控制中心，中央处理器主要包括两个部分：即控制器和运算器，其中还包括高速缓冲存储器及实现它们之间联系的数据、控制的总线，如图1-25所示。

图1-25　中央处理器

对于CPU而言，影响其性能的指标包括主频、倍频和外频、CPU的位数以及CPU的缓存指令集。

7. 总线和主板

总线是计算机各种功能部件之间传递信息的公共通信干线，它是由导线组成的传输线束，是CPU、内存、输入、输出设备传递信息的公用通道，主机的各个部件通过总线相连接，外部设备通过相应的接口电路再与总线相连接，从而形成了计算机硬件系统。

按照计算机所传输的信息种类，计算机的总线可以划分为数据总线、地址总线和控制总线，如图1-26所示。

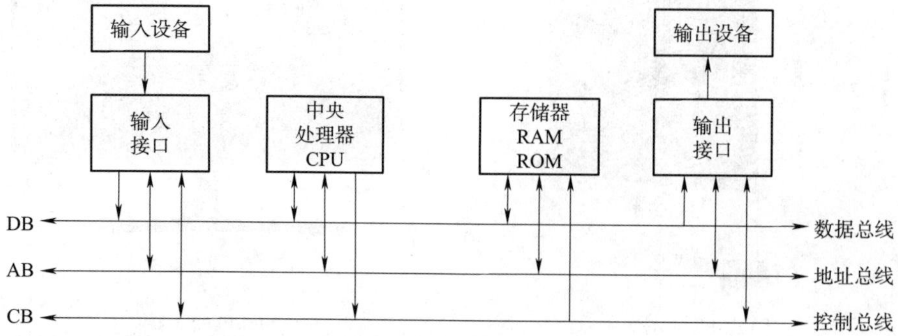

图1-26　总线系统

（1）数据总线：在CPU和存储器之间来回传送需要处理和需要储存的数据。

（2）地址总线：用来指定在存储器之中储存的数据的地址。

（3）控制总线：将微处理器控制单元和信号传送到周边设备。

主板是基于系统总线设计的电路板，是计算机中重要的部件，也是主机箱中面积最大的一块印刷电路板，如图1-27所示。计算机主机中的各个部件都是通过主板来连接的，计算机正常运行时对系统内存、存储设备和其他I/O设备的操控都必须通过主板来完成，计算机性能是否能够充分发挥，硬件功能是否足够，硬件是否兼容等，都取决于主板的设计。

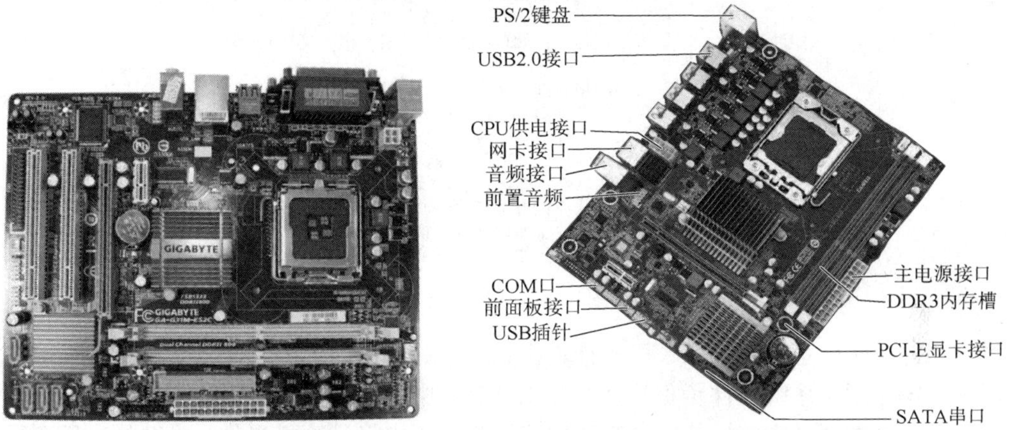

图1-27　主板

主板由集成电路芯片、电子元器件、电路系统、各种总线插座和接口组成。主板的主要功能是传输各种电子信号，部分芯片也负责初步处理一些外部数据。

目前，台式计算机主要部件见表1-2。

表1-2　台式计算机主要部件

序号	部件名称	数量	说明	序号	部件名称	数量	说明
1	CPU	1	必配	9	电源	1	必配
2	CPU散热风扇	1	必配	10	机箱	1	必配
3	主板	1	必配	11	键盘	1	必配
4	内存条	1	必配	12	鼠标	1	必配
5	独立显卡	1	选配	13	音箱	1对	选配
6	显示器	1	必配	14	麦克风	1	选配
7	硬盘	1	必配	15	ADSL Modem	1	选配
8	光驱	1	选配	16	外接电源盒	1	必配

1.2.3　计算机软件系统

计算机程序是一组按照工作步骤事先编排好的、具有特殊功能的指令序列。软件是指计算机系统中的程序、数据和相关文档的集合，它是一组能完成特定任务的可执行二进制代码。软件是计算机的“灵魂”，是用户和硬件之间的接口界面，用户通过软件与计算机进行交流，而计算机的每一步操作都是在软件的控制下执行的。不装任何软件的计算机被称为“裸机”，它几乎不能完成任何功能。

计算机软件分为系统软件和应用软件如图1-28所示。系统软件为计算机提供最基本的功能，但是并不针对某一特定应用领域；而应用软件则恰好相反，不同的应用软件根据用户和所服务的领域提供不同的功能。系统软件的数量相对较少，其他绝大部分是应用软件。

- 软件
  - 系统软件
    - 操作系统：如Windows、Linux、FreeBSD、Mac OSX等
    - 网络服务：如IIS、Server-U、Exchang Server等
    - 数据库系统：如Oracle、SQL Server、Access等
    - 程序设计语言：如C++、Java、Visual Basic等
    - 语言处理程序：如Java语言虚拟机、语言编译程序等
  - 应用软件
    - 办公自动化软件：如Office、WPS等
    - 多媒体软件：如Photoshop、Animate、Premiere Pro等
    - 辅助设计软件：如Auto CAD、Visio、Protel等
    - 企业应用软件：如财务管理、企业管理、工程管理等
    - 网络应用软件：如IE、QQ、迅雷、Dreamwaver等
    - 安全防护软件：如杀毒软件、防火墙软件、漏洞补丁等
    - 系统工具软件：如数据恢复软件、优化软件、磁盘工具等
    - 娱乐休闲软件：如游戏、电子杂志、图片、音频、视频等

图1-28　软件的分类

系统软件是软件系统的核心，居于计算机系统中最靠近硬件的一层，其他软件一般都通过系统软件发挥作用。系统软件负责管理、控制计算机中各种硬件设备和应用软件，让它们协调工作，使计算机发挥最大的性能。系统软件使计算机用户将计算机当作一个整体，而不需要考虑硬件是如何工作的。系统软件通常包括操作系统、网络服务软件、数据库系统、程序设计语言等各种程序。

1. 操作系统（OS）

操作系统是对计算机硬件资源和软件资源进行控制和管理的大型系统程序。它是最基本的系统软件，其他软件必须在操作系统的支持下才能运行。操作系统具有进程管理、作业管理、存储管理、设备管理、文件管理等功能。台式计算机常用的操作系统有Windows XP/7/8/10/11、Linux等；网络服务器常用的操作系统有Linux、Free BSD、Windows Server等；智能手机的操作系统有谷歌公司开发的Android（安卓）、苹果公司开发的iOS、微软公司开发的Windows Phone、华为公司的Harmony OS、Linux联盟和英特尔等公司共同开发的Tizen（泰泽）等，不同操作系统之间的应用软件互不兼容。

2. 网络服务器软件

操作系统本身提供了一些小型的网络服务功能，对于大型的网络服务，必须由专业软件提供。网络服务程序提供大型的网络后台服务，它主要用于网络服务提供商和企业网络管理人员。个人用户在利用网络进行工作和娱乐时，就是由这些网络服务器软件提供服务。例如，提供网页服务的Web服务软件有Apache、IIS、Domino等；提供网络文件下载的服务软件有Server-U等；提供邮件服务的软件有Exchang Server、Lotus Notes/Domino、U-Mail、Qmail、Turbo Mail等。

3. 数据库管理系统

数据库管理系统是数据库系统中对数据进行具体管理的软件系统，是数据库系统的核心，数据库是按照一定的数据模型在计算机中组织、存储、使用相互联系的数据的集合。常用的数据库系统有Oracle、SQL Server、Access、MySQL、Visual FoxPro等。

4. 程序设计语言

计算机不能直接理解人类所使用的自然语言，只能识别按照一定规则编写好的语言，即计算机语言，常用的计算机语言分为：机器语言、汇编语言和高级语言。

机器语言是以二进制代码表示的指令集合，是计算机唯一能直接识别和执行的语言。机器语言的优点是占用内存少、执行速度快，缺点是难编写、难阅读、难修改、难移植。

汇编语言是将机器语言的二进制代码指令，用便于记忆的符号表示的面向机器的程序设计语言。它的每一条指令对应一条机器语言代码，适用于编写直接控制机器操作的底层程序。汇编语言的特点是相对于机器语言程序而言的，它容易阅读和修改，但是非专业用户还是难以掌握。

例如，计算SUM=6+2的汇编语言与机器语言的指令案例见表1-3。

表1-3　汇编语言与机器语言指令案例

序号	汇编语言指令	机器语言指令		指令说明
		内存地址	机器代码	
1	MOV AL，6	2001	00000110 10110000	将地址为2001的内存单元中的数据“6”，传送到AL寄存器
2	ADD AL，2	2003	00000010 00000100	将地址2003内存单元中的数据“2”取出，将AL寄存器中数据“6”取出，两者相加后存入AL寄存器
3	MOV SUM，AL	2005	00000000 01010000 10100010	将AL寄存器中的数据“8”送到SUM存储单元
4	HLT	2008	11111000	停机

高级程序设计语言接近于自然语言和数学表达语言，它与计算机的硬件无关，用高级语言编写的程序便于阅读、修改和调试，而且可移植性和通用性较好。高级语言易学易懂，已成为目前普遍使用的语言，有数十种之多。较流行的高级程序设计语言排行榜见表1-4。

表1-4　较流行的程序设计语言排行榜（前10名）

2024.06排名	程序设计语言	语言特色
1	Python	解释型语言，面向对象，语法简洁，类库丰富，开源免费。用于系统管理和Web编程。
2	C++	面向对象，功能非常强大，但过于复杂。用于大型系统软件开发。
3	C	简洁、高效、灵活，直接操作硬件，具有强大的跨平台能力。用于系统编程、嵌入式开发等领域。
4	Java	跨平台，面向对象，安全性好，多线程等。广泛应用于网络和手机编程。
5	C#	语言简洁，面向对象，保留了C++的强大功能，跨平台性不佳。用于Web开发。
6	JavaScript	脚本语言，易于学习，开源免费。主要用于Web开发。
7	Go	开源的编程语言，它能让构造简单、可靠且高效的软件变得容易。
8	SQL	强大的数据库查询和编程语言，通过结构化查询语言实现对数据库中的数据进行增、删、改、查等操作，具有高度的灵活性和易用性。
9	Visual Basic	以事件驱动编程为核心，提供丰富的图形用户界面（GUI）设计工具，使得编程过程更加直观和简单的编程语言
10	Fortran	用于科学计算、工程分析和数值处理的编程语言，以其高效执行复杂数学运算和矩阵操作的能力而著称

应用软件是为了解决用户的各种实际问题而开发的软件。应用软件种类非常多，常见的应用软件有以下几种：

1. 办公自动化软件

应用较为广泛的办公自动化软件有微软公司开发的Office系列软件如图1-29所示，它由几个软件组成，如文字处理软件Word、电子表格处理软件Excel、演示文稿制作软件PowerPoint等。国内优秀的办公自动化软件有WPS office等。谷歌办公套件Google Docs是一款类似于微软Office的免费在线办公软件，它可以处理和搜索文档、表格、幻灯片，并可以通过网络和他人分享。Google Docs支持的文件格式包括DOC、XLS、ODT、ODS、RTF、CSV和PPT等。Linux操作系统下的办公软件有Open Office、永中Office、Latex等。

图1-29　应用软件的桌面图标

2. 多媒体应用软件

多媒体应用软件主要有图像处理软件Photoshop、动画设计软件Animate、音频处理软件Audition、视频处理软件Premiere、多媒体创作软件Authorware等。

3. 计算和仿真软件

通用的数学计算和仿真软件有MATLAB、Mathematica等，其中MATLAB以数值计算见长，Mathematica以符号运算、公式推导见长；数学公式排版软件MathType等；网络仿真软件NS2等；有限元计算软件ANSYS等；数理统计软件SPSS、SAS等；桌面化学软件Chem Office Ultra可以将化合物名称直接转为结构图，省去绘图的麻烦。

4. 计算机辅助设计软件

计算机辅助设计软件有机械和建筑辅助设计软件AutoCAD、网络结构设计软件Visio、电子电路辅助设计软件Protel等。

5. 网络应用软件

常用网络应用软件有网页浏览器软件IE、即时通信软件QQ、文件下载软件迅雷等。

6. 安全防护软件

常用安全防护软件有卡巴斯基、360杀毒软件、360防火墙软件、操作系统SP补丁程序等。

7. 系统工具软件

常用工具软件有文件压缩与解压缩软件Win RAR、数据恢复软件Final Data、操作系统优化软件、Windows优化大师、磁盘克隆软件Ghost等。

8. 娱乐休闲软件

如各种游戏软件、电子图书阅读软件、图片浏览软件、音视频播放软件等。

除此之外，还存在一些专用的应用软件，如工程预算软件、财务管理软件、辅助教学软件、卫星图像处理软件等，这类软件针对性较强，不具有通用性。

练 习 题

1. 计算机由五大部件组成，它们是（　　）。
   A. CPU、运算器、存储器、输入输出设备
   B. CPU、控制器、存储器、输入输出设备
   C. CPU、运算器、主存储器、输入输出设备
   D. 控制器、运算器、存储器、输入设备和输出设备
2. 裸机指的是（　　）。
   A. 有处理器无存储器　　B. 有主机无外设
   C. 有硬件无软件　　D. 有主存无辅存
3. 计算机能直接识别和执行的语言是（　　）。
   A. 机器语言　　B. 高级语言
   C. 汇编语言　　D. 数据库语言
4. 一个完整的微型计算机系统应包括（　　）。
   A. 计算机及外部设备　　B. 主机箱、键盘、显示器和打印机
   C. 硬件系统和软件系统　　D. 系统软件和系统硬件

1.3　计算机中信息的表示

数据是对客观事物的表示，符号、数字、文字、图形、图像、声音、视频等都是不同形式的数据。计算机表示的数据分为两类。

（1）数值数据：表示量的大小和正负。

（2）字符数据：用以表示一些符号、标记，如英文字母、数字专用符号、标点符号、汉字、图形、声音等数据。

任何形式的数据，计算机均采用二进制数表示。经过输入设备输入的数值和字符通过不同格式对应的转换方式进行转换，在计算机中用二进制进行处理或运算，然后再转换成对应的数据类型进行输出。计算机采用这种进制位具有运算简单、实现方便的特点。

1.3.1 常用数制的基本概念

数制是用符号的组合来表示数值的规则，进制是按照进位方式计数的数制系统。比如日常生活中常用十进位计数制，即用十进制来表示各种计量，就是按照“逢十进一”的原则进行计数的。此外也还有用二十四进制表示日期，用六十进制表示时间等。

1. 十进制数（decimal system）

十进制的基数为10，它有10个数码，即0、1、2、3、4、5、6、7、8、9。每个符号表示0~9之间的一个不同的值。十进制数的运算规则是“逢十进一，借一当十”。十进制数整数部分从小数点起自右向左记录位数，个位记为0，十位记为1，百位记为2，照此类推；小数部分从小数点起自左向右记录位数，小数点后第一位记为-1，第二位记为-2，照此类推。十进制数据可以用统一的“按权展开式”表示，权是以10为底的幂。

【例1-1】将十进制数705，16.34按位权展开表示。

解：$705=7\times10^2+5\times10^0$

$16.34=1\times10^1+6\times10^0+3\times10^{-1}+4\times10^{-2}$

为了便于区分，十进制数用下标10或在数字尾部加D表示，如$[23]_{10}$或23D。

2. 二进制数（binary system）

二进制的基数为2，只有2个数码：0、1。二进制的运算规则是“逢二进一，借一当二”。各位的权是以2为底的幂，书写时数字用括号括起来，再加上下标2，也可以在数字后加字母B表示。如$[1011]_2$或1011B。

二进制数的运算规则基本与十进制相同，规则如下：

（1）加法运算：0+0=0，0+1=1，1+0=1，1+1=10（有进位）。

（2）减法运算：0-0=0，1-0=1，1-1=0，0-1=1（有借位）。

（3）乘法运算：$0\times0=0$，$1\times0=0$，$0\times1=0$，$1\times1=1$。

（4）除法运算：$0\div1=0$，$1\div1=1$（除数不能为0）。

二进制中各数字符号的权为2的整数次幂，如2^3，2^2，2^1，2^0，2^{-1}，2^{-2}，…

【例1-2】将二进制数1011，1011.0101按位权展开表示。

解：$[1011]_2=1\times2^3+1\times2^1+1\times2^0$

$[1011.0101]_2=1\times2^3+1\times2^1+1\times2^0+1\times2^{-2}+1\times2^{-4}$

3. 八进制（octare system）

八进制的基数为8，它有8个数码：0、1、2、3、4、5、6、7。八进制数“逢八进一”，各位的权是以8为底的幂，书写时数字用括号括起来，再加上下标8。也可以在数字后加字母O表示。类似前面的进制，其展开式如下。

【例1-3】将八进制数436.52按位权展开表示。

解：$[436.52]_8=4\times8^2+3\times8^1+6\times8^0+5\times8^{-1}+2\times8^{-2}$

4. 十六进制数（hexadecimal）

十六进制的基数为16，它有16个数码：0、1、2、3、4、5、6、7、8、9、A、B、C、D、E、F。十六进制数“逢十六进一”，各位的权是以16为底的幂，书写时数字用括号括起来，再加上下标16。也可以在数字后加字母H表示，如$[A34.56]_{16}$或者A34.56H。但是在计算机领域，更多用前置“0x”的形式表示十六进制数。

遵循每个数码只能用一个字符表示的原则，在十六进制中对值大于9的6个数（即10~15）分别借用A~F6个字母来表示。

【例1-4】将十六进制数40.68按位权展开表示。

解：$40.68H=4\times16^1+13\times16^0+6\times16^{-1}+8\times16^{-2}$

八进制或十六进制经常用在汇编语言程序或显示存储单元的内容显示中，以弥补二进制数书写位数过长的缺点。

常用数制与编码之间的对应关系见表1-5。

表1-5　常用数制与编码之间的对应关系

十进制数	十六进制数	二进制数	BCD编码
0	0	0000	0000
1	1	0001	0001
2	2	0010	0010
3	3	0011	0011
4	4	0100	0100
5	5	0101	0101
6	6	0110	0110
7	7	0111	0111
8	8	1000	1000
9	9	1001	1001
10	A	1010	00010000
11	B	1011	00010001
12	C	1100	00010010
13	D	1101	00010011
14	E	1110	00010100
15	F	1111	00010101

1.3.2　不同数制之间的转换

1. 二进制、八进制、十六进制转换为十进制

若要将二进制、八进制、十六进制数等非十进制数转换为十进制数，只需将给定的非十进制数按权展开，按照求和的形式就可计算出相应的十进制数。

【例1-5】将下列数转换为十进制表示。

解：$[11101.101]_2=1\times2^4+1\times2^3+1\times2^2+0\times2^1+1\times2^0+1\times2^{-1}+0\times2^{-2}+1\times2^{-3}=[29.625]_{10}$

$[753.65]_8=7\times8^2+5\times8^1+3\times80+6\times8^{-1}+5\times8^{-2}=[491.828125]_{10}$

$[A85.76]_{16}=10\times16^2+8\times16^1+5\times16^0+7\times16^{-1}+6\times16^{-2}=[2693.4609375]_{10}$

2. 十进制转换为二进制、八进制、十六进制

将十进制数转换为二进制、八进制、十六进制数，其整数部分和小数部分的转换规则如下。

整数部分：用除R（基数）取余法则（先余为低，后余为高）。

小数部分：用乘R（基数）取整法则（先整为高，后整为低）。

【例1-6】将$[18.8125]_{10}$转换为二进制表示。

解：（1）整数部分用“除2取余”法先求出整数18对应的二进制数。余数作为二进制数，从低到高排列，计算如下：

18 ÷ 2=9余0，9 ÷ 2=4余1，4 ÷ 2=2余0，2 ÷ 2=1余0，1小于2不再除余1；$18=[10010]_2$

（2）小数部分用“乘2取整”法求出小数0.8125对应的二进制数。小数部分乘2取整，积的整数部分作为二进制数，从高到低排列，计算如下：

0.8125 × 2=1.625，0.625 × 2=1.25，0.25 × 2=0.5，0.50 × 2=1.0；$0.8125=[0.1101]_2$

竖式运算过程如图1-30所示。

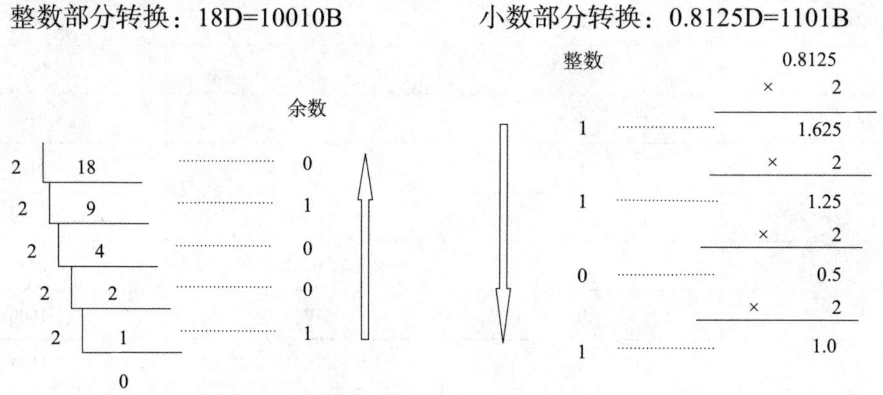

（a）（b）

图1-30　竖式运算过程（1）

运算结果为：$[18.8125]_{10}=[10010.1101]_2$。

【例1-7】将十进制数$[4568.32]_{10}$转换为十六进制数。

解：（1）整数部分用“除16取余”法求出整数部分4568对应的十六进制数。

（2）小数部分用“乘16取整”法求出小数0.32对应的十六进制数。

竖式运算过程如图1-31所示。

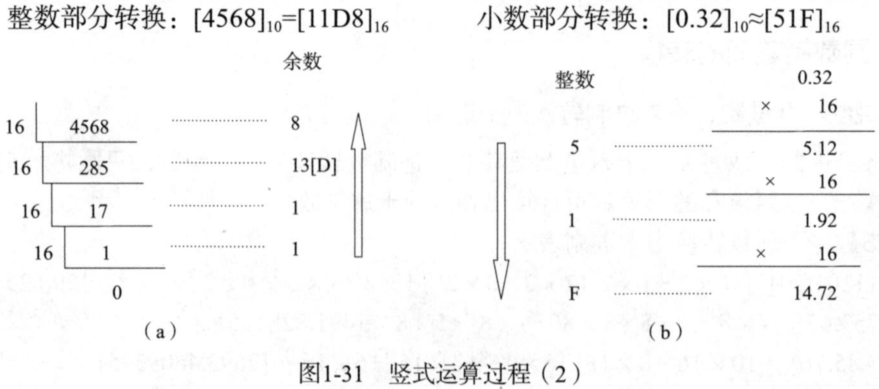

（a）（b）

图1-31　竖式运算过程（2）

运算结果：$[4568.32]_{10} \approx [11D8.51F]_{16}$

与此类似，可以计算十进制转换为八进制数据的方法，在此不再重复。

3. 二进制与八进制、十六进制之间的转换

从$2^3=8$、$2^4=16$可以看出，每位八进制数可用3位二进制数表示，每位十六进制数可用4位二进制数表示。因此，二进制与八进制、十六进制相互转换时，分别用3位二进制数和4位二进制数对齐，即可很容易进行相互转换。下面分别说明。

（1）八进制与二进制的相互转换。一个八进制数对应三个二进制数，见表1-6。

表1-6　二进制与八进制之间的转换

八进制数	0	1	2	3	4	5	6	7
二进制数	000	001	010	011	100	101	110	111

二进制数与八进制数之间的转化方法如图1-32所示。

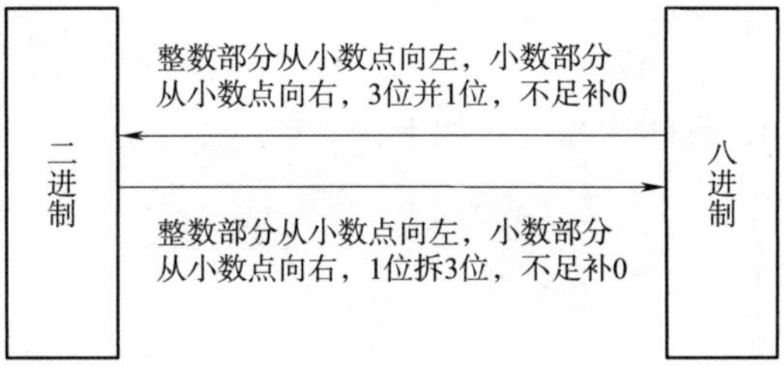

图1-32　二进制与八进制的转换关系

（2）二进制转换为十六进制。一个十六进制数对应四个二进制数，见表1-7。

表1-7　二进制与十六进制之间的转换

十六进制数	0	1	2	3	4	5	6	7
二进制数	0000	0001	0010	0011	0100	0101	0110	0111
十六进制数	8	9	A	B	C	D	E	F
二进制数	1000	1001	1010	1011	1100	1101	1110	1111

二进制数与十六进制数之间的转化方法如图1-33所示。

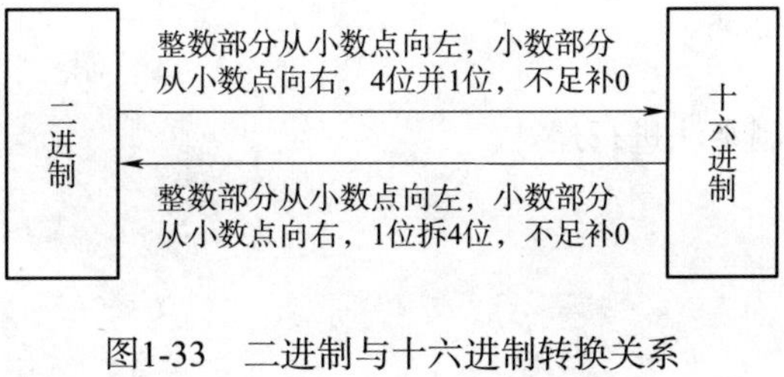

图1-33　二进制与十六进制转换关系

（3）八进制数与十六进制数之间的转化。八进制数与十六进制数之间的转化，可将二进制

数作为其中间转换数，然后按照二进制与八进制数、十六进制数转换方法进行转换即可。

【例1-8】

解：$[A85.76]_{16}=[101010000101.01110110]_2=[5205.354]_8$

$[110101.1011]_2=[65.54]_8=[35.B]_{16}$

1.3.3 二进制数的运算

二进制数在计算机中可进行算术运算和逻辑运算。

1. 算术运算

二进制的算术运算与十进制类似，存在借位和进位。下面是二进制数算术运算的规则。

1）加法

规则说明：逢二进一，进位续加。

具体算法：

0+0=0

1+0=0+1=1

1+1=10（逢二进一）

【例】 1011+101=10000，具体运算过程如下：

$$\begin{array}{r} 1\ 0\ 1\ 1 \\ +\quad\ \ 1\ 0\ 1 \\ \hline 1\ 0\ 0\ 0\ 0 \end{array}$$

2）减法

规则说明：不够借一，借一为二。

具体算法：

0−0=0

1−0=1

1−1=0

10−1=1（借一为二）

【例】 10000−101=1011，具体运算过程如下：

$$\begin{array}{r} 1\ 0\ 0\ 0\ 0 \\ -\quad\ \ 1\ 0\ 1 \\ \hline 1\ 0\ 1\ 1 \end{array}$$

3）乘法

规则说明：借鉴10进制乘法进行运算。

具体算法：

0×0=0

0×1=1×0=0

1×1=1

【例】 1001×1010=1011010，具体运算过程如下：

```
              1  0  0  1   被乘数
         ×    1  0  1  0   乘数
--------------------------------
              0  0  0  0
                           部分积
           1  0  0  1
        0  0  0  0
     1  0  0  1
--------------------------------
     1  0  1  1  0  1  0   乘积
```

4）除法

规则说明：二进制数除法与十进制数除法很类似。可先从被除数的最高位开始，将被除数（或中间余数）与除数相比较，若被除数（或中间余数）大于除数，则用被除数（或中间余数）减去除数，商为1，并得相减之后的中间余数，否则商为0。再将被除数的下一位移下补充到中间余数的末位，重复以上过程，就可得到所要求的各位商数和最终的余数。

具体算法：

0/1=0

1/1=1

【例】100111÷110=110，余数11，具体运算过程如下：

```
                1  1  0     商
         ----------------
  1 1 0 /   1  0  0  1  1  1  被除数
            1  1  0
         ----------------
            0  1  1  1
               1  1  0
         ----------------
                  1         余数
```

2. 逻辑运算

逻辑运算分为或、与、非、异或四种。所有逻辑运算都是按位计算，不存在借位和进位的问题。

1）或运算

运算符号：“∨”或者“+”；

运算规则：0∨0=00∨1=11∨0=11∨1=1；

规则说明：在或运算中，当两个逻辑值有一个为1时，结果就为1，否则为0。

【例】1011∨0101=1111

2）与运算

运算符号：“A”或者“•”；

运算规则：0A0=0、0A1=0、1A0=0、1A1=1；

规则说明：在与运算中，当两个逻辑值都为1时，结果才为1，否则为0。

【例】1011A0101=0001

3）非运算

运算符号：“~”；

运算规则：~0=1~1=0；

规则说明：在非运算中，对每位逻辑值取反。

【例】1011=0100

4）异或运算

运算符号：“⊕”；

运算规则：0⊕0=0　0⊕1=1　1⊕0=1　1⊕1=0；

规则说明：在异或运算中，当两个逻辑值不相同时，结果为1，否则为0。

【例】1011⊕0101=1110

1.3.4　数值信息在计算机中的表示

1. 计算机的数据单位

在计算机中，所有信息都是以二进制形式来表示的。计算机系统中信息存储、处理也都是以二进制数为基础的。首先介绍一下计算机内二进制数的单位。

1）位

计算机中所有的数据都是以二进制来表示的，一个二进制代码称为一位，其值为1或0，记为bit。位是计算机中最小的信息单位。例如，二进制数11011011共有8个二进制位。

2）字节

在对二进制数据进行存储时，以八位二进制代码为一个单元存放在一起，称为一个字节，记为Byte，缩写为B，是信息处理的最基本单位。

3）字长

字长是衡量计算机性能的一个重要技术指标，计算机的字长是指它一次可处理的二进制的位数。如8位的CPU一次只能处理1个字节，该计算机的字长为8；而32位的CPU一次就能处理4个字节，其字长为32。字长的大小反映了该台计算机的精度、功能和速度，字长越长，计算机的处理能力就越强。现在的个人计算机一般都是64位机。

4）常用单位

字节是计算机信息处理的最基本单位，如一个数字用一个字节表示，一个汉字须用两个字节表示。实际使用中字节的表示量太小，常用KB、MB、GB和TB作为数据的存储单位，它们之间的转换均为2^{10}倍数。

2. 数值的编码

机器数是以二进制编码的形式表示的一个数。通常其最高位（左边第一位）为符号位（数符），0表示正数，1表示负数，其余位为数值位。机器数所表示的数值范围受字长的限制。用正负号表示正负的数称为真值。

例如，在字长为8位的计算机中，十进制数+43对应的机器数如图1-34所示。

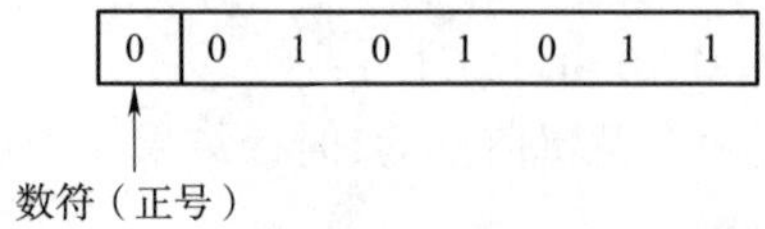

图1-34　十进制数+43对应的机器数

十进制数−43对应的机器数如图1-35所示。

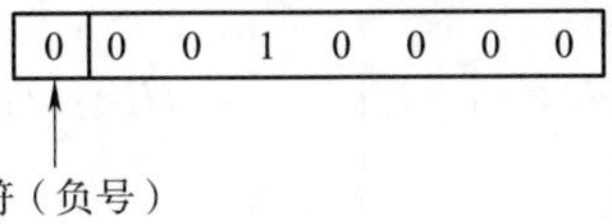

图1-35　十进制数-43对应的机器数

3. 原码、反码和补码

为了便于对机器数的运算，采用的编码方法有原码、反码和补码等。

1）原码

采用原码表示方法，最高位为数的符号位，正数为0，负数为1，其余各位表示数的绝对值。例如，在字长为8位的计算机中，十进制数+43的原码为001010101；十进制数-43的原码为10101011。

2）反码

采用反码表示方法，正数的反码与原码相同，负数的反码保持原码的符号位不变，其余各位按位取反。例如，在字长为8位的计算机中，十进制数+43的原码为00101011，反码为00101011；十进制数-43的原码为10101011，反码为11010100。

3）补码

采用补码表示方法，正数的补码与原码相同，负数的补码保持原码的符号位不变，其余各位按位取反后在最低位上加1。例如，在字长为8位的计算机中，十进制数+43的原码为00101011，补码为00101011；十进制数-43的原码为10101011，补码为11010101。

4. 定点数与浮点数

1）定点数

在计算机处理的数据中有很多是带小数的，对这些数据进行二进制编码时，小数点不占二进制位，而是固定在某个位置上。

定点整数是将小数点固定在最低位之后。例如，整数43的表示如图1-36所示。

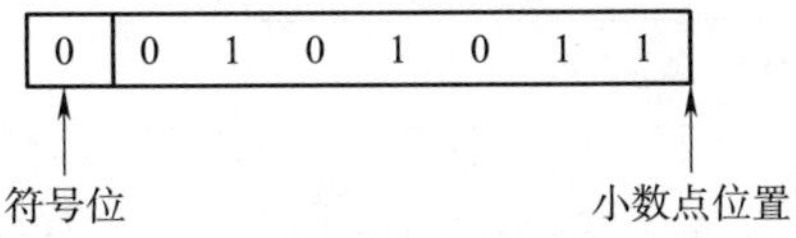

图1-36　整数43表示

定点小数是将小数点固定在符号位之后，最高数据位之前。例如，小数0.125的表示如图1-37所示。

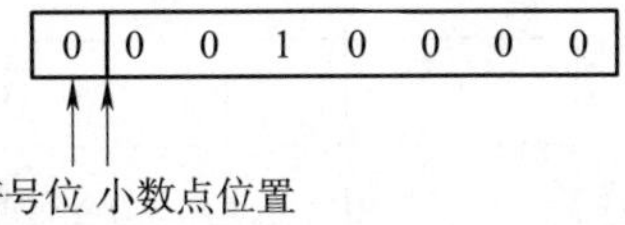

图1-37　小数0.125表示

定点数表示的范围和精度较小，数值大多采用浮点数的形式表示。

2）浮点数

浮点数由阶码和尾数两部分构成。任何一个数N可表示为$N=M\times 2E$，其中M是尾数，用定点小数表示，E是阶码，用定点整数表示。浮点数的表示形式如图1-38所示。

E_0	$E_1, E_2 E_3 \cdots E_n$,	M_0	$M_1, M_2 M_3 \cdots M_n$,

图1-38　浮点数的表示形式

其中，E_0为阶符，$E_1E_2E_3\cdots E_n$为阶数。E_0为0时阶数为正，E_0为1时阶数为负。M_0为尾符，$M_1M_2M_3\cdots M_n$为尾数。M_0为0时尾数为正，M_0为1时尾数为负。

1.3.5　非数据信息在计算机中的表示

计算机能够处理的是二进制形式的信息，因而对非数值的文字和符号需要进行二进制编码。

1. 西文字符编码

西文字符包括字母、标点符号、数字符号及特殊符号等。对西文字符通常采用ASCII（American standard code for information interchange），即美国信息交换标准代码。ASCII码包括基本ASCII码和扩充ASCII码。基本ASCII码采用7位二进制表示，即$d_6d_5d_4d_3d_2d_1d_0$，d_0为低位。一般情况下，最高位d_7为0。基本ASCII码的编码范围为00000000~01111111，即0~127，共128个字符。基本ASCII码见表1-8，其中包括英文字母、标点符号、运算符号和控制字符。扩充ASCII码采用8位二进制位表示，扩充部分的编码范围为10000000~11111111，即128~255。

表1-8　基本ASCII码

$d_3d_2d_1d_0$	$d_6d_5d_4$							
	000	001	010	011	100	101	110	111
0000	NUL	DLE	SP	0	@	P	、	p
0001	SOH	DC1	!	1	A	Q	a	q
0010	STX	DC2	"	2	B	R	b	T
0011	ETX	DC3	#	3	C	S	c	s
0100	EOT	DC4	$	4	D	T	d	t
0101	ENQ	NAK	%	5	E	U	e	u
0110	ACK	SYN	&	6	F	V	f	v
0111	BEL	ETB	'	7	G	W	g	w
1000	BS	CAN	(	8	H	X	h	x
1001	HT	EM	)	9	I	Y	i	y
1010	LF	SUB	*	:	J	Z	j	z
1011	VT	ESC	+	;	K	[	k	{
1100	FF	FS	,	<	L	\	l	|

续表

$d_3d_2d_1d_0$	$d_6d_5d_4$							
	000	001	010	011	100	101	110	111
1101	CR	GS	-	=	M	]	m	}
1110	SO	RS	.	>	N	^	n	~
1111	SI	US	/	?	O	_	o	DEL

2. 汉字编码

汉字在计算机中的处理涉及汉字编码。由于汉字的数量和种类较多，而且在计算机中汉字的输入、存储、处理和输出等方面的要求不尽相同，所以对汉字的编码也不同，主要包括输入码、机内码、字形码等。

1）输入码

汉字的输入码也称为外码，是用户输入汉字时使用的汉字编码。根据编码方式可分为以下几类：

（1）流水码：根据汉字排列顺序编号形成的编码，如区位码。

（2）音码：根据汉字的声母和韵母符号进行的编码，如全拼。

（3）形码：根据汉字字形和结构特征进行的编码，如五笔字型。

（4）音形码：根据汉字的读音和字形进行的编码，如自然码。

2）机内码

汉字的机内码是汉字在计算机内部存储和处理时所使用的代码。我国在1980年制定了用于汉字信息处理的国家标准代码，即GB/T 132312—1980，简称国标码。其中规定了6 763个汉字和682个非汉字图形符号的代码。国标码采用两个字节来表示一个汉字，且每个字节仅使用低7位二进制位。汉字的机内码是由国标码转换而来的。为了与ASCII码区分，将国标码两个字节的最高位分别置1，从而构成了汉字的机内码。

例如，汉字“中”的国标码为0101011001010000B，汉字“中”的机内码为1101011011010000B。

3）字形码

汉字的字形码是对汉字字形的二进制编码，用于汉字的显示和打印输出。汉字字形主要有点阵和矢量两种表示方式，通常以点阵方式表示，如16×16点阵、24×24点阵、48×48点阵等。每个点对应一个二进制位，点阵数越多，一个汉字的字形码所占的字节数也越多，所需的存储空间也越大。对于16×16点阵，每个汉字占32个字节；对于32×32点阵，每个汉字占128个字节。

练 习 题

1. 二进制数10101转换成十进制数为（　　）。

A. 10　　B. 15　　C. 11　　D. 21

2. 十进制数68转换成二进制数是（　　）。

A. 1000001　　B. 1000101　　C. 1010000　　D. 1000100

3. 将二进制数1011010转换成十六进制数是（　　）。

A. 132　　B. 90　　C. 5A　　D. A5

1.4　中英文的输入

1. 键盘构成

键盘大致分成四个部分：功能键区、主键盘区、编辑键区、小键盘区（数字键区），如图1-39所示。

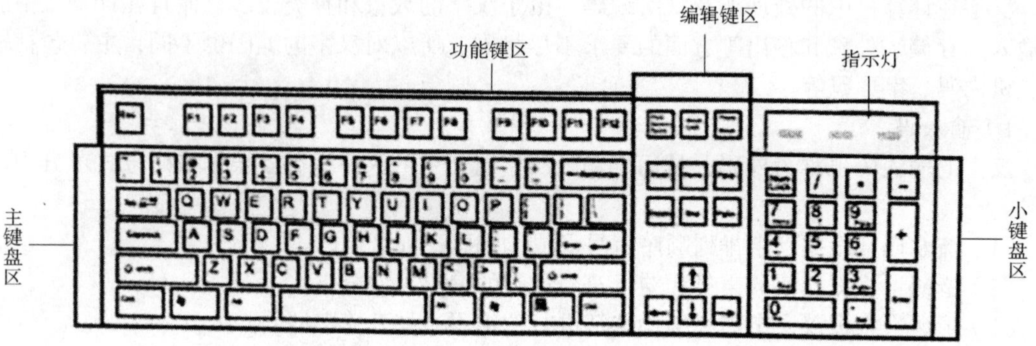

图1-39　键盘的构成

键盘左边最大一块区域，上方是功能键区，如F1、F2等，它们在特殊环境中会有特殊的作用；下方一块为主键盘区（也称为打字键区），是最常用的一部分；中间的一块是编辑键区，如光标移动键↑、↓、←、→；最右边的是小键盘区，也称数字键区，在输入数字进行数值计算的时候经常用到。

2. 键盘功能

1）功能键区

F1~F12，通常与Alt键和Ctrl键结合使用。

2）主键盘区

（1）空格键：是键盘上最长的键，敲一下这个键，光标往右移动一个位置。

（2）【Enter】键（回车键）：敲一下这个键，光标移到下面一行，就是可以换到新的一行输入。人们在向计算机输入完命令之后，也用“回车键”来确认执行命令。

（3）【Caps Lock】键（大小写字母转换键）：在主键盘区的第三行最左端有一个标有“Caps Lock”字样的键。敲一下它，在键盘的右上角一个标有“Caps Lock”的指示灯就会亮，这时输入英文字母，显示出来的就是大写英文字母。Caps Lock键是切换大写字母和小写字母输入的开关。Caps Lock指示灯亮时，敲入的是大写字母，否则是小写字母。

（4）【Shift】键（换档键）：键盘上有些键上下两部分标了两个不同的字符，例如，数字1上面是“！”，数字2上面是“@”……这些键称为双符号键。敲键的时候，我们输入的是下面那个字符。但如果要输入上面那个字符，需按住【Shift】键再按双符号键，输入的就是该键的上档字符。【Shift】键也能进行大小写字母转换。

（5）【Backspace】键或【←】键（退格键）：用来删除当前光标所在位置前的字符，且光标左移。

3）编辑键区

（1）【Delete】或【Del】键（删除键）：用来删除当前光标所在位置的字符，且光标右移。注意其与退格键的区别。

（2）【PagUp】或【Pgup】键（向上翻页键）：向前翻一页。在用拼音输入法输入汉字出现重码较多时就要用到这个键。

（3）【Page Down】或【PgDn】键（向下翻页键）：向后翻一页。

（4）↑、↓、←、→：光标移动键。

4）小键盘区

【NumLock】键（锁定键）：按下这个键，键盘右上角一个标有“Num Lock”的指示灯就会亮，这时候小键盘输入的是数字。再按一下这个键，则小键盘为功能键。

3. 键盘指法

计算机的键盘是按照英文打字机的键位分布设计的，正确的姿势可提高输入的速度。键盘上的“ASDF”和“HJKL”八个键叫作基本键。双手从左到右依次放在这八个基本键上，两只大拇指自然地轻触空格键。坐姿要直，手腕平放，手指自然下垂。每个手指都负责了相应的几个键，做到“十指分工，各司其职，包键到指”，正确的手指范围如图1-40所示。

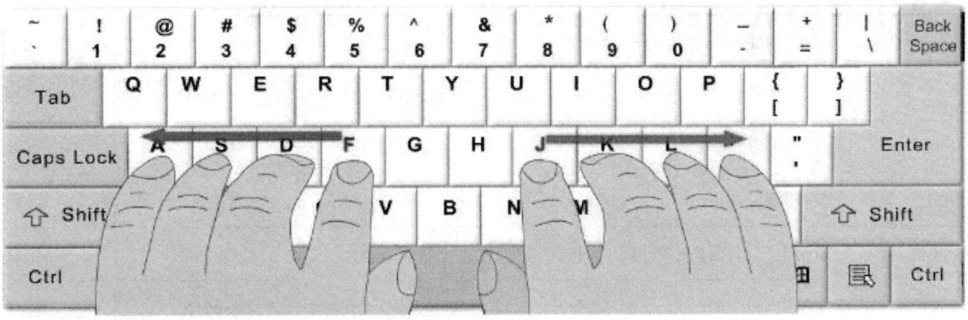

图1-40　打字的正确手指姿势

4. 标点符号的输入

通过键盘输入的标点符号包括三种类型：下档标点、上档标点、隐藏标点。

键盘主键区中有部分按键上有上下两排符号或者是符号和数字组合，这部分按键的下排标点符号称之为下档标点，如符号“，。；‘’［ ］”等；对应的上排标点符号称之为上档标点，如“？：“”{}”等。下档符号直接按相应按键即可完成输入，上档符号的输入需要通过同时按下上档键【Shift】和相应标点键来完成。如要输入“%”，需要同时按下【Shift】键+【F5】键。

隐藏的标点符号，如顿号“、”、双书名号“《》”、省略号“……”、破折号“——”等，这些需要记住常用的输入方法。另外还有一些标点符号在中英文状态下输入后得到的结果也是不相同的，可以通过尝试进行比较。常用隐藏标点的输入方法见表1-9。

表1-9　常用隐藏标点的输入方法

名称	形式	输入方法	对应按键
顿号	、	中文输入法下按【\】键	¦ \
双书名号	《》	中文输入法下按【Shift】键+逗号组合键	<>
省略号	……	中文输入法下按【Shift】键+【F6】组合键	^ 6
破折号	——	中文输入法下按【Shift】键+短横线组合键	–
人民币符号	¥	中文输入法下按【Shift】键+【F4】组合键	$ 4

5. W ord 中的快捷键

操作系统提供了很多键盘快捷键。快捷键除键盘上提供的一些功能键外，用户还可以自己进行设置，应用于计算机操作的各个方面。快捷键的使用可以节约时间，提高工作效率。结合Word字处理软件，将通常汉字输入过程中用到的快捷键进行总结。

（1）键盘右上角的【Backspace】键和【Delete】键与【PageUp】键和【PageDown】键联合使用，快速对文本需要修改的文字定位修改，而不需要使用鼠标滑轮来定位。

（2）【Ctrl】组合键的使用，见表1-10。

表1-10　Word中经常使用的快捷键

组合键	功能	组合键	功能	组合键	功能
Ctrl+A	全选	Ctrl+B	加粗	Ctrl+V	复制
Ctrl+D	修改选定字符格式	Ctrl+E	段落居中	Ctrl+F	查找
Ctrl+G	定位	Ctrl+H	替换	Ctrl+1	倾斜
Ctrl+Z	撤销上一步操作	Ctrl+U	加下画线	Ctrl+V	粘贴
Ctrl+Y	恢复上一步操作	Ctrl+X	剪切	Ctrl+S	保存

练　习　题

计算机外部输入设备中最重要的设备是（　　）。

A. 显示器和打印机　　　　B. 扫描仪和绘图仪

C. 键盘和鼠标　　　　D. 游戏杆和轨迹球

1.5　信息技术和信息素养

信息是一个高度概括又不断发展的概念，从不同的角度有不同的定义。信息论之父香农1948年将信息定义为“用来消除随机不定性的东西”，控制论创始人维纳1950年提出“信息是人与外界相互作用过程中交换的内容的名称”，这是对信息一词的最原始定义。

如今，信息无处不在且形式多样，遍布社会发展的方方面面，并通过不同形式（如文字、声音、视频等）对客观事物、现象或变化进行展示，在各种场景下帮助受众解决不同问题。总之，信息就是通过一定媒介对现实存在的显示和映射，具有客观性、普遍性和动态性。

1.5.1　信息技术

信息技术是指获取、整理、加工、存储、传递和利用信息过程中所使用的各种技术的总称，如编码、算法、信噪比是信息传输的基础，电报、手机、互联网是传输信息的手段，纸张、磁带、光盘是存储信息的媒介，计算机和各控制系统是处理信息的工具。信息技术可分为传感技术、计算机与智能技术、通信技术和控制技术等。

信息技术的演进，从古老的语言传承，到划时代的AI智能时代，每个阶段都是一个新的篇章，一个充满可能性的世界。信息技术的演进主要有以下阶段：

（1）第一阶段以语言的使用为起点，语言成为人类信息传输不可缺少的工具。

（2）第二阶段标志为文字的创造，信息可以永远留存，被传承和分享，使人类对信息的使用首次超越时空间限制。

（3）第三阶段标志为印刷术的发明，让知识的传播变得更加高效。书籍报刊成为信息储存和传输的媒介，知识变得广泛传播初步实现信息共享。

（4）第四阶段标志为电报、电话、广播、电视的发明和普及，进一步突破信息使用的时空界限。

（5）第五阶段标志是计算机技术和现代信息通信技术的应用，让信息处理变得更加高效，互联网的兴起将世界连接在一起，人类自此迈进数字化的信息时代。

（6）第六阶段标志是现在和未来正在高速发展的AI智能时代，未来趋势主要包括多元化、网络化、智能化、多媒体化、虚拟化等方向。具体来说，未来的信息技术将更加注重多元化和网络化，以实现更广泛的信息共享和互联互通；同时，智能化和多媒体化也将成为未来的重要趋势，通过人工智能和多媒体技术来提高信息处理的效率和精度；此外，虚拟化也将是未来的一个重要方向，通过虚拟现实技术来提供更为逼真的用户体验。

现代主要信息技术人物和企业案例如下。

1. 任正非与华为公司

任正非，1944年出生于贵州省安顺市镇宁县，1987年集资21 000元人民币成立华为技术有限公司，1988年任华为公司总裁，之后带领公司不断自主研发，创立著名的华为企业。

华为是华为技术有限公司的简称，总部位于广东省深圳市龙岗区，致力于把数字世界带入每个人、每个家庭、每个组织，构建万物互联的智能世界。主要业务涉及面向运营商的通信设备业务、面向企业的华为云业务、面向终端的消费者业务（如华为手机、智能家居等）。

2. 李彦宏与百度公司

李彦宏，1968年出生于山西阳泉，先后担任道·琼斯公司高级顾问，《华尔街日报》网络版实时金融信息系统设计者，Infoseek公司资深工程师，于2000年以“超链分析”专利为技术基础在北京中关村创立百度公司。

百度公司被国际机构评为全球四大AI公司之一，拥有全球最大的中文搜索引擎网站，常见的业务还有百度地图、百度文库、百度知道、好看视频等。基于搜索引擎，百度公司在深度学习、对话式人工智能操作系统、自动驾驶、AI芯片等前沿领域也拥有强大话语权。

3. 马化腾与腾讯公司

马化腾，1971年出生于广东省东方县（现海南省东方市），1993年毕业于深圳大学计算机系，1998年和张志东、许晨晔、陈一丹、曾李青一起创立腾讯公司，现任腾讯公司董事会主席兼CEO。

腾讯公司是中国最大的互联网综合服务提供商之一，主要业务包括社交和通信服务QQ及微信／WeChat、社交网络平台QQ空间、腾讯游戏旗下QQ游戏平台、门户网站腾讯网、腾讯新闻客户端和网络视频服务腾讯视频等。

4. 比尔·盖茨与微软公司

比尔·盖茨（Bill Gates）13岁开始学计算机编程，21岁时与好友保罗·艾伦一起为第一台微型计算机MITS Altair开发了BASIC编程语言的版本，并成立了美国微软（Microsoft）公司，在“计算机将成为每个家庭、每个办公室中最重要的工具”的信念下为个人计算机开发、改进软件，曾任微软公司董事长、CEO和首席软件设计师。

微软公司是世界PC（personal computer，个人计算机）软件开发的先导，公司总部设立在华盛顿州的雷德蒙德，以研发、制造、授权和提供广泛的计算机软件服务业务为主，目前常见的产品有Windows操作系统、IE浏览器、Ms-Office办公软件等。

5. 史蒂夫·乔布斯与苹果公司

史蒂夫•乔布斯（Steve Jobs, 1955—2011），是美国发明家、企业家、苹果公司联合创始人，经历了苹果公司几十年的起落与兴衰，先后领导和推出了麦金塔计算机、iMac、iPod、iPhone、iPad等风靡全球的电子产品，深刻地改变了现代通信、娱乐、生活方式。

苹果公司成立于1976年，创立之初主要开发和销售个人计算机。该公司硬件产品主要是Mac计算机系列、iPod媒体播放器、iPhone智能手机和iPad平板计算机；在线服务包括iCloud、iTunes Store和App Store；消费软件包括OSX和iOS操作系统、iTunes多媒体浏览器、Safari网络浏览器等。

1.5.2 信息素养

信息素养（information literacy）的本质是全球信息化需要人们具备的一种基本能力。最早是由美国信息产业协会主席保罗·泽考斯基（Paul Zurkowsk）于1974年提出，指利用大量的信息工具及主要信息源使问题得到解答的技能。信息素养包括文化素养、信息意识和信息技能三个层面。即能够判断什么时候需要信息，并且懂得如何去获取信息，如何去评价和有效利用所需的信息。

在《信息素养全美论坛的终结报告》中，再次对信息素养的概念作了详尽表述：“一个有信息素养的人，他能够认识到精确和完整的信息是做出合理决策的基础；能够确定信息需求，形成基于信息需求的问题，确定潜在的信息源，制定成功的检索方案，以包括基于计算机的和其他的信息源获取信息，评价信息、组织信息用于实际的应用，将新信息与原有的知识体系进行融合以及在批判思考和问题解决的过程中使用信息。”

信息素养包括关于信息和信息技术的基本知识和基本技能，运用信息技术进行学习、合作、交流和解决问题的能力，以及信息的意识和社会伦理道德问题。信息素养包括信息搜索、信息加工、信息利用、数据分析、计算思维、信息伦理、信息安全等方面。具体说明如下：

（1）信息搜索：熟悉常用的信息源及数据库，能够设计并实施良好的搜索策略，灵活高效地查找信息。

（2）信息加工：能够评估信息和信息来源，对收集的信息进行总结提炼，通过比较确定信息价值，对个人自身的知识体系进行整合和更新。

（3）数据分析：掌握常用的数据分析和处理工具。

（4）计算思维：能够将现实问题转换为可以被计算机理解与执行的模型与算法。

（5）信息伦理：能够在信息获取和使用过程中遵守通用的道德行为规范。

（6）信息安全：能够识别和防范网络安全风险，注重个人信息和隐私保护。

（7）信息素养不仅是终身学习的能力，也是自主学习的态度和方法，是指合理合法地利用各种信息工具，特别是网络和多媒体工具，确定、获取、评估、利用、整合和创造信息，以实现某种特定目的或解决某个现实问题的能力。信息素养的四个要素共同构成一个不可分割的统一整体，其中信息意识是前提，信息知识是基础，信息能力是支撑，信息伦理是保障。

练 习 题

以下选项中，能够评估信息和信息来源，对收集的信息进行总结提炼，通过比较确定信息价值，对个人自身的知识体系进行整合和更新的是（　　）。

A. 信息搜索　　B. 信息加工　　C. 数据分析　　D. 计算思维

1.6　计算思维的基本方法

1. 计算思维的基本特征

长期以来，计算机被社会看作是一种高科技工具，计算机学科也被视为一门专业性很强的工具学科。专业性意味着认知门槛高，工具意味着它是一种辅助性学科，这种狭隘的认知是计算机向各行各业渗透的最大障碍。荷兰计算机大师艾兹格·韦伯·迪科斯彻（Edsger Wybe Dijkstra，1930—2002）说过："我们使用的工具影响着我们的思维方式和思维习惯，从而也将深刻地影响着我们的思维能力。"

"计算思维"是卡内基梅隆大学（CMU）计算机科学系主任、美国国家自然基金会计算与信息科学工程部助理部长周以真（Jeannette M.Wing）教授提出的一种理论。周以真教授提出以下计算思维的观点和方法。

1）计算思维的广泛性

计算思维是每个大学生必须掌握的基本技能，它不仅仅属于计算机科学家。教育应使每个孩子在培养解析能力时，不仅掌握阅读、写作和算术（3R），还要具有计算思维。

一个人可以主修计算机科学而从事任何行业。例如，一个人可以主修英语或者数学，而从事各种各样的职业；一个人可以主修计算机科学，而从事医学、法律、商业、政治以及任何类型的科学和工程，甚至艺术工作。

2）计算思维的基本原则

计算思维是一种递归思维，它是并行处理的思维方法。

计算思维是概念化的，不是程序化的。计算思维不光是编程，还要求在抽象的层次上进行思维。

计算思维是人的，不是计算机的思维方式。计算思维是人类求解问题的思维方法，而不是让人类像计算机那样思考。计算机枯燥而且沉闷，人类聪明且富有想象力，是人类赋予了计算机激情。

计算思维是数学思维和工程思维的相互融合。计算机科学本质上来源于数学思维，但是受计算设备的限制，迫使计算机科学家必须进行工程思考，不能只是数学思考。图灵和冯·诺依曼是“数学思维”和“工程思维”的典型代表人物。

3）利用计算思维解决问题的方法

计算思维建立在计算过程的能力和限制之上。需要考虑哪些事情人类比计算机做得好？哪些事情计算机比人类做得好？最根本的问题是：什么是可计算的？

当人们求解一个特定的问题时，首先会问：解决这个问题有多么困难？什么是最佳的解决方法？表述问题的难度取决于人们对计算机理解的深度。

为了有效求解一个问题，可能要进一步提问：一个近似解就够了吗（如Excel中的计算精度是否需要16位以上）？是否允许漏报和误报（如视频播放时的数据丢失）？计算思维就是通过简化、转换和仿真等方法，把一个看起来困难的问题，重新阐释成一个人们知道怎样解决的问题。

计算思维采用抽象和分解的方法，将一个庞杂的任务或设计分解成一个适合于计算机处理的系统。计算思维是选择合适的方式对问题进行建模，使它易于处理。在人们不必理解每一个细节的情况下，就能够安全地使用或调整一个大型的复杂系统。

上述周以真教授关于计算思维的主要观点，是指导人们利用计算机解决问题的思维方式。

4）解决复杂问题的方法

大问题的复杂性是指随着问题规模的增长，问题的复杂性呈非线性增加的反应。在计算机领域，问题的大小与计算的复杂性直接相关。

例如，对矩阵乘法这类问题，2阶矩阵相乘是个小问题，而1 000阶矩阵相乘是个大问题。又如，在CPU等大型集成电路芯片中，集成了数亿个晶体管，因此在设计中变得非常复杂，稍有不慎就会造成产品瑕疵。

再如，在软件工程中，随着问题规模的增大，系统的复杂性也在增大。每个新的信息项、功能或限制都可能影响整个系统的其他元素。因此，随着问题复杂性的增加，系统分析的任务将呈几何级数增长。在研制一个大系统时，控制和降低系统的复杂性，是区分和选择各种计算机技术的重要因素。

为了解决大问题的复杂性，哲学家和数学家笛卡儿在《方法论》一书中提出了一些基本方法，笛卡儿的主要思想如下。

第一，决不把任何没有明确地认识为真的东西，当作真的加以接受。也就是说，小心避免仓促的判断和偏见，只把那些十分清楚地呈现在我的心智之前，使我根本无法怀疑的东西放进我的判断之中。

第二，把我考察的每一个难题，都尽可能地分成细小的部分，直到可以而且适于加以圆满解决的程度为止。

第三，按照次序引导我的思想，以便从最简单、最容易认识的对象开始，一点一点上升到对复杂对象的认识，即便是那些彼此之间并没有自然先后次序的对象，我也给它们设定一个次序。

第四，把一切情形尽量完全地列举出来，尽量普遍地加以审视，使我确信毫无遗漏。

2. 计算机如何解决问题

人们使用计算机解决问题时，必须人为地规定计算机的操作步骤，告诉计算机“干什么”和“怎么干”，也就是按照任务的要求写出一系列计算机指令，这些指令的集合称为程序。当然，指令必须是计算机能够识别和执行的指令。计算机的指令是有限的，用它们可以编制出解决各种不同任务的程序。计算机能够自动连续地执行程序中指令规定的操作，是因为计算机是按照“存储程序”原理进行工作的。其实，计算机硬件设备只能进行基本的数学运算与逻辑比较，计算机的各种功能是在计算机程序指挥下完成的。简单地说，有多少种程序，计算机就有多少种功能。

计算机解决一个问题时，大致要经历以下步骤：

1）问题的可计算性

计算机的优势在于数值计算，很多非数值问题（如文字识别、图像处理等）都可以转化成为数值问题交给计算机处理。但是，使用计算机解决的问题应该在有限步骤内被解决，如“哥德巴赫猜想”就属于不可计算的问题，因为计算机没有办法给出数学意义上的证明。因此，没有任何理由期待计算机能解决世界上所有的问题。

2）对象的离散化

计算机处理的对象一部分本身就是离散化的，如数字、字母、符号等；但是还有很多处理对象是连续型的，如色彩、声音、交流电压等。凡是“可计算”的问题，处理对象都是离散型的，因为计算机建立在离散数字计算的基础上。所有连续型问题必须转化为离散型问题后（数字化），才能被计算机处理。例如，在计算机屏幕上显示一张图片时，计算机必须将图片在水平和垂直方向分解成一定分辨率的像素点（离散化），然后将每个像素点再分解成红绿蓝（RGB）3种基本颜色；每种颜色的变化分解为0~255（1字节）个色彩等级。这样计算机就会得到一大批有特定规律的离散化数字，就能任意处理这张图片了，如图片的放大、缩小、旋转、变形、变换颜色等操作。

3）解决问题的算法

通俗地讲，算法就是完成任务的步骤。例如，Windows操作系统如何在硬盘中找到用户指定的文件；媒体播放器如何将MP3文件转换成动听的音乐；搜索引擎如何在因特网中找到用户需要的网页等，这些问题都需要利用算法来解决。解决一个具体问题时，必须给出所求问题的已知条件，列举所要求的结果，分析已知条件和要求结果之间的联系，然后建立相应的求解方法，即确定解决问题的算法步骤。然后将算法步骤表述为数学模型、系统结构图、程序流程图等形式。

4）程序设计

将解决问题的算法步骤转变为程序设计，然后编辑、调试和测试程序代码，直到输出所要求的结果。

图灵在《计算机器与智能》论文中指出：“如果一个人想让机器模仿计算员执行复杂的操作，他必须告诉计算机要做什么，并把结果翻译成某种形式的指令表。这种构造指令表的行为通常称为编程。”

3. 计算机不能解决的问题

大多数机器只能做某一类事情，如电视机只能看电视，冰箱只能存储食物等。为什么计算机能做多种不同的事呢？是不是计算机什么事都能做？其实，计算机的根本问题是“可计算”问题，可计算性是指一个实际问题是否能够使用计算机来解决。在实际工作中，不可计算的问题有二义性、复杂性等诸多问题。

1）二义性问题

利用计算机解决问题时，必须有充分的已知条件，而且对结果有明确的要求。简单地说，就是问题没有二义性。例如，“为我做一个西红柿炒鸡蛋”这样的问题，计算机是无法解决的。因为这个问题存在太多的二义性，如西红柿要多大？成熟到什么程度？是否要全红色的？用什么品种？“一个”的含义是多少（1个西红柿还是1斤西红柿）？“炒”的含义又是什么，需要火炒吗？用什么火（柴火、煤火、液化气火、电磁炉等）？炒多长时间？等。

二义性是一种语法的不完善说明，在计算机应用中应当避免这种情况出现。有两个解决二义性的基本方法。一种方法是设置一些规则，该规则可在出现二义性的情况下指出哪一个是正确的；另一种方法是将问题改变成一个强制正确的格式，这样就可以进行计算机编程处理。

2）复杂性问题

弗里德里希•克拉默（Friedrich Cramer，1923—2003，德国）在经典著作《混沌与秩序——生物系统的复杂结构》中，给出了几个简单例子，用于分析程序的复杂性。

【例】序列aaaaaaa…

这是一个简单系统，相应的程序为：在每一个a后续写a。这个短程序使这个序列得以随意复制，不管多长都可以做到。

【例】序列aabaabaabaab…

与上例相比，该例要复杂一些，是一个准复杂系统，但仍可以很容易地写出程序：在两个a后续写b并重复这一操作。

【例】aabaababbaabaababb…

与第二个例子相似，这个例子也可以用很短的程序来描述：在两个a后续写b并重复。每当第三次重写b时，将第二个a替换为b。这样的序列具有可定义的结构，能由对应的程序来表示。

【例】aababbababbbabaaababbab…

这个例子中信息的排列毫无规律，如果希望编程解决，就必须将字符串全部列出。这就可以得出一个结论：一旦程序的大小与试图描述的系统大小相提并论时，便无法编程。或者说，当系统的结构不能被描述，或描述它的最小算法与系统本身具有相同的信息比特数时，则称该系统为根本复杂系统。在达到根本复杂之前，人们仍可以编写出能够执行的程序，否则计算机不能进行处理。

1.7 计算机网络

随着信息技术的发展和网络的普及，当今社会已经进入信息时代，我们可以通过网络分享各种信息，如精美的图片，动听的音乐，华丽的视频以及各种专业文献、论文等。计算机网络是利用通信设备和传输介质，将分布在不同地理位置上的具有独立功能的计算机相互连接，在网络协议控制下进行信息交流，实现资源共享和协同工作。

1.7.1　计算机网络组成

1. 网络设备

组成计算机网络的通信设备主要有：交换机、路由器、服务器、防火墙、调制解调器（modem）、光电转换器、中继器、光端机等设备。传输介质有：双绞线、光纤、微波等。

2. 网络互联

计算机网络的互联包括网络硬件设备之间的互联（如交换机与用户计算机的互联）；传输介质之间的互联（如光纤与双绞线的互联），以及网络协议之间的互联（如广域网协议与局域网协议）；网络软件之间的互联（如网络系统服务软件与用户应用软件的互联）等。

3. 网络协议

计算机之间的通信必须遵守事先约定好的一些规则和方法，这些规则明确规定机器通信时的数据格式（数据包结构），如何找到对方计算机（地址），怎样将信号传送到对方计算机（路由），计算机之间如何进行对话（点到点或广播）等，这些复杂的问题都由网络协议规定。网络协议是为数据通信而建立的规则、标准或约定，它是计算机网络的核心部分，网络设备和网络软件都必须遵循网络协议，才能进行计算机之间的通信。

1.7.2　计算机网络的功能

计算机网络的功能包括数据通信、资源共享、分布式处理、提高可靠性和负载均衡。

（1）数据通信是最基本和最重要的功能，负责连接控制、传输控制、差错控制、流量控制、路由选择、多路复用等。

（2）资源共享则包括数据资源、软件资源、硬件资源。凡是入网用户均能享受网络中各个计算机系统的软件、硬件和数据资源。

（3）分布式处理是通过算法将大型的综合性问题交给不同的计算机同时进行处理，当计算机网络中的某个计算机负载过重时，可以将其处理的某个复杂任务分配给网络中的其他计算机系统，从而利用空闲的计算机资源以提高整个系统的利用率。提高可靠性体现在计算机网络中的各台计算机可以通过网络互为替代机。负载均衡则将工作任务均衡地分配给计算机网络中的各台计算机。

1.7.3　计算机网络的分类

计算机网络的分类方法有很多种，可以通过网络覆盖范围、网络拓扑结构等角度进行分类。

1. 按计算机网络地理范围大小进行划分

根据计算机网络地理范围的大小，将网络分为局域网（LAN）、城域网（MAN）和广域网（WAN）。

1）局域网（LAN）

局域网是指将一定区域内的计算机、终端与外部设备链接而成的计算机网络。局域网是结构复杂程度最低的计算机网络，也是目前应用最广泛的一类网络。尽管局域网是结构最简单的网络，但并不一定是小型网络。由于光通信技术的发展，局域网覆盖范围越来越大，往往将直径达数千米的一个连续的园区网（如大学校园网、智能小区网等）也归纳到局域网的范围，局域网示意图如图1-41所示。局域网的主要特点：

（1）覆盖的地理范围小；

（2）数据传输速度非常高，一般为10 Mbit/s到100 Mbit/s，误码率很低；

（3）网络拓扑结构简单。

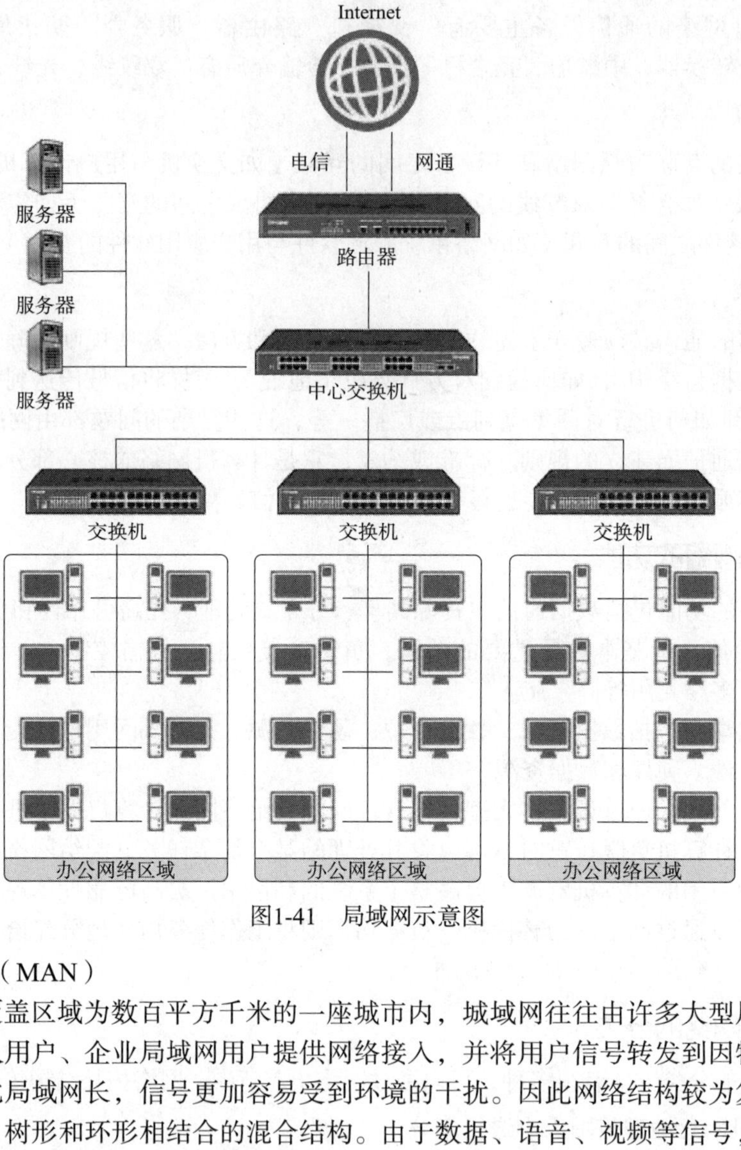

图1-41　局域网示意图

2）城域网（MAN）

城域网的覆盖区域为数百平方千米的一座城市内，城域网往往由许多大型局域网组成。城域网主要为个人用户、企业局域网用户提供网络接入，并将用户信号转发到因特网中。城域网信号传输距离比局域网长，信号更加容易受到环境的干扰。因此网络结构较为复杂，往往采用点对点、环形、树形和环形相结合的混合结构。由于数据、语音、视频等信号，可能都采用同一城域网络，因此城域网组网成本较高。

由于采用具有有源交换元件的局域网技术，网中传输时延较小，它的传输媒介主要采用光缆，传输速度在100 Mbit/s以上。

3）广域网（WAN）

广域网覆盖范围通常在数千平方千米以上，一般为多个城域网的互联（如ChinaNet，中国公用计算机网），甚至是全世界各个国家之间网络的互联。因此广域网能实现大范围的资源共享。广域网一般采用光纤进行信号传输，网络主干线路数据传输速率非常高，网络结构较为复杂，往往是一种网状网或其他拓扑结构的混合模式。广域网需要跨越不同城市、地区、国家，因此网络工程最为复杂。

广域网的数据传输速度比较低，一般在64 Kbit/s~2 Mbit/s，但随着技术发展传输速率在不断提高，误码率很高。

2. 按照网络拓扑结构分类

计算机网络拓扑是指通信子网的拓扑构型，通过网中节点与通信线路间的几何关系表示网络结构，反映出网络中各实体的结构关系。主要分为总线、星形、环形、树状、网状和混合型等。

计算机网络拓扑结构中主要有三种基本拓扑结构。

1）总线拓扑

总线拓扑结构是只有一条公共线路做成主体传输总线，入网的计算机节点通过支线接口连接到这条总线上。这种结构具有费用低、数据端用户入网灵活、站点或某个端用户失效不影响其他站点或端用户通信的优点。缺点是一次仅能一个端用户发送数据，其他端用户必须等待到获得发送权，总线拓扑结构如图1-42所示。

2）星形拓扑

星形拓扑结构是指网络中所有节点都连接到一个中央集线设备上，所有数据的传送以及信息的交换和管理都通过中央集线设备来实现。星形拓扑的特点是结构简单，连接方便，管理和维护容易，扩展性强。网络延迟小，传输误差低。但对中心节点要求相当高，一旦中心节点出现故障，则整个网络瘫痪，星形拓扑结构如图1-43所示。

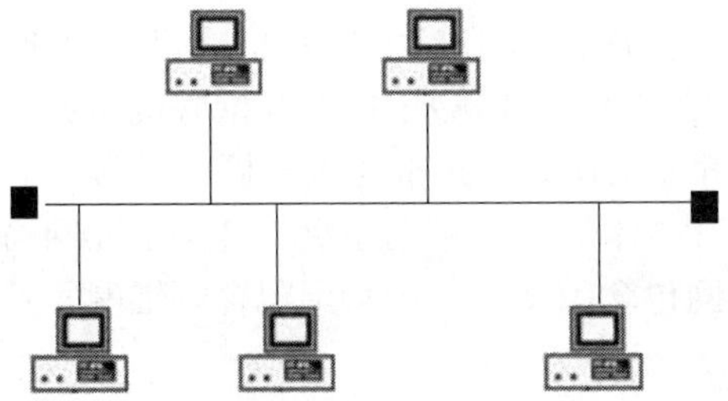

图1-42　总线拓扑

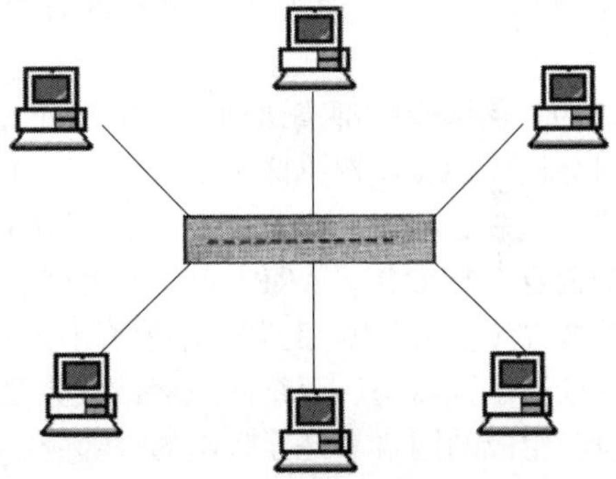

图1-43　星形拓扑

3）环形拓扑

环形拓扑结构是一个像环一样的闭合链路，它是由许多中继器和通过中继器连接到链路上的节点连接而成。在环形网中，所有的通信共享一条物理通道，即连接了网中所有节点的点到点链路。这种结构可靠性差，在环上传输数据都要通过连接在环上的每个中继器才能得以完成，任何两个节点间的电缆或者中继器发生故障都将会引起全网的故障，环形拓扑结构如图1-44所示。

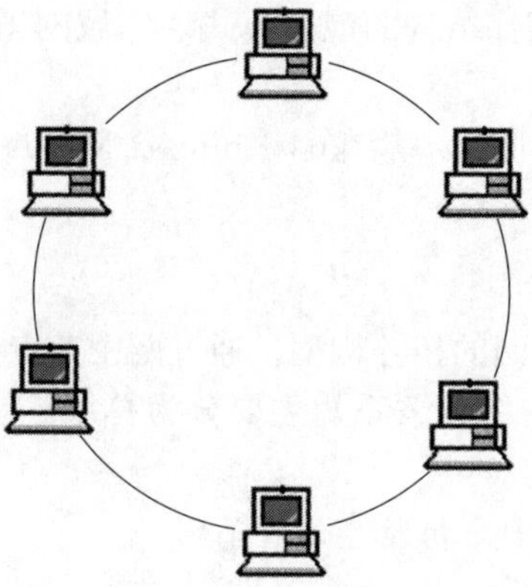

图1-44 环形拓扑

网络拓扑结构设计是建设计算机网络的第一步，也是实现各种网络协议的基础，它对网络性能、可靠性与通信代价有很大的影响。

除了以上的分类方法，我们还可以按网络传输技术将网络分为广播式网络、点到点式网络或按网络传输介质将网络分为无线网、有线网、光纤网等。

1.7.4 因特网基本服务

1. Internet 的产生和发展

Internet，即通常所说的“因特网”。其应用范围由最早的军事、国防、扩展到美国国内的学术机构，进而迅速覆盖了全球的各个领域，运营性质也有科研、教育为主逐渐转向商业化。

1969年美国国防部高级研究计划局（ARPA）制定了一个计划，将美国的加利福尼亚大学洛杉矶分校（UCLA）、加利福尼亚大学（UCSB）、斯坦福大学研究学院和犹他州大学的4台计算机连接起来，建设一个ARPANET（阿帕网）。ARPANET于1969年12月开始联机，这就是因特网的前身。1983年，ARPANET采用TCP/IP为标准通信协议，形成了因特网的雏形。因特网采用开放性（公开技术细节，免费使用技术）TCP/IP技术，因此带动了世界各国不同网络的互联。互联网、因特网、万维网三者的关系是：互联网包含因特网，因特网包含万维网，凡是由通信设备组成的网络都是互联网的一部分。

1995年以来，互联网用户数量呈指数增长趋势，平均每半年翻一番。截止到2002年5月，全球已经有5.8亿用户。此后全球互联网用户数量持续高速增长，截至2024年2月，全球互联网用户数量达到53亿，占世界人口的比重为65.4%。

2. Internet 在中国的发展

Internet在中国的发展可以粗略地分为以下两个阶段：

第一阶段，以1987年9月20日22点55分，由北京向世界发出第一封电子邮件起为标志，到1993年。在这期间，先后有多个科研机构、高校开通了与Internet的邮件服务接入。

第二阶段，从1994年开始，起始标志是：1994年4月，由中科院、北京大学、清华大学及国内其他科研教育单位组成的NCFC（中国国家计算与网络设施）正式开通了与国际Internet的64K专线TCP/IP连接。这一阶段已经走过了30年的历程，这30年里，互联网在中国社会的渗透和影响逐渐加深，从最初的科研和学术领域的应用，逐渐扩展到商业、教育、医疗、娱乐等各个领域，极大地改变了人们的生活方式和社会结构。本世纪初以来，随着PC互联网和移动互联网的发展，在线视频、在线社交、电子商务等业务创新蓬勃发展，互联网服务对象更加多元化，从个人客户拓展到政府和企业客户。中国互联网的发展不仅将中国与世界连接在一起，还推动了数字经济的形成，为中国带来了新的挑战与机遇。

我国目前主要的因特网服务提供商（ISP）主要包括中国电信、中国移动和中国联通这三大电信运营商，同时它们也是国际带宽的主要提供商。这些运营商的国际出口带宽均已达到了T级别，显示出我国在国际带宽领域的强大实力，其中中国移动国际出口带宽达到2.5T，中国联通达到1.5T，中国电信达到2T。这些数字表明，我国在国际带宽领域的实力非常强大，能够满足日益增长的国际信息交换需求。

互联网的普及使生活变得更加便捷、高效和多元，人们不再受地域和时间的限制，可以随时随地与世界连接。

根据CNNIC统计，截至2023年12月，中国网民人数达到了10.92亿，较2022年12月新增网民2 480万人，互联网普及率达到77.5%，农村互联网普及率占66.5%。超过世界平均水平。

截至2023年12月底，IPv6地址数量为68042块/32；国家顶级域名“.CN”数量为2 013万个；互联网宽带接入端口数量达11.36亿个。累计建成5G基站337.7万个，覆盖所有地级市城区、县城城区；发展蜂窝物联网终端用户23.32亿户，较2022年12月净增4.88亿户，占移动网终端连接数的比例达57.5%。中国互联网发展与普及水平居发展中国家前列。

在中国，越来越多的人通过互联网获取信息、丰富知识；越来越多的人通过互联网创业，实现自己的理想；越来越多的人通过互联网交流沟通，密切相互间的关系。互联网正在成为一种新的工作和生活方式。

3. Internet 中的地址

要想完成Internet上不同计算机之间的通信，每台计算机都必须有一个独一无二的身份号码，即地址。在Internet世界中有两种主要的地址识别系统：IP和域名系统。

1）IPv4网络地址

Internet中含有许多不用的复杂网络和许多不同类型的计算机，将它们连接在一起又能互相通信，依靠的是TCP/IP。按照这个协议，接入Internet上的每一台计算机都有一个唯一的地址标识，这个地址叫IP。IP是通过数字来表示一台计算机在Internet中的位置。IP体系目前有广泛使用中的IPv4和目前在建的IPv6体系。

就IPv4体系而言，为了便于寻址以及层次化构造网络，每个IP包括两个标识码，网络ID用来标识该IP属于哪一个逻辑网络，主机ID则用来标识该IP地址属于该逻辑网络中的哪一台主机。IP具有固定、规范的格式如图1-45所示，每个IP都由一个长度为32位的二进制数构成，左边为网络号，右边为主机号，被分为4段，每段8位，段与段之间用圆点“·”分开，如：11000000.10101000.00000011.00000111。这样的二进制数难以书写和记忆，为了方便记忆和使用，IP通常用如下点分十进制格式表示：XXX.XXX.XXX.XXX，（每段XXX的十进制取值范围在0~255之间），例如，上面的二进制IP地址可以表示为192.168.3.7。

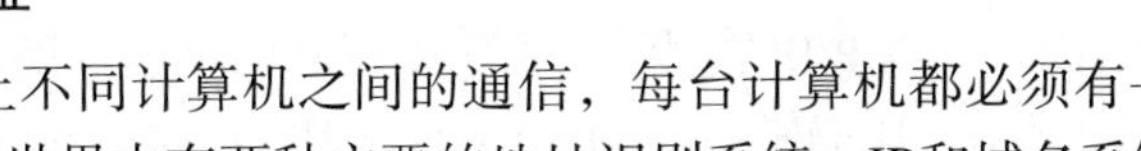

图1-45　IP地址的组成

考虑到不同规模网络的需要，为充分利用IP空间，IETF（因特网工程任务组）早期将IP分为A、B、C、D、E五类，其中A、B、C是主类地址，D类为组播地址，E类地址保留给将来使用，IP地址的分类见表1-11。

表1-11 IPv4地址的网络数和主机数

IP地址类型	段1取值范围	IP地址格式	网络号位数	主机号位数	网络个数	每个网络最多主机数	用途
A	1~126	网络号.主机.主机.主机	8	24	126	1677万	超大型网络
B	128~191	网络号.网络号.主机.主机	16	16	1.6万	6.5万	大型网络
C	192~223	网络号.网络号.网络号.主机	24	8	209万	254	小型网络
D	224~239	仅用于组播使用					
E	240~255	目前保留，仅用于实验					

由于地址数据中的全0或全1地址有特殊用途，不作为普通地址使用，所以在计算机网络个数和各网络中的主机数时要去掉这两个特殊地址。

实用技巧：如果我们需要查看自己的IP地址，可以通过如下操作找到自己的主机IP地址：

（1）单击Windows任务栏右下角的网络连接图标；

（2）在弹出的菜单上单击“网络和Internet设置”按钮；

（3）在弹出的对话框中，选择“查看网络属性”选项，往下找到和所有网络名称对应的IPV4地址即为当前主机IP。

2）IPv6网络地址

目前使用的TCP/IP为IPv4（TCP/IP第4版），由于因特网的迅速发展，IPv4暴露了一些问题，为了解决因特网中存在的问题，IETF推出了IPv6（TCP/IP第6版）。我国电信网络运营商已于2005年开始向IPv6过渡，中国教育科研网（CERNET2）的大部分网络结点也采用IPv6。

IPv6有以下特点：IPv6的每个地址为128位，地址空间为3.4×10^{38}，是IPv4的296倍；IPv6采用了一种全新的分组格式，它简化了报头结构，减少了路由表长度，但是也导致了与IPv4不兼容；IPv6还简化了协议，提高了网络服务质量（QoS）；IPv6的其他改进有安全性、优先级、支持移动通信等。

IPv6采用“冒分十六进制”的方式表示IP地址。它是将地址中每16位分为一组，写成四位十六进制数，两组间用冒号分隔（如×：×：×：×：×：×：×：×），地址中的前导0可不写。例如：69DC：8864：FFFF：FFFF：0：1280：8C0A：FFFF。

由于IPv6与IPv4互不兼容，因此从IPv4到IPv6是一个逐渐过渡的过程，而不是彻底改变的过程。要实现全球IPv6的网络互联，仍然需要很长一段时间。

4. 域名系统

数字式的IP（如210.43.206.103）难于记忆，如果使用易于记忆的符号地址（如www.sina.com）来表示，就可以大大减轻用户的负担。这就需要一个数字地址与符号地址相互转换的机制，这就是因特网域名系统（DNS）。

域名系统（DNS）是一个分布在因特网上的主机信息数据库系统，它采用客户端/服务器工作模式。域名系统的基本任务是将域名翻译成IP协议能够理解的IP地址格式，这个工作过程称为域名解析。域名解析工作由域名服务器来完成，域名服务器分布在不同的地方，它们之间通过特定的方式进行联络，这样可以保证用户可以通过本地域名服务器查找到因特网上所有的域名信息。

因特网域名系统规定，域名格式为：结点名.三级域名.二级域名.顶级域名。例如：www.cdu.edu.cn

该域名可以理解为在中国教育机构中成都大学内容一个名为WWW的Web服务器。所有顶级域名由INIC（国际互联网信息中心）控制。顶级域名目前分为两类：行业性和地域性顶级域名，见表1-12。

表1-12　常见顶级域名

早期顶级域名	机 构 性 质	新增顶级域名	机 构 性 质	域　　名	国家或地区
com	商业组织	firm	公司企业	au	澳大利亚
edu	教育机构	shop	销售企业	ca	加拿大
net	网络中心	web	因特网网站	cn	中国
gov	政府组织	arts	文化艺术	de	德国
mil	军事组织	rec	消遣娱乐	jp	日本
org	非营利性组织	info	信息服务	th	泰国
Int	国际组织	nom	个人	uk	英国

美国没有国家和地区顶级域名，通常见到的是采用行业领域的顶级域名。

因特网域名系统逐层、逐级由大到小进行划分如图1-46所示，DNS结构形状如同一棵倒挂的树，树根在最上面，而且没有名字。域名级数通常不多于5级，这样既提高了域名解析的效率，同时也保证了主机域名的唯一性。

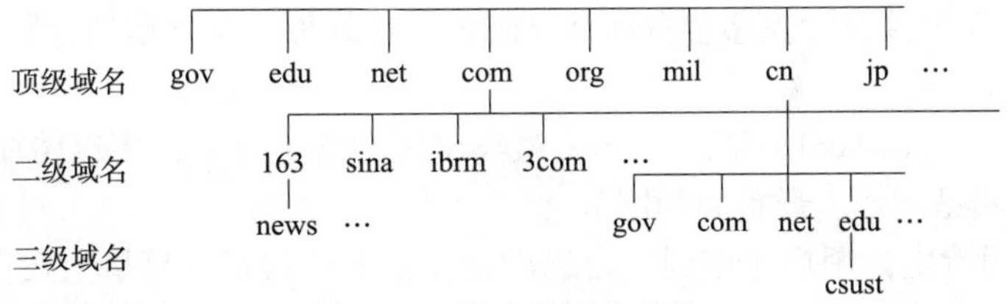

图 1-46　域名的层次结构

5. Internet 服务

1）网页服务（WWW）

WWW（World Wide Web，万维网）的信息资源分布在全球数亿个网站（Web Site）上，网站的服务内容由ICP（互联网内容提供者）进行发布和管理，用户通过浏览器软件（如IE），就可浏览到网站上的信息，网站主要采用网页（Web Page）的形式进行信息描述和组织，网站是多个网页的集合。WWW是以超文本标记语言（HTML）与超文本传输协议（HTTP）为基础，能够提供面向Internet服务的、一致的用户界面的信息浏览系统。

2）超链接

超链接是指向其他网页的一个“指针”。超链接允许用户从当前阅读位置直接切换到网页超链接所指向的位置。超链接属于网页的一部分，它是一种允许与其他网页或站点之间进行连接的元素。各个网页连接在一起后，才能构成一个网站。超链接是指从一个网页指向一个目标的连接关系，这个目标可以是另一个网页，也可以是相同网页上的不同位置，还可以是一个图片，一个电子邮件地址，一个文件，甚至是一个应用程序。当浏览者单击已经连接的文字或图片后，连接目标将显示在浏览器上，并且根据目标的类型来打开或运行。

浏览器通常会用一些特殊的方式来显示超链接。如不同的文字色彩、大小或样式。而且，光标移动到超链接上时，也会转变为“手形”标记指示出来。超链接在大部分浏览器里显示为加下画线的蓝色字体，当这个链接被选取时，则文字转为紫色。当使用者点击超链接时，浏览器将调用超链接的网页。如果超链接目标并不是一个HTML文件时（如下载一个RAR压缩文件）浏览器将自动启动外部程序打开这个文件。

3）邮件服务

电子邮件（e-mail）是一种利用计算机网络交换电子信件的通信手段，它是因特网上最受欢迎的一种信息服务。电子邮件服务模拟邮局系统，每个用户都可以拥有一个自己的邮箱，用户可以将邮件发送到收信人的邮箱中，收信人可随时进行读取，看完后的邮件可以保留或删除，也可以给写信人回信或将信件转发给其他用户。电子邮件不仅能传送文字信息，还可以传送图像、声音等多媒体信息。

电子邮件系统采用客户端/服务器工作模式，邮件服务器包括接收邮件服务器和发送邮件服务器。发送邮件服务器一般采用SMTP（简单邮件传输协议）通信协议，当用户发出一份电子邮件时，发送方邮件服务器按照电子邮件地址，将邮件送到收信人的接收邮件服务器中。接收方邮件服务器为每个用户的电子邮箱开辟了一个专用的硬盘空间，用于存放对方发来的邮件。当收件人将自己的计算机连接到接收邮件服务器（一般为登录邮件服务器的网页），并发出接收操作后（用户登录后，邮件服务器会自动发送邮件目录），接收方通过POP3（邮局协议版本3）或IMAP（交互式邮件存取协议）读取电子信箱内的邮件。当用户采用网页方式进行电子邮件收发时，用户必须登录到邮箱后才能收发邮件；如果用户采用邮件收发程序（如微软公司的Outlook Express），则邮件收发程序会自动登录邮箱，将邮件下载到本地计算机中。

4）FTP文件传输服务

FTP（file transfer protocol）是Internet上最早出现的服务之一，可以传输任何格式的数据。到目前为止，它仍然是网络上最重要的服务之一。

FTP的主要作用就是让用户连接到一台远程计算机上，这台计算机上运行着FTP服务程序，存储一些有用的文件，用户可以查看FTP提供的文件目录，可以把服务器上的文件复制到本机（这个过程称为“下载”），或者把自己的文件发送到服务器上（这个过程称为“上传”）。

用户登录FTP服务器时，需要输入特定的用户名和密码。很多FTP服务器会提供一个公开的账号供用户使用，这个账号名为anonymous，密码可以是用户自己的电子邮件地址，这种登录方法称为匿名登录。

5）远程终端访问

远程终端访问（telnet），是Internet所提供的基本服务之一。它的基本功能是让用户的计算机和远程计算机连接，允许用户登录远程主机系统。在远程计算机上运行程序，将本地的输入送到计算机上，相应的屏幕显示送回到本地机器。这时用户所使用的的机器变成远程某一主机的终端，进而可以使用远程主机上的各种资源，这种终端称为远程仿真终端。

6）即时通信服务

即时通信（IM）服务是指能够即时发送和接收互联网消息等的业务，它可以在因特网上进行即时的文字信息、语音信息、视频信息、电子白板等方式的交流，还可以传输各种文件。自1998年面世以来，特别是近几年的迅速发展，即时通信的功能日益丰富，逐渐集成了电子邮件、博客、音乐、电视、游戏和搜索等多种功能。即时通信不再是一个单纯的聊天工具，它已经发展成集交流、资讯、娱乐、搜索、电子商务、办公协作和企业客户服务等为一体的综合化信息平台。

微软、腾讯、AOL、网易云信、Yahoo等重要即时通信提供商都提供通过手机接入互联网即时通信的业务，用户可以通过手机与其他已经安装了相应客户端软件的手机或计算机收发消息。截至2023年6月，即时通信用户规模达10.47亿人，用户使用率为97.1%。

7）搜索引擎服务

搜索引擎是某些网站免费提供的用于网上查找信息的程序，是一种专门用于定位和访问网页信息，获取用户希望得到的资源的导航工具。搜索引擎通过关键词查询或分类查询的方式获取特定的信息。搜索引擎并不即时搜索整个因特网，它搜索的内容是预先整理好的网页索引数据库。为了保证用户搜索到最新的网页内容，搜索引擎的大型数据库会随时进行内容更新，得到相关网页的超链接。用户通过搜索引擎的查询结果，知道了信息所处的站点，再通过点击超链接，就可以转接到用户需要的网页上。

当用户在搜索引擎中输入某个关键词（如计算机）并单击“搜索”按钮后，搜索引擎数据库中所有包含这个关键词的网页都将作为搜索结果列表显示。用户可以自己判断需要打开哪些超链接的网页。常用的搜索引擎有百度、谷歌等。

8）电子地图和导航软件

电子地图是利用计算机技术，以数字方式存储并开放查阅的地图系统。电子地图往往与卫星照片和街景地图结合，用来查找各种场所和位置，查找出行路线，进行出行规划，还可以通过地图查阅和发布信息。电子地图可以使用关键词搜索特定位置和场所、缩放比例尺、测量距离、查看地形、标注位置等。

导航软件是利用电子地图系统和卫星定位系统，规划指导出行路线的系统。导航软件可以安装在手机上或专用设备上，用语音和图像结合的形式指示用户行进。导航软件还可以利用用户的大数据反馈、从交通运输部门获得道路实况信息和用户本身的反馈增强导航的准确性。

9）移动支付

移动支付是指移动客户端（如手机等设备）进行的电子货币支付，移动支付将互联网、终端设备、金融机构有效地联合起来，形成一种新型的支付体系。

移动支付可以分为现场支付和远程支付。现场支付是利用手机即时交易，例如，刷取二维码付款，适用于现场交易；远程支付就是利用手机转账付款，适用于网络交易。

移动支付的使用非常方便，几乎代替了现金的使用，使现今盗窃犯罪大量减少，移动支付使人们进入无现金时代。

10）其他

电子公告板（bulletin board system，BBS）是一种用户交流意见和讨论问题的系统，用户登录BBS系统，可以浏览信息、发表意见、讨论问题等。早期的BBS需要使用特定的客户端访问，现在很多的BBS可以使用浏览器访问，也称为网络论坛。

社交网络指用户基于共同的兴趣、爱好、活动，在网络平台上构建的一种社会关系网络，这种网络服务以“实名交友”为基础，促进了朋友之间的沟通，典型的如校内网、人人网等。

博客是一种通常由个人管理、不定期张贴新文章的网站。一个典型的博客结合了文字、图像、其他博客或网站的链接及其他与主题相关的媒体，能够让读者以互动的方式留下意见。大部分的博客内容以文字为主，也有一个博客专注于艺术、摄影、视频、音乐、播客等各种主题。

微博就是微型博客，是一种基于用户关系进行信息分享、传播及获取的平台。用户可以通过网页或手机等各种客户端组建个人社区，使用少量的文字更新信息，实现即时分享。相对于博客，微博更注重时效性和随意性。

练 习 题

1. 当前，在计算机应用方面已进入以（　　）为特征的时代。
   A. 并行处理技术　　B. 分布式系统
   C. 微型计算机　　D. 计算机网络
2. 北京大学域名http://www.pku.edu.cn/中，edu代表的是（　　）。
   A. 商业机构　　B. 网络服务机构
   C. 政府机构　　D. 教育机构
3. 按覆盖的地理范围分类，覆盖范围通常为一栋建筑或一个单位负责的网络是（　　）。
   A. 局域网　　B. 城域网　　C. 广域网　　D. 互联网

1.8　信息安全技术

随着计算机科学和信息技术的发展，人们在信息安全理论和信息安全技术研究方面不断取得令人鼓舞的成果。如今，确立了独立的信息安全的体系，初步制定了相关法律、规范和标准，建立了评估认证准则、安全管理机制等。

1.8.1　信息安全概述

信息安全包括两种含义：一是数据安全，二是计算机设备安全。涉及信息安全的隐患包括：计算机病毒、计算机犯罪、误操作和计算机设备的物理性破坏。

1. 信息安全的主要威胁

计算机网络的发展，使信息共享应用日益广泛与深入。但是，信息在公共通信网络上存储、共享和传输，会被非法窃听、截取、篡改或毁坏，而导致不可估量的损失，尤其是银行系统、商业系统、管理部门、政府或军事领域对公共通信网络中存储与传输的数据安全问题更为关注。信息系统的网络化提供了资源的共享性和用户使用的方便性，通过分布式处理提高了系统的效率、可靠性和可扩充性，但是这些特点却增加了信息系统的不安全性。

案例：CSDN网站600万用户密码泄露事件

2011年12月21日，360安全卫士官方微博发布一条紧急通知：CSDN网站（Chinese software

develop net，中国软件开发联盟）近600万用户真实账号密码外泄，如图1-47所示。同年12月22日又曝出新情况：人人网、开心网、天涯、世纪佳缘、珍爱网、百合网等多家知名国内网站的数据库都已经被公开。

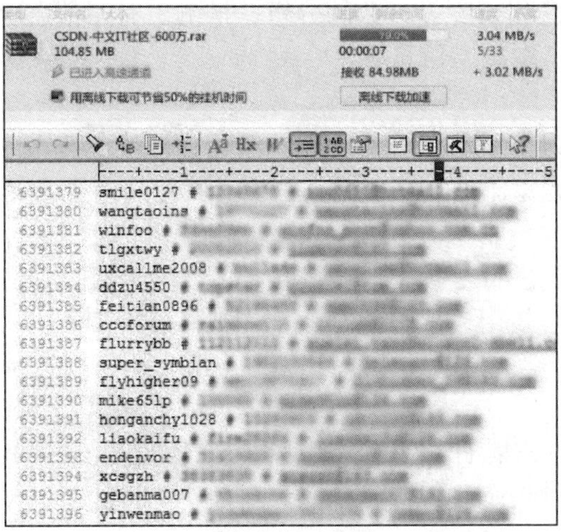

图1-47　CSDN泄露数据库的下载截图

CSDN是中国最大的计算机开发者技术社区。它是集新闻、论坛、群组、博客、文档、下载、读书、搜索、.NET、Java、游戏、视频、人才、外包、第二书店、程序员等多种项目于一体的大型综合性IT门户网站，具有非常强的专业性，在IT交流及其周边排在国内中第一位的网站。

事件发生后不久，CSDN官方微博对事件发表声明：对于CSDN用户账号密码数据库被泄露一事，经过初步分析，该数据库系2009年CSDN作为备份所用，由于未查明被泄露原因，特向所有因此而受到影响的用户致以深深歉意。CSDN现有2 000万注册用户的账号密码数据库已经全部采取密文保护和备份。

信息安全面临的威胁来自很多方面。这些威胁可以宏观地分为自然威胁和人为威胁。

（1）自然威胁可能来自于各种自然灾害、恶劣的场地环境、电磁辐射和电磁干扰以及设备自然老化等。这些威胁，有时会直接威胁计算机的信息安全，影响信息的存储媒体。

（2）人为威胁又分为两种：一种是以操作失误为代表的无意威胁（偶然事故），另一种是以计算机犯罪为代表的有意威胁（恶意攻击）。人为的偶然事故没有明显的恶意企图和目的，但它会使信息受到严重破坏。最常见的偶然事故有：操作失误（未经允许使用、操作不当和误用存储媒体等）、意外损失（漏电、电焊火花干扰）、编程缺陷（经验不足、测试不完全）和意外丢失（被盗、被非法复制、丢失媒体）等。黑客通过攻击系统暴露的要害或弱点，使得网络信息的保密性、完整性、真实性、可控性和可用性等受到伤害，造成不可估量的经济和政治损失。

目前，计算信息系统存在的信息安全问题主要表现在以下几方面。

1）非授权访问

没有经过同意就使用网络或计算机资源，如有意避开系统访问控制机制，对网络设备及资源进行非正常使用，或擅自扩大权限、越权访问信息等。它主要有以下几种形式：假冒、身份攻击、非法用户进入网络系统进行违法操作、合法用户以未授权方式进行操作等。

2）信息泄露或丢失

敏感数据在有意或无意中被泄漏出去或丢失。它通常包括：信息在传输中丢失或泄漏（如黑客利用网络监听、电磁泄漏或搭线窃听等方式可截获用户账号、密码等重要信息，或通过对信息流向、流量、通信频度和长度等参数的分析，推测出有用信息）信息在存储介质中丢失或泄漏、通过建立隐蔽隧道窃取敏感信息等。

3）破坏数据完整性

主要是指以非法手段窃得对数据的使用权；删除、修改、插入或重发某些重要信息，以取得有益于攻击者的响应；恶意添加；修改数据；以干扰用户的正常使用。

4）拒绝服务攻击

指不断对网络服务系统进行干扰，改变其正常的作业流程，执行无关程序使系统响应减慢甚至瘫痪，影响正常用户的使用，甚至使合法用户被排斥而不能进入计算机网络系统或不能得到相应的服务。

5）传播病毒

计算机病毒是指编制或者在计算机程序中插入的计算机功能或数据，影响计算机使用并且能够自我复制的一组计算机指令或者程序代码。目前，全世界已经发现数万种计算机病毒，并且新的病毒还在不断出现。通过网络传播计算机病毒，其破坏性大大高于单机系统，而且用户很难防范。

2. 信息系统不完善因素

造成计算机信息不安全的主要原因有：系统存在漏洞、外部或内部黑客攻击和用户操作不当。外部对计算机的主要入侵形式有计算机病毒、恶意软件、黑客攻击等。

操作系统、网络协议、数据库等软件自身设计的缺陷，或者人为因素产生的各种安全漏洞等均可对信息安全造成威胁。目前网络操作系统在结构设计和代码设计时，偏重于考虑系统使用时的易用性，导致系统在远程访问、权限控制和密码管理等许多方面存在安全漏洞。网络互联一般采用TCP/IP。TCP/IP是一个工业标准的协议族，该协议族在制定之初，对安全问题考虑不多，协议中有很多的安全漏洞。同样，数据库管理系统也存在数据的安全性、权限管理及远程访问等方面的问题，在数据库管理系统或应用程序中，可以预先设置情报收集、受控激发、定时发作等破坏程序。

1）软件设计中存在的安全问题

由于程序的复杂性和编程方法的多样性，加上软件设计还是一门相当年轻的科学，因此很容易留下一些不容易被发现的安全漏洞。软件漏洞包括如下几方面：操作系统、数据库、应用软件、TCP/IP、网络软件和服务、密码设置等的安全漏洞。这些漏洞平时可能看不出问题，但是一旦遭受病毒和黑客攻击就会带来灾难性的后果。随着软件系统越做越大，越来越复杂，系统中的安全漏洞或“后门”不可避免地存在。

例如，如果程序设计人员总是假设用户输入的数据是有效的，并且没有恶意，那么就会有很大的安全问题。大多数攻击者向服务器提供恶意编写的数据，信任输入的正确性可能会导致缓冲区溢出、跨站点脚本攻击等。

2）操作系统设计时的漏洞

Windows操作系统一贯强调的是易用性、集成性、兼容性，而系统安全性在设计时考虑不足。

3）网页中易被攻击的脚本程序

大多数Web服务器都支持脚本程序，以实现一些网页的交互功能。事实上，大多数Web服务器都安装了简单的脚本程序。黑客可以利用脚本程序来修改Web页面，为未来的攻击设置后门等。

3. 用户使用中存在的安全问题

1）操作系统的默认安装

大多数用户在安装操作系统和应用程序时，通常采用默认安装，安装了大多数用户所不需要的组件和功能。而默认安装的目录、用户名、密码等，非常容易被攻击者利用。

2）激活软件的全部功能

大多数操作系统和应用程序在启动时，激活了尽可能多的功能，软件开发人员的设计思想是最好激活所有的软件功能，而不是让用户在需要时再去安装额外的组件。这种方法虽然方便了用户，同时也产生很多危险的安全漏洞。

3）没有口令或使用弱密码的账号

大多数系统都把密码作为第一层和唯一的防御线。易猜的密码或默认密码是一个很严重的问题，更严重的是有些账号根本没有密码。安全专家通过分析泄露的数据库信息，发现用户“弱密码”的重复率高达93%。很多企业的信息系统中，也存在大量的弱密码现象，这为黑客发动攻击提供了可乘之机。

1.8.2　计算机病毒与防治

计算机病毒是人为编制的一种具有破坏计算机功能或数据、影响计算机使用，并且能够自我复制和传播的计算机程序代码，它常常寄生于系统启动区、设备驱动程序以及一些可执行文件内，并能利用系统资源进行自我复制和传播。计算机中毒后会出现运行速度突然变慢、自动打开不知名的窗口或者对话框、突然死机、自动重启、无法启动应用程序和文件被损坏等情况。

1. 计算机病毒的特点

（1）寄生性：计算机病毒寄生于其他程序之中，当执行这个程序时，病毒就起破坏作用，而在未启动这个程序之前，病毒是不易被发现的。

（2）传染性：计算机病毒能够自动地将其复制品或其变种传染到其他程序体上。病毒程序一旦加载到当前运行的程序体上，就开始寻找感染目标，进行感染复制，使病毒扩散到磁盘存储器和整个计算机系统中。在网络环境下，计算机病毒的传播更为迅速，其病毒程序对系统的破坏性也就更大。传染性是计算机病毒的最根本特征，是确定一个程序是否为病毒的首要条件。

（3）破坏性：计算机病毒不仅占用系统资源，还可以删除文件或数据，格式化磁盘，降低运行效率或中断系统运行，甚至整个计算机网络瘫痪，造成灾难性的后果。

（4）隐蔽性：病毒的隐蔽性主要体现在，一是它的寄生是隐蔽的，它可以隐蔽在操作系统、引导程序、可执行文件中，不易被人们觉察或发现；二是它的传染是隐蔽的，感染病毒的过程往往不为用户所知，当病毒发作时才知道计算机已被感染。

（5）潜伏性：一个编制巧妙的病毒程序，可以在合法文件中隐藏几天，几月甚至几年不发作。这期间，系统的备份设备复制病毒程序，支撑程序或数据的副本并传送到其他部位，使之感染。病毒的潜伏性和传染性是相辅相成，潜伏性越好，在系统中存在的时间就越长，传染的范围就越大。

2. 病毒的分类

计算机病毒层出不穷，花样繁多，按寄生方式大致可分为三类：一是引导型病毒；二是文件型病毒；三是复合型病毒，它集引导型和文件型病毒特性于一体。

1）引导型病毒

引导型病毒是指寄生在磁盘引导区或主引导区的计算机病毒。它是一种开机即可启动的病毒，先于操作系统而存在，所以用软盘引导启动的计算机容易感染这种病毒。此种病毒利用系统引导时，不对主引导区的内容正确与否进行判别的缺点，在引导系统的过程中侵入系统，驻留内存，监视系统运行，伺机传染和破坏。通过感染磁盘上的引导扇区或改写磁盘分区表（FAT）来感染系统，该病毒几乎常驻内存，激活时即可发作，破坏性大。引导型病毒按其寄生对象的不同又可分为两类，即MBR（主引导区记录）病毒、PBR（分区引导记录）病毒。MBR病毒感染硬盘的主引导区，典型的病毒有大麻（Stoned）、2708病毒、火炬病毒等。PBR病毒感染硬盘的活动分区引导记录，典型的病毒有Brain、小球病毒、Girl病毒等。

2）文件型病毒

文件型病毒是指能够寄生在文件中的计算机病毒。这类病毒程序感染可执行文件或数据文件（即文件扩展名为.com、.exe等可执行程序）。病毒以这些可执行文件为载体，当运行可执行文件时就会激活病毒。文件型病毒大多数也是常驻内存的。在各种计算机病毒中，文件型病毒占的数目最大，传播最广，采用的技巧也很多。而且，各种文件型病毒的破坏性也各不相同，如对全球造成了重大损失的CIH病毒，主要传染Windows可执行程序，同时破坏计算机BIOS，导致系统主板损坏，使计算机无法启动。

宏病毒是一种文件型病毒。宏病毒是利用宏语言编制的病毒，寄存于Word文档中，充分利用宏命令的强大系统调用功能，实现某些涉及系统底层操作的破坏。

3）复合型病毒

复合型病毒兼有文件型病毒和引导型病毒的特点。这种病毒扩大了病毒程序的传染途径，既感染磁盘的引导记录，又感染可执行文件，所以它的破坏性更大，传染的机会也更多，杀灭也更困难。这种病毒典型的有熊猫烧香、文件夹病毒、新世纪病毒等。

3. 计算机病毒的表现形式

病毒潜伏在系统内，一旦激发条件满足，病毒就会发作。由于病毒程序设计的不同，病毒的表现形式往往是千奇百怪，没有一定的规律，令用户很难判断。但是，病毒总的原则是破坏系统文件或用户数据文件，干扰用户正常操作。以下不正常的现象往往是病毒的表现形式。

1）不正常的信息

系统文件的时间、日期、大小发生变化。病毒感染文件后，会将自身隐藏在原文件后面，文件大小大多会有所增加，文件的修改日期和时间也会被改成感染时的时间。

2）系统不能正常操作

硬盘灯不断闪烁。硬盘灯闪烁说明有磁盘读/写操作，如果用户当前没有对硬盘进行读/写操作，而硬盘灯不断闪烁，这可能是病毒在对硬盘写入垃圾文件或反复读取某个文件。

3）桌面图标发生变化

把Windows默认的图标改成其他样式的图标，或将应用程序的图标改成Windows默认图标样式，起到迷惑用户的作用。

4）文件目录发生混乱

例如，破坏系统目录结构，将系统目录扇区作为普通扇区，填写一些无意义的数据。

5）用户不能正常操作

经常发生内存不足的错误。某个以前能够正常运行的程序，在程序启动时报告系统内存不足，或使用程序中某个功能时报告内存不足。这是病毒驻留后占用了系统中大量的内存空间，使得可用内存空间减小。

6）数据文件破坏

有些病毒在发作时会删除或破坏硬盘中的文档，造成数据丢失。有些病毒利用加密算法，将加密密钥保存在病毒程序体内或其他隐蔽的地方，而被感染的文件则被加密。

7）无故死机或重启

计算机经常无缘无故地死机。病毒感染计算机系统后，将自身驻留在系统内并修改了中断处理程序等，引起系统工作不稳定。

8）操作系统无法启动

有些病毒修改硬盘引导扇区的关键内容（如主引导记录等），使得硬盘无法启动。某些毒发作时删除系统文件，或者破坏系统文件，使得无法正常启动微机系统。

9）运行速度变慢

在硬件设备没有损坏或更换的情况下，本来运行速度很快的计算机，运行同样的应用程序，速度明显变慢，而且重启后依然很慢。这可能是病毒占用大量的系统资源，并且自身的运行占用大量的处理器时间，造成系统资源不足，正常程序载入时间比平常久，运行变慢。

10）磁盘可利用空间突然减少

在用户没有增加文件的正常情况下，硬盘空间应维持一个固定的大小。但有些病毒会疯狂地进行传染繁殖，造成硬盘可用空间减小。

11）网络服务不正常

自动发送电子邮件。大多数电子邮件病毒都采用自动发送的方法作为病毒传播手段，也有些病毒在某一特定时刻向同一个邮件服务器发送大量无用的电子邮件，以达到阻塞该邮件服务器的正常服务功能，造成网络瘫痪，无法提供正常的服务。

4. 计算机病毒的预防、检测和消除

不同的计算机病毒虽然都按各自的病毒机制运行，但是病毒发作以后表现出的症状是可查、可比、可感觉的，可以从它们表现出的症状中找出有本质特点的症状作为诊断病毒的依据。对广大的一般用户而言，借助病毒诊断工具进行排查是最常用的办法。

在检测出系统感染病毒之后，就要设法消除病毒。使用杀毒软件进行消毒，具有效率高、风险小的特点，是一般用户普遍使用的做法。目前常用的杀毒软件有：卡巴斯基、瑞星杀毒软件、360杀毒软件等。一旦计算机感染病毒时用其清除病毒并进行文件恢复。

使用防病毒软件时应注意：

（1）启动自动监测模块，以便在启动系统和插入磁盘时自动检测病毒；

（2）定期运行；

（3）及时对软件升级；

（4）复制或运行U盘程序前先行检测，尤其是与公用计算机交替使用的U盘；

（5）注意对不明来源光盘和从因特网下载的程序要立即检测病毒；

（6）一旦发现病毒要立即采取措施，及时清除病毒或删除带病毒的文件。

1.8.3 数据加密与数字签名

为提高信息系统和数据的安全性和保密性，防止秘密数据被外部破译经常采用数据加密、数字签名和数字证书技术。

1. 数据加密技术

在计算机系统中，往往采用加密技术将信息隐蔽起来，再将信息进行保存和传输，即使信息被窃取或截获，窃取者也不能了解信息的内容，从而保证信息传输的安全。

数据加密的术语有：

明文，即原始的或未加密的数据。通过加密算法对其进行加密，加密算法的输入信息为明文和密钥；

密文，明文加密后的格式，是加密算法的输出信息。加密算法是公开的，而密钥则是不公开的。密文不应为无密钥的用户理解，用于数据的存储以及传输。

密钥，是由数字、字母或特殊符号组成的字符串，用它控制数据加密、解密的过程；加密指把明文转换为密文的过程，加密算法指加密所采用的变换方法；解密指对密文实施与加密相逆的变换，从而获得明文的过程，解密算法指解密所采用的变换方法。

加密技术是一种防止信息泄露的技术。它的核心技术是密码学，密码学是研究密码系统或通信安全的一门学科，它以研究数据保密为目的，对存储或传输的信息采取秘密交换，以防止第三者对信息的窃取。

任何一个加密系统都是由明文、密文、算法和密钥组成。发送方通过加密设备或加密算法，用加密密钥将数据加密后发送出去。接收方在收到密文后，用解密密钥将密文解密，恢复为明文。在传输过程中，即使密文被非法分子偷窃获取，得到的也只是无法识别的密文，从而起到数据保密的作用

2. 数字签名

数字签名是通过一个单向函数对要传送的报文进行处理得到的用以认证报文来源并核实报文是否发生变化的一个字母数字串，如图1-48所示。用这个字符串来代替书写签名或印章，起到与书写签名或印章同样的法律效用。国际社会已开始制定相应的法律、法规，把数字签名作为执法的依据。

通过数字签名能够实现对原始报文的鉴别与验证，保证报文的完整性、权威性和发送者对所发报文的不可抵赖性。数字签名机制提供一种鉴别方法，普遍用于银行、电子贸易等，以解决伪造、抵赖、冒充、篡改等问题。

数字签名与数据加密完全独立。数据可以既签名又加密、只签名、只加密，当然，也可以既不签名也不加密。

一种完善的数字签名具有以下三个特征：签名者事后不能否认自己的签名；其他任何人均不能伪造签名，也不能对接收或发送的信息进行篡改、伪造和冒充；签名必须能够由第三方验证，以解决争议。

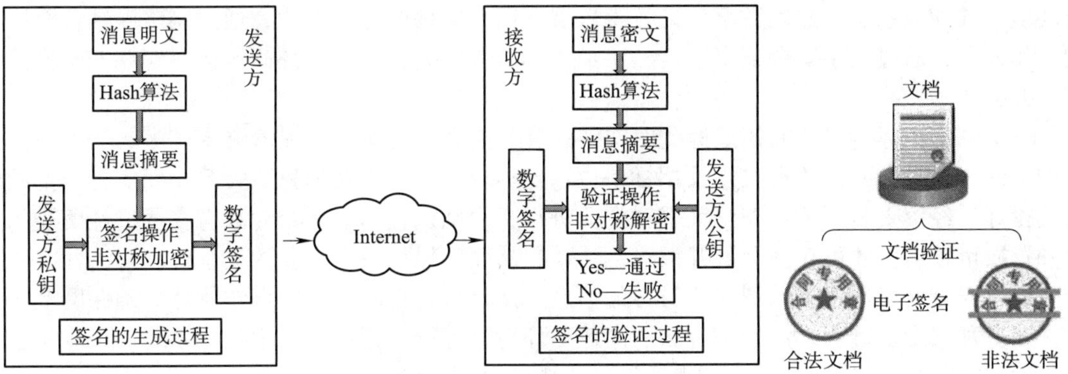

图1-48　数字签名的工作过程

3. 数字证书技术

随着Internet电子商务技术的应用，网上购物的顾客能够极其方便地获得商家和企业的信息，但同时也增加了某些敏感或有价值的数据被滥用的风险。买方和卖方都必须保证在Internet上进行的一切金融交易运作都是真实可靠的，并且要使顾客、商家和企业等交易各方都具有绝对的信心，因而Internet电子商务系统必须具有十分可靠的安全保密技术。数字证书技术保证了信息的保密性、数据的完整性、交易者身份的确定性。

数字证书是一个经证书授权中心数字签名的包含公钥加密拥有者信息以及公钥加密的文件。最简单的证书包含一个公钥加密、名称以及证书授权中心的数字签名。一般情况下证书中还包括密钥的有效时间、发证机关（证书授权中心）的名称、该证书的序列号等信息，证书的格式遵循ITU-TX.509国际标准。

数字证书由一个权威和可信的第三方机构CA（certificate authority，数字证书认证中心）发行，CA是基于非对称加密体系建立的电子商务安全认证机构。CA的主要工作如下：

（1）为申请公钥加密的用户发放一个证书，证明该用户拥有证书中列出的公钥。

（2）检查证书持有者身份的合法性，并签发证书（在证书上签字）以防证书被伪造或篡改，以及对证书和密钥进行管理。

（3）CA发放的数字证书是一种安全分发的公钥，也是各实体（个人、商户、企业、银行等）在网上进行信息交流及电子商务活动中的身份证明。数字证书用途有：发送安全电子邮件、网上招标投标、网上签约、网上订购、网上安全公文传送、网上缴费、网上缴税、网上炒股、网上购物和网上报关等。

如果用户想得到一份属于自己的证书，应先向CA提出申请。CA在判明申请者的身份后，便为他分配一个公钥，并且CA将该公钥与申请者的身份信息绑在一起，为之签字后便形成证书发给申请者。如果一个用户想鉴别另一个证书的真伪，他就用CA的公钥对那个证书上的签字进行验证，一旦验证通过，该证书就被认为是有效的。人们可以在网上用它来识别对方的身份。

数字安全证书可应用于电子政务、网上购物、企业与企业的电子贸易、安全电子邮件、网上证券交易、网上银行等方面。

（1）网上交易：利用数字安全证书的认证技术，对交易双方进行身份确认以及资质的审核，确保交易者信息的唯一性和不可抵赖性，保护交易各方的利益，实现安全交易。

（2）网上办公：网上办公系统综合国内政府、企事业单位的办公特点，提供一个虚拟的办公环境，并在该系统中嵌入数字认证技术，展开网上文件的上传下达，通过网络联结各个岗位的工作人员，通过数字安全证书进行数字加密和数字签名，实行跨部门运作，实现安全便捷的网上办公。

（3）网上招标：以往的招投标受时间、地域、人文的影响，存在着许多弊病，如外地投标者的不便、招投标各方的资质以及招标单位和投标单位之间存在的猫腻关系。而实行网上的公开招投标，经贸委利用数字安全证书对企业进行身份确认，招投标企业只有在通过经贸委的身份和资质审核后，才可在网上展开招投标活动，从而确保招投标企业的安全性和合法性，双方企业通过安全网络通道了解和确认对方的信息，选择符合自己条件的合作伙伴，确保网上的招投标在一种安全、透明、信任、合法、高效的环境下进行。通过网上招投标系统，企业能够制定正确的投资取向，根据自身的实际情况，选择合适的合作者。

（4）网上报税：利用基于数字安全证书的用户身份认证技术对网上报税系统中的申报数据进行数字签名，确保申报数据的完整性，确认系统用户的真实身份和申报数据的真实来源，防止出现抵赖行为和他人伪造篡改数据：利用基于数字安全证书的安全通信协议技术，对网络上传输的机密信息进行加密，可以防止商业机密或其他敏感信息泄露。

（5）安全电子邮件：邮件的发送方利用接收方的公钥加密对邮件进行加密，邮件接收方用自己的私有密钥解密，确保邮件在传输过程中信息的安全性、完整性和唯一性。

练 习 题

1. 为了保证公司网络的安全运行，预防计算机病毒的破坏，可以在计算机上采取的方法是（　　）。

A. 磁盘扫描　　B. 安装浏览器加载项

C. 开启防病毒软件　　D. 修改注册表

2. 微机病毒是指（　　）。

A. 生物病毒感染　　B. 细菌感染

C. 被损坏的程序　　D. 特制的具有损坏性的程序

思考与练习

1. 世界上第一台通用电子数字计算机诞生于（　　）。

A. 美国　　B. 英国　　C. 德国　　D. 日本

2. 世界上第一台通用电子数字计算机诞生于（　　）。

A. 1953年　　B. 1946年　　C. 1964年　　D. 1956年

3. 第一台电子计算机是1946年在美国研制的，该机的英文缩写名是（　　）。

A. ENIAC　　B. EDVAC　　C. EDSAC　　D. MARK-II

4. 一个完整的微型计算机系统应包括（　　）。

A. 计算机及外部设备　　B. 主机箱、键盘、显示器和打印机

C. 硬件系统和软件系统　　D. 系统软件和系统硬件

5. 计算机的中央处理器CPU包括运算器和（　　）两部分。
A. 存储器　B. 寄存器　C. 控制器　D. 译码器
6. 下列设备中，（　　）不是微型计算机的输出设备。
A. 打印机　B. 显示器　C. 绘图仪　D. 扫描仪
7. 计算机中对数据进行加工与处理的部件，通常称为（　　）。
A. 运算器　B. 控制器　C. 显示器　D. 存储器
8. 运算器的组成部分不包括（　　）。
A. 控制线路　B. 译码器　C. 加法器　D. 寄存器
9. 计算机硬件的核心部件是（　　）。
A. 中央处理器　B. 存储器　C. 运算器　D. 控制器
10. 在外部设备中，打印机属于计算机的（　　）设备。
A. 输入　B. 输出　C. 外存储　D. 内存储
11. 人们把以（　　）为硬件基本部件的计算机称为第四代计算机。
A. 大规模和超大规模集成电路　B. ROM和RAM
B. 小规模集成电路　D. 磁带与磁盘
12. 用计算机管理科技情报资料，是计算机在（　　）方面的应用。
A. 科学计算　B. 数据处理　C. 实时控制　D. 人工智能
13. 微型计算机的中央处理器包括（　　）。
A. CPU和存储器　B. CPU和控制器
C. 运算器和累加器　D. 运算器和控制器
14. 微型计算机的性能主要由微处理器的（　　）决定。
A. 质量　B. 控制器　C. CPU　D. 价格性能比
15. 计算机之所以能实现自动连续运算，是由于采用了（　　）原理。
A. 布尔逻辑　B. 存储程序　C. 数字电路　D. 集成电路
16. 微机中，主机主要包括以下（　　）之外的设备。
A. 显示器　B. 显卡　C. CPU　D. 声卡
17. 在微机中，bit的中文含义是（　　）。
A. 二进制位　B. 字　C. 字节　D. 双字
18. 某单位的财务管理软件属于（　　）。
A. 工具软件　B. 系统软件　C. 编辑软件　D. 应用软件
19. 计算机网络的应用越来越普遍，它的最大好处在于（　　）。
A. 节省人力　B. 存储容量大
C. 可实现资源共享　D. 信息存储速度提高
20. 个人计算机属于（　　）。
A. 小巨型机　B. 中型机　C. 小型机　D. 微机
21. 计算机软件系统应包括（　　）。
A. 编辑软件和连接程序　B. 数据软件和管理软件
C. 程序和数据　D. 系统软件和应用软件
22. 计算机中的信息是以（　　）编码形式表示的。
A. 二进制　B. 八进制　C. 十进制　D. 十六进制

23. 信息处理进入了计算机世界，实质上是进入了（　　）的世界。

A. 模拟数字　B. 十进制数　C. 二进制数　D. 抽象数字

24. 为了避免混淆，十六进制数在书写时常在后面加字母（　　）。

A. H　B. O　C. D　D. B

25. 下列说法不正确的是（　　）。

A. 二进制和其他进制可以直接转换　B. 十进制和其他进制可以直接转换

C. 八进制和其他进制可以直接转换　D. 八进制和十六进制不能直接转换

26. 一个计算机用户申请了一个QQ号为5879366，其对应的邮箱名称为（　　）。

A. 5879366@163.com　B. 5879366@qq.com

C. 5879366$163.com　D. 5879366$qq.com

27. 电子邮件又称（　　）。

A. Internet　B. e-mail　C. Web　D. WWW

28. 下列选项中，不属于计算机病毒特征的是（　　）。

A. 破坏性　B. 潜伏性　C. 传染性　D. 免疫性

29. 下面列出的计算机病毒传播途径，不正确的说法是（　　）。

A. 使用来路不明的软件　B. 通过借用他人的软盘

C. 通过非法的软件拷贝　D. 通过把多张软盘叠放在一起

30. 计算机病毒主要是造成（　　）破坏。

A. 软盘　B. 磁盘驱动器　C. 硬盘　D. 程序和数据

第 2 章 操 作 系 统

操作系统是配置在计算机硬件上的第一层软件，是对硬件系统的首次扩充。它在计算机系统中占据了特别重要的地位，而其他的编译程序、数据库管理系统等软件以及大量的应用软件，都依赖于操作系统的支持。计算机发展到今天，从微型计算机到高性能计算机，无一例外都配置了一种或多种操作系统。操作系统已经成为现代计算机系统不可分割的重要组成部分。本章主要介绍操作系统概述、Windows系统功能和Windows系统应用等。

2.1　操作系统概述

操作系统（operating system，OS）是管理计算机硬件与软件资源的计算机程序，负责管理与配置内存决定系统资源供需的优先次序、控制输入设备与输出设备、操作网络与管理文件系统等基本事务。

没有任何软件支持的计算机称为裸机，现在的计算机是经过若干层软件“改造”后的计算机，操作系统就位于各种软件的最底层，是与计算机硬件关系最为密切的系统软件。

2.1.1　操作系统的发展

1．操作系统的作用

操作系统是替用户管理计算机的一种软件。在操作系统出现前，只有计算机专业人员才懂得怎样使用计算机。操作系统出现后，不管用户是否为计算机专业人员，只要经过简单的培训，都能很容易地掌握计算机的使用方法。

有了操作系统之后，用户不需要直接对计算机硬件设备发号施令，只需要把要做的事情告诉操作系统。操作系统再把任务安排给计算机去做，等计算机完成工作之后，操作系统再将结果告诉用户。

操作系统不但能在计算机和用户之间传递信息，还会替用户管理日益增多的各种文件，使用户很方便地找到和使用这些文件；管理磁盘，随时报告磁盘的使用情况；管理内存，使计算机能更高效而安全地工作；管理各种外围设备，如显示器、打印机等。

2．操作系统的定义

操作系统是控制计算机硬件和软件资源的一组程序。操作系统能有效地组织和管理计算机中的硬件和软件资源，合理地组织计算机的工作流程，控制程序的执行，并向用户提供各种服务功能，使用户能够灵活、方便、合理、有效地使用计算机，并使整个计算机系统能高效地运行。

有效主要指操作系统在管理资源方面，要考虑到系统运行效率和资源的利用率，要尽可能地提高CPU的利用率，其他资源（如内存等）在保证访问效率的前提下，尽可能减少资源浪费，最大限度地发挥计算机系统的工作效率，即提高计算机系统在单位时间内处理任务的能力（系统吞吐量）。

合理是对计算机的软件和硬件资源进行合理的调度与分配，改善资源的共享和利用状况。操作系统对不同的应用程序要“公平”调度，保证系统不发生“死锁”（多个进程争夺同一资源而发生死机）和“饥饿”（一个等待执行的进程一直得不到执行）现象。

方便是指操作系统应当提供方便和友好的用户界面，使用户可以方便有效地与计算机交流，并且提供软件开发的运行环境，使应用程序可以方便地调用操作系统的各种软件和硬件资源。

操作系统一般提供以下基本功能：进程管理、存储管理、文件系统、设备管理、网络通信、中断处理、安全机制、用户界面、基本驱动程序等。

3．操作系统的发展

1）操作系统的萌芽时代

计算机发展的初期没有操作系统的概念，因为当时计算机的性能不足以运行大型程序。在当时的冯·诺依曼计算机结构中，由控制器和程序共同控制计算机的运行，用户单独占用计算机，机器的运行几乎都由人工进行操作。计算机人员通过卡片或纸带输入程序和数据，通过电传打字机输出结果，在控制台通过按键输入操作命令来控制计算机的使用，程序通过控制台的开关和状态灯进行调试。程序读入计算机后，计算机就开始工作，直到程序终止。如图2-1和图2-2所示的两种手工操作方式的流程。

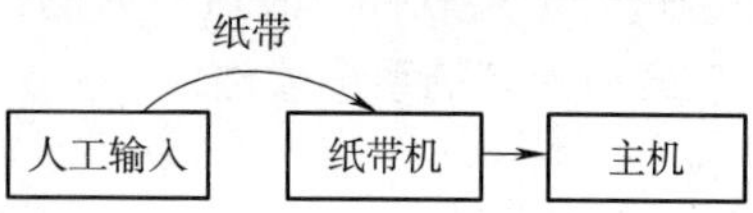

图2-1　手工操作—联机处理方式

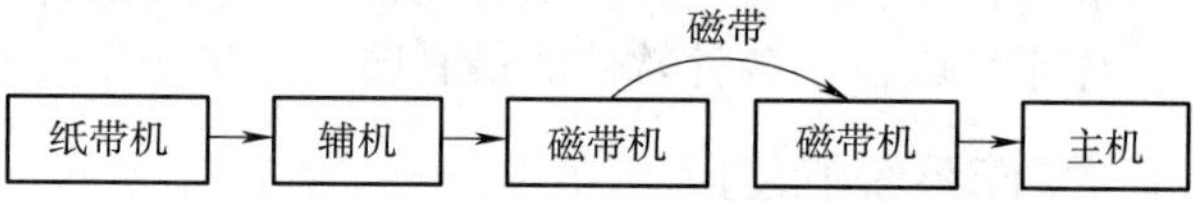

图2-2　手工操作—脱机处理方式

20世纪50年代，英国人莫里斯·威尔克斯（Maurice Vincent Wilkes，1913—2010）发明了微程序，使得简化操作流程的程序很快出现。后来，计算机引入了帮助程序输入输出等工作的代码库，并成为现代操作系统的起源。然而，这时的计算机每次只能执行一个任务，在英国剑桥大学，这些任务的纸带从前是排成一排挂在衣钩上的，衣钩的颜色代表了任务的优先级。

威尔克斯主持设计和制造了第一台具有存储程序功能的计算机EDSAC，首次为EDSAC计算机设计了一个程序库，这些程序库保存在纸带上，需要时送入计算机。威尔克斯还发明了许多新技术和概念，如“变址”（威尔克斯称为“浮动地址”）、“宏指令”（威尔克斯称为“综合指令”）、微程序设计（将一条机器指令分解为一系列更基本的微指令序列）、子例程及子例程库、高速缓冲（cache）存储器等，这些技术对现代计算机的体系结构和程序设计产生了深远的影响。

2）第一代操作系统：批处理操作系统

20世纪50年代初期，为了让计算机保持不间断地工作，减少人工干预、提高资源利用率，这时出现了简单的批处理操作系统。批处理操作系统将零散的单一程序处理方式，变为集中的成批程序处理方式。例如，将一批性质相同的程序按顺序存放在存储介质中，一次性提交给计算机进行处理，这样减少了人工操作时间，使系统有相对较长的连续运行时间，从而提高了计算机的利用率。

1956年，鲍勃·帕特里克（Bob Patrick）为美国通用汽车和北美航空公司的IBM704计算机设计了基本输入输出系统：GM-NAAI/O，它是有记录以来最早的计算机操作系统。GM-NAAI/O的主要功能有：在一个程序结束后，它会自动地执行下一个新程序，可以成批地处理程序（批处理）；它可以集合相关数据与命令来生成新的命令（批处理命令文件，一种早期的脚本语言），并且执行它们；它为程序提供了统一的共享接口，使之可以访问计算机硬件的输入输出接口。

20世纪50年代的操作系统非常多样化，计算机厂商每生产一种新型号的机器，都会配备一套针对自己硬件的新操作系统。每一个操作系统都有不同的命令系统、操作过程和调试工具。为一台计算机编写的程序无法移植到其他计算机上运行，即使是同型号的计算机也不行。

3）第二代操作系统：分时操作系统

20世纪60年代，大多数计算机非常庞大而且昂贵，人们希望能使多个用户通过多个终端同时使用计算机系统。这时产生了多道程序分时操作系统。多道程序就是把多个程序存放在计算机内存中，并且同时处于运行状态；分时操作系统是将运算器的处理过程划分为很小的时间片，采用循环轮流的方式处理多道程序。分时处理方式使一台计算机可以同时处理多个程序，大大提高了计算机的利用率。1957年，贝尔实验室开发的BYSYS是早期的分时操作系统。

1964年，IBM公司推出了一系列用途与价位都不同的大型计算机IBMSystem360，同时还推出了运行在该大型机上的操作系统OS/360。OS/360的关键技术是分时概念的建立，即将大型计算机珍贵的时间资源适当分配给所有用户。1967年，IBM公司推出了OS/360MVT操作系统，MVT支持多道程序运行，最多可同时运行15个程序。MVT可以将存储器划分为多个分区，每个程序在一个分区中运行，这样特别有助于系统管理，同时也解决了运算器资源浪费的问题。

批处理和分时操作系统都使用了多道程序设计，但两种系统的设计目标不同。批处理操作系统追求有效地使用计算机；而分时操作系统追求的是给每个用户尽可能快的响应速度。在分时系统中，多个用户通过终端同时访问大型计算机，操作系统将计算机珍贵的资源以时间片为单位进行分配，控制多个用户程序交替执行，让所有用户都有独占整台机器的感觉。

4）第三代操作系统：通用操作系统

20世纪60年代中期，国际上开始研制一些大型的通用操作系统。这些操作系统试图达到功能齐全，可适应于各种应用范围和操作方式的目标。但是，这些操作系统过于复杂和庞大，不仅付出了巨大的研发代价，而且在解决可靠性、可维护性等方面遇到了很大困难。

1969年，AT&T（贝尔）公司开发了UNIX操作系统。UNIX操作系统是一个通用的多用户分时交互式操作系统，它具有一个精干的内核，而功能足以与当时许多大型操作系统相媲美。在内核层以外，UNIX操作系统支持庞大的软件系统。由于它早期版本完全免费，而且可以轻易获得并随意修改，所以很快得到了广泛应用和不断完善。UNIX操作系统对现代操作系统的设计和应用有着重大的影响。

UNIX操作系统重要的设计原则是：简洁至上；提供机制而非策略。UNIX操作系统独特的设计哲学和美学观念吸引了一大批技术人员，他们在维护、开发、使用UNIX操作系统的同时，也影响了他们的思考方式。

UNIX操作系统是一个种类繁多的操作系统，它包含了部分商业UNIX操作系统，如UNIXWare、MacOSX、AIX、HP-UX、Solaris等，以及众多的开源（软件免费并开放源程序代码）UNIX操作系统，如BSD（伯克利大学软件包）、Linux、Android等。由于UNIX是注册商标，因此，将其他从UNIX发展而来的操作系统称为类UNIX操作系统，如图2-3所示。

商业的类UNIX操作系统只能在指定的计算机中运行，如HP公司的HP-UX以及IBM公司的AIX仅用于自家的硬件产品；开源的类UNIX操作系统可以在众多计算机中运行，例如，Linux可以运行在x86计算机中，也可以运行在IBM大型计算机中，通过系统剪裁，还可以运行在智能手机中。

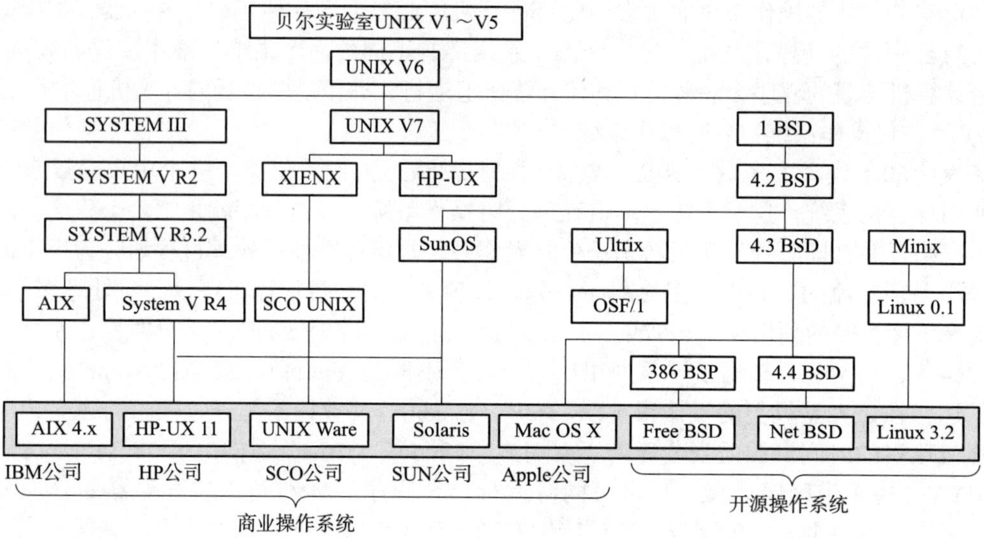

图2-3　类UNIX操作系统的发展

5）个人计算机操作系统

微型计算机的普及推动了个人计算机操作系统的发展。20世纪70年代，微型计算机的主要操作系统是CP/M-80，它是在PDP-11计算机操作系统的基础上简化设计的。1981年，在CP/M-80基础上又产生了MS-DOS操作系统。

MS-DOS是一种单用户、单任务的字符界面操作系统。在DOS阶段，人们与计算机的沟通主要靠输入命令。这时计算机的操作原则是：用户输入什么命令，计算机就做什么；如果不输入命令，计算机就什么也不做。在这一阶段，人们需要记住很多操作计算机的DOS命令和它们的使用方法，如果忘记了或不知道这些命令，就没有办法操作计算机了，所以这时的计算机还不是很方便使用。

20世纪70年代初，施乐公司的帕罗奥多（Xerox Palo Alto）研究中心研发出了图形用户界面，之后被许多公司模仿和发展。随着硬件设备性能的提高和成本的降低，目前的操作系统都提供图形用户界面。如苹果公司的mac OS、微软公司的Windows、Linux的X-Window等。图形用户界面的出现弥补了字符界面操作系统的不足，例如，人们使用Windows时，不必记忆复杂的操作命令，只需要用鼠标、键盘就能完成很多工作。微软公司Windows操作系统的发展如

图2-4所示。

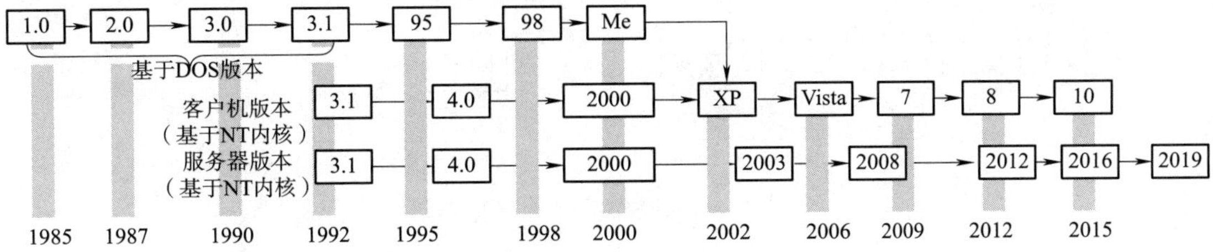

图2-4　微软公司Windows操作系统的发展

2.1.2　操作系统的类型与特征

1. 操作系统的类型

操作系统的类型非常多样化，没有一个单一的标准。不同类型计算机的操作系统可从简单到复杂，可从手机的嵌入式操作系统到超级计算机的大型操作系统。许多操作系统的用户界面和操作方式也不尽相同，例如，有些操作系统集成了图形用户界面（GUI），而有些操作系统采用命令行界面（CLI）。

操作系统的不同分类方法如图2-5所示。根据系统功能，操作系统可分为批处理操作系统、分时操作系统、实时操作系统、嵌入式操作系统、网络操作系统和分布式操作系统等。

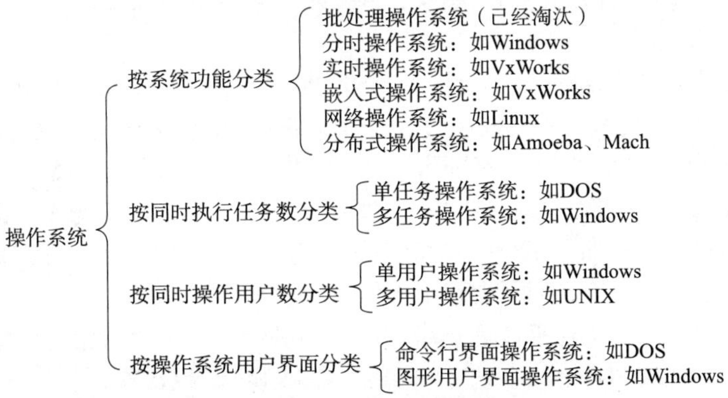

图2-5　操作系统的不同分类方法

1）批处理操作系统

批处理操作系统的主要特点是：用户脱机使用计算机，操作方便；成批处理，提高了CPU利用率。其缺点是：无交互性，即用户一旦将程序提交给系统后，就失去了对它的控制。例如，VAX/VMS是一种多用户、实时、分时和批处理的多道程序操作系统。目前这种早期的操作系统已经淘汰。

2）分时操作系统

分时操作系统是指多个程序共享CPU的工作方式。操作系统将CPU的工作时间划分成若干个片段，称为时间片。操作系统以时间片为单位，轮流为每个程序服务，其工作方式如图2-6所示。A程序和B程序两个作业同时运行，若A作业在分配给它的时间片内不能完成其计算，则该作业暂时中断，把CPU让给B作业使用，等待下一轮轮到A再继续其运行。

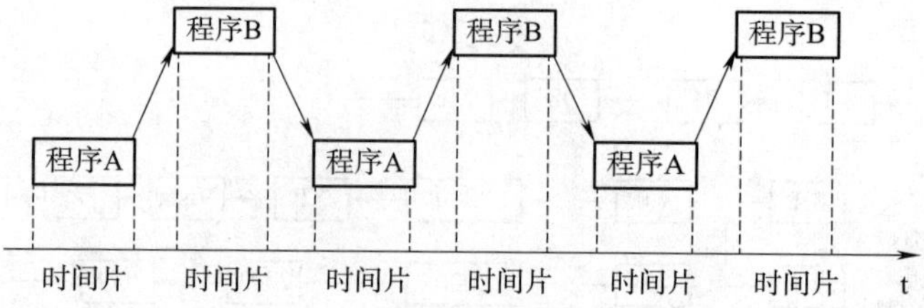

图2-6　分时操作系统的工作方式

分时操作系统的特点如下。

（1）多用户。若干个用户可同时使用一台计算机，宏观上看是各用户并行工作，微观上看是各用户轮流使用计算机。

（2）交互性。分时系统又称交互式系统，用户可根据系统对请求的响应结果向系统提出新的请求。这种能使用户与系统进行人机对话的工作方式，明显优于批处理系统。

（3）独立性。用户之间可以相互独立操作，互不干扰。系统能保证各用户程序运行的完整性，不会发生相互混淆或破坏现象。

（4）及时性。系统可对用户的输入及时作出响应。响应时间，即从终端发出命令到系统予以应答所需的时间，是评价分时系统性能的主要指标之一。

为了使一个CPU为多个程序服务，时间片划分得很短（大约几毫秒到几十毫秒），CPU采用循环轮转方式将这些时间片分配给等待处理的每个程序。由于时间片很短，循环执行得很快，使得每个程序都能很快得到CPU的响应，好像每个程序都在独享CPU。

3）实时操作系统

实时操作系统是指当外界事件发生时，系统能够快速接收信息并以足够快的速度予以处理，处理结果能在规定时间内完成，并且控制所有实时设备和实时任务协调一致运行的操作系统。

实时操作系统中的“实时”，在不同语境中往往有非常不同的意义。某些时候仅仅用作“高性能”的同义词。但在操作系统理论中，“实时性”通常是指特定操作所消耗时间（以及空间）的上限是可预知的。例如，某个操作系统提供实时内存分配操作，也就是说一个内存分配操作所用时间（及空间）无论如何不会超出操作系统所承诺的上限。

实时操作系统主要用于工业控制、军事控制、语音通信、股市行情等领域。常用的实时操作系统有VxWorks、VRTX/OS、pSOS+、RTMX、OS/9和Lynx OS等。

4）嵌入式操作系统

近年来，各种掌上型数码产品（如数码照相机、智能手机、平板计算机等）成为一种日常应用潮流。除以上电子产品外，还有更多的嵌入式系统隐身在不为人知的角落，从家庭用品的电子钟表、电子体温计、电子翻译词典、电冰箱、电视机等，到办公自动化的复印机、打印机、空调、门禁系统等，甚至是公路上的红绿灯控制器、飞机中的飞行控制系统、卫星自动定位和导航设备、汽车燃油控制系统、医院中的医疗器材、工厂中的自动化机械等，嵌入式系统已经环绕在人们的身边，成为人们日常生活中不可缺少的一部分。

根据IEEE（电气与电子工程师学会）的定义，嵌入式系统是“控制、监视或者辅助装置、机器和设备运行的装置”。从中可看出嵌入式系统是软件和硬件的综合体，嵌入式系统与应用结合紧密，具有很强的专用性。

绝大部分智能电子产品都必须安装嵌入式操作系统。嵌入式操作系统运行在嵌入式环境中，它对电子设备的各种软硬件资源进行统一协调、调度和控制。嵌入式操作系统从应用角度可分为通用型和专用型。

嵌入式操作系统具有以下特点：

（1）系统内核小。嵌入式操作系统一般应用于小型电子设备，系统资源相对有限，所以系统内核比其他操作系统要小得多。例如，瑞典Enea公司的OSE嵌入式操作系统内核只有5 KB。

（2）专用性强。嵌入式操作系统与硬件的结合非常紧密，一般要针对硬件进行系统移植，即使在同一品牌、同一系列的产品中，也需要根据硬件的变化对系统进行修改。

（3）系统精简。嵌入式操作系统一般没有系统软件和应用软件的明显区分，要求功能设计及实现上不要过于复杂。这样不但利于控制成本，同时也利于实现系统安全。

（4）高实时性。嵌入式操作系统的软件一般采用固态存储（集成电路芯片），以提高运行速度。

5）网络操作系统

网络操作系统的主要功能是为各种网络后台服务软件提供支持平台。网络操作系统主要运行的软件有：网站服务软件，如Web服务器、DNS服务器等；网络数据库软件，如Oracle、SQLServer等；网络通信软件，如聊天服务器、邮件服务器等；网络安全软件，如网络防火墙、数字签名服务器等，以及各种网络服务软件。

网络操作系统的目标是用户可以突破地理条件的限制，方便地使用远程计算机资源，实现网络环境下计算机之间的通信和资源共享。

6）分布式操作系统

分布式操作系统以计算机网络为基础，其基本特征是实现任务的分布处理，即将处理任务分布到系统中任何计算机上运行，自动实现全系统范围内的任务分配，自动调度各计算机的工作负载。

（1）分布式操作系统的特点。数据共享（允许多个用户访问一个公共数据库）、设备共享（允许多个用户共享昂贵的计算机设备）、易通信（计算机之间通信更加容易）、灵活性（用最有效的方式将工作分配到可用的计算机中）。

分布式操作系统目前存在的问题有：为分布式操作系统而开发的软件还极少；分布式操作系统的大量数据需要通过网络进行传输，这会导致网络可能因为饱和而引起拥塞；分布式操作系统容易造成对保密数据的访问。

（2）分布式操作系统设计的CAP理论。2000年，Eric Brewer教授提出了分布式操作系统设计的CAP理论。一致性（consistency）、可用性（availability）和分区容错性（partition tolerance）是分布式操作系统的三要素。一致性（C）是指任何一个读操作总是能读到之前完成的写操作结果，也就是在分布式环境中，多点的数据是一致的；可用性（A）是指每一个操作总是能够在确定的时间内返回，也就是系统随时都是可用的；分区容错性（P）是在出现网络分区（如断网）的情况下，系统也能正常运行。

EricBrewer教授指出，根据CAP理论，一致性、可用性和分区容错性三者不可兼得，最多只能同时满足两个。因此，系统设计师应该研究如何进行取舍，满足实际的业务需求。

目前还没有一个成功的、商业化的分布式操作系统。学术研究的分布式操作系统有Amoeba、Mach、Chorus和DCE等。其中，Amoeba是一个高性能的微内核分布式操作系统。

2. 程序运行的特征

1）计算机系统的层次关系

操作系统是在计算机硬件上的第一层软件，是对硬件功能的扩充。操作系统不仅是硬件与其他软件的接口，也是用户与计算机之间进行“交流”的界面。

操作系统在计算机系统中特别重要，汇编程序、编译程序、数据库管理系统等系统软件，以及大量的应用软件，都依赖于操作系统的支持，取得它的服务。操作系统已成为现代计算机系统中必须配置的软件。没有安装软件的计算机称为“裸机”，而裸机无法进行任何工作。它不能从键盘、鼠标接收信息和操作命令，也不能在显示器屏幕上显示信息，更不能运行可以实现各种操作的应用程序。如图2-7所示为操作系统与计算机软件和硬件的层次关系。

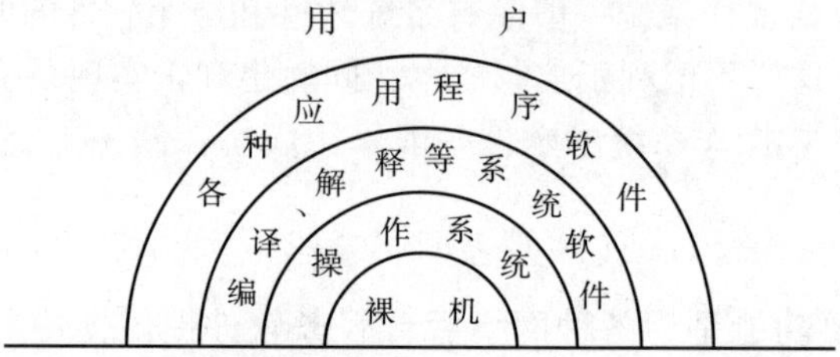

图2-7　操作系统与计算机软件和硬件的层次关系

前面讨论了操作系统的重要性，但是操作系统的功能也不是无限的。实际上，计算机的很多功能是由应用程序软件来实现的。操作系统主要负责管理好计算机，使它正常工作，而众多的应用软件才充分发挥了计算机的作用。但这些应用程序软件都是建立在操作系统之上的，一般情况下，应用程序软件都是为特定的操作系统而设计的，因为这些应用程序软件不能直接与计算机交换信息，需要通过操作系统来传递信息。

2）程序运行过程中的基本特征

（1）并发执行。操作系统具有同时处理多个程序的能力，宏观上这些程序同时在执行；微观上任何时刻只有一个程序在执行（对单核CPU而言），即微观上这些程序按时间片在CPU中轮流执行。由于多个程序的并发运行，引起了以下需要解决的问题：多个进程之间的切换（如拼音输入法进程与字处理进程之间的切换）、共享资源的保护（如系统内存与应用程序内存的保护）、相互依赖进程的同步等。

（2）共享资源。操作系统与多个应用程序共同使用计算机中的资源（如CPU、内存、动态链接库、图形窗口系统等）。操作系统要对这些资源进行合理分配和使用；资源在一个时间段内交替被多个进程所使用。

（3）随机启停。操作系统中运行着多个系统和用户程序，而每个程序的运行时间、要使用哪些系统资源、使用多长时间、使用的资源是共享还是独占，操作系统在程序运行前是不知道的。多个进程并发执行时，进程“走走停停”的现象经常发生，操作系统必须随时对不可预测的事件进行响应。

3）操作系统对应用程序运行的控制

应用程序运行时，操作系统先将程序代码读入内存，分配好存储地址，然后执行程序。程序执行过程中如果需要读/写其他硬件设备，操作系统会将访问数据翻译后递送到底层驱动程序；然后由底层驱动程序控制硬件设备进行相应的操作；之后将程序执行结果反馈回操作系统或应用程序。

在文字处理软件Word中，从键盘按下【A】键，到字符显示在屏幕上的过程如图2-8所示。

（1）用户从键盘按下【A】键。

（2）键盘读取【A】键的扫描码，检查为合法扫描码，并将扫描码转换为ASCII码。

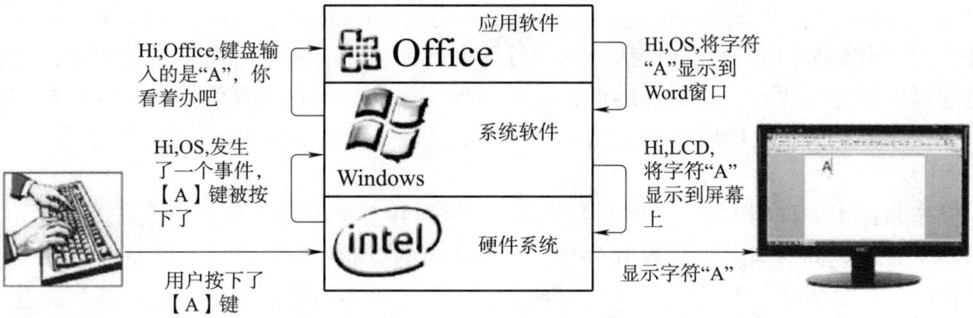

图2-8　在键盘按下【A】键到屏幕显示的过程

（3）键盘向操作系统发出中断请求信号。

（4）操作系统响应这一“事件”，并创建一个系统调用进程。

（5）系统调用进程读取【A】键的ASCII码值，并将数据保存到用户程序内存区。

（6）操作系统切换到Word程序进程，并告知有数据传输进来。

（7）Word进程读取用户内存数据，识别数据为字符串值。

（8）Word调用窗口系统进程，说明它要显示字符串"A"。

（9）操作系统找到显示设备，显示设备由一个进程控制，操作系统将字符串送给该进程。

（10）窗口系统将字符串转换成像素，并将像素写入显示存储区。

（11）显示器将像素数据转换成一组RGB（红绿蓝）视频信号，控制显示器进行字符串"A"的显示。

（12）用户在屏幕上看到字符串"A"。

以上应用程序的执行比较简单，只是从一个线性角度来看程序的执行过程，而没有考虑各种因素之间的穿插和交互的过程。

2.2　Windows系统功能

Windows操作系统是微软公司在1983年开发的，也是目前世界上用户最多的操作系统，最初的目的是为用户提供基于MS-DOS的多任务图形界面。具有图形用户界面的第一个版本Windows1.0于1985年问世，此后经历了长足的发展，里程碑式的版本包括Windows 3.1、Windows 3.2、Windows 95、Windows 98、Windows 2000、Windows Me、Windows XP、Windows NT、Windows Vista、Windows 7，Windows 8、Windows 10以及Windows 11。随着计算机硬件和软件的不断升级，Windows操作系统也在不断升级，从16位、32位到64位操作系统，128位的Windows也在开发之中。

2.2.1　Windows进程管理

1．进程的特征

简单地说，进程是程序的一次执行过程。程序是静态的，它仅仅包含描述算法的代码；而进程是动态的，它包含了程序代码、数据和程序运行的状态等信息。进程具有以下特征：

1）动态性

进程是一个动态的活动，这种活动的属性随时间而变化。进程由操作系统创建、调度和执行；进程可以等待、执行、撤销和结束；进程与计算机的运行状态有关，关机后所有进程都会结束；而程序一旦编制成功后，不会因为关机而消失。

2）并发性

在操作系统中，同时有多个进程在活动。进程的并发性提高了计算机系统资源的利用率。例如，一个程序能同时与多个进程有关联。人们用IE浏览器程序打开多个网页时，只有一个IE浏览器程序，但是每个打开的网页都拥有自己的进程，每个网页的数据对应于各自的进程，这样不会使网页数据显示混乱。

3）独立性

进程是一个能够独立运行的基本单位，也是系统资源分配和调度的基本单位。进程获得资源后才能执行，失去资源后暂停执行。

4）未知性

多个进程之间按各自独立的、不可预知的速度生存。一个进程什么时候分配到CPU上执行，进程在什么时间结束等，都是不可预知的。操作系统负责各个进程之间的协调运行。例如，用户会突然关闭正在播放的视频，而导致视频播放进程突然结束，其他进程的执行顺序也会做相应改变。

2. 进程的管理

进程管理的主要任务是对CPU资源进行分配，并对运行进行有效的控制和管理。它包括以下几方面的工作：

1）进程的组成

每个进程都是由程序段、数据段以及一个PCB（程序控制块）3部分组成的。系统创建一个进程，就是系统为某个程序设置一个PCB。PCB中包含了进程的描述信息和控制信息，用于对该进程进行控制和管理。进程任务完成后，由系统收回PCB，该进程便消亡。

2）进程控制

在多道程序环境下，要使作业运行，就必须先为它创建一个或几个进程，并为之分配必要的资源。进程运行结束时，要立即撤销该进程，及时回收该进程所占用的各类资源。进程控制的主要任务是为作业创建进程，撤销已结束的进程，以及控制进程在运行过程中的状态转换。

3）进程同步

进程共享的资源（如CPU）不允许被同时访问，这称为进程的互斥，以互斥关系使用的共享资源称为临界资源。操作系统必须提供一种机制对共享临界资源的进程进行协调，以保证这些进程能够有序地执行，这就是进程同步。

进程同步主要有两种协调方式：一是进程互斥方式，指进程对临界资源进行访问时，应该采用互斥方式，最简单地实现进程互斥的机制是为每一种临界资源配置一把锁，当锁打开时，进程可以对临界资源进行访问；关上时，则禁止进程访问该临界资源。二是进程同步方式，原则是空闲让进，忙则等待，即无进程处于临界区时，可让申请进入临界区的进程进；如果已有进程进入临界区时，其他试图进入临界区的进程必须等待。

4）进程通信

在多道程序环境下，可由系统为一个应用程序建立多个进程。这些进程相互合作去完成一个共同任务，而在这些相互合作的进程之间，往往需要交换信息。

例如，有三个相互合作的进程，它们是输入进程、计算进程和打印进程。输入进程负责将所输入的数据传送给计算进程；计算进程利用输入数据进行计算，并把计算结果传送给打印进程，由打印进程把结果打印出来。进程通信的任务就是用来实现相互合作进程之间的信息交换。

当相互合作的进程处于同一计算机系统时，通常是采用直接通信方式，即由源进程利用发送命令直接将消息挂到目标进程的消息队列上，以后由目标进程利用接收命令从其消息队列中取出消息。

当相互合作的进程处于不同的系统中时，常采用间接通信方式，即由源进程利用发送命令将消息送入一个存放消息的中间实体中，以后由目标进程利用接收命令从中间实体中取走消息。该中间实体通常称为邮箱，相应的通信系统称为电子邮件系统。

5）进程调度

等待在后备队列上的每个作业，通常要经过调度才能执行。作业调度的基本任务是从后备队列中按照一定的算法（如先到先服务）选择若干个作业，为它们分配必要的资源（首先是分配内存）。

将它们调入内存后，便为它们建立进程，使之成为可能获得CPU的就绪进程，并将它们按一定算法插入就绪队列。而进程调度的任务则是从进程的就绪队列中，按照一定的算法选出一个新进程，将CPU分配给它，并为它设置运行现场，使进程投入运行。

3. 进程的状态和转换

进程执行时的间断性决定了进程有多种状态。如图2-9所示，进程的基本状态有就绪、执行和等待（又称阻塞状态）。

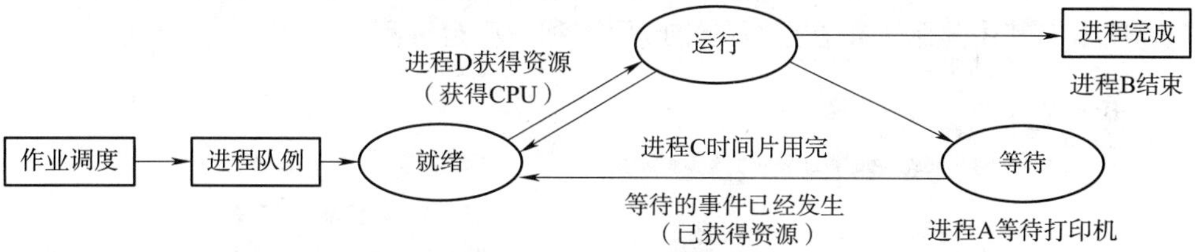

图2-9 进程的状态和转换

1）就绪状态

进程获得了除CPU之外的所有资源，做好了执行准备时，就可以进入就绪状态排队，一旦得到了CPU资源，进程便立即执行，即由就绪状态转换到执行状态。一个系统中处于就绪状态的进程可能有多个，通常将它们排成一个队列，称为就绪队列。

2）执行状态

进程进入执行状态后，在CPU中执行进程。每个进程在CPU中的执行时间很短，一般为几十毫秒，这个时间称为时间片。时间片由CPU进行分配和控制。在单CPU系统中，只能有一个进程处于执行状态；在多核CPU系统中，则可能有多个进程同时处于执行状态（在不同CPU内核中执行）。如果进程在CPU中执行结束，不需要再次执行时，进程进入结束状态；如果进程还没有结束，则返回就绪状态。

3）等待状态

正在执行的进程，由于发生了某个事件或等待某个数据暂时无法执行时，便放弃CPU而处于暂停状态，即进程的等待状态。通常将处于等待状态的进程也排成一个队列。当进程进入等待状态后，调度程序立即将CPU分配给另一个就绪进程；当等待进程的事件消失或数据准备好后，进程不会立即恢复到执行状态，而是转变为就绪状态，重新排队等待CPU。

4．进程的优点与缺点

引入进程是基于多道程序和分时操作系统的需要，因为只有每道程序建立了进程后，它们才能并发执行。

进程的优点是改善了系统资源的利用率，提高了系统的吞吐量。

进程的缺点有：一是内存开销增大，系统必须为每个进程建立一个PCB（进程控制块），它需要占用几十到几百个内存单元，此外，为了协调多个进程的并发执行，系统还必须设置相应的进程管理机构，这些也必然占用可观的内存单元；二是时间开销增大，例如，进行进程切换时，系统必须保存正在运行进程的现场，为即将运行的进程设置新现场，这些都需要花费CPU的时间。

5．Windows 操作系统中进程的运行状态

Windows任务管理器提供了正在计算机上运行的程序和进程的相关信息。Windows任务管理器可以快速查看正在运行的进程的状态，或者终止已停止响应的进程。可以使用多达15个参数评估正在运行的进程的活动，以及查看CPU和内存使用情况的图形和数据。

启动Windows任务管理器的方法有两种：一是按【Ctrl+Alt+Del】组合键，选择“任务管理器”选项，系统将打开“任务管理器”窗口；二是右击任务栏空白处，在弹出的快捷菜单中选择“任务管理器”命令，打开“任务管理器”窗口。图2-10所示为“任务管理器”窗口中的“进程”选项卡，其中显示了正在运行的“应用”和“后台进程”。

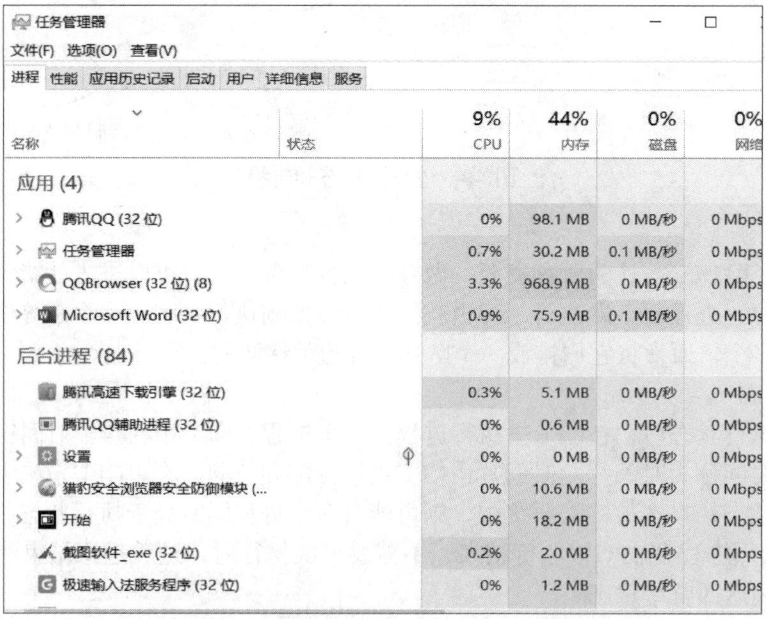

图2-10　Windows“任务管理器”窗口中的“进程”选项卡

2.2.2 Windows文件管理

文件是具有文件名的一组相关信息的集合。在计算机系统中，所有的程序和数据都是以文件的形式存放在计算机的外部存储器（如硬盘、U盘等）中。例如，一个C源程序、一个Word文档、一张图片、一段视频、各种程序等都是文件。

在操作系统中，负责管理和存取文件的部分称为文件系统。在文件系统的管理下，用户可以按照文件名查找文件和访问文件（打开、执行、删除等），而不必考虑文件如何保存（在Windows操作系统中，大于4 KB的文件必须分块存储），硬盘中哪个物理位置有空间可以存放文件，文件目录如何建立，文件如何调入内存等。文件系统为用户提供了一个简单、统一的访问文件的方法。

1. 文件名

在计算机中，任何一个文件都有文件名，文件名是文件存取和执行的依据。在大部分情况下，文件名分为文件主名和扩展名两个部分。

文件名由程序设计员或用户自己命名。文件主名一般用有意义的英文或中文词汇或数字命名，以便识别。例如，Windows中的Internet浏览器的文件名为iexplore.exe。

不同操作系统对文件名的命名规则有所不同。例如，Windows操作系统不区分文件名的大小写，所有文件名的字符在操作系统执行时，都会转换为大写字符，如test.txt、TEST.TXT、Test.TxT，在Windows操作系统中都视为同一个文件；而有些操作系统是区分文件名大小写的，如在Linux操作系统中，test.txt、TEST.TXT、Test.TxT被认为是3个不同的文件。在命名时建议见名知义，也就是看到文件名字，能想到里面保存的文件的基本内容等信息。以下9个字符不可以出现在文件命名中：\、/、：、*、?、"、<、>、|。

2. 文件类型

在绝大多数操作系统中，文件的扩展名表示文件的类型。不同类型的文件，处理方法是不同的。用户不能随意更改文件扩展名，否则将导致文件不能执行或打开。在不同操作系统中，表示文件类型的扩展名并不相同。在Windows操作系统中，虽然允许文件扩展名为多个英文字符，但是大部分文件扩展名习惯采用3个英文字符。

Windows操作系统中常见的文件扩展名的类型及表示的意义见表2-1。

表2-1 Windows操作系统中常见的文件扩展名的类型及表示的意义

文件类型	扩展名	说明
可执行程序	EXE、COM	可执行程序文件
文本文件	TXT	通用性极强，它往往作为各种文件格式转换的中间格式
源程序文件	C、BAS、ASM	程序设计语言的源程序文件
Offce文件	DOC、DOCX、PPTX、XLSX	MS Offce中Word、PowerPoint、Excel创建的文档
图像文件	JPG、GIF、BMP	图像文件，不同的扩展名表示不同格式的图像文件
视频文件	AVI、MP4、RMVB	通过视频播放软件播放，视频文件格式极不统一
压缩文件	RAR、ZIP	压缩文件
音频文件	WAV、MP3、MID	不同的扩展名表示不同格式的音频文件
网页文件	HTM、HTML、MHT	静态网页文件

3．文件属性

文件除了文件名外，还有文件大小、占用存储空间、建立时间、存放位置等信息，这些信息称为文件属性。

4．文件操作

文件中存储的内容可能是数据，也可能是程序代码。不同格式的文件通常都会有不同的应用和操作。文件的常用操作有：建立文件（需要专门的应用软件，如建立一个电子表格文档需要Excel软件）、打开文件（需要专用的应用软件，如打开图片文件需要ACDSee等看图软件）、编辑文件（在文件中写入内容或修改内容称为文件“编辑”，这需要专用的应用软件，如修改网页文件需要Dreamweaver等软件）、删除文件（可在操作系统下实现）、复制文件（可在操作系统下实现）、更改文件名称（可在操作系统下实现）等。

5．目录管理

计算机中的文件有成千上万个，如果把所有文件存放在一起会有许多不便。为了有效地管理和使用文件，大多数文件系统允许用户在根目录下建立子目录（又称文件夹），在子目录下再建立子目录。用户可以自由建立不同的子目录，也可以对目录进行移动、删除、修改目录名称等操作。操作系统和应用软件在安装时，也会建立一些子目录，如Windows、DocumentsandSettings、Office2016等。这些目录用户不能进行移动、删除、修改目录名称等操作，否则将导致操作系统或应用软件不能正常使用。

6．文件路径

文件路径是文件在存取时，需要经过的子目录名称。目录结构建立后，所有文件分门别类地存放在所属目录中，计算机在访问这些文件时，依据要访问文件的不同路径，进行文件查找。

7．文件查找

在Windows 10中查找文件或文件夹非常方便，可单击“任务栏”中的“搜索”栏，输入需要查找文件的部分文件名即可，如图2-11所示。

图2-11　任务栏中的“搜索”栏

2.3　Windows系统应用

2.3.1　Windows系统安装

1．操作系统的安装方法

操作系统有以下几种安装方法。

1）从光盘进行安装

这种操作系统安装方法是微软公司一直推荐采用的方法，它的优点是安装简单，安装过程中用户的可控性较强；缺点是安装时间较长。

2）从U盘进行安装

由于光盘的读、写性能很差，而且部分计算机没有安装光驱，近年来大部分用户采用U盘进行系统安装。U盘安装的方法有：系统原盘安装、系统克隆安装、系统镜像安装等。U盘安装的优点是简单方便；缺点是系统盘制作麻烦。

3）从硬盘进行安装

从硬盘安装操作系统主要用于系统升级，例如，从Windows 8升级到Windows 11，或者是操作系统程序故障后，进行系统恢复安装。

4）从网络进行安装

大批量计算机操作系统的安装（如机房），往往利用克隆软件从网络进行同步安装。

2. 操作系统安装前的准备

1）准备系统安装软件

可以是Windows系统安装光盘，或者是自己制作的Windows PE安装U盘，准备好主板和显卡驱动程序。

2）数据备份

对将要安装操作系统的硬盘进行数据备份。

3）BIOS设置

安装操作系统前，在BIOS中屏蔽一些不需要的功能。例如，部分主板芯片组支持AC97音频系统，一般应当将它屏蔽；在BIOS的PowerManagementSetup菜单项中，将ACPI（高级电源管理接口）功能设置为Enabled（允许），这样操作系统才可以使用电源管理功能，否则操作系统安装好后，会在“设备管理器”中出现有黄色问号（？）的设备；如果无法启动Windows10安装程序，可能是在BIOS中开启了软驱（FDD），需要在BIOS里将软驱关闭等。

3. 操作系统安装过程

1）引导盘BIOS设置

开机重启，按【Delete】键进入BIOS设置界面，找到Advanced BIOS Features按【Enter】键，用键盘方向键盘选定1stBootDevice（第1引导设备），按【PgUp】或【PgDn】键翻页，将它右边的HDD-0（硬盘启动）改为USB-HDD，按【F10】键，再输入“Y”，按【Enter】键，保存退出。

2）安装系统

将Windows PE安装U盘插入USB接口，重新启动，进入Windows-PE桌面后，进入原来做好的Windows 10镜像文件目录，执行Windows 10中的Install.wim安装文件，开始安装操作系统。系统盘开始复制文件，加载硬件驱动，进到安装向导中文界面。系统第一次重启时，拔出U盘，系统开始从硬盘中安装操作系统。

3）检查系统

检查系统是否正常，右击“开始”按钮，在弹出的快捷菜单中选择“设备管理器”命令。如果在“设备管理器”窗口的选项中出现黄色问号（？）或叹号（！）的选项，表示设备未识别，没有安装驱动程序，在弹出的快捷菜单中选择“重新安装驱动程序”命令，放入相应的驱动程序光盘，选择“自动安装”命令，系统会自动识别对应驱动程序并完成安装。需要安装驱动程序的一般有主板、显卡、声卡、网卡等。

4）安装系统补丁

操作系统推出一段时间后，微软公司会推出SP（service package）修正包程序。SP主要解决计算机兼容性问题和安全性问题。

5）安装杀毒软件和防火墙软件

安装完SP包后，安装杀毒软件和防火墙软件，然后通过网络更新杀毒软件病毒库。

6）安装应用软件

首先，在互联网上找到需要的软件。通常，软件开发者会提供官方网站或其他可信的下载渠道。在软件官方网站或下载渠道上找到软件的下载链接，点击下载按钮进行下载。通常，软件的下载文件是一个安装包，后缀名为.exe、.dmg或.msi等。下载完成后，找到下载的安装包文件并双击打开。在Windows操作系统中，可能需要以管理员身份运行安装包。安装包打开后，会弹出安装程序的界面。点击“安装”或类似按钮开始安装过程。

7）克隆系统分区

所有软件安装完成后，试运行应用程序，检测这些软件的正确性。如果没有问题，重新启动计算机，运行Windows PE工具盘，利用其中的克隆软件（ghost）对硬盘C盘分区进行镜像克隆，作为今后维修工作的备份文件。

4．操作系统的卸载

出于市场垄断的原因，Windows操作系统的卸载非常不便。最简单的方法是利用可引导软件（如Windows PE），启动后对安装操作系统的分区进行格式化操作。

2.3.2 Windows系统优化

1．系统注册表优化

1）注册表的基本功能

注册表是一个非常庞大、非常复杂的计算机硬件和软件信息的集合，如图2-12所示。注册表中每一条记录（键-值）的目的是什么、合理参数是什么。微软公司和应用软件开发者从来没有公布过，因此，修改注册表只是根据使用者的经验和猜测进行，一旦修改错误，轻则使某个程序出错，重则导致计算机不能启动，因此不建议用户手动优化。有很多软件公司开发了注册表优化软件，如Windows优化大师等，用户只要使用它们就可以对计算机进行各方面的优化。

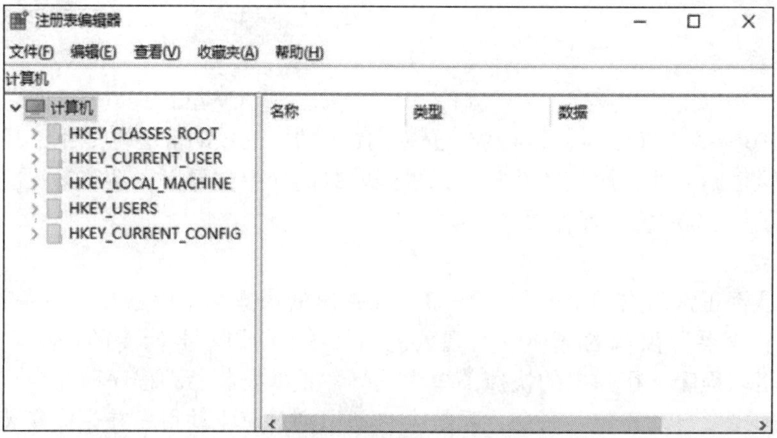

图2-12 Windows10操作系统注册表

2）利用Windows优化大师工具软件优化注册表

可以利用Windows优化大师等工具软件，对注册表进行优化处理。例如，运行“Windows优化大师”工具软件，选择“系统清理”中的“注册信息清理”命令，再单击“扫描”按钮，如图2-13所示，开始扫描注册表垃圾项目，扫描完成后，单击“全部删除”按钮，在弹出的对话框中单击“是”按钮，再单击“确定”按钮即可。

图2-13 Windows优化大师对注册表进行扫描

3）手工注册表优化

如果要进行手动注册表优化，可以在Windows10系统下，单击“开始”按钮，在弹出的菜单中选择“Windows系统”命令，再选择“运行”命令，输入regedit，单击“确定”按钮，运行“注册表编辑器”程序即可。这个软件的使用方法非常简单，但困难的是不知道如何修改注册表中的键值。虽然可以通过因特网查询到部分注册表修改方法，但是随着操作系统的升级，这些注册表信息的内容会发生改变，而且键值的位置也会发生改变。

手工修改注册表中的任何内容都必须非常小心，因为注册表改错的话，有可能导致计算机无法正常运行，甚至无法启动。

2. 优化系统运行速度

1）关闭“自动更新”功能

这个方法对提高系统运行速度效果非常明显，因为即使计算机没有连接网络，自动更新也会一遍遍地检查，它占了很大的内存空间。即使更新完成了，也还会定时检查更新。所以，非常影响计算机的速度。关闭“自动更新”功能的具体操作为：单击“开始”按钮，在弹出的菜单中选择“设置”命令，在打开的“设置”窗口中选择“更新和安全”命令，在“Windows更新”界面中选择“高级选项”命令，将“高级选项”中的更新选项全部关闭（四个）。

2）关闭Windows防火墙

如果安装了专业杀毒软件和防火墙，那么可把Windows中的防火墙关闭。在一台计算机中，没有必要装两种防火墙，这会影响计算机系统运行速度。具体操作为：单击“开始”按钮，在弹出的菜单中选择“控制面板”命令，选择“系统和安全”命令，再选择“Windows Defender防火墙”命令，在窗口左侧选择“启用或关闭Windows Defender防火墙”命令，再单击“关闭Windows Defender防火墙”按钮即可。

3）关闭“与Internet时间服务器同步”功能

“与Internet时间服务器同步”是使计算机时钟每周与Internet时间服务器进行一次同步，这样计算机系统时间就是精确的。对大多数用户来说，这个功能用处不大，所以建议把它关掉。

4）关闭“系统还原”

在计算机运行一段时间后，如果计算机运行效果良好，可先建立一个“还原点”，然后关掉“系统还原”，记住这个日期，以后系统出现故障时，可作为还原日期。具体操作为：单击“开始”按钮，在弹出的菜单中选择“控制面板”命令，在“系统和安全”下方选择“备份和还原”命令，在“备份和还原”窗口中选择“设置备份”命令，进行备份设置即可。

5）关闭“远程桌面”功能

这个功能是可以让别人在另一台机器上访问自己的桌面，也可以访问其他机器。对普通用户来说，这个功能并不常用，可以关闭它。需要使用时再打开就可以了。具体操作为：单击“开始”按钮，在弹出的菜单中选择“控制面板”命令，选择“系统和安全”命令，在“系统和安全”窗口中选择“允许远程访问”命令，打开“系统属性”对话框，在“远程”选项卡中取消选中“允许远程协助连接这台计算机”复选框，单击“确定”按钮即可。

3. 清理系统垃圾文件

1）系统垃圾软件的类型

（1）软件安装过程中产生的临时文件。许多软件在安装时，首先要把自身的安装文件解压缩到一个临时目录（一般为C：\Windows\Temp目录），然后再进行安装。如果软件设计有疏忽或者系统有问题，当安装结束后，这些临时文件就会留在原目录中，没有被删除，成为垃圾文件。例如，Windows操作系统在自动更新过程中，会将自动从网络下载的更新文件保存在C：\Windows目录中，文件以隐藏子目录方式保存，子目录名以“$”开头。这些文件在系统更新后就没有作用了，之所以没有删除，从善意方面解读，是为了今后系统崩溃后不必再次下载系统更新文件；从恶意方面揣测，是为了做P2P（端到端）传输，也就是其他用户从自己的计算机下载更新文件，因此这些文件可以删除。

（2）软件运行过程中产生的临时文件。软件运行过程中，通常会产生一些临时交换文件，例如，一些程序工作时产生的*.old、*.bak等备份文件，杀毒软件检查时生成的备份文件，做磁盘检查时产生的文件（*.chk），软件运行的临时文件（*.tmp），日志文件（*.log），临时帮助文件（*.gid）等。特别是IE浏览器的临时文件夹TemporaryInternetFiles，其中包含了临时缓存文件、历史记录、Cookie等，这些临时文件不但占用了硬盘空间，还会将个人隐私公之于众，严重时还会使系统运行速度变慢。

（3）软件卸载后遗留的文件。由于Windows的多数软件都使用了动态链接库（DLL），也有一些软件的设计还不太成熟，导致了很多软件被卸载后，经常会在硬盘中留下一些文件夹、*.dll文件、*.hlp文件和注册表键值以及形形色色的垃圾文件。

（4）多余的帮助文件。Windows和应用软件都会自带一些帮助文件（*.hlp，*.pdf等）、教程文件（*.hlp等）等；应用软件也会安装一些多余的字体文件，尤其是一些中文字体文件，这不仅占用空间甚大，更会严重影响系统的运行速度；另外“系统还原”文件夹也占用了大量的硬盘空间。

2）利用Windows优化大师等工具软件清理垃圾文件

可以利用Windows优化大师、360安全卫士等软件，对垃圾文件进行清除。例如，运行Windows优化大师，选择“磁盘文件清理”命令，单击选中C盘（假设Windows系统安装在C盘），单击“扫描”按钮，开始扫描磁盘垃圾文件，扫描完成后，选择“全部删除”命令后，单击“确定”按钮即可。

思考与练习

一、选择题

1. 没有安装软件的计算机称为（　　），它无法进行任何工作。

A. 联机　　B. 裸机
C. 空白机　　D. 操作系统

2. 追求有效的使用计算机的系统是（　　）。

A. 批处理操作系统　　B. 分时操作系统
C. 实时系统　　D. 分布式系统

3. 与计算机硬件关系最密切的软件是（　　）。

A. 编译程序　　B. 数据库管理系统
C. 游戏程序　　D. OS

4. 以下（　　）功能不是操作系统的基本功能。

A. 进程管理　　B. 文件系统
C. 安装驱动　　D. 设备管理

5. 常见的分布式操作系统有：Amoeba、Mach、（　　）和DCE。

A. 进程管理　　B. 文件系统
C. 安装驱动　　D. Chorus

6. 程序运行过程中的基本特征:（　　）、共享资源和随机启停。

A. 独立执行　　B. 转换执行
C. 同步执行　　D. 并发执行

7. Windows进程的特征有动态性、并发性、（　　）和未知性。

A. 共享性　　B. 随机性
C. 独立性　　D. 安全性

8. 进程管理完成任务不包括（　　）工作。

A. 进程修改　　B. 进程控制
C. 进程同步　　D. 进程通信

9. 进程的基本状态有（　　）。

A. 就绪、操作和等待　　B. 就绪、执行和等待
C. 控制、执行和等待　　D. 就绪、执行和处理

10. 以下（　　）是启动Windows任务管理器的方法。

A. Ctrl+Alt+Del　　B. Ctrl+Del

C. Ctrl+Shift+Del　　D. Alt+Del

11. 一个文件的扩展名通常表示（　　）。

A. 文件大小　　B. 常见文件的日期

C. 文件类型　　D. 文件版本

12. 以下（　　）字符可以出现在文件命名中。

A. ?　　B. *

C. /　　D. !

13. 文本文件的扩展名通常表示（　　）。

A. TXT　　B. DOC

C. GIF　　D. DOCX

14. 文件属性不包括（　　）。

A. 文件大小　　B. 建立时间

C. 文件格式　　D. 占用存储空间

15. 可以对文件目录进行的操作有移动、删除和（　　）。

A. 查找　　B. 修改目录名称

C. 说明　　D. 分类

16. 操作系统的安装方法不包括（　　）。

A. 从硬盘进行安装　　B. 从光盘进行安装

C. 从U盘进行安装　　D. 从裸机进行安装

17. 操作系统安装过程不包括（　　）。

A. 安装系统补丁　　B. 检查系统

C. 安装系统　　D. 操作系统卸载

18. 影响计算机速度的操作是（　　）。

A. 关闭“自动更新”功能　　B. 减少文件存储

C. 扩大C盘空间　　D. 装两种防火墙

19. 软件运行过程中产生的临时文件类型不包括（　　）。

A. *.GIF　　B. *.tmp

C. *.log　　D. *.chk

20. 软件卸载后遗留的文件以及多余的帮助文件类型不包括（　　）。

A. *.log　　B. *.doc

C. *.dll　　D. *.hlp

21. 以下（　　）是日志文件的扩展名。

A. *.log　　B. *.tmp

C. *.dll　　D. *.hlp

第 3 章 文字处理

文字处理是各种办公活动中最基础、最常见的工作，也是计算机进入办公室后最早涉及的工作领域。文字处理需要借助文字处理软件来实现。文字处理软件不仅仅是一个撰写工具，更重要的是它能够帮助用户完成写作的全过程，包括文章构思、编写大纲、输入编辑、结构控制、格式编排直至打印输出。在网络化环境的支持下，通过设置保留每个人的修改痕迹，可以实现多人协同编辑文档，对多人的修改还可以进行合并处理。本章主要介绍文字处理的基本操作、文档排版、制作表格、插入对象、高效排版、修订和打印文档等。

3.1 Word 2016基础操作

3.1.1 Word文档的新建与编辑

1. 启动和退出 Word 2016

在计算机中安装Office 2016后便可以启动相应的组件，其中主要包括Word 2016、Excel 2016、PowerPoint 2016，各组件的启动方法相同，下面以启动Word 2016为例进行讲解。

1）启动Word 2016

Word的启动很简单，与其他常见应用软件的启动方法相类似，主要有以下四种方法。

①选择“开始”→“所有程序”→“Microsoft Office”→“Word 2016”命令。

②在桌面找到Word 2016的快捷方式，双击桌面上的快捷方式图标。

③在任务栏中的“快速启动区”单击Word 2016图标。

④在“开始”搜索区输入Word，按【Enter】键即可启动。

2）退出Word 2016

退出Word 2016主要有以下四种方法。

①选择“文件”→“关闭”菜单命令。

②单击Word 2016窗口右上角的“关闭”按钮。

③按【Alt+F4】组合键。

④把鼠标指针放在标题栏处，右击后在弹出的快捷菜单中选择“关闭”命令。

2. 熟悉 Word 2016 工作界面

启动Word 2016后将进入其操作界面，如图3-1所示，下面介绍Word 2016操作界面中的主要组成部分。

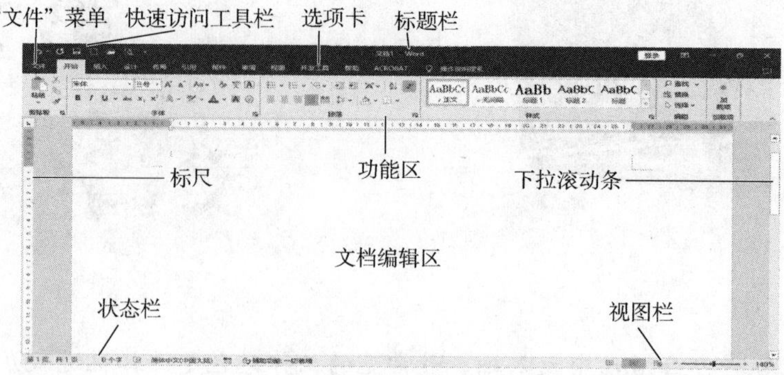

图3-1　Word 2016工作界面

1）标题栏

标题栏位于Word 2016操作界面的顶端，用于显示程序名称和文档名称，右侧有"最小化"、"最大化"和"关闭"按钮。

2）快速访问工具栏

快速访问工具栏中显示了一些常用的工具按钮，默认按钮有"保存"按钮、"撤销"按钮、"恢复"按钮。用户还可以自定义其他按钮，只需要单击该工具栏右侧的"下拉"按钮，在打开的下拉列表中选择相应选项即可。

3）"文件"菜单

该菜单中的内容与Office其他版本中的"文件"菜单类似，主要用于执行与该组相关的文件的新建，打开和保存等命令。

4）功能选项卡

Word 2016默认包含7个功能选项卡，单击任何一个选项卡即可打开对应的功能区，单击其他选项卡可分别切换到相应的选项卡，每个选项卡分别包含了多个相应的功能组。

5）标尺

标尺主要用于定位文档内容，位于文档编辑区上侧的称为水平标尺，左侧的称为垂直标尺，拖动水平标尺中的"缩进"按钮还可以快速调节段落的缩进和文档的边距。

6）文档编辑区

文档编辑区是指编辑文本的区域，对文本进行的各种操作结果都显示在该区域中。新建一篇空白文档后，在文档编辑区的左上角将显示一个闪烁的鼠标光标，称为插入点，该鼠标光标所在位置便是文本的起始输入位置。

7）状态栏

状态栏位于操作界面的底端左侧，主要用于显示当前文档的工作状态，包含当前页数、字数和输入状态等。

8）视图栏

视图栏位于操作界面的底端右侧，用于切换文档的视图方式，方便用户在"页面视图""阅读视图""Web版式视图"视图方式间切换。

3. 文档编辑

对于输入的文本经常要进行插入、删除、移动、复制、替换、拼写和语法检查等编辑工作，以确保输入的内容正确、提高输入效率。对此，文字处理软件提供了丰富的编辑功能。文档编辑遵守的原则是："先选定，后执行"。被选定的文本一般以高亮显示，容易与未被选定的文本区分开来。

1）选定文本

选定文本有两种方法，基本的选定方法和利用选定区的方法。

（1）基本的选定方法。基本的选定方法有鼠标选定和键盘选定两种。

①鼠标选定：将光标移到欲选取的段落或文本的开头，按住鼠标左键拖动，经过需要选定的内容后松开鼠标左键；

②键盘选定：将光标移到欲选取的段落或文本的开头，同时按住【Shift】键，使用光标移动键即方向键来选定内容。

（2）利用选定区的方法。在文本区的左边有一垂直的长条形空白区域，称为选定区。当鼠标指针移动到该区域时，鼠标指针变为右向箭头，在该区域单击，可选中鼠标指针所指的一整行文字；双击，会选中鼠标指针所在的段落；三击，整个文档全部选定。另外，在选定区中拖动鼠标可选中连续的若干行。

选定文本的常用技巧见表3-1。

表3-1　选定文本的常用技巧

选取范围	鼠标操作
字/词	双击要选定的字/词
句子	按住【Ctrl】键，单击该句子
行	单击该行的选定区
段落	双击该行的选定区；或者在该段落的任何地方三击
垂直的一块文本	按住【Alt】键，同时拖动鼠标
一大块文字	单击所选内容的开始处，然后按住【Shift】键，单击所选内容的结束处
全部内容	三击选定区

文字处理软件还提供了可以同时选定多块区域的功能，这通过按住【Ctrl】键再加选定操作来实现。若要取消选定，在文本窗口的任意处单击或按光标移动键即可。

2）插入、删除、撤销、恢复与重复

（1）插入：将光标移动到想要插入字符的位置，然后输入字符即可，注意确保此时的输入状态是"插入"状态。如果要插入一个空行，只需要将光标定位在需要产生空行的行首位置，按【Enter】键即可。

（2）删除：对于单个字符，用【Backspace】键或【Delete】键；对于大量文字，可以先选定要删除的内容，然后通常采用下面任何一种方法：

①按【Backspace】键或【Delete】键；

②右击选中文字，在弹出的快捷菜单中选择"剪切"命令（或按【Ctrl+X】组合键）。

删除段落标记可以实现合并段落的功能。要将两个段落合并，可以将光标定位在第一段的段落标记前，然后按【Delete】键，这样两个段落就合并成了一个段落。

（3）撤销、恢复与重复：若用户的操作失误，可利用“撤销”按钮（或按【Ctrl+Z】组合键），取消对文档所做的修改，使操作回退一步；利用“恢复”按钮，恢复被撤销的一步或任意步操作。如果需要多次进行某种同样的操作时，可以利用“重复”按钮（或按【Ctrl+Y】组合键），重复前一次的操作。在Word 2016中，撤销、恢复与重复按钮位于工作界面左上角的快速访问工具栏中。

3）移动或复制

在编辑文档时，可能需要把一段文字移动到另外一个位置，这时可以根据移动距离的远近选择不同的操作方法。

（1）短距离移动：可以采用鼠标拖动的简洁方法，选定文本，移动鼠标指针到选定内容上。当鼠标指针形状变成左向箭头时，按住鼠标左键拖动，此时箭头右下方出现一个虚线小方框。随着鼠标指针的移动又会出现一条竖虚线，此虚线表明移动的位置，当虚线移到指定位置时，松开鼠标左键，完成文本的移动。

（2）长距离移动（如从一页到另一页，或在不同文档间移动）：可以利用剪贴板进行操作。在文字处理软件里一般分解成两个动作：先将选定的原内容剪切到剪贴板，再从剪贴板粘贴到目标处。

4）查找和替换

在文字处理软件中，查找和替换是经常使用且效率很高的编辑功能。根据输入的要查找或替换的内容，系统可自动地在规定的范围或全文内查找或替换。

查找和替换功能既可以将文本的内容与格式完全分开，单独对文本或格式进行查找或替换处理，也可以把文本和格式看成一个整体统一处理。除此之外，该功能还可作用于特殊字符、通配符等。从网上获取文字素材时，由于网页制作软件排版功能的局限性，文档中经常会出现一些非打印排版字符。当文档中空格比较多的时候，可以在“查找内容”文本框中输入空格符号，在“替换为”文本框中不进行任何字符的输入，单击“全部替换”按钮将多余的空格删除；当要把文档中不恰当的人工手动换行符替换为真正的段落结束符的时候，在Word 2016中，可以单击“开始”选项卡“编辑”组中的“替换”按钮，打开“查找和替换”对话框。单击定位于“查找内容”文本框中，单击左下角的“更多”按钮，在展开的对话框中单击“特殊格式”按钮，通过“特殊格式”列表选择“手动换行符”（^l）在“替换为”文本框中用同样的方法选择特殊格式“段落标记”（^P）如图3-2所示，再单击“全部替换”按钮来达到目的。

利用替换功能还可以简化输入，如在一篇文章中多次出现“Microsoft Office Word 2016”字符串，在输入时可先用一个不常用的字符（如 # ）表示，然后利用替换功能用字符串代替字符。

【例3-1】新建一个文档，输入以下内容，然后把文中所有的“你”替换为红色带有双下画线的“您”。

听说你是每天从鸟声中醒来的人，那一带苍郁的山坡上丛生的杂树，把你的初夏渲染得更绿了。而你的琴韵就拍醒了每一枝树叶，展示着自己的生命成长。

在Word 2016中，操作步骤如下：

（1）单击“开始”选项卡“编辑”组中的“替换”按钮，弹出“查找和替换”对话框。在“查找内容”文本框中输入待查找文字“你”。

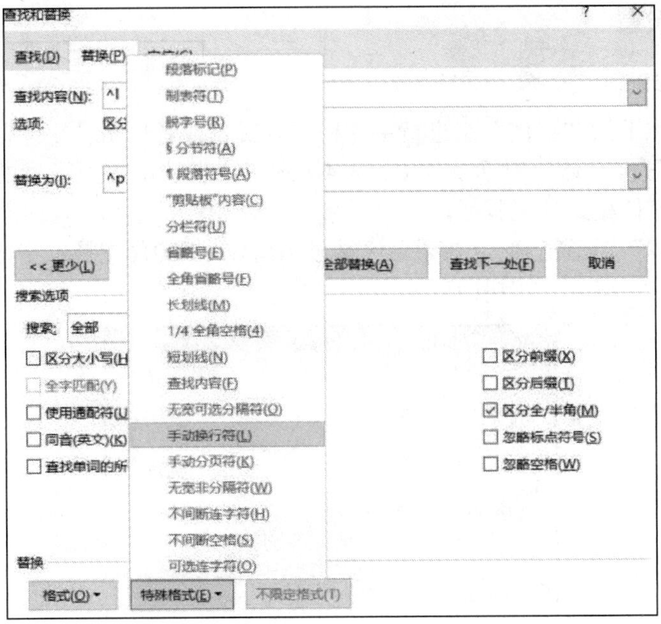

图3-2　将手动换行符替换为段落标记

（2）在“替换为”文本框中输入目标文字“您”，单击“更多”按钮（此时按钮标题变为“更少”），然后单击“格式”按钮，选择“字体”命令，在“字体”对话框中设置字体颜色为红色，“下画线线型”为“══”，单击“确定”按钮返回，设置如图3-3所示。

图3-3　查找和替换文本框

（3）单击“全部替换”按钮，则文档中所有满足条件的文字均被替换成目标文字。“替换”按钮只是将根据默认方向查找到的第一处文字替换成目标文字。

3.1.2 基本格式设置

1. 设置字体格式

在“开始”选项卡的“字体”组进行字体格式设置，或者单击“字体”分组右下角的箭头按钮，即可打开设置“字体”对话框，如图3-4所示。或者选中需要设置的字体，在字体旁会自动弹出一个设置字体格式的工具栏。

在打开的“字体”对话框中，“效果”区域显示出Word 2016支持的字体效果。选中相应效果的复选框，并单击“确定”按钮即可。

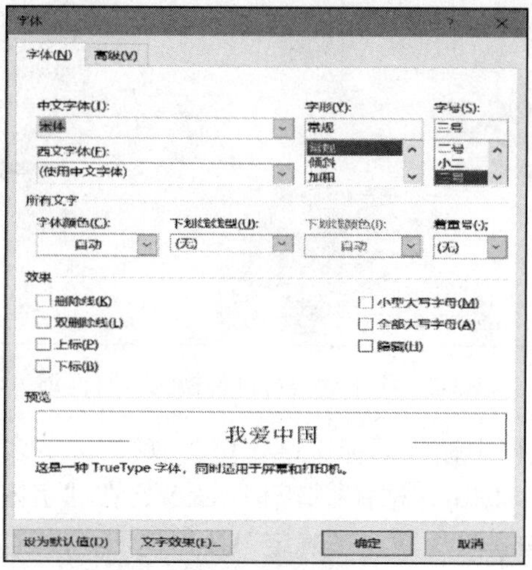

图3-4 “字体”对话框

1）字符间距与缩放

在打开的“字体”对话框中，切换到“高级”选项卡，在字符间距区域可以设置字体的缩放、间距和位置等选项。

缩放：在字符原来大小的基础上缩放字符尺寸，取值范围在1%~600%。

间距：增加或减少字符之间的间距，而不改变字符本身的尺寸。

位置：相对于标准位置，提高或降低字符的位置。

为字体调整字间距：Word 2016可以根据字符的形状自动调整字间距，设置该选项以指定进行自动调整的最小字体。

2）清除文本格式

在实际工作中，用户有时需要将Word 2016文档中已经设置的文本格式清除：打开Word 2016文档，选中需要清除文本格式的文本块，然后在“开始”选项卡的“字体”分组中单击“清除格式”按钮，如图3-5所示。

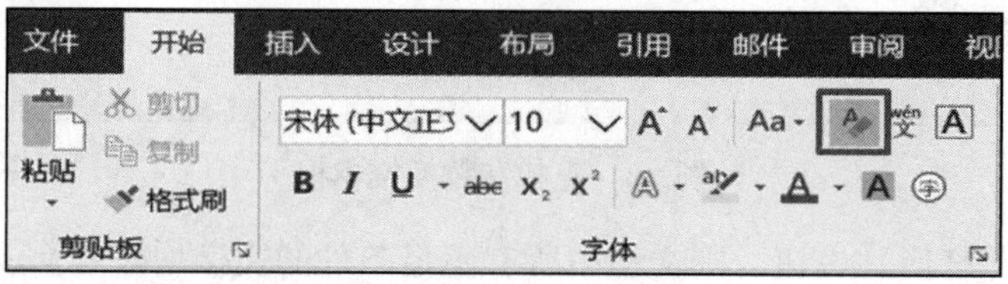

图3-5 “清除格式”按钮

2. 文本的对齐

使用“开始”选项卡设置对齐方式的方法为，在“开始”选项卡的“段落”分组中，对选中的文字进行对齐设置。文本的对齐方式有：居左对齐、居中对齐、居右对齐、两端对齐、分散对齐，如图3-6所示。

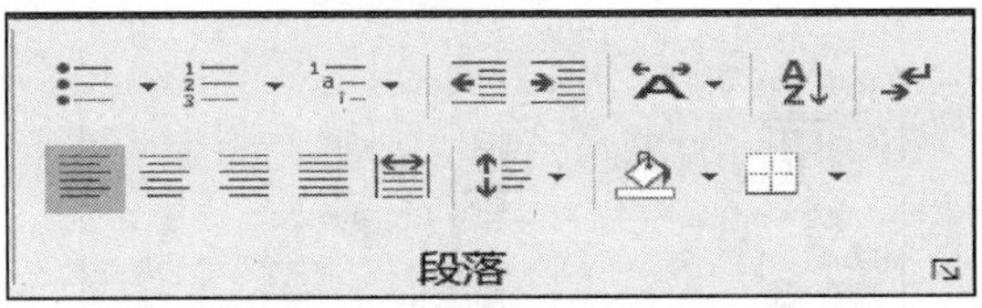

图3-6 文本的对齐方式

3. 段落格式设置

用“开始”选项卡的“段落”分组进行段落格式设置，或者单击“段落”分组右下角的箭头按钮，在弹出的对话框中进行精确的段落设置，如图3-7所示。其中段落缩进的类型有左缩进、右缩进、首行缩进、悬挂缩进。间距有段前、段后，行距有单倍行距、2倍行距、最小值，也可以设置固定值（单位为“磅”）和多倍行距（单位为“倍”）。

图3-7 “段落”对话框

4. 分栏设置

单击“布局”选项卡中的“页面设置”分组中的“分栏”按钮，弹出“预设”分栏，如果“预设”分栏格式不符合要求，则选择最下面的菜单项“更多分栏”，弹出“分栏”窗口进行设置，如图3-8所示。

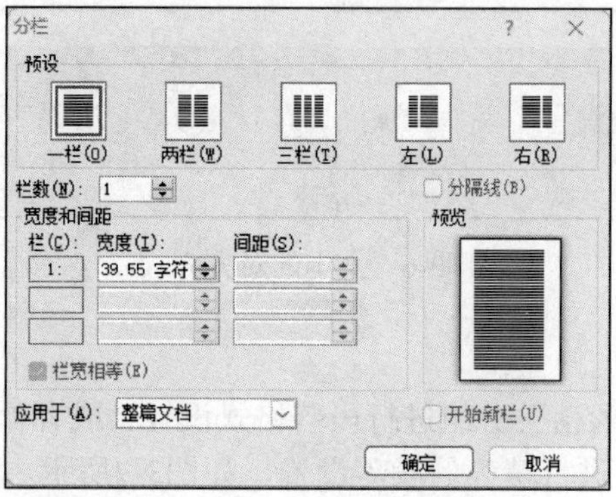

图3-8 “分栏”窗口

5. 页面设置

页面设置的好坏直接影响到整个文档的外观。在Word 2016中，用户可以设置页边距、纸张大小和方向、版式等。

1）页边距

页边距是指页面的边线到文字的水平或垂直距离，包括左右页边距、上下页边距。页边距具体设置步骤如下：

（1）打开“布局”选项卡。

（2）在“页面设置”组中单击“页边距”按钮。

（3）在弹出的列表栏中选择“自定义边距”，会弹出图3-9（a）所示的“页面设置”对话框。在该对话框中、设置上、下、左、右页边距各为2厘米，装订线0.2厘米，装订线在左侧，纸张方向横向。

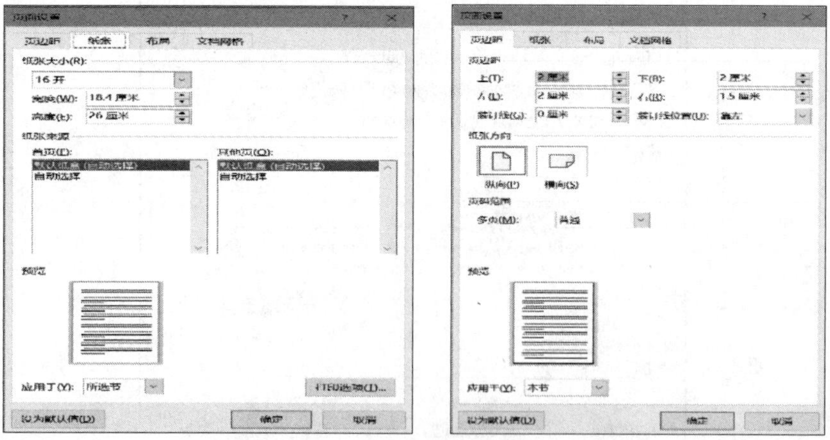

（a）（b）

图3-9 “页面设置”对话框

2）纸张大小和方向

在日常学习过程中，根据打印要求，有时需要对纸张的大小和方向进行调整，如16开32开和B5等。在Word 2016中，默认的纸张大小为A4。如须进行调整，具体步骤如下：

（1）打开“布局”选项卡。

（2）在“页面设置”组中单击“纸张大小”按钮。

（3）在弹出的列表栏中选择其他纸张大小，会弹出图3-9（b）所示的“页面设置”对话框。在该对话框中，根据要求设置即可。

6. 设置项目符号和编号

项目符号和编号是放在文本前的点或其他符号，起到强调作用。合理使用项目符号编号，可以使文档的层次结构更清晰、更有条理。

1）插入项目符号的方法

选中需要添加项目符号的段落。在“开始”选项卡的“段落”分组中单击“项目符号”下拉三角按钮。在“项目符号”下拉列表中选中合适的项目符号即可。

2）插入项目编号的方法

（1）选中需要添加项目编号的段落。在“开始”选项卡的“段落”分组中单击“项目编号”下拉三角按钮。在“项目符号”下拉列表中选中合适的项目号即可，如图3-10（a）所示。如果没有合适的还可以在“定义新编号格式”项中设置。

（2）在弹出的如图3-10（b）所示窗口中可以设置编号的格式、样式的对齐方式，设置好后单击“确定”按钮，则项目编号会显示在编号库里。

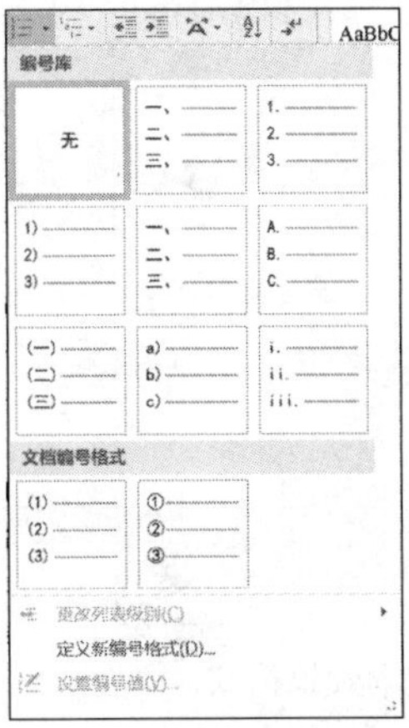

（a）

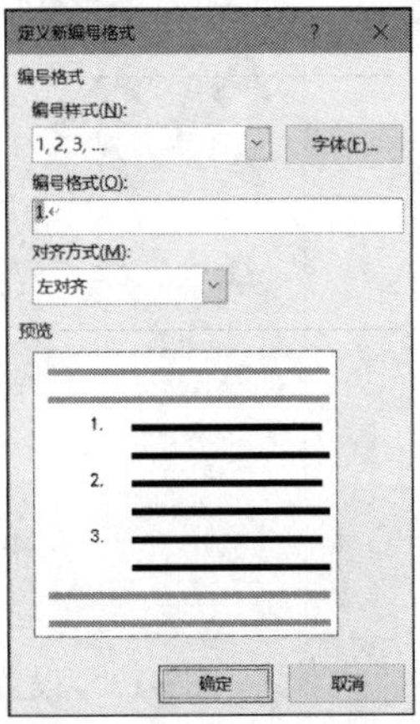

（b）

图3-10 插入项目编号

3）插入带圈项目符号的方法

（1）在“开始”选项卡的“段落”分组中单击“项目符号”，选择“定义新项目符号”项。

（2）在弹出来的“定义新项目符号”窗口中单击“符号”按钮，弹出“符号”对话框，如图3-11所示，在“字体”后的下拉对话框中选择“Wingdings2”符号集，在此符号集下可以找到需要的带圈编号，单击“确定”按钮。

（3）在“开始”选项卡的“段落”分组中单击“项目符号”按钮，在弹出的下拉列表中“最近使用过的项目符号”栏出现刚才选择的编号，如图3-12所示，需要再次添加该符号时将其选中即可。

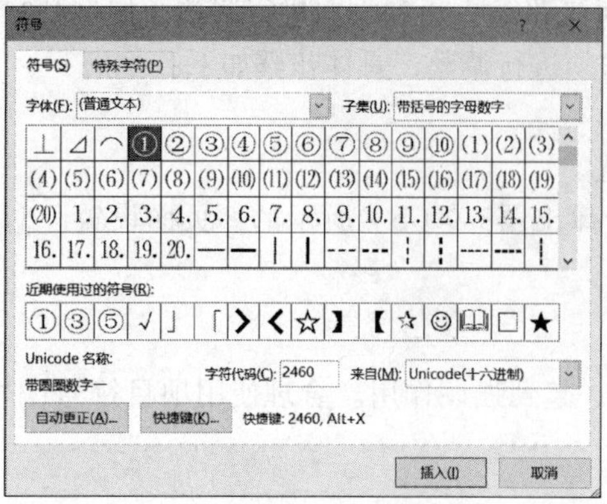

图3-11 “符号”对话框

图3-12 “最新使用过的项目符号"栏

3.1.3 提高与拓展

1. 设置文字效果

在“开始”选项卡“字体”组中单击“文字效果”按钮，弹出“设置文本效果格式”，如图3-13所示，按照要求进行文本效果的设置。

图3-13 设置文本效果格式

1）设置“空心黑体”

在“开始”选项卡“字体”分组中单击对话框启动器，弹出“字体”对话框，单击“字体”选项卡，在“中文字体”中选择“黑体”。单击“文字效果”按钮，弹出“设置文本效果格式”对话框，单击“文本填充”下的“无填充”单选按钮；再单击“文本边框”下的“实线”单选按钮，如图3-14所示，单击“确定”按钮后返回“字体”对话框，再单击“确定”按钮。

2）设置“发光”字体

如设置文字效果的“发光和柔化边缘”样式为“红色、18pt发光、个性色2”，操作步骤如下：

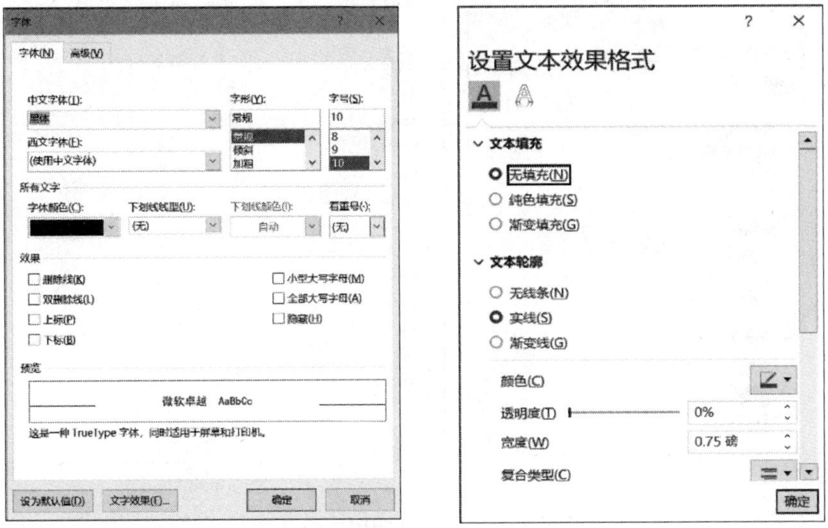

（a）　　　　　　　　（b）

图3-14　设置“空心黑体”

在“开始”选项卡的“字体”组中单击对话框启动器，弹出“字体”对话框，单击“文字效果”按钮，打开“设置文本效果格式”对话框，选择“文字效果”按钮如图3-15（a）所示，设置“发光”为“预设-发光变体-发光：8磅、橙色、主题色2”，最后单击“确定”按钮如图3-15（b）。

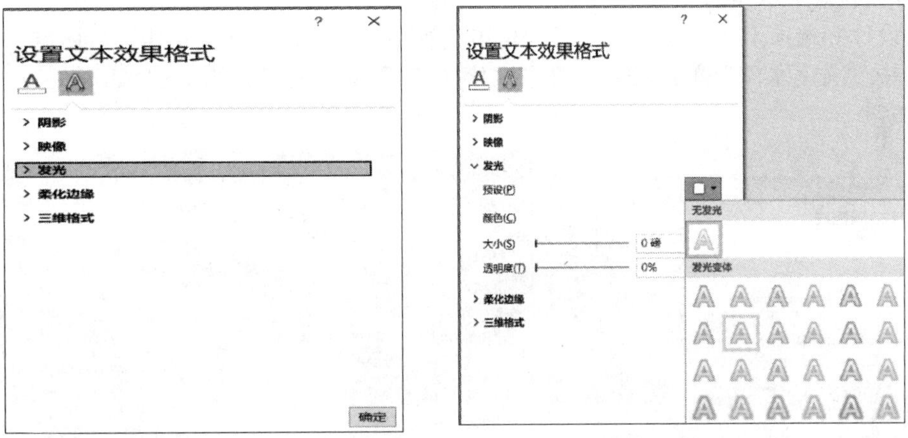

（a）　　　　　　　　（b）

图3-15　设置“发光”字体

3）设置“阴影”字体

如设置文字效果“右下斜偏移”的阴影效果，操作步骤如下：

在“开始”选项卡的“字体”组中单击对话框启动器，弹出“字体”对话框，单击“文字效果”按钮，打开“设置文本效果格式”对话框，选择“文字效果”按钮如图3-16（a）所示，设置“阴影”为“预设—外部—右下”，最后单击“确定”按钮如图3-16（b）所示。

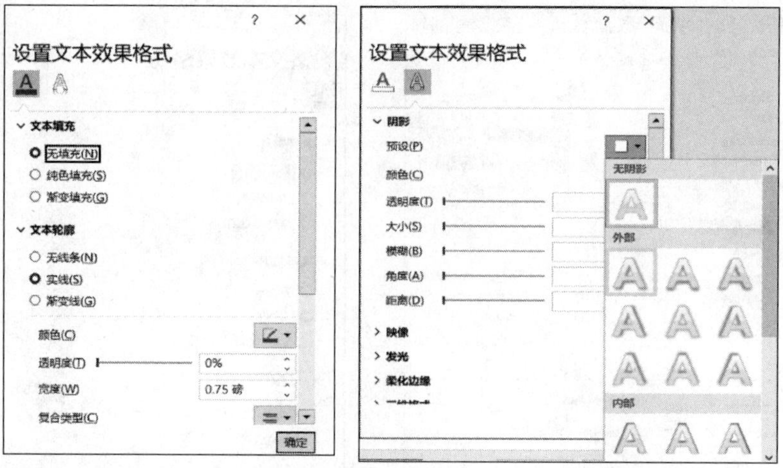

（a）　　　　　　　　　　　　　　（b）

图3-16　设置“阴影”字体

4）设置文字效果

在“开始”选项卡的“字体”组中单击对话框启动器，弹出“字体”对话框，单击“文字效果”按钮，打开“设置文本效果格式”对话框，选择“文字效果”按钮，设置“映像”为“预设-映像变体-全映像，8pt偏移量”如图3-17所示，最后单击“确定”按钮。

2. 设置页面背景

1）设置自定义水印

在“设计”选项卡“页面背景”组中单击“水印”按钮，打开“水印”对话框，如图3-18所示，选中“文字水印”单选按钮，在“文字（T）”处编写需要添加的水印文字，最后单击“确定”按钮。

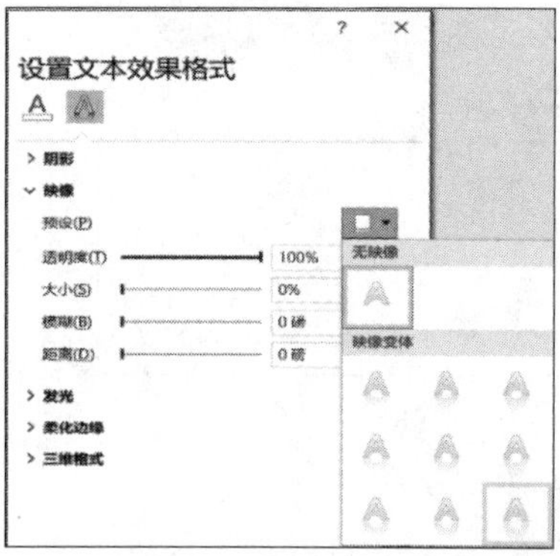

图3-17　设置文字效果

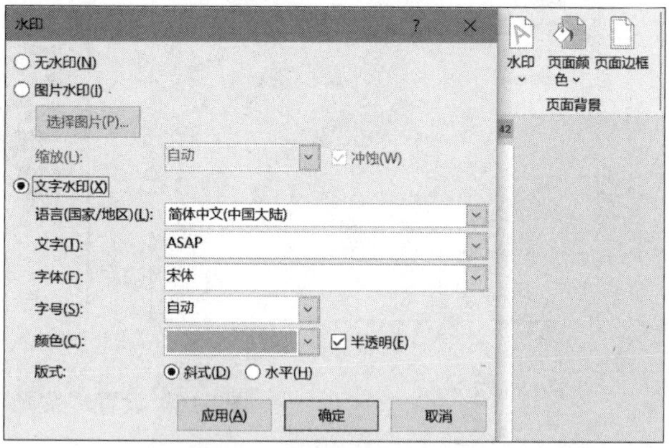

图3-18　“水印”对话框

2）设置页面颜色和页面边框

（1）页面颜色的设置：在“设计”选项卡“页面背景”组中单击“页面颜色”按钮，弹出“页面颜色”下拉列表，选择需要的颜色即可，如图3-19所示。

（2）页面边框的设置：在“设计”选项卡“页面背景”组中单击“页面边框”按钮，在弹出的“边框和底纹”对话框中选择“页面边框”选项卡，按要求进行设置，最后单击“确定”按钮，如图3-20所示。

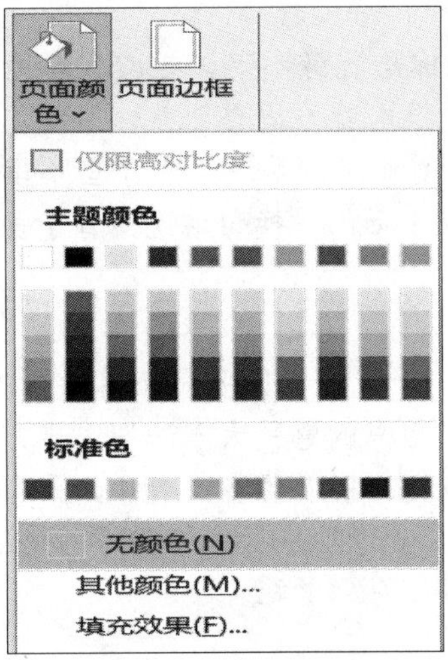

图3-19 “页面颜色”设置

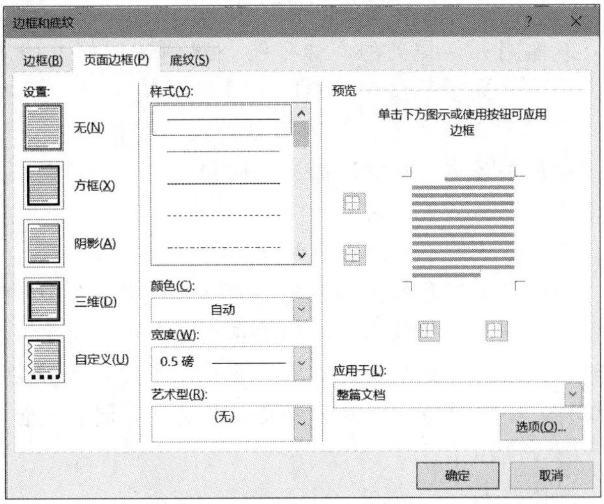

图3-20 “页面边框”选项卡

3.1.4 同步实训

文档内容如下，按照要求完成下列操作并以该文件名“创业的艰辛.docx”保存文档。

[文档开始]

创业的艰辛

创业不仅是一件很苦的事情，同时也是一件需要勇气的事情。世界上有两种人：95%的人每日循规蹈矩过着上班族的生活，5%的人则在创业。以下是小编为大家精心推荐的《创业的艰辛》的励志文章，望能够对您有所帮助。

作为“80后”，这个社会赋予了我们太多的责任，我们没赶上“70后”分房子的年代，不得不为2万一平方的房子辛苦奋斗。我们大多是独生子女，不得不肩负起照顾四个老人的责任。我们毕业就意味着失业，不得不每天还投着各种简历。总之，用“艰难”来形容我们也不过分。

大多数人，相信像我一样，一直怀揣着创业梦，因为这是我们过上更好生活的有效手段。但是我想说，创业很艰苦，但这个年代不创业会后悔!

创业不仅是一件很艰难的事情，同时也是一件需要勇气的事情。

为什么说需要勇气，在创业初期，我们不得不顶着极大的压力，甚至是亲朋好友的反对。会遭到一堆的质疑，但是确实也是现实问题。如看病问题以及创业初期收入还房贷便会很紧张，或者创业也不一定成功等诸多问题让我们犹豫不决，这时候你需要的是勇气。

“80后”的我们可能资产并不是很丰厚，可以从小的事情做起，比如开一些网店、微店之类，这样不仅不会影响你的工作还会增加你的额外收入。但是如果你想破釜沉舟地做一些事情，下面的创业建议，可供你参考。

一、创业是艰苦的过程

创业艰苦的原因更多的是你将忍受你从未有过的痛苦，将比就业更加艰辛，不仅拿不到薪水，很有可能每天一睁眼就是欠银行的高额贷款，到处借款，四处碰壁。而且即便是一切做得很好，最后失败的可能性还会不小。真正做成伟大公司的概率可能是几万分之一，这方面，你要问自己是否真的已经想好了？

二、创业者是真正的“狠”角色

就像刚开始提到的，你可能会遭到亲朋好友的质疑，如果你总犹豫不定，担心父母的认可、女友的期望等诸多问题，你可能则缺少“创业基因”，或许根本就不适合创业，即使你狠下心走了下去，之后遇到的问题也很有可能令你崩溃。真正的创业者，是真正骨子里不惧风险，自信并且有主见的，因为他们相信自己一定会成功，是积极主动的。换句话说，骨子里是个无所畏惧的“狠”角色。

三、团队是不可缺少的部分

一个人不管是精力还是能力都极其有限，因此在创业期，一个优秀的团队是不可缺少的。这些人要充满激情且理性，热爱自己服务的产品和用户，要知道用户的感受大于一切，要充分抓到用户所需。这个团队的成员要善于学习，工作勤恳，全力以赴，聪明睿智，专注，具有创新精神，不惧风险，同时最重要的是要具有同甘共苦的精神。

[文档结束]

操作要求：

（1）将标题段（“创业的艰辛”）设置为小二号黑体、红色、居中，字符间距加宽1磅、并添加黄色底纹和蓝色方框，设置段后间距为1行。

（2）将正文各段（“创业不仅是一件很苦……有同甘共苦的精神”）设置为五号宋体，第一段首字下沉，下沉行数为2，距正文0.2厘米；除第一段外的其余各段落左、右各缩进0.5字符，首行缩进2字符，行距18磅。

（3）将文中所有“创业”一词添加下画线。

（4）将正文第二段至第六段（“作为80后…可供你参考”）分为等宽的两栏，栏宽为19字符，且加上分隔线。

（5）为页面添加文字水印“创业的艰辛”，设置页面边框为红色波浪形方框。保存文档为“创业的艰辛.docx”。

操作步骤如下：

（1）选中标题段文字（“创业的艰辛”），在“开始”选项卡“字体”组中单击对话框启动器，弹出“字体”对话框。在“字体”选项卡中设置字体为小二号黑体、红色，如图3-21（a）所示；在“高级”选项卡中设置字符间距，如图3-21（b）所示。

在“开始”选项卡“段落”组中单击对话框启动器，在“缩进和间距”选项卡中设置标题段对齐属性和段后间距，“段后”间距设置为“1行”，“对齐方式”设置为“居中”，如图3-22所示。

在“开始”选项卡“段落”组中单击“底纹”下拉按钮，在打开的底纹颜色面板中选择黄色，设置标题段底纹。单击“底纹”右边的“边框线”下拉按钮，选择“边框和底纹”，弹出如图3-23所示的“边框和底纹”对话框，将标题文字设置为“方框”、颜色设置为“蓝色”，应用于“文字”。

（2）选中正文各段（“创业不仅是一件很苦……有同甘共苦的精神”），在“开始”选项卡的“字体”分组中设置字体、中文字体设置为“宋体”，字号设置为“五号”。选中第一段文字、在“插入”选项卡的“文本”分组中单击“首字下沉”按钮，选择“首字下沉选项”，弹出“首字下沉”对话框，设置下沉行数为2，距正文0.2厘米，如图3-24所示。

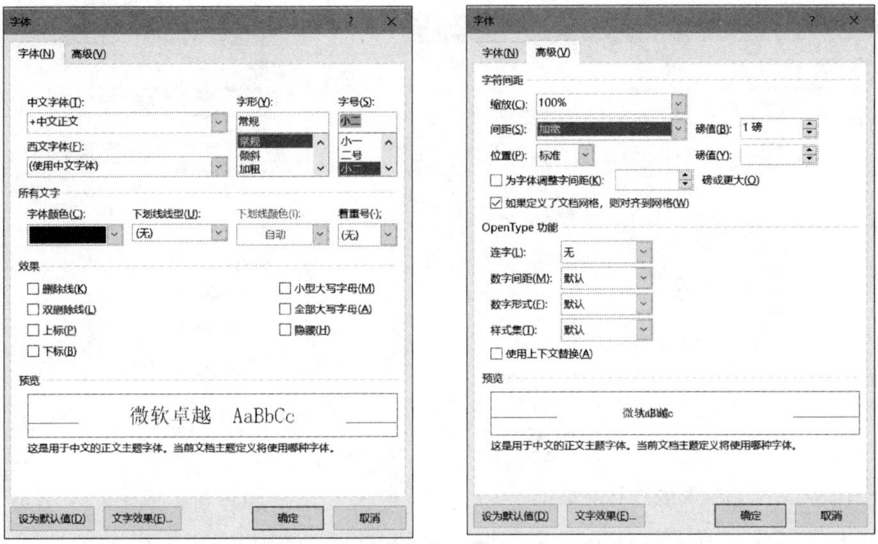

（a）　　　　　　　　　　　　　　（b）

图3-21　“字体”对话框

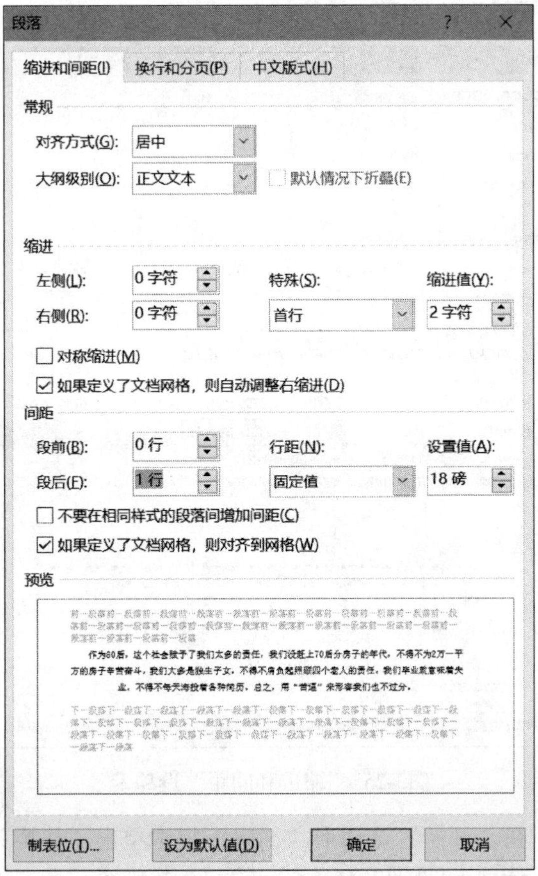

图3-22　“缩进和间距”选项卡

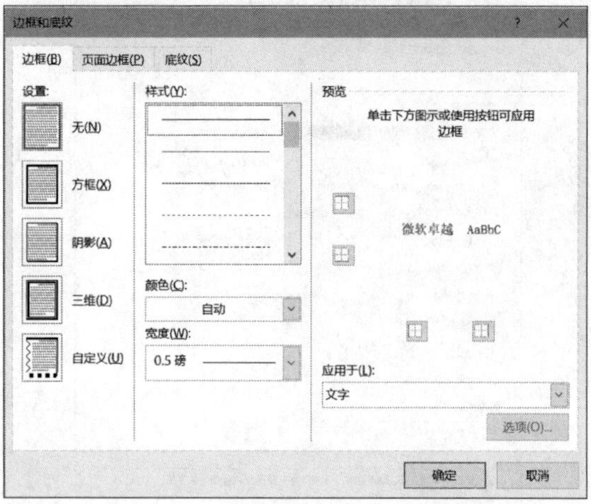

图3-23 “边框和底纹”对话框

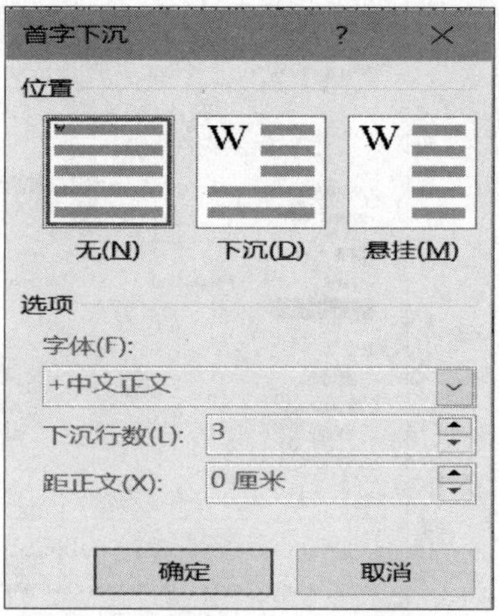

图3-24 “首字下沉"对话框

选中除第一段外的其余各段落，在“开始”选项卡“段落”组单击对话框启动器，弹出“段落”对话框，在“缩进和间距”选项卡中设置段落属性。“缩进”选项中，把“左侧”“右侧”都设置为“0.5字符”，“特殊格式设置为“首行缩进”，磅值为2字符，设置“行距”为“最小值”或“固定值”，设置值为“18磅”，如图3-25所示。

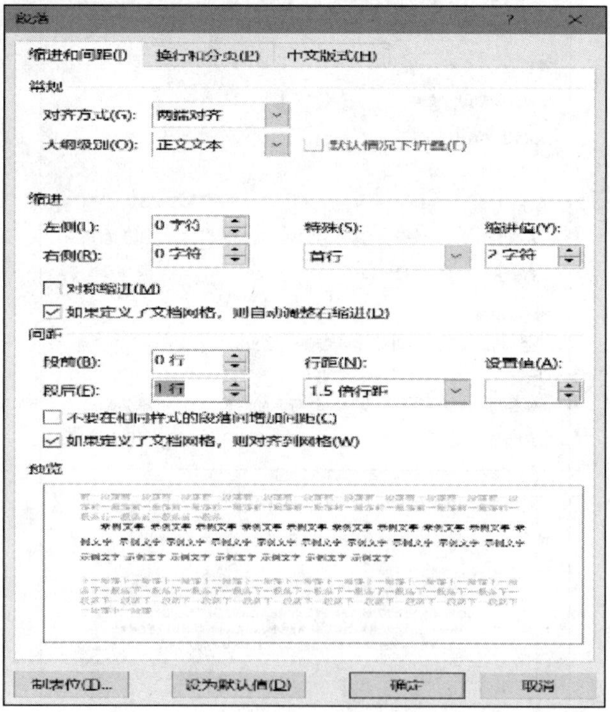

图3-25 “缩进和间距”选项卡

（3）选中正文各段，在“开始”选项卡“编辑”组中单击“替换”按钮，弹出“查找和替换”对话框，在“替换”选项卡[见图3-26（a）]的“查找内容”和“替换为”文本框中的分别输入“创业”，选择“替换为”后文本框中里的“创业”，单击“查找和替换”，对话框的“更多”按钮，单击“格式”按钮，选择“字体”，弹出“替换字体”对话框，选择“下划线线型”，为文中所有“创业”一词添加下画线，单击“全部替换”，单击“确定”按钮，如图3-26（a）所示。

（a）　　　　（b）

图 3-26 “替换”选项卡和对话框

（4）按照题目要求为段落设置分栏。选中正文第二至六段，在“布局”选项卡的页面设置”分组中单击“分栏”按钮，选择“更多分栏”选项，弹出如图3-27所示的分栏”对话框。选择“预设”选项组中的“两栏”选项，勾选“栏宽相等”和“分隔线”复选框，设置“宽度：12.98字符”，单击“确定”按钮。

（5）在“设计”选项卡“页面背景”组中单击“水印”按钮，选择“自定义水印”，弹出“水印”对话框，选择“文字水印”单选按钮，在“文字”中输入“创业的艰辛”，单击“确定”按钮，如图3-28所示。

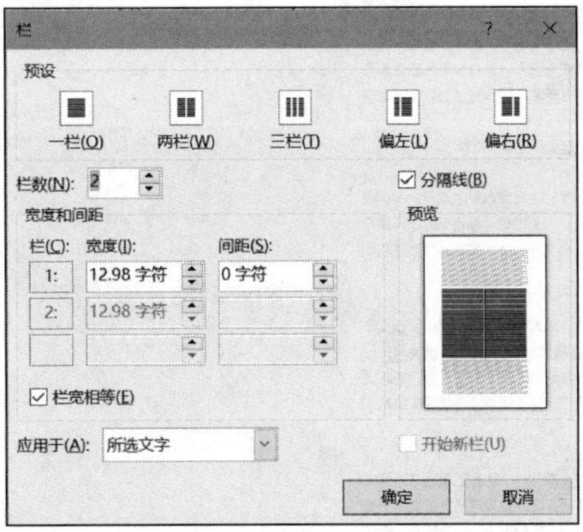

图3-27 “分栏”对话框

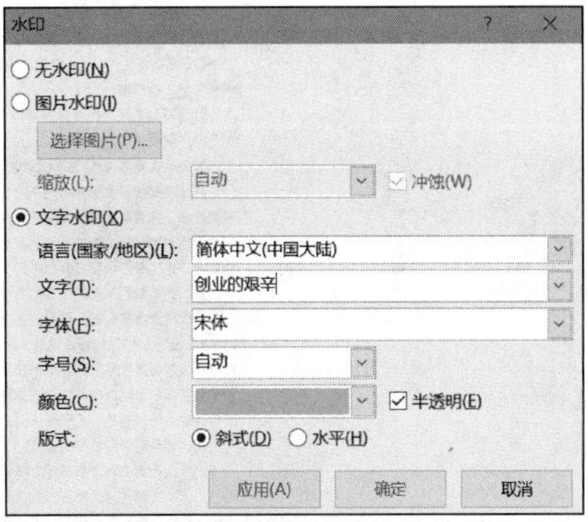

图3-28 “水印”对话框

在“设计”选项卡“页面背景”组中单击“页面边框”按钮，弹出“边框和底纹”对话框，然后选择“页面边框”选项卡，单击左侧的“方框”，样式设置为“波浪形”，颜色设置为“红色”，最后单击“确定”按钮，“页面边框”选项卡如图3-29所示。

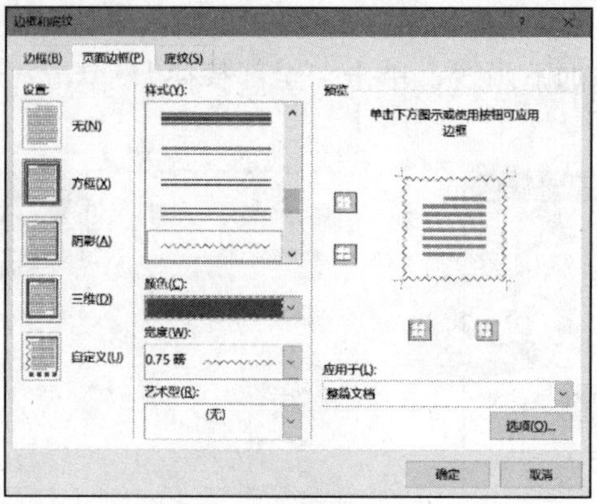

图3-29 “页面边框”选项卡

执行“文件”→“保存”命令，保存文档为“创业的艰辛.docx”，最后结果如图3-30样章所示。至此，本同步实训的操作基本完成。在同步实训的操作过程中，部分操作包括两种或两种以上的操作方法，本教材只介绍了一种，用户可对照操作进行其余操作方法的练习。

【样章】

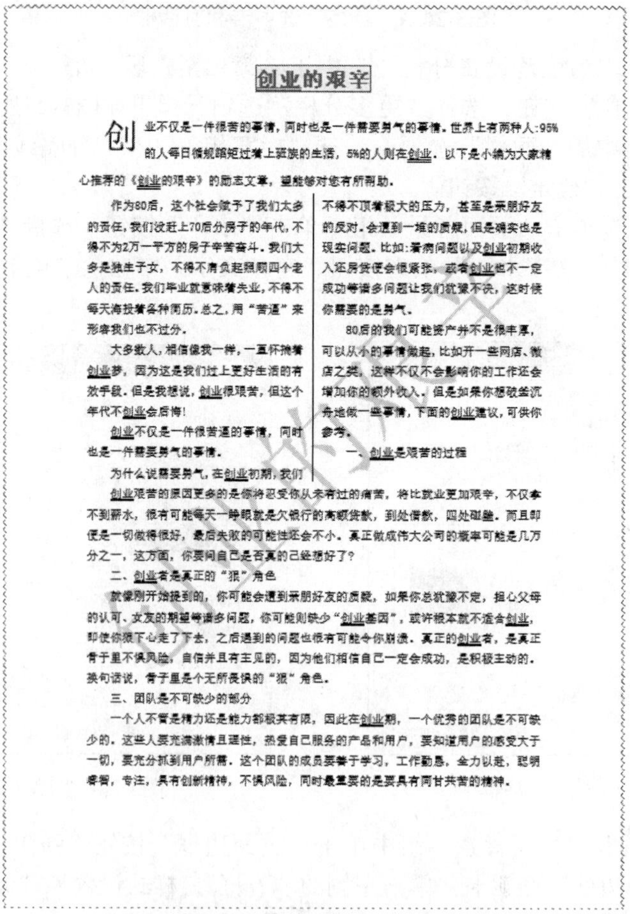

创业的艰辛

创业不仅是一件很苦的事情，同时也是一件需要勇气的事情。世界上有两种人:95%的人每日循规蹈矩过着上班族的生活，5%的人则在创业。以下是小编为大家精心推荐的《创业的艰辛》的励志文章，望能够对您有所帮助。

作为80后，这个社会赋予了我们太多的责任，我们没赶上70后分房子的年代，不得不为2万一平方的房子辛苦奋斗。我们大多是独生子女，不得不肩负起照顾四个老人的责任。我们毕业就意味着失业，不得不每天海投着各种简历。总之，用“苦逼”来形容我们也不过分。

大多数人，相信像我一样，一直怀揣着创业梦，因为这是我们过上更好生活的有效手段。但是我想说，创业很艰苦，但这个年代不创业会后悔！

创业不仅是一件很苦逼的事情，同时也是一件需要勇气的事情。

为什么说需要勇气，在创业初期，我们不得不顶着极大的压力，甚至是亲朋好友的反对。会遇到一堆的质疑，但是确实也是现实问题。比如:看病问题以及创业初期收入还房贷便会很紧张，或者创业也不一定成功等诸多问题让我们犹豫不决，这时候你需要的是勇气。

80后的我们可能资产并不是很丰厚，可以从小的事情做起，比如开一些网店、微店之类，这样不仅不会影响你的工作还会增加你的额外收入。但是如果你想破釜沉舟地做一些事情，下面的创业建议，可供你参考。

一、创业是艰苦的过程

创业艰苦的原因更多的是你将忍受你从未有过的痛苦，将比就业更加艰辛，不仅拿不到薪水，很有可能每天一睁眼就是欠银行的高额贷款，到处借款，四处碰壁。而且即便是一切做得很好，最后失败的可能性还会不小。真正做成伟大公司的概率可能是几万分之一，这方面，你要问自己是否真的已经想好了？

二、创业者是真正的“狠”角色

就像刚开始提到的，你可能会遇到亲朋好友的质疑，如果你总犹豫不定，担心父母的认可、女友的期望等诸多问题，你可能则缺少“创业基因”，或许根本就不适合创业，即使你狠下心走了下去，之后遇到的问题也很有可能令你崩溃。真正的创业者，是真正骨子里不惧风险，自信并且有主见的，因为他们相信自己一定会成功，是积极主动的。换句话说，骨子里是个无所畏惧的“狠”角色。

三、团队是不可缺少的部分

一个人不管是精力还是能力都极其有限，因此在创业期，一个优秀的团队是不可缺少的。这些人要充满激情且理性，热爱自己服务的产品和用户，要知道用户的感受大于一切，要充分抓到用户所需。这个团队的成员要善于学习，工作勤恳，全力以赴，聪明睿智，专注，具有创新精神，不惧风险，同时最重要的是要具有同甘共苦的精神。

图3-30 《创业的艰辛》样章

3.2　表格制作

作为文字处理软件，表格功能是必不可少的。文档中经常需要使用表格来组织文档中有规律的文字和数字，有时还需要利用表格将文字段落并行排列（如履历表）。表格具有分类清晰、简明直观的优点。文字处理软件提供的表格处理功能可以方便地处理各种表格，特别适用于简单表格（如课程表、作息时间安排表、成绩表等）；如果要制作较大型、复杂的表格（如年度销售报表），或是要对表格中的数据进行大量、复杂的计算和分析时，电子表格处理软件则是更好的选择。

表格主要有三种类型：规则表格、不规则表格、文本转换成的表格，如图3-31所示。表格由若干行和若干列组成，行列的交叉处称为单元格。单元格内可以输入字符、图形，或插入另一个表格。

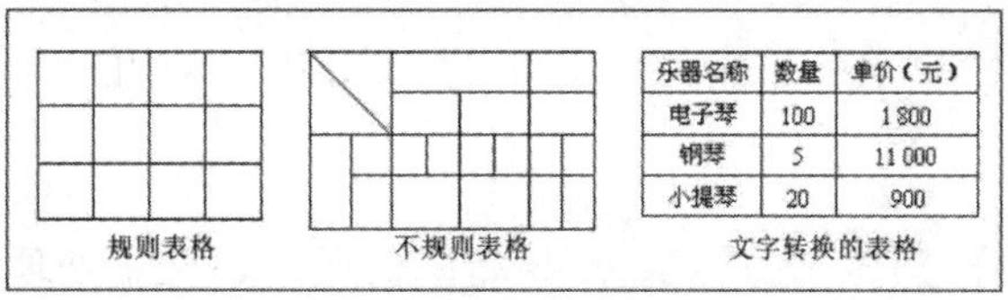

图3-31　表格的三种类型

3.2.1　创建表格

1. 建立表格

文字处理软件提供了多种途径来建立精美别致的表格。

1）建立规则表格

在Word 2016中，建立规则表格有两种方法：

（1）单击“插入”选项卡“表格”组中的“表格”按钮，在下拉列表中的虚拟表格里移动鼠标指针，经过需要插入的表格行列，如图3-32所示，确定后单击，即可创建一个规则表格。

（2）单击“插入”选项卡“表格”组中的“表格”按钮，在下拉菜单中选择“插入表格”命令，出现图3-33所示的“插入表格”对话框，选择或直接输入所需的列数和行数。

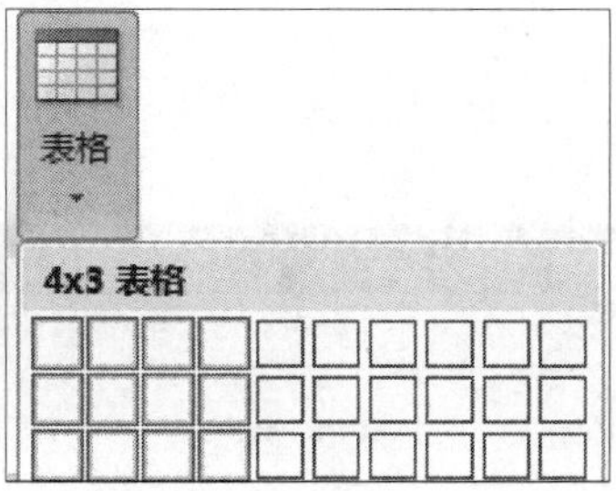

图3-32　“插入表格”按钮

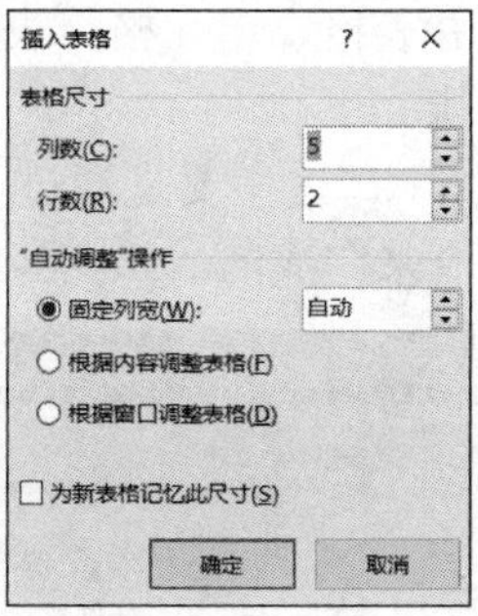

图3-33　“插入表格”对话框

2）建立不规则表格

在Word 2016中，单击“插入”选项卡“表格”组中的“表格”按钮，在下拉菜单中选择“绘制表格”命令。此时，指针呈铅笔状，可直接绘制表格外框、行列线和斜线（在线段的起点单击并拖动至终点释放），表格绘制完成后再单击“表格工具”中“布局”选项卡中的“绘制表格”按钮，取消选定状态。在绘制过程中，可以根据需要选择表格线的线型、宽度和颜色等。对多余的线段可利用“橡皮擦”按钮，用指针沿表格线拖动或单击即可。

2. 将文本转换成表格

按规律分隔的文本可以转换成表格，文本的分隔符可以是空格、制表符、逗号或其他符号等。文字处理软件提供了文本转换成表格的功能。在Word 2016中，要将文本转换成表格，先选定文本，单击“插入”选项卡“表格”组中的“表格”下拉按钮，在下拉菜单中选择“文本转换成表格”命令即可。

注意：文本分隔符不能是中文或全角状态的符号，否则转换不成功。

创建表格时，有时需要绘制斜线表头，即将表格中第一行第一个单元格用斜线分成几部分，每一部分对应于表格中行列的内容。对于表格中的斜线表头，可以利用“插入”选项卡“插图”组“形状”按钮下拉列表“线条”区中的直线和“基本形状”区中的“文本框”共同绘制完成。

3.2.2 编辑表格

表格的编辑操作同样遵守“先选定、后执行”的原则，文字处理软件选定表格的操作见表3-2。

表3-2 选定表格

选取范围	菜单操作（“表”组中“选择”按钮下拉菜单中的命令）	鼠标操作
一个单元格	选择单元格	鼠标指针指向单元格内左下角处，指针呈右上角方向黑色实心箭头，单击
一行	选择行	鼠标指针指向该行左端边沿处（即选定区），单击
一列	选择列	鼠标指针指向该列顶端边沿处，指针呈向下黑色实心箭头，单击
整个表格	选择表格	单击表格左上角的符号⊞

表格的编辑包括：缩放表格；调整行高和列宽；增加或删除行、列和单元格；表格计算和排序；拆分和合并表格、单元格；表格复制和删除；表格跨页操作等。文字处理软件提供了丰富的表格编辑功能。

在Word 2016中，这主要是通过“表格工具”中“布局”选项卡中的相应按钮或右键快捷菜单中的相应命令来完成的，如图3-34所示。

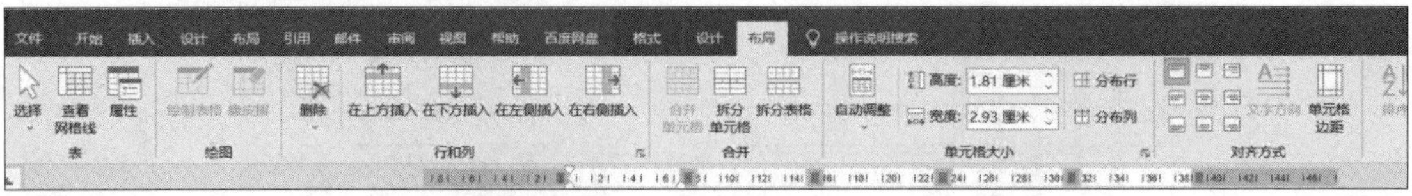

图3-34 “表格工具”中“布局”选项卡中的按钮

1. 缩放表格

当鼠标指针位于表格中时，在表格的右下角会出现符号“□”，称为句柄。当鼠标指针位于句柄上，变成箭头↘时，拖动句柄可以缩放表格。

2. 调整行高和列宽

根据不同情况有三种调整方法：

（1）局部调整：可以采用拖动标尺或表格线的方法。

（2）精确调整：在Word 2016中，选定表格，在“表格工具”中“布局”选项卡“单元格大小”组中的“高度”和“宽度”数值框中设置具体的行高和列宽；或单击“表”组中的“属性”按钮；或在右键快捷菜单中选择“表格属性”命令，打开“表格属性”对话框，在“行”和“列”选项卡中进行相应设置。

（3）自动调整列宽和均匀分布：选定表格，单击“表格工具”中“布局”选项卡“单元格大小”组中“自动调整”的下拉按钮，在下拉菜单中选择相应的调整方式。或在右键快捷菜单中选择“自动调整”中的相应命令。

3. 增加或删除行、列和单元格

增加或删除行、列和单元格可利用“表格工具”中“布局”选项卡“行和列”组中的相应按钮或在右键快捷菜单中选择相应命令。如果选定的是多行或多列，那么增加或删除的也是多行或多列。

【例3-2】对表3-3进行设置，行高为2厘米，列宽为3厘米；在表格的底部添加一行并输入“平均分”，在表格的最右边添加一列并输入“总分”。

表3-3 成绩单

姓名	语文	数学	英语
王立	79	81	72
张军	78	87	87
李凡	64	73	65

在Word 2016中，操作步骤如下：

（1）选定整个表格。

（2）单击定位在“表格工具”中“布局”选项卡“单元格大小”组中的“高度”数值框中，调整至“2厘米”或者直接输入“2厘米”，同样，在“宽度”数值框中设置“3厘米”，按【Enter】键，并适当调整一下斜线表头大小和位置。

（3）选中最后一行，单击“表格工具”中“布局”选项卡“行和列”组中的“在下方插入”按钮（或者将光标置于最后一个单元格按【Tab】键，或者将光标置于最后一行段落标记前按【Enter】键），然后在新插入行的第一个单元格中输入“平均分”。

（4）选中最后一列，单击“表格工具”中“布局”选项卡“行和列”组中的“在右侧插入”按钮，然后在新插入列的第一个单元格中输入“总分”。设置新增加的行和列的单元格文字对齐方式为水平居中对齐。

4．拆分和合并表格、单元格

在文字处理过程中，有时需要将一个表格拆分为两个表格，或者需要将单元格拆分、合并的情况。在Word 2016中，拆分表格的操作方法是，首先将指针移到表格将要拆分的位置，即第2个表格的第1行，然后单击“表格工具”中“布局”选项卡“合并”组中的“拆分表格”按钮，此时在两个表格中产生一个空行。删除这个空行，两个表格又合并成为一个表格。

拆分单元格是指将一个单元格分为多个单元格，合并单元格则恰恰相反。在Word 2016中，拆分和合并单元格可以利用“表格工具”中“布局”选项卡“合并”组中的“拆分单元格”按钮和“合并单元格”按钮来完成。

5．表格的复制和删除

表格的复制和删除主要通过文字处理软件右键快捷菜单中的“复制”和“删除单元格”命令来完成。

注意：选定表格按【Delete】键，只能删除表格中的数据，不能删除表格。

6．表格跨页操作

当表格很长，或表格正好处于两页的分界处，表格会被分割成两部分，即出现跨页的情况。文字处理软件提供了两种处理跨页表格的方法：

（1）一种是跨页分段表格，使下页中的表格仍然保留上页表格中的标题（适于较大表格）。

（2）另一种是禁止表格分页（适用较小表格），让表格处于同一页上。

在Word 2016中，表格跨页操作通过单击“表格工具”中“布局”选项卡“表”组中“属性”按钮，打开“表格属性”对话框，在“行”选项卡中选中“允许跨页断行”复选框来完成。跨页分段表格还可以通过单击“表格工具”中“布局”选项卡“数据”组中的“重复标题行”按钮来实现。

3.2.3　格式化表格

1．自动套用表格格式

文字处理软件为用户提供了各种各样的表格样式，这些样式包括表格边框、底纹、字体、颜色的设置等，使用它们可以快速格式化表格。在Word 2016中，这通过“表格工具”中“设计”选项卡“表格样式”组中的相应按钮来实现。

2．边框与底纹

自定义表格外观，最常见的是为表格添加边框和底纹。使用边框和底纹可以使每个单元格或每行每列呈现出不同的风格，使表格更加清晰明了。文字处理软件提供了为表格添加边框和底纹的功能。

在Word 2016中，通过单击“表格工具”中“设计”选项卡“边框”组“边框”下拉按钮，在下拉菜单中选择“边框和底纹”命令，打开“边框和底纹”对话框来进行操作。其设置方法与段落的边框和底纹设置类似，只是在“应用于”下拉列表框中选择“表格”命令。

【例3-3】为例3-2中的表格设置边框和底纹：表格外框为1.5磅实单线，内框为1磅实单线；平均分这一行设置文字红色底纹。效果如图3-35所示。在Word 2016中，操作步骤如下：

（1）选定表格，单击“表格工具”中“设计”选项卡“边框”组中“边框”的下拉按钮，在下拉菜单中选择“边框和底纹”命令，在“边框和底纹”对话框中选择“边框”选项卡，在

“样式”列表框中选择单实线，“宽度”下拉列表框中选择“1.5磅”，在预览区中单击示意图的4条外边框；再在“宽度”下拉列表框中选择“1磅”，在预览区中单击示意图的中心点，生成十字形的两个内框，如图3-36所示。设置边框时除单击示意图外，也可以使用其周边的按钮。

科目／姓名	语文	数学	英语	总分
王立	79	81	72	232
张军	78	87	67	232
李凡	64	73	65	202
平均分	73.67	83.00	66.00	224.67

图3-35　表格加边框和底纹的效果

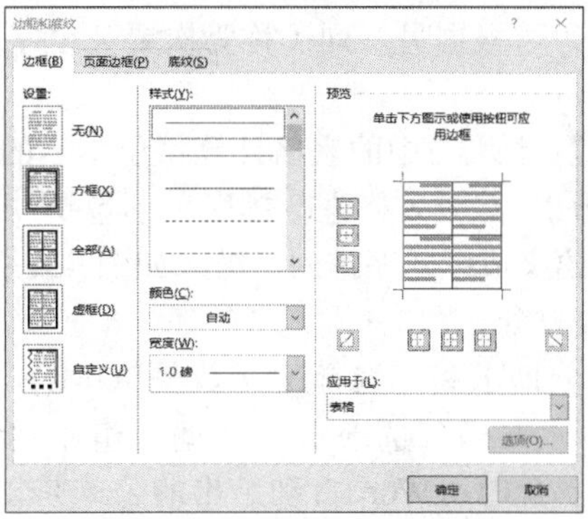

图3-36　设置表格边框

（2）选定平均分这一行，单击“表格工具”中“设计”选项卡“边框”组中“边框”的下拉按钮，在下拉菜单中选择“边框和底纹”命令，在“边框和底纹”对话框中选择“底纹”选项卡，在“填充”下拉列表框“标准色”组中选择红色，“应用于”下拉列表框中选择“文字”，然后单击“确定”按钮。

3.2.4　数据计算与排序

1. 表格计算

在表格中可以完成一些简单的计算，如求和、求平均值、统计等。这可以通过文字处理软件提供的函数快速实现。这些函数包括求和（SUM）、平均值（AVERAGE）、最大值（MAX）、最小值（MIN）、条件统计（IF）等。但是，与电子表格处理软件相比，文字处理软件的表格计算自动化能力差，当不同单元格进行同种功能的统计时，必须重复编辑公式或调用函数，效率低。最大的问题是，当单元格的内容发生变化时，结果不能自动重新计算。

在Word 2016中，表格计算是通过“表格工具”中“布局”选项卡“数据”组中的“公式”按钮 *fx* 来使用函数或直接输入计算公式完成的。在计算过程中，经常要用到表格的单元格地址，它用字母后面跟数字的方式来表示，其中字母表示单元格所在列号，每一列号依次用字母A、B、C……表示，数字表示行号，每一行号依次用数字1、2、3……表示，如B3表示第2列第3行的单元格。作为函数自变量的单元格表示方法见表3-4。

表3-4　单元格表示方法

函数自变量	含　义
LEFT	左边所有单元格
ABOVE	上边所有单元格
单元格1: 单元格2	从单元格1到单元格2矩形区域内的所有单元格。例如，A1: B2表示A1，B1，A2，B2共4个单元格中的数据参与计算
单元格1、单元格2、…	计算所有列出来的单元格1、单元格2、…的数据

注意：其中的“:”和“,”必须是英文的标点符号，否则会导致计算错误。

2. 表格排序

除计算外，文字处理软件还可以根据数值、笔画、拼音、日期等方式对表格数据按升序或降序排列，同时，允许选择多列进行排序，即当选择的第一列（称为主关键字）内容有多个相同的值时，可根据另一列（称为次要关键字）排序，依此类推，最多可选择3个关键字进行排序。

【例3-4】对例3-3中的表格计算每位学生的“总分”及每门课程的“平均分”（要求平均分保留2位小数），并对表格进行排序（不包括“平均分”行）。首先按总分降序排列，如果总分相同，再按语文成绩降序排列，结果如图3-37所示。在Word 2016中，操作步骤如下：

1）计算总分

计算总分即求和，选择的函数是SUM()。单击存放第1位学生总分的单元格，单击“表格工具”中“布局”选项卡“数据”组中的“公式”按钮，出现“公式”对话框，如图3-38所示。此时，Word自动给出的公式是正确的，可以直接单击“确定”按钮；继续单击用于存放第2位学生总分的单元格，重复相同的步骤。但这次Word自动提供的公式“＝SUM（ABOVE）”是错误的，需要将括号中的内容进行更改，最简单的方法是用“LEFT”替换“ABOVE”，也可以选择用“B3，C3，D3”或“B3:D3”（注意其中的标点符号必须是英文的）替换“ABOVE”，还可以不使用SUM()函数，直接在公式框中输入“=B3+C3+D3”，公式框中的字母大小写均可；用同样的方法计算出第3位学生的总分。

科目 / 姓名	语文	数学	英语	总分
王立	79	81	72	232
张军	78	87	67	232
李凡	64	73	65	202
平均分	73.67	83.00	68.00	224.67

图3-37　表格计算和排序结果

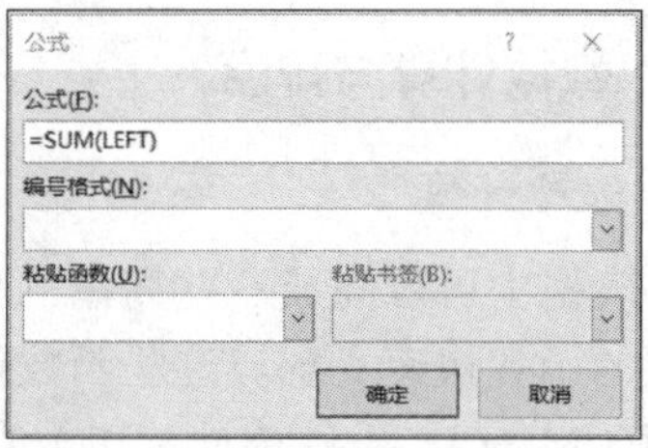

图3-38　计算总分

2）计算平均分

计算平均分与总分类似，选择的函数是AVERAGE()。单击存放“语文”平均分的单元格，单击“表格工具”中“布局”选项卡“数据”组中的“公式”按钮，在“公式”对话框中保留“＝”号，删除其他内容。然后单击“编号格式”下拉按钮，在下拉列表框中选择“0.00”（小数点后有几个0就是保留几位小数），再单击“粘贴函数”下拉列表框，在其中选择AVERAGE()，光标自动定位在公式框中的括号内，输入ABOVE()，如图3-39所示。也可以在括号内输入“B2，B3，B4”或“B2:B4”，或者在公式框中输入“＝（B2+B3+B4）/3”最后单击“确定”按钮。第一个保留两位小数的平均分就算好了。用同样的方法计算出“数学”和“英语”的平均分。

3）表格排序

选定表格前4行，单击“表格工具”中“布局”选项卡“数据”组中的“排序”按钮。在排序对话框中选择“主要关键字”和“次要关键字”以及相应的排序方式，如图3-40所示。

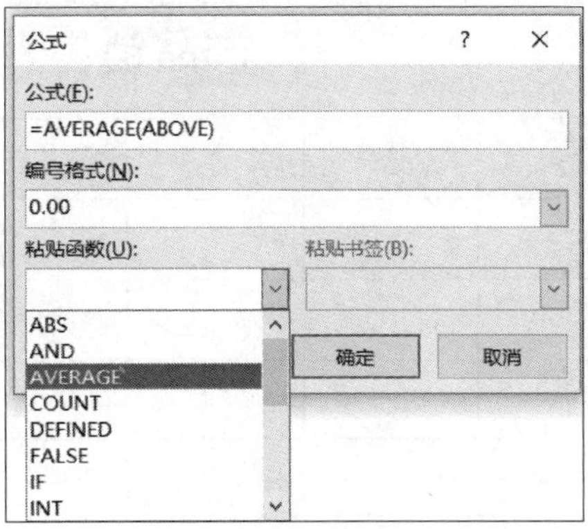

图3-39　计算平均分

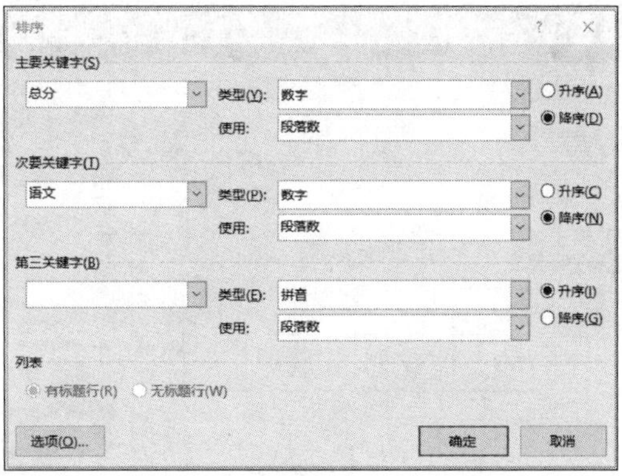

图3-40　设置“排序”对话框

3.2.5　提高与拓展

1. 绘制斜线表头

在Word文档中，我们经常需要给表格绘制斜线表头，而在Word 2016中没有“斜线表头”命令，要想添加斜线表头可以应用“绘制表格”命令和在“边框和底纹”对话框进行相关的设置。

方法1：将光标定位到需要制作斜线的单元格中，选择“表格工具—设计”选项卡，在“绘图边框”分组中单击“边框和底纹”对话框启动器、打开“边框和底纹”对话框。在“预览”栏中选择“斜线”，在“应用于”下拉列表中选择“单元格”选项，单击“确定”按钮，如图3-41所示。

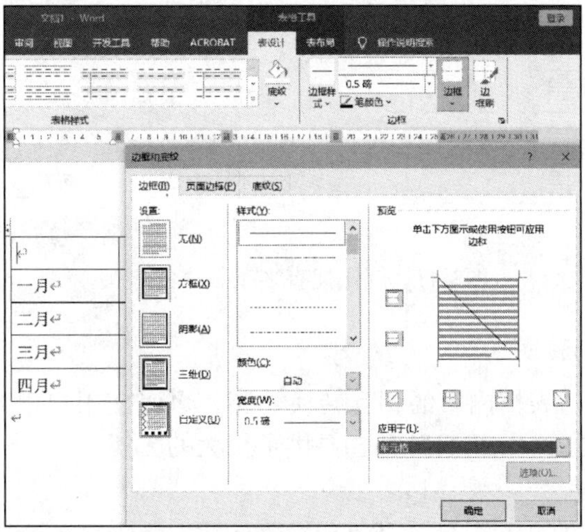

图3-41　方法一

方法2：将光标定位到需要制作斜线的单元格中，在“表格工具—设计”选项卡“边框”分组中单击“绘制表格”按钮，如图3-42（a）所示，鼠标指针变为笔状，在表格的第一行第一个单元格中单击，然后按住鼠标左键向右下角拖动出一条斜线，如图3-42（b）所示，当斜线连接单元格右下角定点时松开鼠标左键，即可完成斜线表头的绘制。

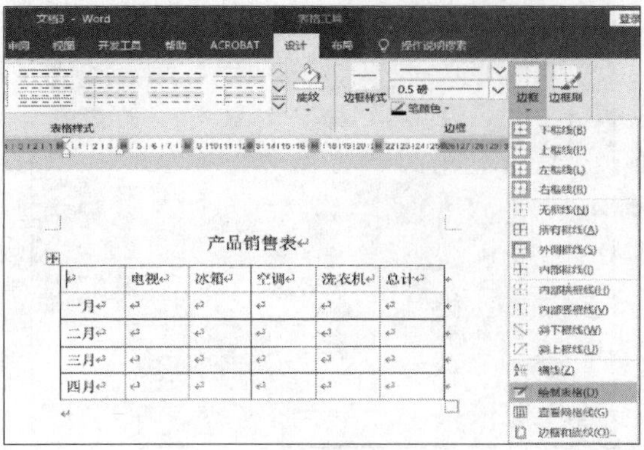

(a)

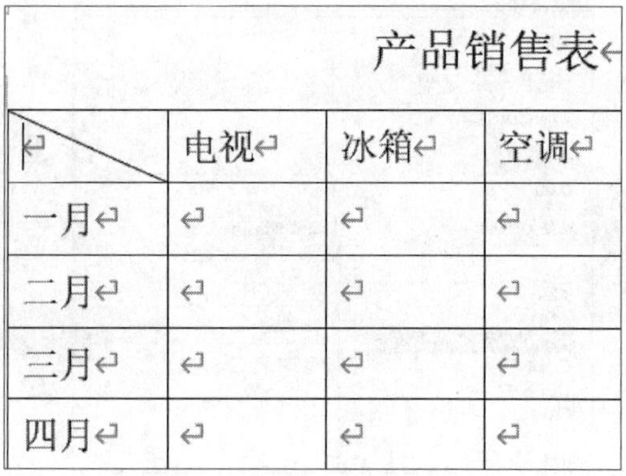

(b)

图3-42　方法二

我们日常使用Word的过程中，往往需要在Word中插入表格，以更方便地解释说明数据。当我们做的表格遇到有三个以上类型的数据项时，就需要制作拥有多条斜线的表头，如图3-43（a）所示。绘制方法如下：在“插入”选项卡“插图”组中单击“形状-按钮，在下拉列表中选择线条栏中的“直线”，然后在表头根据需要画出相应数量的斜线，如图3-43（b）所示。

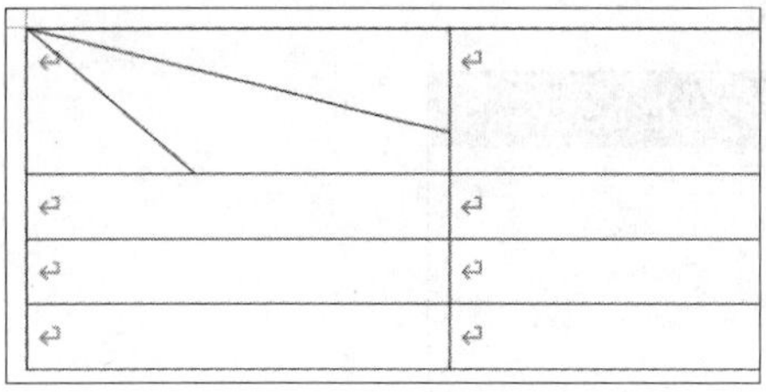

(a)

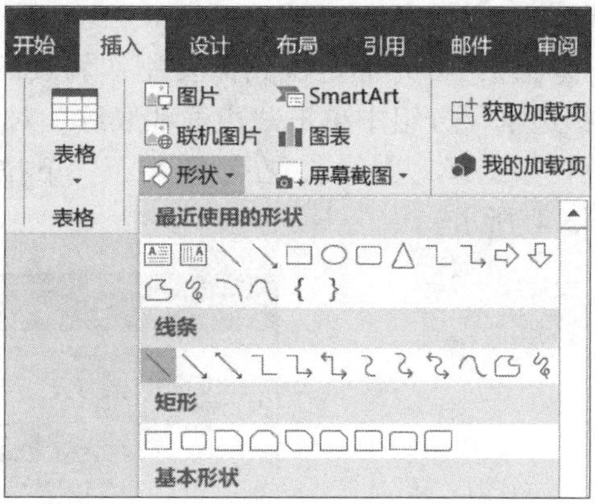

(b)

图3-43　制作拥有多条斜线的表头

2. 文本与表格之间的转换

Word 2016提供文本与表格内容的相互转换功能，可以使用户很方便地把文本转换成表格内容，把表格内容转换成文本，为日常办公提供了很大的方便。

1）将文本转换成表格

（1）使用分隔符标记的文本（分隔符包括段落标记、制表符、逗号、空格或其他字符）。

（2）选定要转换的文本内容。

（3）在“插入”选项卡“表格”组中单击“表格”按钮，在下拉列表中执行“文本转换为表格”命令，打开“将文字转换成表格”对话框如图3-44（a）所示。

（4）选择分隔符选项，设置“表格尺寸”中的行列数。

（5）单击“确定”按钮，即完成了文字转换成表格的操作。将文本转换成表格（示例）最终效果如图3-44（b）所示。

注意：在“将文字转换成表格”对话框中，如果选择“文字分隔位置”选区中的“段落标记”单选项，则只能形成单列表格；如果选择“逗号”“空格”“制表符”“其他字符”中的任一单选项，则可以形成多列表格。

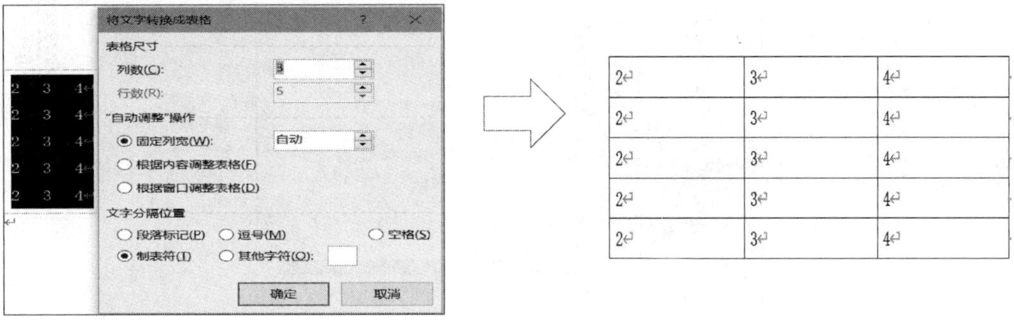

（a）　　（b）

图3-44　将文本转换成表格

2）将表格转换成文本

（1）选定行或表格。

（2）在“表格工具—布局”选项卡“数据”组中单击“转换为文本”按钮，如图3-45（a）所示。

（3）在弹出的“表格转换成文本”对话框中，选择文字分隔符类型。

（4）单击“确定”按钮，即完成了表格到文本的转换，如图3-45（b）所示。

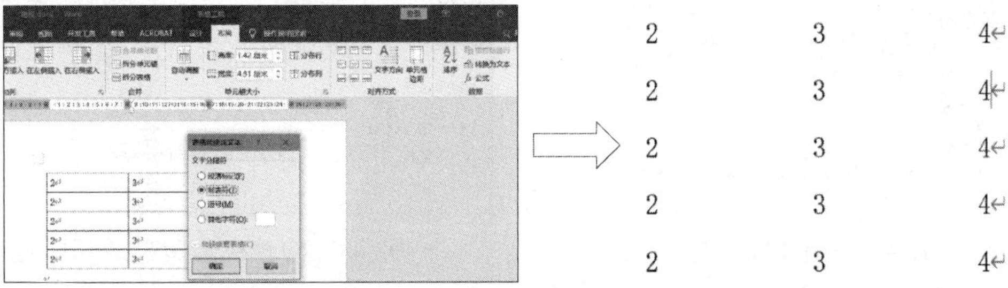

（a）　　（b）

图3-45　将表格转换成文本

3. 快速表格的应用

利用Word 2016提供的“快速表格”命令，可以快速创建表格。选择适合的样式，让系统自动创建表格，无须设置边框和底纹、颜色等。使用时只须编辑内容，这样可减少绘制表格的时间，提高效率。

具体步骤如下：在“插入”选项卡“表格”组中单击“表格”下拉按钮，在下拉列表中执行“快速表格”命令，并根据需要选择合适的内置表格样式，如图3-46所示。

Wond 2016还具有添加快速表格功能，使用它可以将经常用到的表格设置成快速表格。这样再使用时就可以用添加快速表格的功能来快速创建表格。具体步骤如下：

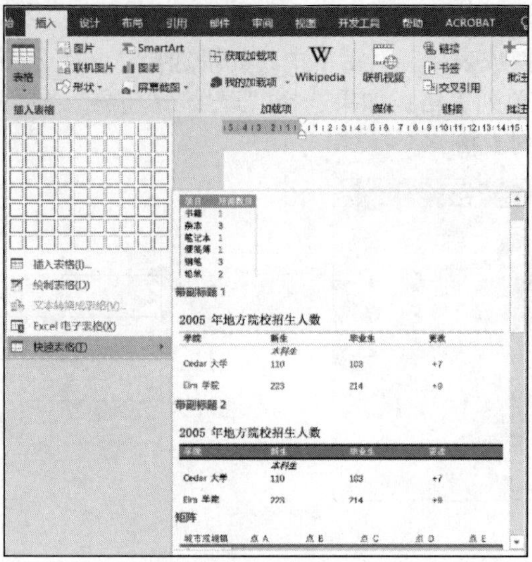

图3-46 “快速表格”操作

（1）选中已设置好的表格，在“插入”选项卡“表格”组中单击“表格”下拉按钮，在下拉列表中执行“快速表格”“将所选内容保存到快速表格库”命令，如图所示3-47所示。

（2）弹出“新建构建基块”对话框，如图3-48所示，设置名称，如“会议安排”，单击“确定”按钮。

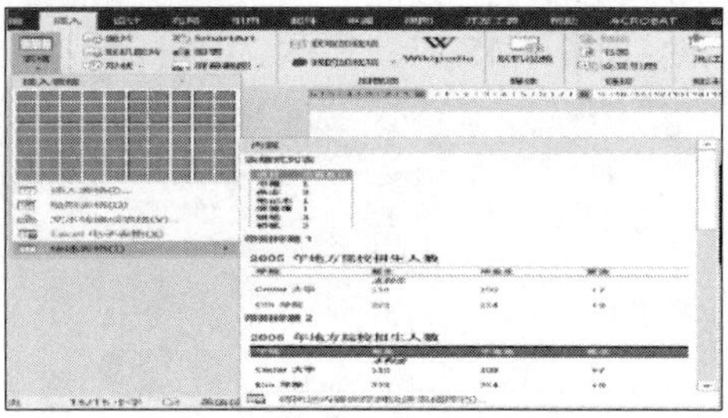

图3-47 步骤①操作

图3-48 “新建构建基块”对话框

（3）需要用到此表格时，在“插入”选项卡“表格”组中单击“表格”下拉按钮，在下拉列表中执行“快速表格”命令，选择“会议安排”，就可以快速插入此表格，如图3-49所示。

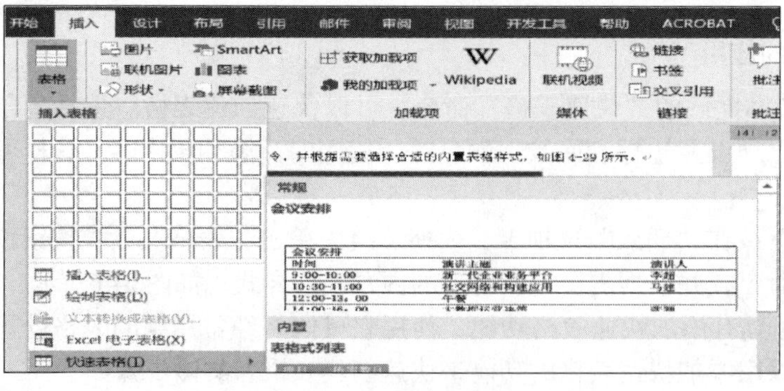

图3-49 选择会议安排

3.2.6　同步实训

实验项目：处理成绩单。

按照要求完成下列操作并以文件名“成绩单.docx”保存文档，成绩单见表3-5。

表3-5　成绩单

考生号	语文	数学	外语	计算机
202310001	84	78	82	90
202310002	80	90	85	88
202310003	86	94	93	89
202310004	91	80	89	78

操作要求：

（1）在表格最右边插入一空列，输入列标题“总分”，在这一列下面的各单元格中计算其左边相应四个单元格中数据的总和。

（2）在表格最下面边插入一空行，输入行标题“平均分”，在这一行的单元格中计算每门课程的平均分，且保留一位小数。

（3）将考生按照总分降序次序排序。

（4）将表格第一列列宽设置为2.4厘米，其余列宽设为1.6厘米；表格居中，表格内容对齐方式为水平居中；表格外围框线为1.5磅蓝色双窄线，表内线为1磅蓝色单实线。

操作步骤如下：

（1）打开成绩表，选中表格最后一列，在“布局”选项卡的“行和列”分组中单击“在右侧插入”按钮，并输入列标题“总分”，如图3-50所示。

将光标定位在“总分”下面的单元格，在“布局”选项卡的“数据”分组中，单击 *fx* 公式按钮，弹出“公式”对话框，如图3-51所示。在弹出的“公式”对话框中输入公式“=SUM（left）”计算表格总分内容。同样的操作，依次计算出每位考生的总分。

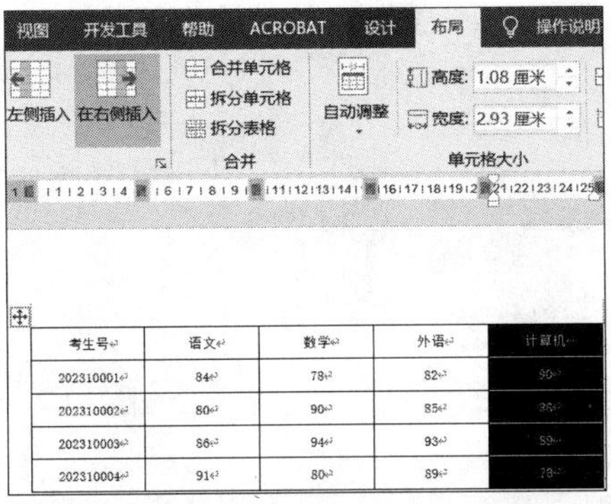

图3-50　单击“在右侧插入”按钮

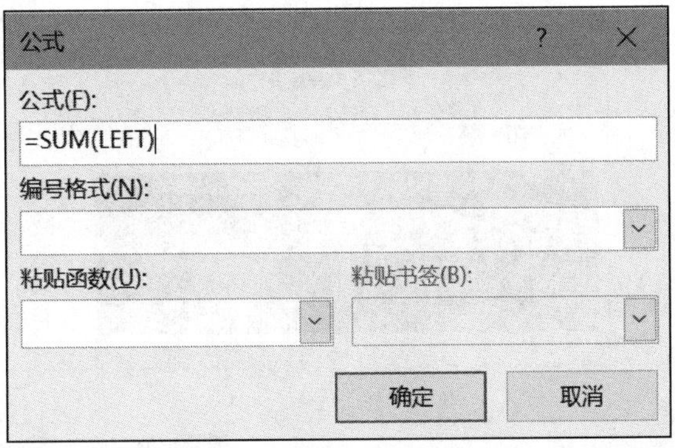

图3-51　“公式”对话框

（2）选中表格最后一行，在“布局”选项卡的“行和列”分组中单击“在下方插入”按钮，插入一行，如图3-52（a）所示，并输入行标题“平均分”，如图3-52（b）所示。

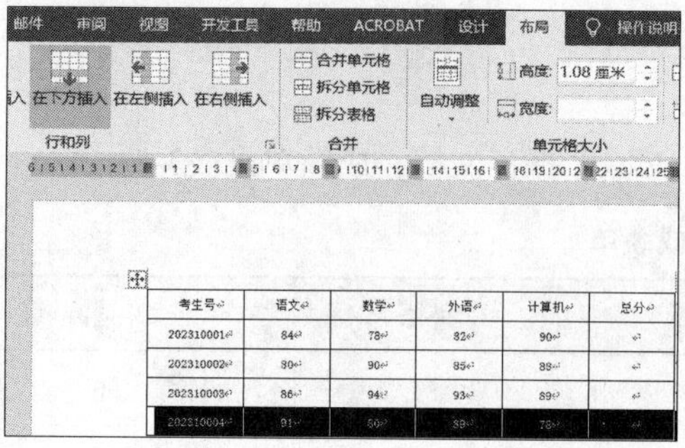

（a）

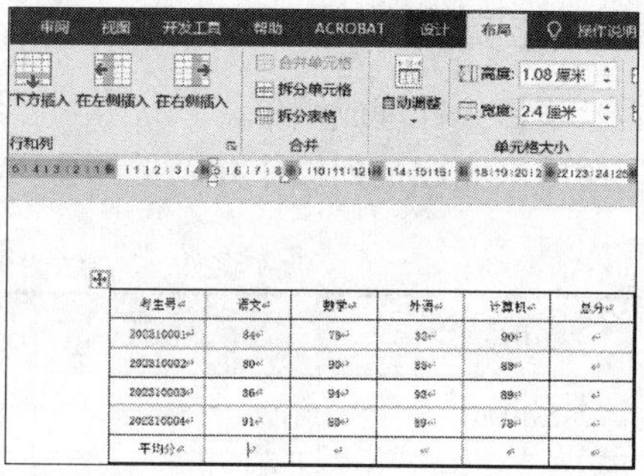

（b）

图3-52　插入行标题操作

将光标定位在“平均分”后面的第一个单元格内，在“表格工具—布局”选项卡的“数据”组中单击“公式” *fx* 按钮，弹出“公式”对话框，如图3-53（a）所示，在弹出的“公式”对话框中输入公式“=AVERACE（ABOBE）”。再进行三次同样的操作，计算出每门课程的平均分，如图3-53（b）所示。

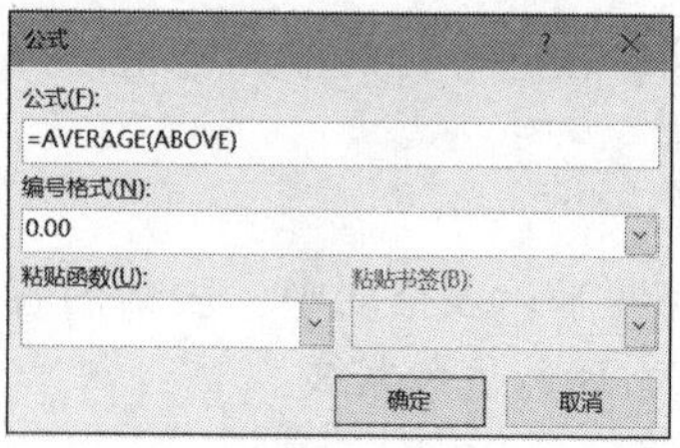

（a）

考生号	语文	数学	外语	计算机	总分
202310001A	84	78	82	90	334
202310002B	80	90	85	88	343
202310003C	86	94	93	89	362
202310004D	91	80	89	78	338
平均分	85.25	85.50	87.25	86.25	

（b）

图3-53　计算平均分

（3）选中表格前五行如图3-54（a）所示，在“表格工具—布局”选项卡的“数据”组中单击“排序”按钮，弹出“排序”对话框，选择主要关键字为“总分”且“降序”排序，如图3-54（b）所示。

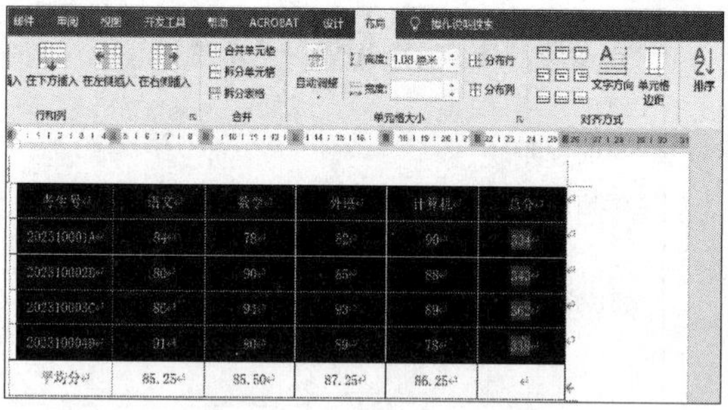

（a）

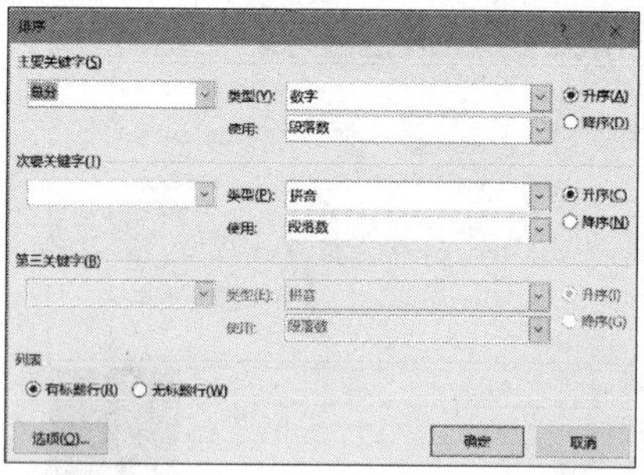

（b）

图3-54　“排序”对话框

（4）选中表格第一列，在“表格工具—布局”选项卡“单元格大小”组中，设置表格第一列列宽为2.4厘米如图3-55（a）所示，再选择表格其余列，用同样方法将列宽设为1.6厘米。选中整个表格，在“开始”选项卡“段落”组中选择“居中”，设置表格居中；在“表格工具—

布局”选项卡“对齐方式”分组中单击“水平居中”按钮如图3-55（b）所示，设置表格内容对齐方式。

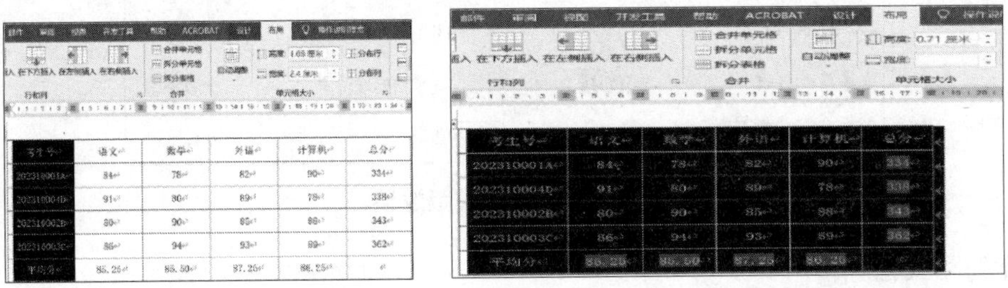

（a）　　（b）

图 3-55　设置表格内容对齐方式

选中表格，在“开始”选项卡“段落”组中单击“边框”按钮选择“边框和底纹”，弹出“边框和底纹”对话框，在“边框”选项卡中选择“自定义”，设置表格外围框线为1.5磅蓝色双窄线，表内线为1磅蓝色单实线，如图3-56所示。

（5）保存文件，最后结果如图3-57所示。

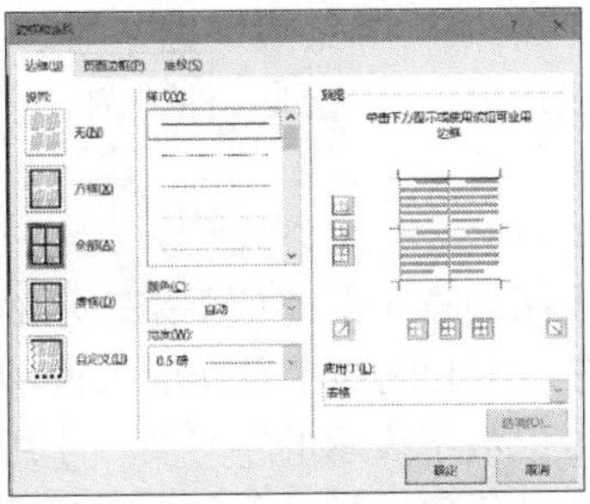

图3-56　“边框”选项卡

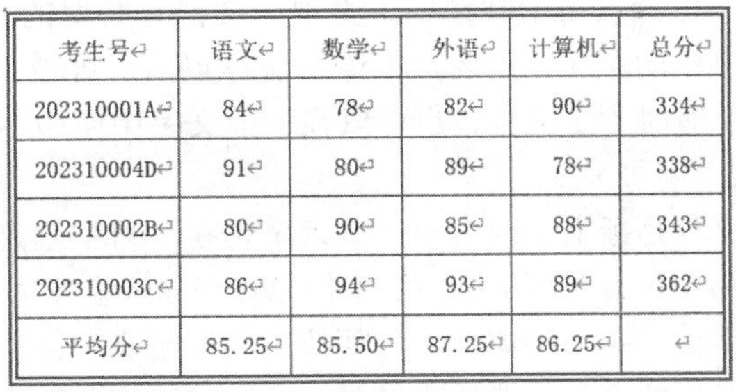

考生号	语文	数学	外语	计算机	总分
202310001A	84	78	82	90	334
202310004D	91	80	89	78	338
202310002B	80	90	85	88	343
202310003C	86	94	93	89	362
平均分	85.25	85.50	87.25	86.25	

图3-57　最后结果（实训项目）

3.3　文档排版

文档的排版是文字处理中不可缺少的重要环节，恰当地应用各种排版技术，会使文档显得美观易读、丰富多彩。现在的文字处理软件一般采用所见即所得的排版方式，即在屏幕上看到的排版方式就是实际打印时的形式。

一般而言，根据操作对象的不同，文字处理软件的格式编排命令有3种基本单位：字符、段落、页面，由此形成了文字排版命令、段落排版命令和页面排版命令。文档的排版一般在页面视图下进行，它同样遵守“先选定，后执行”的原则。

3.3.1　字符排版

字符是指文档中输入的汉字、字母、数字、标点符号和各种符号。字符排版是以若干字符为对象进行格式化，常见的字符格式有字符的字体和字号、字形（加粗和倾斜）、字符颜色、下画线、着重号、删除线、上下标、文本效果、字符缩放、字符间距、字符和基准线的上下位置等。对于中文字符，还有中文版式，如图3-58所示。

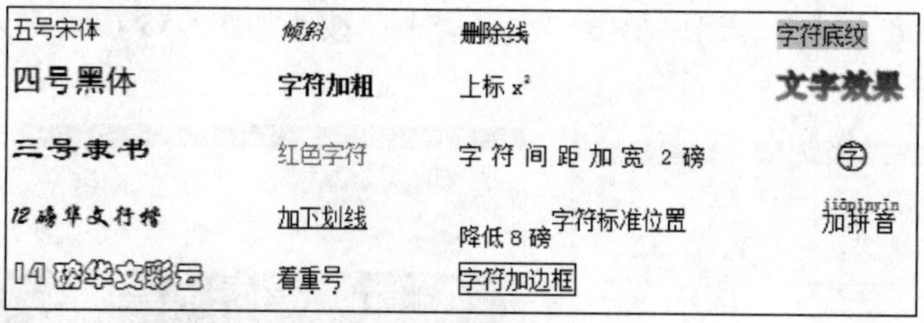

图3-58　字符排版效果

1．字符格式化

对字符进行格式化需要先选定文本，否则只对光标处新输入的字符有效。字符的格式化设置主要包括以下几个方面。

1）字体

字体是指文字在屏幕或打印机上呈现的书写风格。字体包括中文（如宋体、楷体、黑体等）和英文字体（如Times New Roman、Arial等）。英文字体只对英文字符起作用，而中文字体则对汉字、英文字符都起作用。字体数量的多少取决于计算机操作系统中安装的字体数量。掌握字体特点对于制作一个美观的文档是必要的，不同的字体给人的视觉效果也不同，例如，一本书中的正文一般要用宋体，显得整洁、规矩；而标题一般用黑体，起到一种强调、突出的作用。有时为了区分，也可以在一段文字中使用不同的字体。

2）字号

字号是指文字的大小，是以字符在一行中垂直方向上所占用的点（即磅值）来表示的。它以磅为单位，1磅约为1/72英寸或0.353 mm。字号有汉字数码表示和阿拉伯数字表示两种，其中汉字数码越小字体越大，阿拉伯数字越小字体越小；用阿拉伯数字表示的字号要多于用汉字数码表示的字号。选择字号时，可以选择这两种字号表示方式的任何一种，但如果需要使用大于“初号”的大字号时，只能使用数字的方式进行设置，根据需要直接在字号框内输入表示字号大小的数字。

3）字形

字形是指文字可能的各种书写形式，如常规、倾斜、加粗、加粗倾斜等形式。

4）字符颜色

字符颜色是指字符的颜色，可以使字符变得醒目、突出和美观。

5）字符缩放

字符缩放是指对字符的横向尺寸进行缩放，以改变字符横向和纵向的比例，制作出具有特殊效果的文字。

6）字符间距

字符间距是指两个字符之间的间隔距离，标准的字符间距为0。字符间距对于处理一些需要特殊效果的文字非常有用。当规定了一行的字符数后，也可以通过加宽或紧缩字符间距来调整，保证一行能够容纳规定的字符数。

7）字符位置

字符位置是指字符在垂直方向上的位置，包括字符提升和降低。

8）特殊效果

特殊效果是指根据需要进行多种设置，包括删除线、上下标、文本效果等。其中，文本效果可以为普通文本应用多彩的艺术字效果，包括轮廓、阴影、映像、发光等方面的设置。

在Word 2016中，字符格式化一般通过“开始”选项卡“字体”组的相应按钮以及“字体”对话框来实现。单击“字体”组右下角的对话框启动器按钮，打开“字体”对话框，如图3-59所示。其中有“字体”和“高级”2个选项卡：

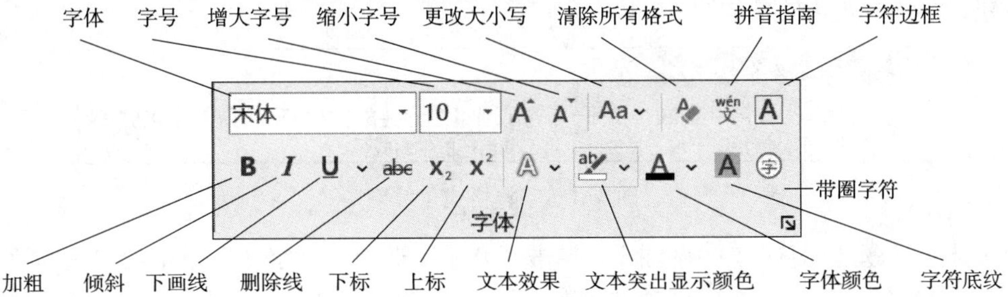

图3-59 “字体”对话框

（1）“字体”选项卡：用于设置字体、字号、字形、字符颜色、下画线、着重号和静态效果。

（2）“高级”选项卡：用于设置字符的横向缩放比例、字符间距、字符位置等内容。

注意：选中文本后，右上角会出现“字体”浮动工具栏，字符格式也可以通过单击其中相应的按钮快捷完成。

【例3-5】在例3-1的文档内容最前面插入一行标题“你从鸟声中醒来”，然后将其字号变为“四号”，字符缩放150%，加宽2磅。用喜欢的文本效果设置标题，并自定义阴影和发光效果，效果如图3-60所示。

在Word 2016中，操作步骤如下：

（1）将光标置于文档内容“听”字前，按【Enter】键，产生一个空行，输入标题：“你从鸟声中醒来”。

图3-60 “高级”选项卡

（2）选定标题“你从鸟声中醒来”，单击“开始”选项卡“字体”组中的“字号”下拉按钮，在“字号”下拉列表框中，选择“四号”命令，再单击右下角的对话框启动器按钮，打开“字体”对话框，单击“高级”选项卡，在“缩放”下拉列表框中选择“150%”命令，在“间距”下拉列表框中选择“加宽”命令，在右边的“磅值”中选择或输入“2磅”，单击“确定”按钮，字符格式化效果如图3-61所示。

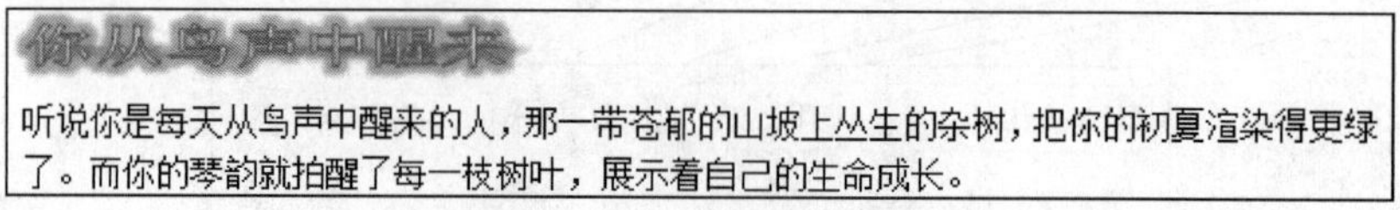

图3-61　字符格式化效果

（3）选定标题“你从鸟声中醒来”，单击“开始”选项卡“字体”组中的“文本效果”按钮，在弹出的文本效果库中选择“填充-红色，强调文字颜色2，双轮廓-强调文字颜色2”，如图3-62所示；再次单击“文本效果”按钮，光标指向“阴影”命令，在展开的子列表中选择“透视”区的“右上对角透视”，如图3-63所示；再次单击“文本效果”按钮，指向“发光”，在展开的子列表中选择“红色，11pt发光，强调文字颜色2”，如图3-64所示。

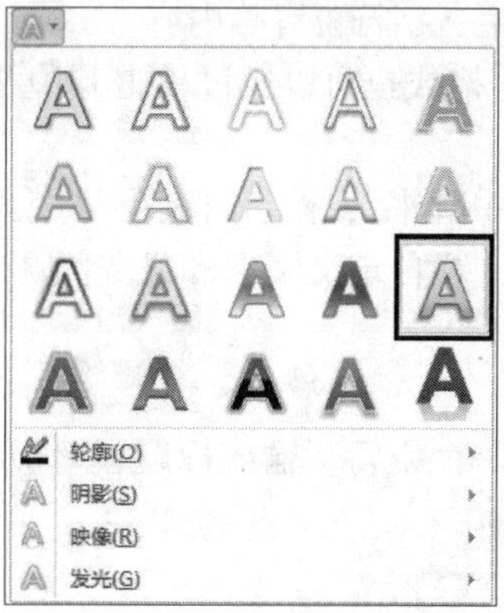

图3-62　选择文本预设样式

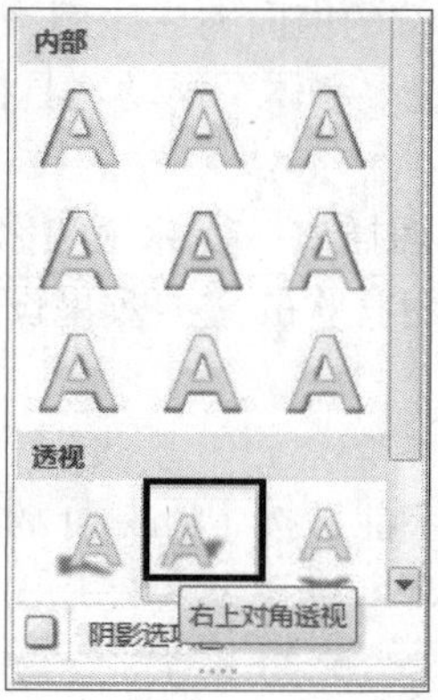

图3-63　选择文本阴影效果

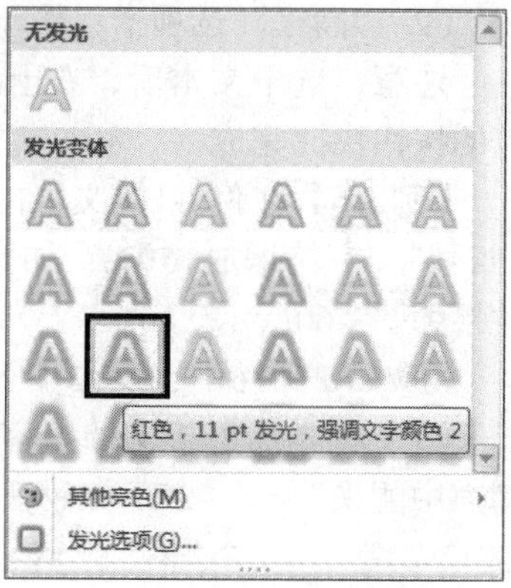

图3-64　选择文本发光效果

2．中文版式

对于中文字符，文字处理软件提供了具有中国特色的特殊版式，如简体和繁体的转换、加拼音、加圈、纵横混排、合并字符、双行合一等，其效果如图3-65所示。

图3-65　中文版式效果

在Word 2016中，简体和繁体的转换可以单击“审阅”选项卡“中文简繁转换”组中的相应按钮；而加拼音、加圈则通过单击“开始”选项卡“字体”组中对应的按钮和来实现；其他功能通过单击“开始”选项卡“段落”组中的“中文版式”按钮，选择相应的命令来完成。

【例3-6】将例3-1文档标题“你从鸟声中醒来”中的“鸟”字加圈号变为。

在Word 2016中，操作步骤如下：

（1）在文档标题中选中“鸟”字。

（2）单击“开始”选项卡“字体”组中的“带圈字符”按钮，打开“带圈字符”对话框，选择样式为“增大圈号”、圈号为三角形，如图3-66所示，然后单击“确定”按钮。

注意：若要清除文档中的样式、文本效果和字体格式，选定内容，单击“开始”选项卡“字体”组中的“清除格式”按钮即可。

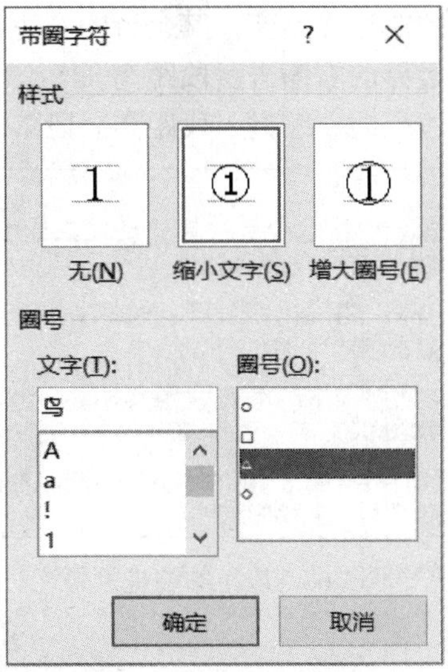

图3-66 “带圈字符”设置

3.3.2 段落排版

完成字符格式化后，应对段落进行排版。段落由一些字符和其他对象组成，最后是段落标记（↵，按【Enter】键产生）。段落标记不仅标识段落结束，而且存储了这个段落的排版格式。段落的排版是指整个段落的外观，包括对齐方式、段落缩进、段落间距、行间距等，同时还可以添加项目符号和编号、边框和底纹等。

1. 对齐方式

在文档中对齐文本可以使文本清晰易读。例如，一个图表的说明一般位于一行的中心，文字左对齐，数字右对齐。一般书籍的正文左右都对齐，大标题居中对齐，其他标题左对齐等。

对齐方式一般有5种：左对齐、居中、右对齐、两端对齐和分散对齐。其中，两端对齐是以词为单位，自动调整词与词间空格的宽度，使正文沿页的左右边界对齐，这种方式可以防止英文文本中一个单词跨两行的情况，但对于中文，其效果等同于左对齐；分散对齐是使字符均匀地分布在一行上。段落的对齐效果如图3-67所示。

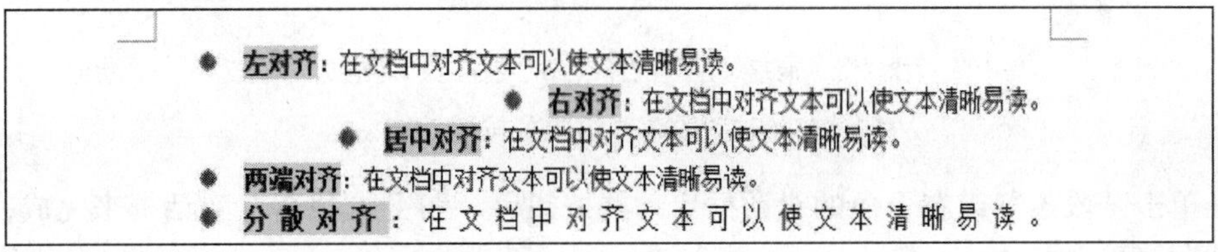

图3-67 段落的对齐效果

2．段落缩进

段落缩进是指段落各行相对于页面边界的距离，设置段落缩进可以使段落之间层次清晰明了。中文一般在每一段的首行缩进两个字符以表示一个新段落的开始，而英文在开始一个新段落时可以缩进也可以不缩进。段落缩进主要有4种方式：

（1）首行缩进：段落第一行的左边界向右缩进一段距离，其余行的左边界不变。

（2）悬挂缩进：段落第一行的左边界不变，其余行的左边界向右缩进一段距离。

（3）左缩进：整个段落的左边界向右缩进一段距离。

（4）右缩进：整个段落的右边界向左缩进一段距离。段落的缩进效果如图3-68所示。

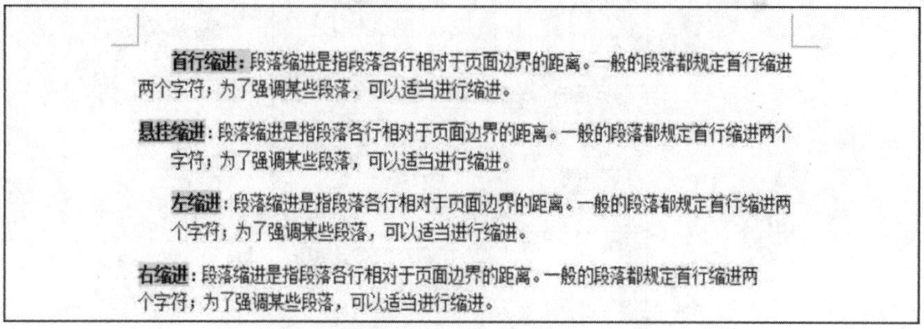
首行缩进：段落缩进是指段落各行相对于页面边界的距离。一般的段落都规定首行缩进两个字符；为了强调某些段落，可以适当进行缩进。

悬挂缩进：段落缩进是指段落各行相对于页面边界的距离。一般的段落都规定首行缩进两个字符；为了强调某些段落，可以适当进行缩进。

左缩进：段落缩进是指段落各行相对于页面边界的距离。一般的段落都规定首行缩进两个字符；为了强调某些段落，可以适当进行缩进。

右缩进：段落缩进是指段落各行相对于页面边界的距离。一般的段落都规定首行缩进两个字符；为了强调某些段落，可以适当进行缩进。

图3-68　段落的缩进效果

3．段落间距与行间距

段落间距指当前段落与相邻两个段落之间的空白距离，即段前距离和段后距离。加大段落之间的间距可使文档显示清晰。行间距指段落中行与行之间的距离（即一行的底部与上一行的底部之间的距离），有单倍行距、1.5倍行距、2倍行距、最小值、固定值和多倍行距等。两行之间的空白距离（行间距）可以通过行距来调整。行距可用单行间距的“倍”数为单位来衡量，如1.5倍、2倍等。单行间距是指把每行间距设置成容纳行内最大字体的高度。

段落间距和行间距也是调整文档美观的一项重要内容，可以使阅读的时候更加赏心悦目。在Word 2016中，段落排版一般通过“开始”选项卡“段落”组的相应按钮如图3-69所示。

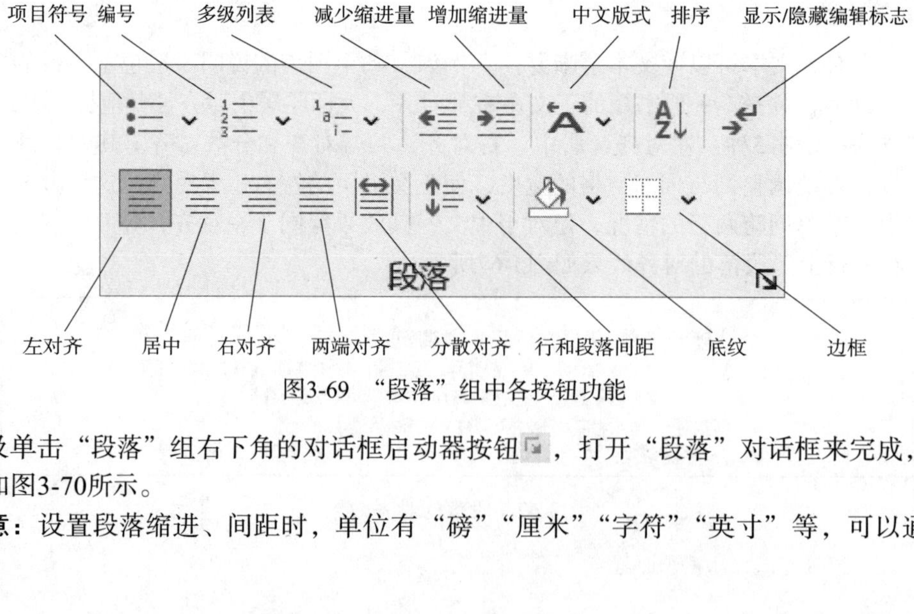

图3-69　“段落”组中各按钮功能

以及单击“段落”组右下角的对话框启动器按钮，打开“段落”对话框来完成，“段落”对话框如图3-70所示。

注意：设置段落缩进、间距时，单位有“磅”“厘米”“字符”“英寸”等，可以通过选择

"文件"→"选项"命令，打开"Word选项"对话框，然后选择"高级"选项卡，在"显示"区中进行度量单位的设置。一般情况下，如果度量单位选择为"厘米"，而"以字符宽度为度量单位"复选框也被选中的话，默认的缩进单位为"字符"，对应的段落间距单位为"行"；如果取消选中"以字符宽度为度量单位"复选框，则缩进单位为"厘米"，对应的段落间距单位为"磅"。

【例3-7】将例3-1文档中正文设置为左右各缩进1厘米，首行缩进0.8厘米，行距为最小值15磅，段后间距为8磅。段落排版效果如图3-71所示。

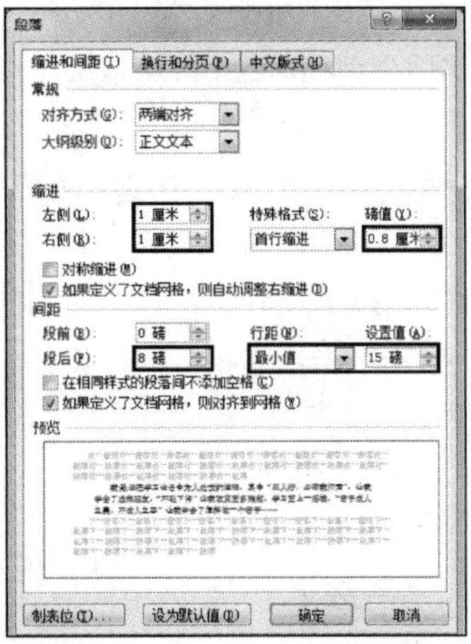

图3-70　"段落"对话框

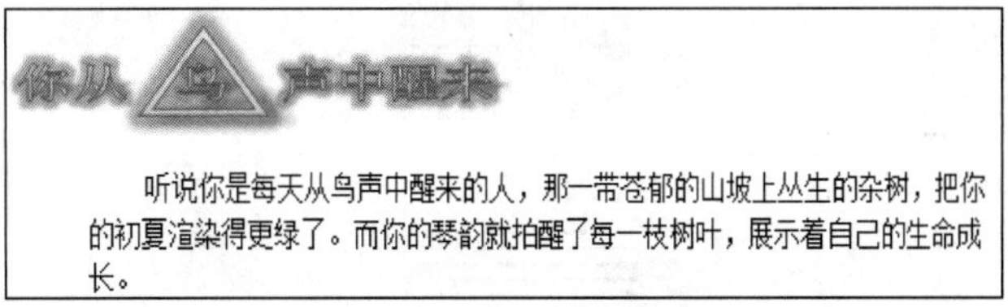

图3-71　段落排版效果

在Word 2016中，操作步骤如下：

（1）选择"文件"→"选项"命令，打开"Word选项"对话框，选择"高级"选项卡，在"显示"区中确保度量单位是"厘米"，注意不要选中下面的"以字符宽度为度量单位"复选框，如图3-72所示。

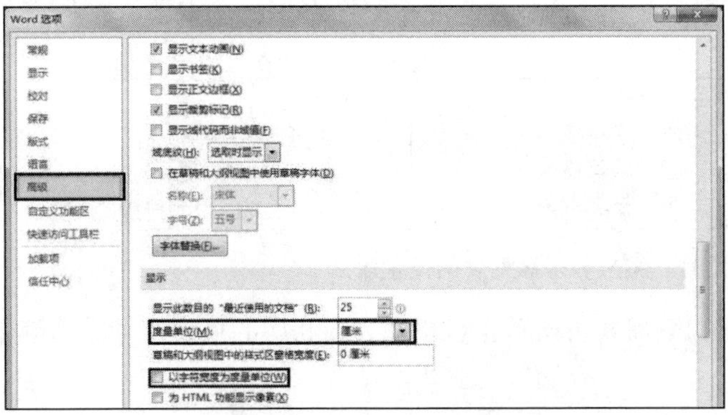

图3-72　设置段落缩进单位为厘米和间距单位为磅

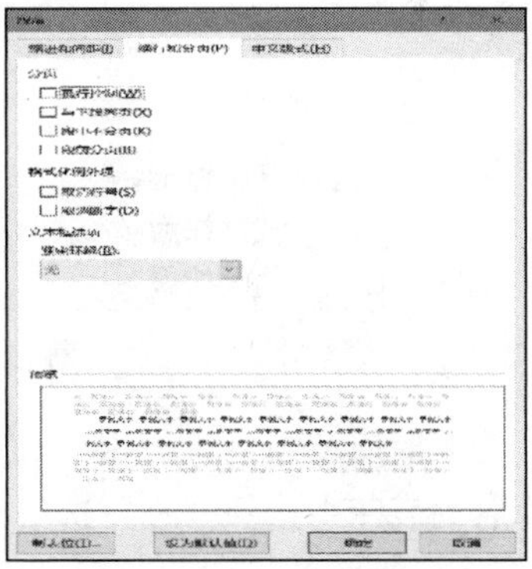

图3-73　"段落"对话框

（2）选中正文，单击"开始"选项卡"段落"组右下角的对话框启动器按钮，打开"段落"对话框进行相应设置，然后单击"确定"按钮，"段落"对话框如图3-73所示。

4．项目符号和编号

在文档处理中，为了准确、清楚地表达某些内容之间的并列关系、顺序关系等，经常要用到项目符号和编号。例如，写一篇文章的时候，经常需要列举一些事实或列出某部分的所有组成部分等，或者一本书的章节安排等。项目符号可以是字符，也可以是图片；编号是连续的数字和字母。文字处理软件提供了创建项目符号和编号的功能。

在Word 2016中，创建项目符号和编号的方法是：选择需要添加项目符号或编号的若干段落，然后单击“开始”选项卡“段落”组中的3个按钮。

（1）“项目符号”按钮：用于对选中的段落加上合适的项目符号。单击该按钮右边的下拉按钮，弹出项目符号库，可以选择预设的符号，也可以自定义新符号。选择其中的“定义新项目符号”命令，打开“定义新项目符号”对话框，如图3-74所示，单击“符号”和“图片”按钮来选择符号的样式。如果是字符，还可以通过单击“字体”按钮来进行格式化设置，如改变符号大小和颜色、加下画线等。

（2）“编号”按钮：用于对选中的段落加上需要的编号样式。单击该按钮右边的下拉按钮，弹出编号库，选择需要的一种编号样式，或选择“定义新编号格式”命令，打开“定义新编号格式”对话框，如图3-75所示，在这个对话框中可以设置编号的字体、样式、起始值、对齐方式和位置等。

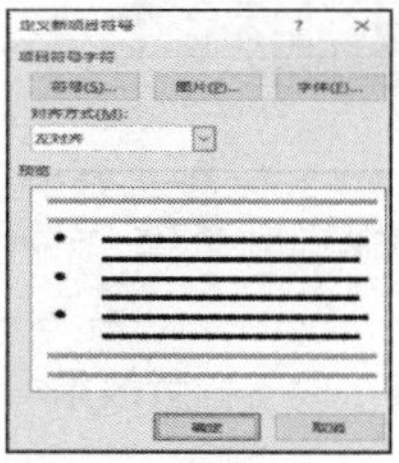

图3-74 “定义新项目符号”对话框

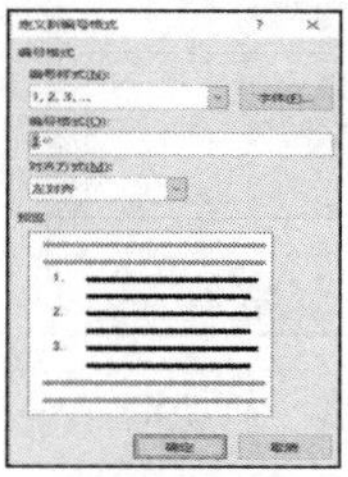

图3-75 “定义新编号格式”对话框

（3）“多级列表”按钮：用于创建多级列表，清晰地表明各层次的关系。创建多级列表时，需要先确定多级格式，然后输入内容，再通过“段落”组的“减少缩进量”按钮和“增加缩进量”按钮来确定层次关系，项目符号、编号和多级列表的设置效果，如图3-76所示。

编号	项目符号	多级列表
A. 字符排版	🗀 字符排版	1 字符排版
B. 段落排版	🗀 段落排版	1.1 段落排版
C. 页面排版	🗀 页面排版	1.1.1 页面排版

图3-76 项目符号、编号和多级列表的设置效果

要取消项目符号、编号和多级列表，只需要再次单击该按钮，在相应的项目符号库、编号库、列表库中选择“无”选项即可。

5. 边框和底纹

给段落添加边框和底纹，可以起到强调和美观的作用。文字处理软件提供了添加边框和底纹的功能。

在Word 2016中，简单地添加边框和底纹，可以单击“开始”选项卡“段落”组中的“底纹”和“框线”按钮；较复杂的则通过“边框和底纹”对话框来完成。选定段落，单击“开始”选项卡“段落”组“下框线”的下拉按钮，在下拉列表中选择“边框和底纹”命令，

打开“边框和底纹”对话框，如图3-77所示，其中有“边框”“页面边框”“底纹”三个选项卡。

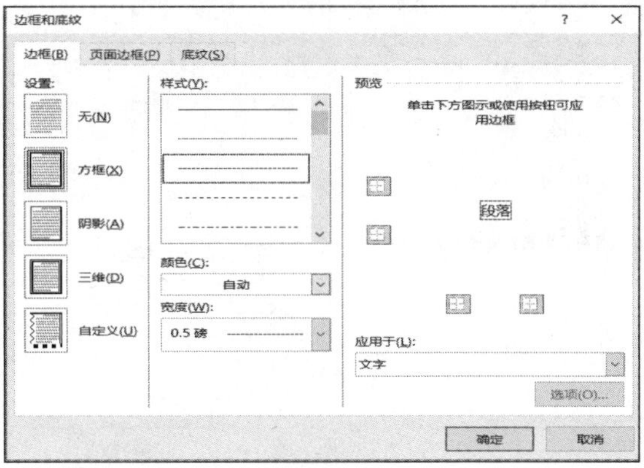

图3-77 “边框和底纹”对话框

（1）“边框”选项卡：用于对选定的段落或文字加边框。可以选择边框的类别、线形、颜色和宽度等。如果需要对某些边设置边框线，如只对段落的上、下边框设置边框线，可以单击预览窗口正文的左、右边框按钮将左、右边框线去掉。

（2）“页面边框”选项卡：用于对页面或整个文档加边框。它的设置与“边框”选项卡类似，但增加了“艺术型”下拉列表框。

（3）“底纹”选项卡：用于对选定的段落或文字加底纹。其中，“填充”为底纹的背景色；“样式”为底纹的图案式样（如浅色上斜线）；“颜色”为底纹图案中点或线的颜色。

注意：在设置段落的边框和底纹时，要在“应用于”下拉列表中选择“段落”命令；设置文字的边框和底纹时，要在“应用于”下拉列表中选择“文字”命令。

【例3-8】将例3-7文档正文中“而你的琴韵就拍醒了每一枝树叶，展示着自己的生命成长。”另起一段，然后将正文第一段段落添加外粗内细的边框，第二段文字添加“灰色25%”底纹，效果如图3-78所示。

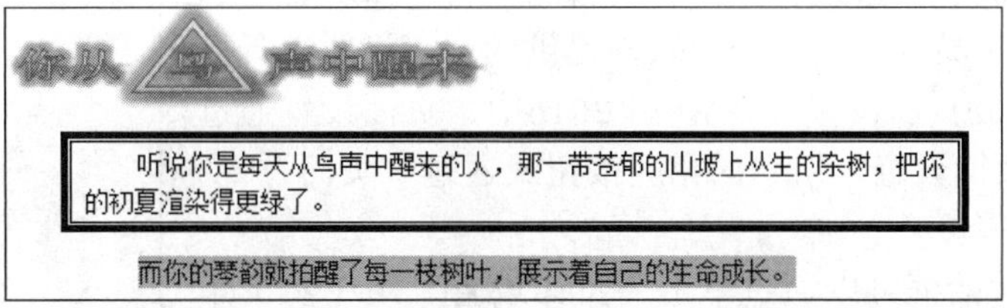

图3-78 添加边框和底纹的效果

在Word 2016中，操作步骤如下：

（1）将光标置于文档中“而你的琴韵……”中的“而”字前，按【Enter】键，另起一段。

（2）选中正文第一段，单击“开始”选项卡“段落”组下框线的下拉按钮，在下拉列表中选择“边框和底纹”命令，打开“边框和底纹”对话框，在“边框”选项卡“样式”下拉列表框中选择外粗内细的线型，“应用于”下拉列表框中选择“段落”命令，然后单击“确定”按钮。

（3）选中正文第五段，打开“边框和底纹”对话框，选择“底纹”选项卡，在“填充”下拉列表框中选择“白色，背景1，深色25%”，“应用于”下拉列表框中选择“文字”命令，如

图3-79所示，然后单击“确定”按钮。

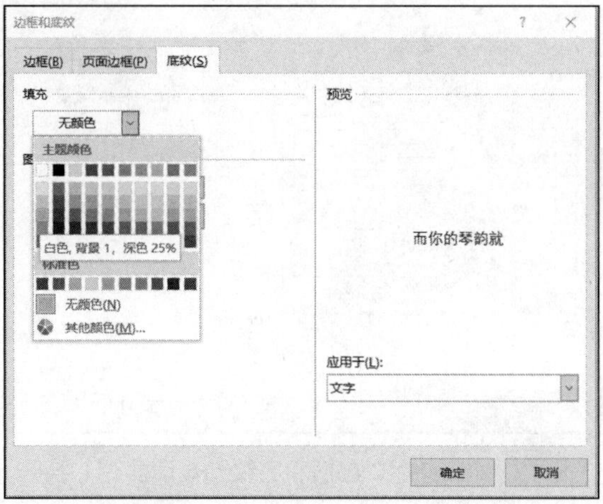

图3-79　设置填充为“白色，背景1，深色25%”底纹

3.3.3　页面排版

输出文档的质量好坏、美观与否与文字及段落排版密切相关，但文字及段落排版处理的只是文档的局部，如果从全局的角度对文档进行排版，需要利用文字处理软件提供的页面排版功能。

页面排版反映了文档的整体外观和输出效果。页面排版主要包括页面设置、页面背景、页眉和页脚、脚注和尾注、特殊格式设置（首字下沉、分栏、文档竖排）等。

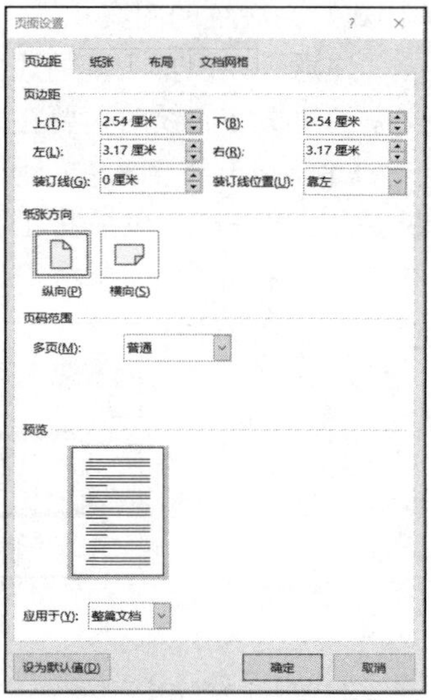

图3-80　“页面设置”对话框

1．页面设置

页面设置决定了文档的打印结果。页面设置通常包括打印用纸的大小及打印方向、页边距、页眉和页脚的位置、每页容纳的行数和每行容纳的字数等。文字处理软件提供的页面设置工具可以帮助用户轻松完成页面设置。在Word 2016中，页面设置通过“布局”选项卡“页面设置”组中的相应按钮或通过“页面设置”对话框来实现。

“页面设置”对话框可以通过单击“页面设置”组中右下角的对话框启动器按钮打开。该对话框有四个选项卡，如图3-80所示。

（1）“页边距”选项卡：用于设置文档内容与纸张四边的距离，从而确定文档版心的大小。通常正文显示在页边距以内，含脚注和尾注，而页眉和页脚则显示在页边距上。页边距设置包括“上”“下”“左”“右”的设置。除了自定义边距外，Word还提供了常规、窄、中等、宽、对称五种预设方式，这可以通过“布局”选项卡“页面设置”组中的“页边距”下拉按钮快捷设置。在该选项卡中还可以设置装订线的位置或选择纸张打印方向等。纸张打印方向是为控制每行文字的宽度而设定的，通常是纵向打印，即让纸张竖向放置，以纸张的长度控制一页的大小，以纸张的宽度控制一行的长度。如果遇到一行文字的长度可能大于纸张的宽度的情况，就需要横向打印。纸张方向也可以通过单击“布局”选项卡“页面设置”组中的“纸张方向”下拉按钮快捷设置。

（2）“纸张”选项卡：用于选择打印纸的大小。通常使用的纸张都有一定的标准，其中A4纸较为常用，也是文字处理软件的默认标准。如果当前使用的纸张为特殊规格，可以在“纸张大小”下拉列表框中选择“其他纸张大小”命令，并通过“高度”和“宽度”框定义纸张的大小。纸张大小也可以通过“布局”选项卡“页面设置”组中的“纸张大小”下拉按钮快捷设置，它提供了多种预定义的纸张大小，如Letter（信纸）、A4、A3、16开等。

（3）“布局”选项卡：用于设置页眉和页脚的特殊选项。例如，在编排一本书或杂志时，如果为单双页（即奇偶页）设置不同的页眉/页脚：单页编排章节名称，双页编排书的名称，而起始页没有页眉/页脚。这时，就需要在“布局”选项卡“页眉和页脚”栏中选中“奇偶页不同”“首页不同”复选框。在该选项卡中还可以设置页眉和页脚距页边界的距离、页面的垂直对齐方式等。

（4）“文档网格”选项卡：用于设置每页容纳的行数和每行容纳的字数，文字排列方向，行、列网格线是否要打印等。

通常，页面设置作用于整个文档，如果对部分文档进行页面设置，应将光标移到这部分文档的起始页面，然后在“页面设置”对话框“应用于”下拉列表中选择“插入点之后”命令。这样，从起始位置之后的所有页都将应用当前设置。

2．页面背景

文字处理软件为用户提供了丰富的页面背景设置功能，用户可以通过为文档添加文字或图片水印、设置文档的颜色或图案填充效果以及为页面添加边框等来使页面更加美观。

在Word 2016中，通过“设计”选项卡“页面背景”组中的相应按钮来实现。

【例3-9】为例3-8文档进行页面设置：上边距为2.5厘米，下边距为3厘米，页面左边预留2厘米的装订线，纸张方向为纵向，纸张大小为16开，设置页眉/页脚奇偶页不同，文档中每页35行，每行30个字，并为文档添加喜欢的图片水印效果和页面边框。在Word 2016中，操作步骤如下：

（1）打开文档，单击“布局”选项卡“页面设置”组中右下角的对话框启动器按钮，打开“页面设置”对话框，在“页边距”选项卡中调整上下页边距旁边的数字微调按钮，调整数字为上：2.5厘米，下：3厘米（或直接输入相应数字）；调整“装订线”旁的数字微调按钮，调整数字为：2厘米，选择装订线位置为“左”；在“方向”栏中选择“纵向”。

（2）选择“纸张”选项卡，在“纸张大小”下拉列表框中选择“16开”命令。

（3）选择“版式”选项卡，在页眉和页脚栏中选中“奇偶页不同”复选框。

（4）选择“文档网格”选项卡，在“网格”组中选中“指定行和字符网格”单选按钮，每行设为30，每页设为35，其设置如图3-81所示。

（5）单击“设计”选项卡“页面背景”组中的“水印”按钮，选择“自定义水印”命令，打开“水印”对话框。

（6）选中“图片水印”单选按钮，再单击“选择图片”按钮，打开“插入图片”对话框，从中选择需要的图片，返回“水印”对话框后，根据图片大小在“缩放”数值框中输入图片的缩放比例，然后取消选中“冲蚀”复选框（因为图片冲蚀处理后颜色太淡），如图3-82所示，最后单击“确定”按钮。

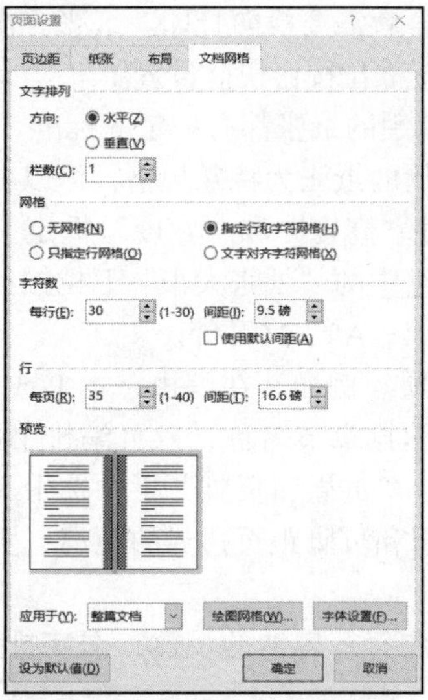

图3-81　设置每页的行数和每行的字数

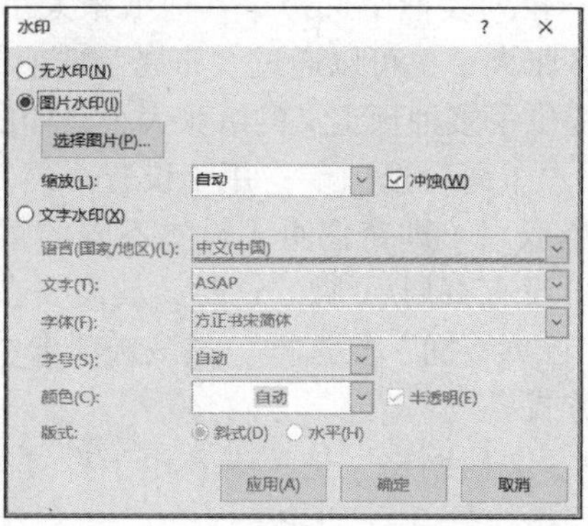

图3-82　“水印”对话框设置

（7）将光标置于文档中任意位置，单击“设计”选项卡“页面背景”组中的“页面边框”按钮，打开“边框和底纹”对话框，在“页面边框”选项卡的“艺术型”下拉列表框中，选择喜欢的边框类型，然后单击“确定”按钮，效果如图3-83所示。

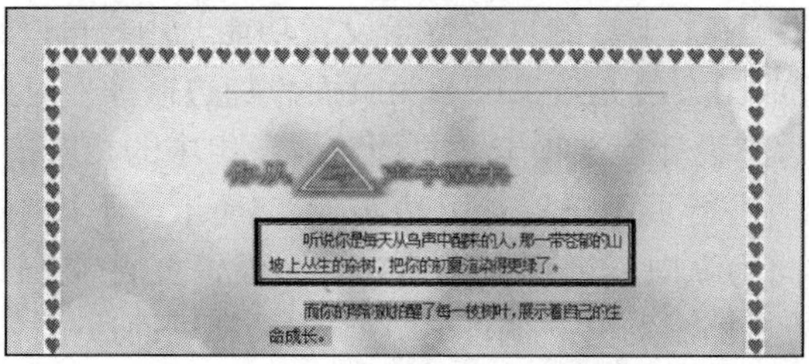

图3-83　图片水印和页面边框效果

3.3.4　提高与拓展

1. 格式刷的使用

格式刷是实现快速格式化的重要工具。使用格式刷可以将字符和段落的格式复制到其他文本上。在“开始”选项卡“剪贴板”组中单击“格式刷”，可调用格式刷，如图3-84所示。使用格式刷的方法如下：

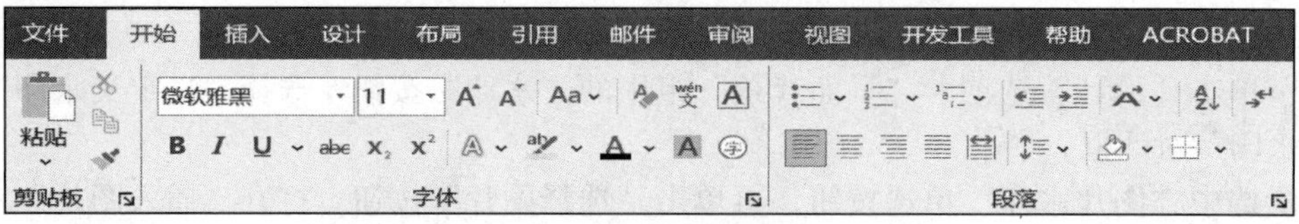

图3-84　格式刷

（1）将光标定位在格式化好的标准文本块中。

（2）在“开始”选项卡“剪贴板”组中单击“格式刷”，鼠标指针变成小刷子形状。

（3）按住鼠标左键刷过要格式化的文本，所刷过的文本就被格式化成标准文本的格式。同时，鼠标指针恢复原样。

注：双击“格式刷”按钮，就可以在多处反复使用。要停止使用格式刷，可单击“格式刷”或按【Esc】键。

2. 插入分节符

通过在Word 2016文档中插入分节符，可以将文档分成几部分。每部分可以有不同的页边距、页眉页脚、纸张大小等页面设置。在Word 2016文档中插入分节符的步骤如下：

（1）将光标定位到准备插入分节符的位置。在“布局”选项卡“页面设置”组中单击“分隔符”按钮。

（2）在打开的“分隔符”下拉列表中，“分节符”栏列出四种不同类型的分节符，如图3-85所示，其具体含义如下：

- 下一页：插入分节符并在下一页上开始新节。
- 连续：插入分节符并在同一页上开始新节。
- 偶数页：插入分节符并在下一偶数页上开始新节。
- 奇数页：插入分节符并在下一奇数页上开始新节。

根据需要选择合适的分节符即可。

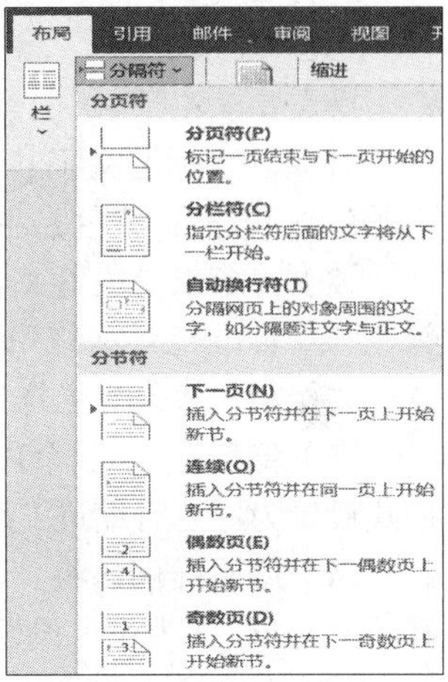

图3-85 “分隔符”列表

3.3.5 同步实训

【文档开始】

真丝面料的分类、特征、保养

真丝面料分类

真丝被称为“纤维皇后”，以其独特的魅力受到古往今来的人的青睐。真丝，属于蛋白质纤维，丝素中含有18种对人体有益的氨基酸，可以帮助皮肤维持表面脂膜的新陈代谢，故可以使皮肤保持滋润、光滑。

常见的真丝面料品种大致有双绉、重绉、乔其烂花、乔其、双乔、重乔、桑波缎、素绉缎、弹力素绉缎、经编针织等几大类。

优秀的品牌在面料染整工艺处理中，均依赖于高科技的生产工艺流程，采用环保型染料，色牢度达3~4.5级。在让人们欣赏丝绸面料独特的色彩美感的同时，保持了丝绸面料的营养性和自然性。在面料后处理过程中还进行不同程度的预缩处理，以保证所用面料的成衣缩水率在0.5%~3%。

真丝面料的品种特性

双绉	经高温定型	印染饱和度较高，色泽鲜艳	重绉的优点在于面料垂性较好，抗皱性更强
乔其	有薄而透的乔其和烂花乔其，也有厚而糯的重乔	乔其的特点在于飘逸轻薄	重乔的优点在于挺括、回弹力强、垂性好
桑波缎	属丝绸面料中的常规面料	缎面纹理清晰、古色古香，非常高贵	面料比乔其厚实，比较柔软，不透明，洗涤后折旧率低，不容易褪色，色泽鲜艳
素绉缎	属丝绸面料中的常规面料	亮丽的缎面非常高贵，手感滑爽，组织密实	该面料的缩水率相对较大，下水后光泽有所下降
弹力素绉缎	属交织面料	其优点是弹性好、舒适	缩水率相对较小，风格独特

真丝保养方法

洗涤时在30度以下手洗，而且要把衣服翻过来洗，如果用滴了几滴香醋的水浸泡一下，这样洗出来的真丝衣服柔软又光滑；

洗涤时不宜用碱性洗涤剂和肥皂洗涤，洗后应选择通风处晾干，避免破损丝质衣服的手感及色泽；

汗湿后的真丝衣服要马上洗涤；

不要将真丝衣服挂在坚硬的金属钩上防止绸面损伤；

真丝不穿时，不宜放樟脑丸，否则容易脆化；

熨烫温度以100度为宜，最好垫上衬布。

【文档结束】

操作要求：

（1）设置标题文字："真丝面料的分类、特征、保养"的文字效果为："渐变填充：紫色，主题色4；边框：紫色，主题色4"，"半映像：接触"。

（2）将第二个段落（文字："真丝面料分类"）的字体格式设置为：华文细黑、四号，字体颜色为"标准色：深红"；并利用格式刷，将文档中的所有倾斜字设置与"真丝面料分类"字体格式相同，效果参见样例。

（3）将第三~第五个段落（文字从"真丝被称为"到"缩水率在0.5%~3%。"为止）的段落格式设置为：首行缩进2字符，行距为"多倍行距：1.25"。

（4）参照样例，将"真丝保养方法"下的段落（文字从"洗涤时在30度以下手洗"到"最好垫上衬布。"为止）设置相应的项目编号为"1.，2.，3.，4.……"。

（5）在文章中的"在此处插入图片"后面插入图片"PWORD8A.JPG"，将图片尺寸设置为：高度为5.5厘米，宽度为9厘米，并设置图片样式为"简单框架，白色"，"上下环绕"，居中。

（6）参见样例，对"真丝面料的品种特性"下的表格进行相应设置：在其最前面插入一行，并在其中输入表头文字"品种"、"工艺"、"特性"和"优缺点"；设置第1行文字的对齐方式为"水平居中"；设置第1列的宽度为2.5厘米，第2和第3列的宽度为4厘米，第4列宽度为5厘米。对齐方式：水平居中。

【样章（见图3-86）】

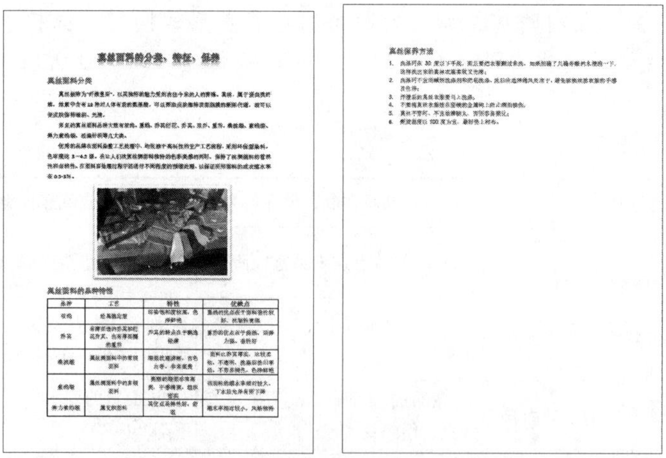

图3-86 《真丝面料》样章排版最终结果

3.4　排版技术

3.4.1　设置页眉和页脚

在文档排版打印时，有时需要在每页的顶部和底部加入一些说明性信息，称为页眉和页脚。这些信息可以是文字、图形、图片、日期或时间、页码等，还可以是用来生成各种文本的“域代码”（如日期、页码等）。“域代码”与普通文本不同，它在显示和打印时会被当前的最新内容代替。例如，日期域代码是根据显示或打印时系统的时钟生成当前的日期，同样，页码也是根据文档的实际页数生成当前的页码。文字处理软件一般预设了多种页眉和页脚样式，可以直接应用于文档中。

在Word 2016中，设置页眉/页脚是通过单击“插入”选项卡“页眉和页脚”组中的相应按钮来完成的。

插入页眉的时候，选好样式，进入页眉编辑区，此时正文呈浅灰色，表示不可编辑。页眉内容输入完后，双击正文部分完成操作。页脚和页码的操作方法与此类似。

编辑时，双击页眉/页脚或页码，Word 2016窗口会出现“页眉和页脚工具”选项卡，如图3-87所示。

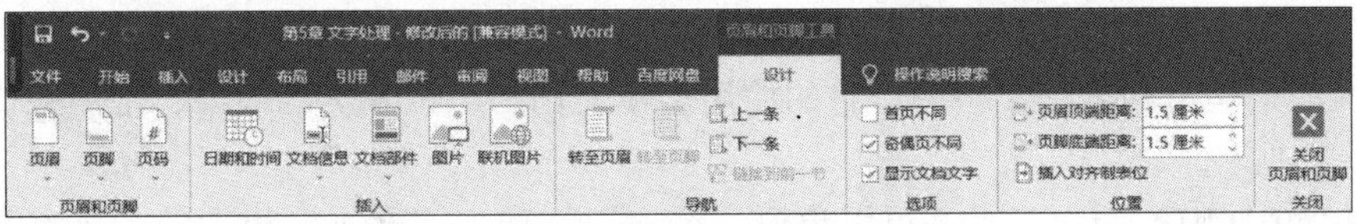

图3-87　“页眉和页脚工具”选项卡

可以根据需要插入图片、日期或时间、域（位于“插入”选项卡“文本”组“文档部件”按钮的下拉菜单中）等内容。如果要关闭页眉页脚编辑状态回到正文，直接单击“关闭页眉和页脚”组中的“关闭页眉和页脚”按钮；如果要删除页眉和页脚，先双击页眉或页脚，选定要删除的内容，按【Delete】键；或者执行“页眉”“页脚”按钮下拉菜单中相应的“删除页眉”“删除页脚”命令。

在文档中可自始至终使用同一个页眉或页脚，也可在文档的不同部分使用不同的页眉和页脚。例如，首页不同、奇偶页不同，这需要在“页眉和页脚工具”中“设计”选项卡“选项”组中勾选相应的复选框。如果文档被分为多个节，也可以设置节与节之间的页眉页脚互不相同。

3.4.2　设置页码

页码是指书等每一页面上标明次序的号码或其他数字。在文档中添加页码的一般操作方法如下：

（1）在“插入”选项卡“页眉页脚”组中单击“页码”按钮。

（2）在“页码”下拉菜单中选择页码所需要的对齐方式和位置，如图3-88（a）所示。

（3）如没有满足要求的页码格式，则可在单击“页码”按钮后，执行“设置页码格式命令，打开“页码格式”对话框如图3-88（b）所示，在“编号格式”下拉列表框中选择所须编号格式，设置是否包含章节号，设置页码编号格式和起始页码，单击“确定”按钮，再按步骤（2）操作。

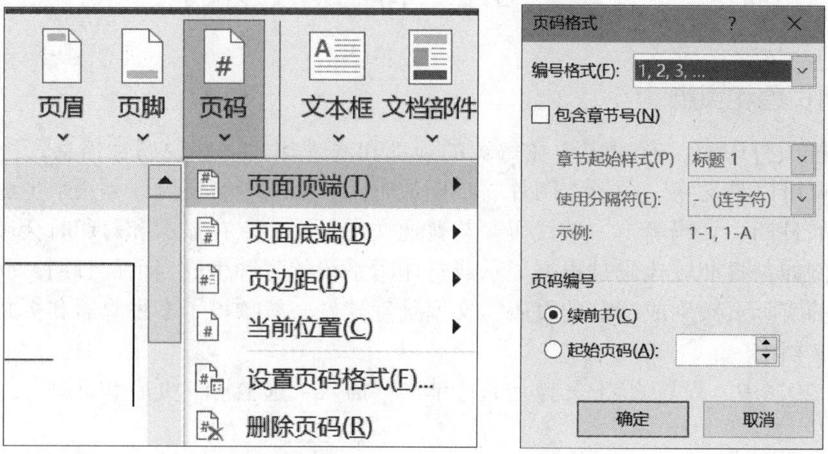

（a）　　（b）

图3-88　设置页码

3.4.3　设置艺术字

艺术字是以普通文字为基础，通过添加阴影、改变文字的大小和颜色、把文字变成多种预定义的形状等来突出和美化文字的。它的使用会使文档产生艺术美的效果，常用来创建旗帜鲜明的标志或标题。

在Word 2016中，插入艺术字可以通过“插入”选项卡“文本”组中的“艺术字”按钮来实现。生成艺术字后，会出现“绘图工具”中“格式”选项卡，在其中的“艺术字样式”组中进行操作，如改变艺术字样式、增加艺术字效果等。如果要删除艺术字，只要选中艺术字，按【Delete】键即可。

【例3-10】制作效果如图3-89所示的艺术字“淡泊以明志，宁静而致远”。

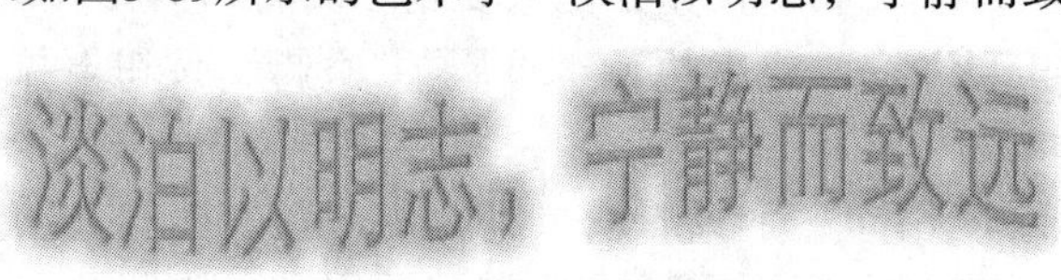

图3-89　艺术字效果

在Word 2016中，操作步骤如下：

（1）单击“插入”选项卡“文本”组中的“艺术字”按钮，在展开的艺术字样式库中选择“填充：金色，主题色4；软棱台”（第1行第5列），输入文字“淡泊以明志，宁静而致远”。

（2）单击“绘图工具”中的“格式”选项卡，在“艺术字样式”组中单击“文本效果”下拉按钮；在下拉列表中指向“发光”，在其级联菜单“发光变体”区中单击“发光：18磅；绿色，主题色6”按钮（第4行第6列），继续在“艺术字样式”组中单击“文本效果”下拉按钮，在下拉列表中指向“转换”，在其级联菜单“弯曲”区中单击“波形上”按钮（第5行第2列）。

3.4.4 设置脚注和尾注

脚注和尾注用于给文档中的文本加注释。脚注对文档某处内容进行注释说明，通常位于页面底端；尾注用于说明引用文献的来源，一般位于文档末尾。在同一个文档中可以同时包括脚注和尾注，但一般在“页面视图”方式下可见。

脚注和尾注由两部分组成：注释引用标记和与其对应的注释文本。对于注释引用标记，文字处理软件可以自动为标记编号，还可以创建自定义标记。添加、删除或移动了自动编号的注释时，将对注释引用标记重新编号。注释可以使用任意长度的文本，可以像处理其他文本一样设置文本格式，还可以自定义注释分隔符，即用来分隔文档正文和注释文本的线条。

在Word 2016中，设置脚注和尾注是通过单击“引用”选项卡“脚注”组中相应按钮或单击“脚注”组右下角的对话框启动器按钮，在打开的“脚注和尾注”对话框中进行的，如图3-90所示。要删除脚注和尾注，只要定位在脚注和尾注引用标记前，按【Delete】键，则引用标记和注释文本同时被删除。

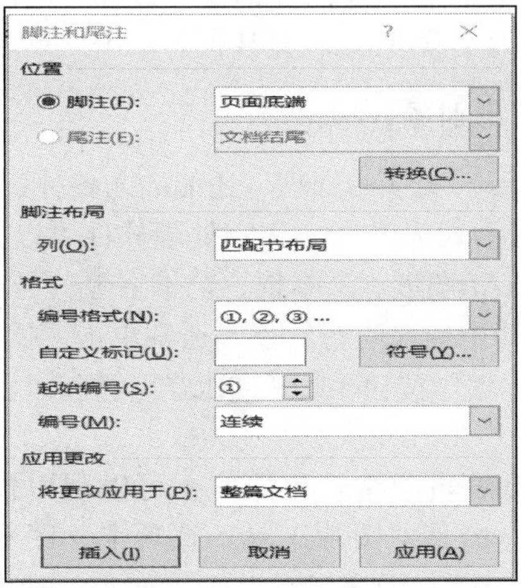

图3-90 “脚注和尾注”对话框

【例3-11】为例3-9文档设置页眉，内容为“散文”，选择喜欢的样式插入页码，并为“渲染”添加脚注：脚注引用标记是①，脚注注释文本是“用水墨或淡的色彩涂抹画面”；为文档添加尾注：尾注引用标记是?，尾注注释文本是“散文欣赏”，效果如图3-91所示。

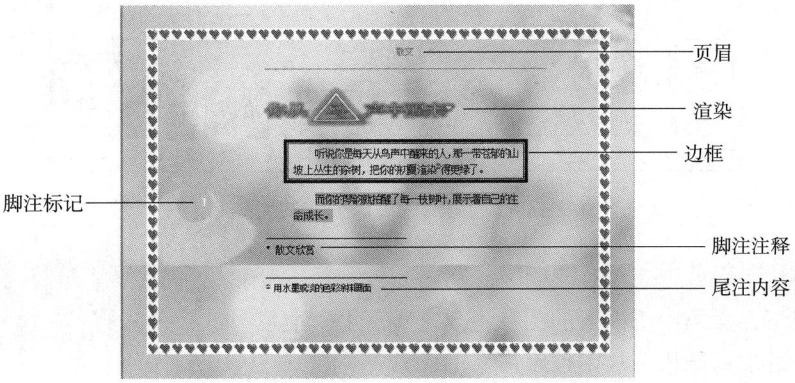

图3-91 添加页眉页码、脚注尾注效果

在Word 2016中，操作步骤如下：

（1）打开文档，单击“插入”选项卡“页眉和页脚”组“页眉”的下拉按钮，在展开的页眉库中选择“空白”样式，在页眉编辑区输入文字“散文”。

（2）单击“页眉和页脚工具”中“设计”选项卡“页眉和页脚”组中“页码”的下拉按钮，在下拉菜单中指向“页边距”，在“带有多种形状”区中选择“圆（左侧）”，最后双击正文或单击“关闭”组的“关闭页眉和页脚”按钮返回。

（3）将光标定位在“渲染”后面，单击“引用”选项卡“脚注”组中右下角的对话框启动器按钮，打开“脚注和尾注”对话框，选中“脚注”单选按钮，选择需要的编号格式“①，②，③……”，再单击“插入”按钮，进入脚注区，输入脚注注释文本“用水墨或淡的色彩涂抹画面”。

（4）将光标定位在标题“你从鸟声中醒来”的最后，单击“引用”选项卡“脚注”组中右下角的对话框启动器按钮，打开“脚注和尾注”对话框，选中“尾注”单选按钮，单击“自定义标记”旁边的“符号”按钮，在出现的对话框中选择“埴”，再单击“插入”按钮，进入尾注区，输入尾注注释文本“散文欣赏”，在尾注区外单击结束输入。

3.4.5 插入对象（图片、图形对象、公式）

文字处理软件不仅仅局限于对文字的处理，还能插入各种各样的媒体对象并编辑处理，使文章的可读性、艺术性和感染力大大增强。文字处理软件可以插入的对象包括各种类型的图片、图形对象（如形状、SmartArt图形、文本框、艺术字等）、公式和图表，如图3-92所示。

在Word 2016中，要在文档中插入这些对象，通常单击“插入”选项卡“插图”组中的相应按钮，“文本”组中的“文本框”按钮、“艺术字”按钮，以及“符号”组中的“公式”按钮π。

如果要对插入的对象进行编辑和格式化操作，可以利用各自的右键快捷菜单及对应的工具选项卡来进行。图片对应的是“图片工具”选项卡，图形对象对应的分别是“绘图工具”“SmartArt工具”“公式工具”“图表工具”选项卡等。选定对象，这些工具选项卡就会出现。

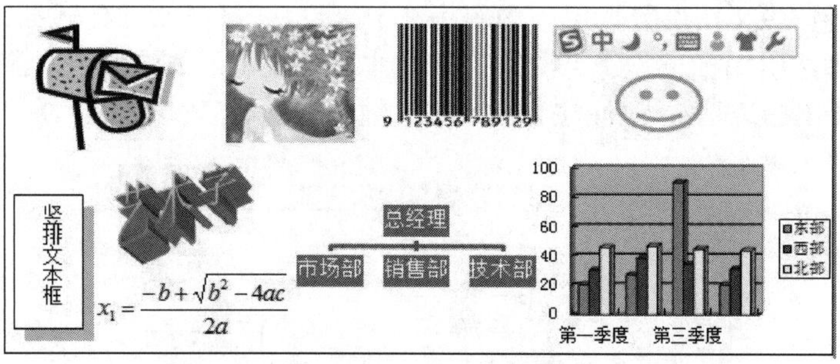

图3-92　文档中可以插入的对象

1. 插入图片

通常情况下，文档中所插入的图片主要来源于4方面：

（1）从图片库或联机图片中搜索需要的图片。

（2）通过扫描仪获取出版物上的图像或一些个人照片。

（3）来自于数码照相机。

（4）从网络上下载所需图片。上网搜索到所需图片后，右击图片，在弹出的快捷菜单中选择“图片另存为”命令，将图片保存到计算机硬盘上。

图片文件具体分为3类：

（1）矢量图形，文件扩展名为.wmf（Windows图元文件）或.emf（增强型图元文件）。

（2）其他图形文件，例如，.bmp（Windows位图）、.jpg（静止图像压缩标准格式）、.gif（图形交换格式）、.png（可移植网络图形）和.tiff（标志图像文件格式）等。

（3）截取整个程序窗口或截取窗口中部分内容等。

在Word 2016中，要在文档中插入图片，可以通过“插入”选项卡“插图”组中的相应按钮来进行。

【例3-12】 新建一个空白文档，插入一张图片、一个程序窗口图像（截取整个程序窗口）以及搜狗输入法状态条图标（截取窗口中部分内容）。

操作步骤如下：

（1）插入图片文件。

①将光标移到文档中需要放置图片的位置。

②单击“插入”选项卡“插图”组中的“图片”按钮，在下拉列表中选择“此设备”命令打开“插入图片”对话框，选择图片所在的位置和图片名称，单击“插入”按钮，将图片文件插入到文档中。

（2）插入一个程序窗口图像（截取整个程序窗口）。

①打开一个程序窗口，如画图程序，然后将光标移到文档中需要放置图片的位置。

②单击“插入”选项卡“插图”组中的“屏幕截图”按钮，在弹出的下拉列表中可以看到当前打开的程序窗口，单击需要截取画面的程序窗口即可。也可以打开程序窗口后，按【Alt+PrintScreen】组合键将其复制到剪贴板，然后粘贴至文档。

注意： 如果是整个桌面图像，可以先在任务栏上右击，在弹出的快捷菜单中选择“显示桌面”命令，然后打开文档，光标定位，单击“插入”选项卡“插图”组中的“屏幕截图”按钮，在下拉列表中选择“屏幕剪辑”命令，然后截取整个屏幕。也可以显示桌面后，按【PrintScreen】键将其复制到剪贴板，然后粘贴至文档。

（3）插入图标。

①显示“搜狗”输入法状态条，移到屏幕上空白区域（方便截取）。

②单击“插入”选项卡“插图”组中的“屏幕截图”按钮，在弹出的下拉列表中选择“屏幕剪辑”命令，然后迅速将鼠标指针移动到系统任务栏处，单击截取画面的程序图标（此处是Word程序窗口），激活该程序。等待几秒，画面就处于半透明状态，在要截图的位置处（“搜狗”输入法状态条）拖动鼠标，选中要截取的范围，然后释放鼠标完成截图操作。

插入文档中的图片，除复制、移动和删除等常规操作外，还可以调整图片的大小，裁剪图片（按比例或形状裁剪）等；可以设置图片排列方式（即文字对图片的环绕）如“嵌入型”（将图片当作文字对象处理），其他非“嵌入型”如四周型、紧密型等（将图片当作区别于文字的外部对象处理）；可以调整图片的颜色（亮度、对比度、颜色设置等）；删除图片背景使文字内容和图片互相映衬；设置图片的艺术效果（包括标记、铅笔灰度、铅笔素描、线条图、粉笔素描、画图笔画、画图刷、发光散射、虚化、浅色屏幕、水彩海绵、胶片颗粒等多种效果）、设置图片样式（样式是多种格式的总和，包括为图片添加边框、效果的相关内容等）；如果是多张图片，可以进行组合与取消组合的操作；多张图片叠放在一起时，还可以通过调整叠放次序得到最佳效果（注意，此时图片的文字环绕方式不能是“嵌入型”）。

在Word 2016中，这主要通过“图片工具”选项卡和右键快捷菜单中的对应命令来实现，“图片工具”选项卡如图3-93所示。

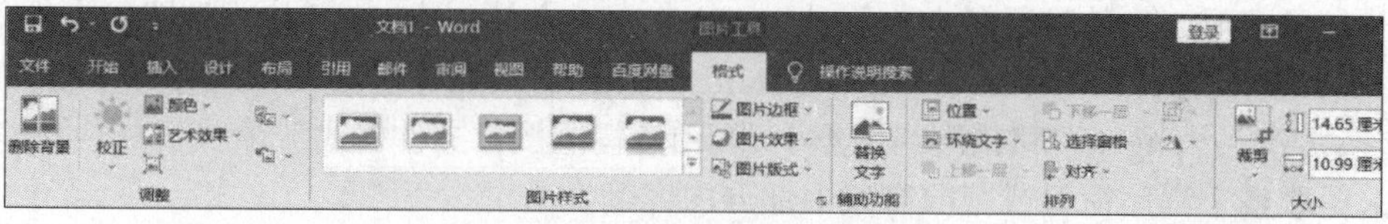

图3-93 “图片工具”选项卡

图片刚插入文档时往往很大，这就需要调整图片的尺寸大小。最常用的方法是：单击图片，此时图片四周出现8个尺寸句柄，拖动它们可以进行图片缩放。如果是准确地改变尺寸，在Word 2016中，可以右击图片，在弹出的快捷菜单中选择“大小和位置”命令，打开“设置图片格式”对话框，在“大小”选项卡中操作完成，如图3-94所示。也可以在“图片工具”中“格式”选项卡“大小”组中进行设置。

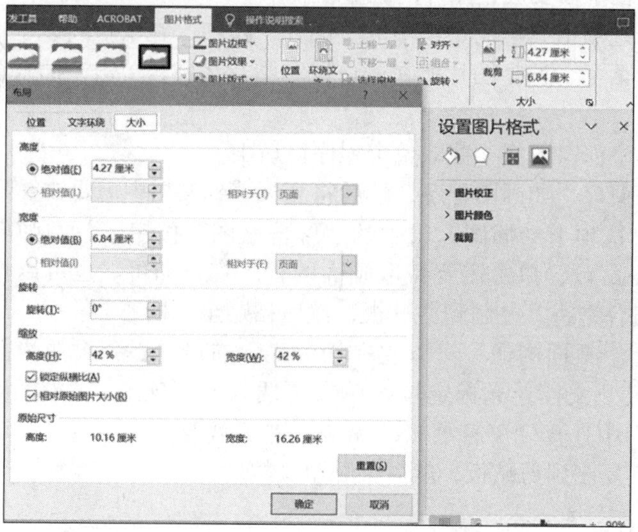

图3-94 设置图片格式大小

文档插入图片后，常常会把周围的正文“挤开”，形成文字对图片的环绕。文字对图片的环绕方式主要分为两类：一类是将图片视为文字对象，与文档中的文字一样占有实际位置，它在文档中与上下左右文本的位置始终保持不变，如“嵌入型”，这是系统默认的文字环绕方式；另一类是将图片视为区别于文字的外部对象处理，如“四周型”“紧密型”“衬于文字下方”“浮于文字上方”“上下型”“穿越型”。其中前4种更为常用，四周型是指文字沿图片四周呈矩形环绕；紧密型的文字环绕形状随图片形状不同而不同（如图片是圆形，则环绕形状是圆形）；衬于文字下方是指图形位于文字下方；浮于文字上方是指图形位于文字上方。这4种文字环绕的效果如图3-95所示。

在Word 2016中，设置文字环绕方式有两种方法：一种方法是单击“图片工具”中“格式”选项卡“排列”组中的“环绕文字”按钮，在下拉菜单中选择需要的环绕方式；另一种方法是右击图片，在弹出的快捷菜单中选择“环绕文字”命令，如图3-96所示。

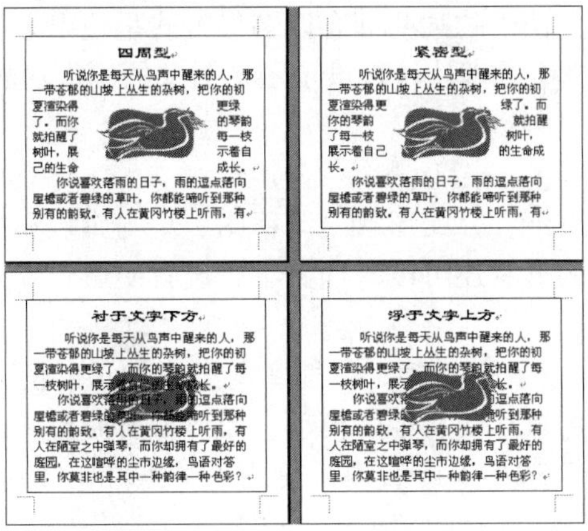

图3-95　四种常用的文字环绕效果

图3-96　“环绕文字”下拉菜单

注意：如果在文档中插入图片时发生图片显示不全的情况，此时，只要将文字环绕方式由“嵌入型”改为其他任何一种方式即可。

在非“嵌入型”文字环绕方式中，衬于文字下方比浮于文字上方更为常用。但图片衬于文字下方后会使字迹不清晰，可以利用图形着色效果使图形颜色淡化。如图片水印效果的设置方法是，单击“图片工具”中“格式”选项卡“调整”组中“颜色”的下拉按钮，在下拉菜单“重新着色”区中选择“冲蚀”命令，如图3-97所示，其效果如图3-98所示。

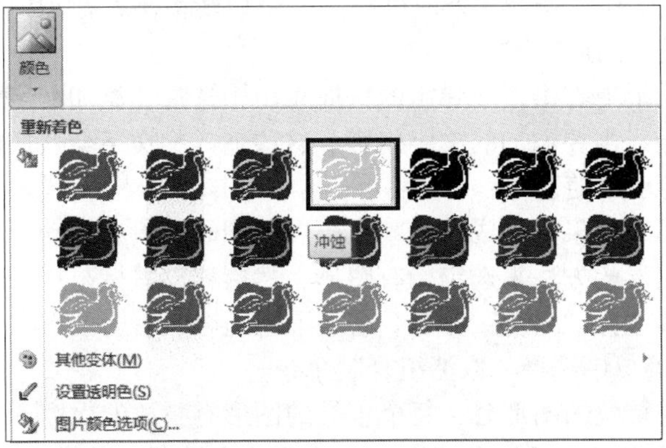

图3-97　通过“图片工具”选项卡设置水印

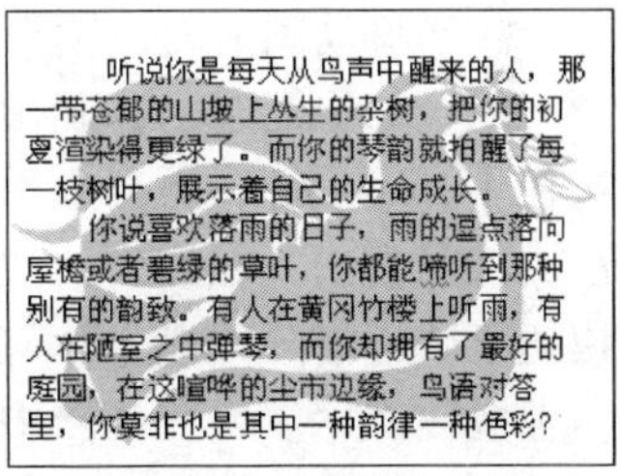

图3-98　“冲蚀”效果

插入文档中的图片有时往往由于原始图片的大小、内容等因素不能满足需要，期望能对所采用的图片进行进一步处理。文字处理软件提供了图片处理功能。例如，Word 2016就具有去除图片背景及剪裁图片功能，用户在文档制作的同时就可以完成图片处理工作。具体操作步骤如下：选中图片，单击“图片工具”中“格式”选项卡“调整”组中的“删除背景”按钮，在图片上调整选择区域拖动句柄，使要保留的图片内容浮现出来；调整完成后，在“背景消除”选项卡中单击“保留更改”按钮，完成图片背景消除操作；然后单击“格式”选项卡“大小”组中的“裁剪”按钮，在图片上拖动图片边框的滑块，调整到适当的图片大小，把不需要的空白区域裁剪掉。

2. 插入图形对象

单纯的文字令人难以记忆，如果能够将文档中的某些理念以图形方式呈现出来，可以大大促进阅读者的理解，给其留下深刻的印象。文字处理软件提供了图形对象的制作功能。

图形对象包括形状、SmartArt图形、艺术字等。

1）形状

形状包括线条、矩形、基本形状、箭头总汇、公式形状、流程图、星与旗帜和标注等多种类型，每种类型又包含若干图形样式。插入的形状还可以添加文字，设置阴影、发光、三维旋转等各种特殊效果。

在Word 2016中，插入形状是通过单击“插入”选项卡“插图”组中的“形状”按钮来完成的。在形状库中单击需要的图标，然后用鼠标在文本区拖动从而形成所需要的图形。需要编辑和格式化时，选中形状，在“绘图工具”选项卡或右键快捷菜单中操作，“绘图工具”选项卡如图3-99所示。

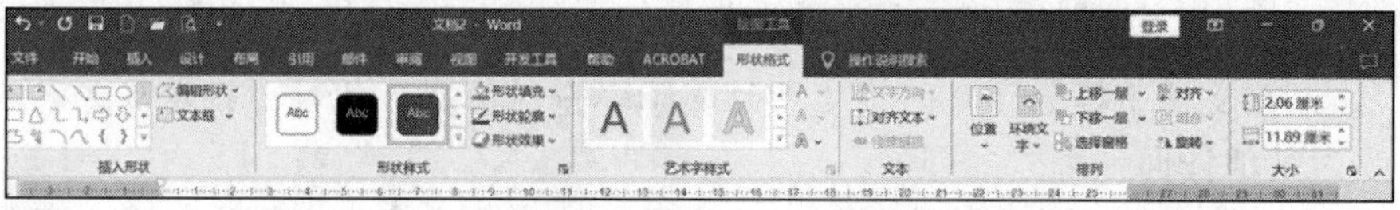

图3-99　“绘图工具”选项卡

形状最常用的编辑和格式化操作包括：缩放、旋转、添加文字、组合与取消组合、叠放次序、设置形状格式等。

（1）缩放和旋转。单击图形，在图形四周会出现8个白色点和一个旋转箭头，拖动白色点可以进行图形缩放，拖动旋转箭头可以进行图形旋转。

（2）添加文字。在需要添加文字的图形上右击，在弹出的快捷菜单中选择“添加文字”命令。这时光标就出现在选定的图形中，输入需要添加的文字内容。这些输入的文字会变成图形的一部分，当移动图形时，图形中的文字也跟随移动。

（3）组合与取消组合。画出的多个图形如果要构成一个整体，以便同时编辑和移动，可以用先按住【Shift】键，再分别单击其他图形的方法来选定所有图形，然后移动鼠标至指针呈十字形箭头状时右击，在弹出的快捷菜单中选择“组合”命令。若要取消组合，右击图形，在弹出的快捷菜单中指向“组合”，在其级联菜单中选择“取消组合”命令。

（4）叠放次序。当在文档中绘制多个重叠的图形时，每个重叠的图形有叠放的次序，这个次序与绘制的顺序相同，最先绘制的在最下面。可以利用右键快捷菜单中的“置于顶层”“置于底层”命令改变图形的叠放次序。

（5）设置形状格式。右击图形，在弹出的快捷菜单中选择“设置形状格式”命令，打开“设置形状格式”窗格，在其中完成操作。

【例3-13】绘制一个如图3-100所示的流程图，要求流程图各个部分组合为一个整体。

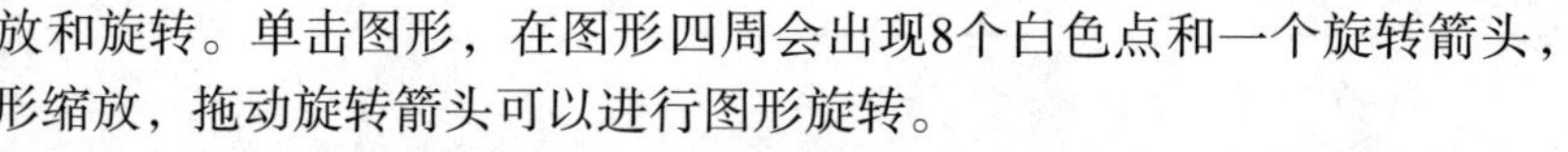

图3-100　流程图

在Word 2016中，操作步骤如下：

（1）新建一个空白文档，单击“插入”选项卡“插图”组中的“形状”下拉按钮，在形状库中选择流程图中的相应图形。第一个是“矩形”区的圆角矩形，画到文档中合适位置，并适当调整大小。右击图形，在弹出的快捷菜单中选择“添加文字”命令，在图形中输入文字“开始”。

（2）然后单击“线条”区的单向箭头按钮，画出向右的箭头。

（3）重复第（1）步和第（2）步，继续插入其他形状直至完成。

（4）按住【Shift】键，依次单击所有图形，全部选中后，在图形中间右击，在弹出的快捷菜单中选择“组合”命令，将多个图形组合在一起。

注意：基本形状中包括横排文本框和竖排文本框。使用它们可以方便地将文字放置到文档中的任意位置。做无边框的文本框时，右击文本框，在弹出的快捷菜单中选择“设置形状格式”命令，在“设置形状格式”窗格“填充”选项卡和“线条”选项卡中分别选中“无填充”和“无线条”单选按钮即可。在文本框中输入文字，若文本框中部分文字不可见时，可以调大文本框使文字显示。

2）SmartArt图形

SmartArt图形是文字处理软件中预设的形状、文字以及样式的集合，包括列表、流程、循环、层次结构、关系、矩阵、棱锥图和图片等多种类型，每种类型下又有多个图形样式，用户可以根据文档的内容选择需要的样式，然后对图形的内容和效果进行编辑。【例3-14】组织结构图是由一系列图框和连线来表示组织机构和层次关系的图形。绘制一个组织结构图，如图3-101所示。

在Word 2016中，操作步骤如下：

（1）单击各个“文本框”，从上至下依次输入“董事长”“总经理”“副总经理”。

（2）单击文档中其他任意位置，组织结构图完成。插入SmartArt图形后，可以利用其“SmartArt工具”选项卡完成设计和格式的编辑操作。

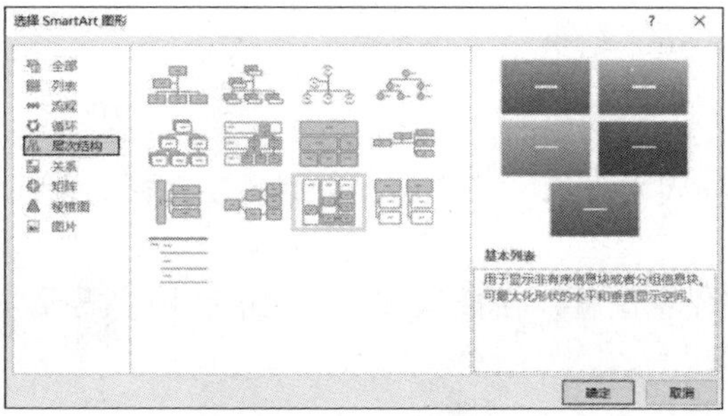

图3-101 “选择SmartArt图形”对话框

3. 插入公式

在编写论文或一些学术著作时，经常需要处理数学公式，利用文字处理软件提供的公式编辑器，可以方便地制作具有专业水准的数学公式。产生的数学公式可以像图形一样进行编辑操作。

在Word 2016中，要创建数学公式，可单击“插入”选项卡“符号”组“公式”π的下拉按钮，在下拉列表中选择预定义好的公式，也可以通过“插入新公式”命令来自定义公式，此时，出现公式输入框和“公式工具”中“设计”选项卡，如图3-102所示，帮助完成公式的输入。

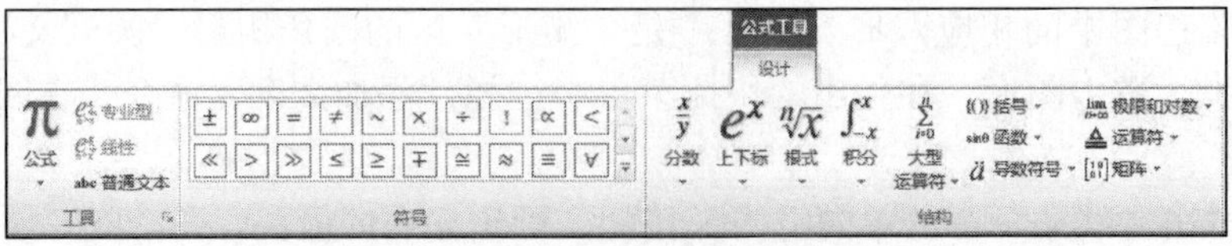

图3-102 “公式工具”中“设计”选项卡

注意：在输入公式时，光标插入点的位置很重要，它决定了当前输入内容在公式中所处的位置。可通过在所需的位置处单击来改变光标的位置。

【例3-14】输入公式：

$$S = \sqrt{\sum_{i=1}^{n} x_i^2 nx^2} + 1$$

在Word 2016中，操作步骤如下：

（1）单击“插入”选项卡“符号”组“公式”π的下拉按钮，在下拉菜单中选择“插入新公式”命令。

（2）在公式输入框中输入“s=”；单击“公式工具”中“设计”选项卡“结构”组中的“根式”按钮，在“根式”区选择$\sqrt{\square}$；单击根号中的虚线框，再单击“结构”组中的“大型运算符”按钮，在“求和”区选择$\sum_{\square}^{\square}\square$，然后单击每个虚线框，依次输入相应内容：“i=1”“n”“x”，$\square_{\square}^{\square}$接着选中“x”，单击“结构”组中的“上下标”按钮，在其中选择$\square_{\square}^{\square}$，单击上、下标虚线框，分别输入“2”和“i”；在$x_i^2$后单击，注意此时光标位置，输入“–”（应仍然位于根式中），继续输入“n”，单击“上下标”按钮，在“常用的下标和上标”区中选择输入x^2，然后选中“x^2”，再单击“标注符号”按钮，在“标注符号”区中选择；在整个表达式后单击，注意此时光标位置，输入“+”和“1”。

（3）在公式输入框外单击，结束公式输入。

3.4.6　文本框的使用

在Wond 2016中可以插入文本框，用户可以根据需要调整文本框的存放位置、文本框的大小、边框、底纹等。

文本框可以放在文档任意位置，在插入文本框之前，用户需要先选择插入文本框的位置，具体步骤如下：

（1）打开“插入”选项卡。

（2）在文本组中单击“文本框”按钮，弹出如图3-103（a）所示的列表框，在列表框的“内置”栏中展示了多种文本框的样式，根据需要选择即可。

也可以在“文本框”下拉列表框中执行“绘制文本框”或“绘制竖排文本框”命令，然后在文档中按住鼠标左键进行拖动绘制，再输入文本框的内容。如图3-103（b）所示。

3.4.7　样式的创建及使用

样式是一组命名的字符和段落排版格式的组合。例如，一篇文档有各级标题、正文、页眉和页脚等，它们分别有各自的字符格式和段落格式，并各以其样式名存储以便使用。

使用样式有两个好处：

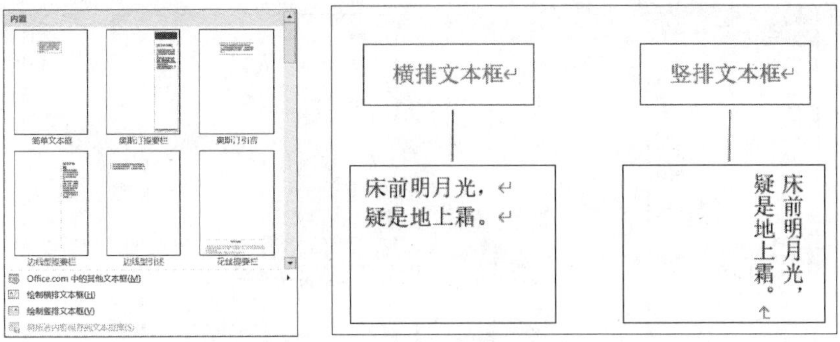

（a）　　　　　　　　　　　　（b）

图3-103 文本框的插入

（1）可以轻松快捷地编排具有统一格式的段落，使文档格式严格保持一致，而且，样式便于修改，如果文档中多个段落使用了同一样式，只要修改样式，就可以修改文档中带有此样式的所有段落。

（2）样式有助于长文档构造大纲和创建目录。文字处理软件不仅预定义了很多标准样式，还允许用户根据自己的需要修改标准样式或自己新建样式。

1．使用已有样式

在Word 2016中，选定需要使用样式的段落，在“开始”选项卡“样式”组“快速样式库”中选择已有的样式，如图3-104所示；或单击“样式”组右下角的对话框启动器按钮，打开“样式”任务窗格，在下拉列表框中根据需要选择相应的样式，如图3-105所示。

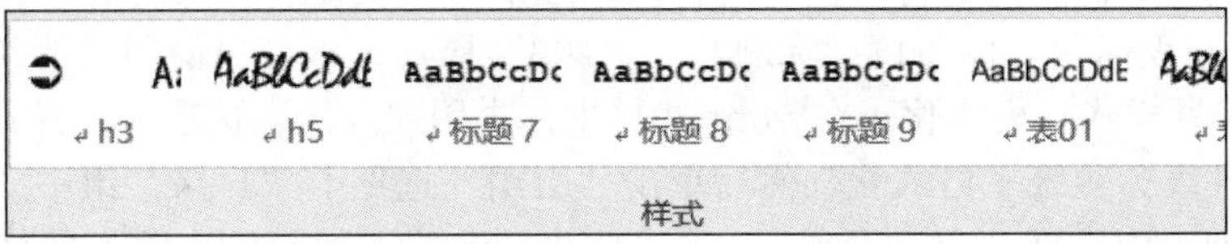

图3-104 “快速样式库”列表框

2．新建样式

当文字处理软件提供的样式不能满足用户需要时，可以自己创建新样式。

在Word 2016中，单击“样式”任务窗格左下角的“新建样式”按钮，在“根据格式化创建新样式”对话框中进行设置。在该对话框中输入样式名称，选择样式类型、样式基准，设置该样式的格式，再选中“添加到样式库”复选框，如图3-106所示。在该对话框设置样式格式时，可以通过“格式”栏中相应按钮快捷设置；也可以单击“格式”按钮，在打开的菜单中选择相应的命令详细设置。新样式建立后，就可以像已有样式一样直接使用了。

3．修改和删除样式

如果对已有的段落样式和格式不满意，可以进行修改和删除。修改样式后，所有应用了该样式的文本都会随之改变。

在Word 2016中，修改样式的方法是：在“样式”任务窗格中，右击需要修改的样式名，在弹出的快捷菜单中选择“修改”命令，在“修改样式”对话框中设置所需的格式即可。

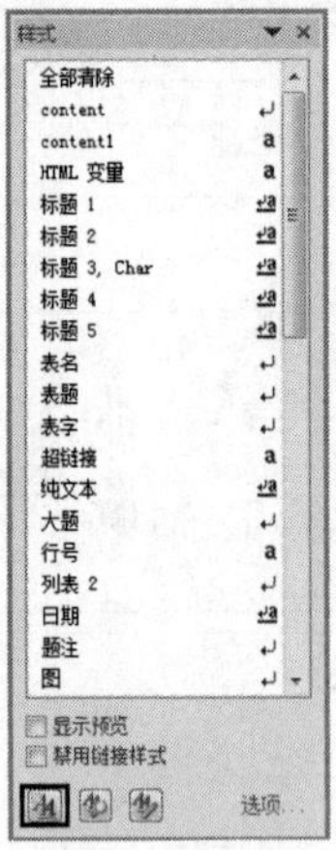

图3-105 “样式”窗格

图3-106 “根据格式化创建新样式”对话框

删除样式的方法与上面类似，不同的是应选择删除样式名命令，此时，带有此样式的所有段落自动应用“正文”样式。

3.4.8 自动生成目录

书籍或长文档编写完后，需要为其制作目录，以方便读者阅读和大概了解文档的层次结构及主要内容。文字处理软件不仅可以手动输入目录，还提供了自动生成目录的功能。

1. 创建目录

要自动生成目录，前提是将文档中的各级标题统一格式化。一般情况下，目录分为3级，可以使用相应的3级标题“标题1”“标题2”“标题3”样式，也可以使用其他几级标题样式或者自己创建的标题样式来格式化。在Word 2016中，先用“开始”选项卡“样式”组快速样式库中的标题将各级标题统一格式化，然后单击“引用”选项卡“目录”组中“目录”的下拉按钮，在下拉列表中选择“自动目录1”或“自动目录2”。如果没有需要的格式，可以选择“自定义目录”命令，打开“目录”对话框进行自定义操作，如图3-107所示。需要注意的是，Word 2016默认的目录显示级别为3级，如果需要改变设置，在“显示级别”框中利用数字微调按钮调整或直接输入相应级别的数字即可。

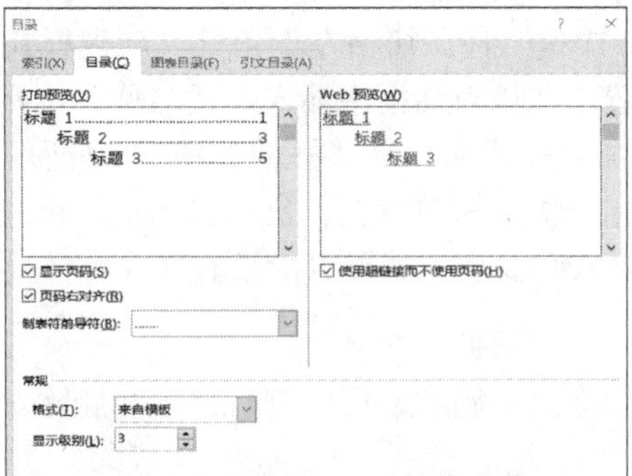

图3-107 “目录”对话框

【例3-15】有下列标题文字，如图3-108所示，请为它们设置相应的标题样式并自动生成3级目录，效果如图3-109所示。

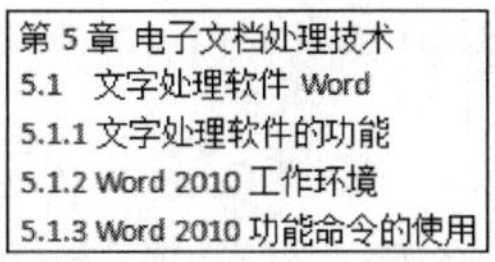

图3-108 自动生成目录时使用的标题文字

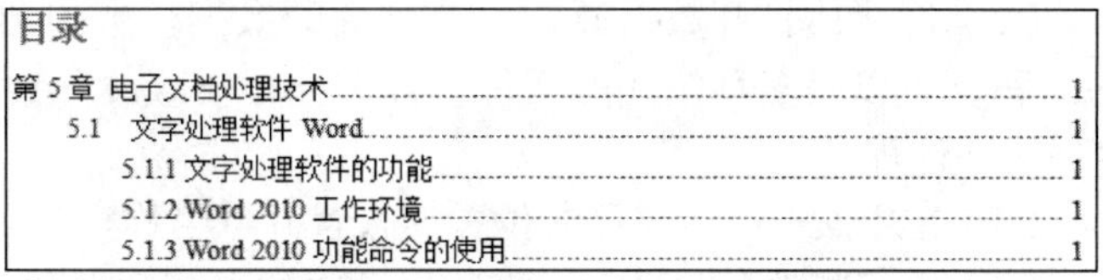

图3-109 自动生成目录的效果

在Word 2016中，操作步骤如下：

（1）为各级标题设置标题样式。选定标题文字“第5章电子文档处理技术”，在“开始”选项卡“样式”组“快速样式库”中选择“标题1”，用同样的方法依次设置“5.1文字处理软件Word”为“标题2”，其他为“标题3”。

（2）将光标定位到插入目录的位置，单击“引用”选项卡“目录”组中“目录”的下拉按钮，在下拉列表中选择“自动目录1”。

2. 更新目录

如果文字内容在编制目录后发生了变化，文字处理软件可以很方便地对目录进行更新。在Word 2016中，操作步骤如下：

在目录中单击，目录区左上角会出现“更新目录”按钮，单击它打开“更新目录”对话框，再选择“更新整个目录”选项即可。也可以通过“引用”选项卡“目录”组中的“更新目录”按钮进行操作。

3.4.9 邮件合并

在实际工作中，经常要处理大量日常报表和信件，如打印信封、工资条、成绩单、录取通知书，发送信函、邀请函给客户和合作伙伴等。这些报表和信件的主要内容基本相同，只是数据有变化，如图3-110所示的邀请函。为了减少重复工作，提高效率，可以使用文字处理软件提供的邮件合并功能。

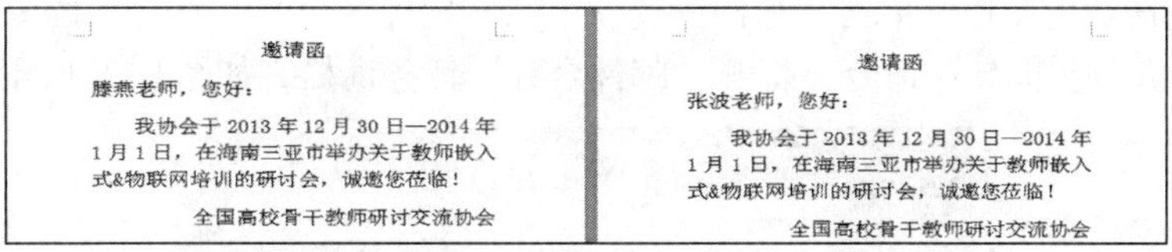

图3-110 邀请函

邮件合并就是将两个相关文件的内容合并在一起，用于解决批量分发文件或邮寄相似内容信件时的大量重复性问题。邮件合并是在两个电子文档之间进行的。一个是“主文档”，它包括报表或信件共有的文字和图形内容；另一个是数据源，它包括需要变化的信息，多为通信资料，以表格形式存储，一行（又称一条记录）为一个完整的信息，一列对应一个信息类别，即数据域（如姓名、地址等），第一行为域名记录。在“数据源”文档中只允许包含一个表格，表格的第一行必须用于存放标题，可以在合并文档时仅使用表格的部分数据域，但不允许包含表格之外的其他任何文字和对象。

邮件合并主要包含以下几个步骤：

（1）创建主文档，输入内容不变的共有文本。

（2）创建或打开数据源，存放可变的数据。数据源是邮件合并所需使用的各类数据记录的总称，可以是多种格式的文件，如Word、Excel、Access、Microsoft Outlook联系人列表、HTML文件等。

（3）在主文档中所需要的位置插入合并域名称。

（4）执行邮件合并操作，将数据源中的可变数据和主文档的共有文本合并，生成一个合并文档。

准备好主文档和数据源后可以开始邮件合并。文字处理软件通常提供“邮件合并向导”功能，它能帮助用户一步步地了解整个邮件合并的使用过程，并高效、顺利地完成邮件合并任务。

【例3-16】使用邮件合并技术制作邀请函。在Word 2016中，操作步骤如下：

（1）先创建好“邀请函”主文档，如图3-111所示。

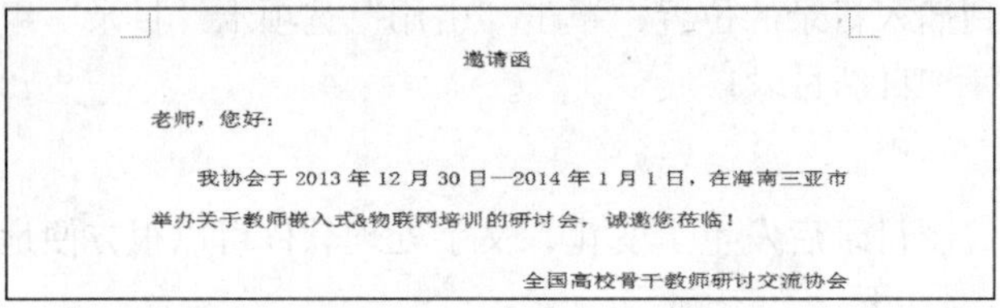
邀请函

老师，您好：

我协会于 2013 年 12 月 30 日—2014 年 1 月 1 日，在海南三亚市举办关于教师嵌入式&物联网培训的研讨会，诚邀您在临！

全国高校骨干教师研讨交流协会

图3-111 “邀请函”主文档

（2）创建好数据源文件，如图3-112所示。

省份	学校	姓名	性别	电子邮箱	通信地址	邮编
广东	广东药学院	滕燕	女	tenyan@gdpu.edu.cn	广东大学城广东药学信息工程系	510006
江苏	南京师范大学	张波	男	zhangbo@njnu.edu.cn	江苏省南京市南京师范大学计算机学院	210097
福建	莆田学院	周平	男	zhouping3@sina.com	福建省莆田学院电子信息工程系	351100
北京	北京服装学院	刘刚	男	liugang@163.com	北京朝阳区樱花东路	100029
山西	运城学院	王丽	女	wangli@126.com	山西省运城市河东东街 333 号	044000

图3-112 数据源文件（邀请人信息）

（3）打开邀请函主文档，单击“邮件”选项卡“开始邮件合并”组的下拉按钮，在下拉菜单中选择“邮件合并分步向导”命令，打开“邮件合并”任务窗格，如图3-113所示。

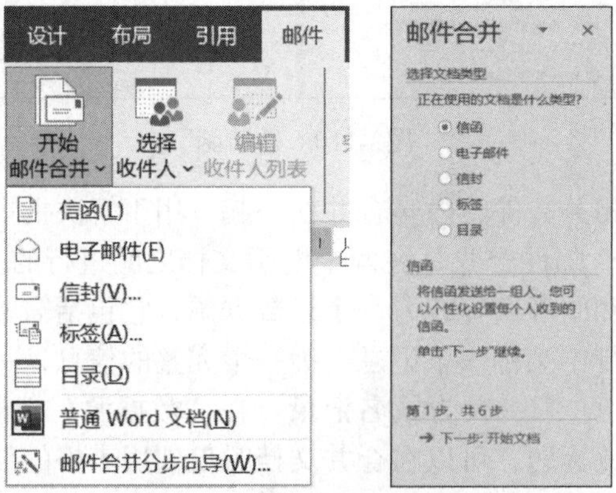

图3-113 “邮件合并”任务窗格

（4）在第1步（总共6步）“选择文档类型”栏中，选择一个希望创建的输出文档类型，本例选中“信函”单选按钮，单击“下一步：开始文档”命令。

（5）在第2步“选择开始文档”栏中，选择邮件合并的主文档，本例选中“使用当前文档”单选按钮，单击“下一步：选择收件人”命令。

（6）在第3步“选择收件人”栏中，选中“使用现有列表”单选按钮，再单击“浏览”命令，打开“选取数据源”对话框，选择作为数据源的Word文件，单击“打开”按钮，按提示打开“邮件合并收件人”对话框，在该对话框中可以对需要合并的收件人信息进行修改。这里只需单击“确定”按钮，然后单击“下一步：撰写信函”命令。

（7）在第4步中，如果需要将收件人信息添加到信函中，先将鼠标指针定位在文档中的合适位置（本例是“老师”前），然后单击“地址块”“问候语”等命令（本例是单击“其他项目”命令），打开“插入合并域”对话框。在“域”列表框中，选择要添加到邀请函中邀请人姓名所在位置的域，即“姓名”域，如图3-114所示，单击“插入”按钮。插入需要的域后，单击“关闭”按钮，文档中相应位置就会出现已插入的域标记。单击“下一步：预览信函”命令。

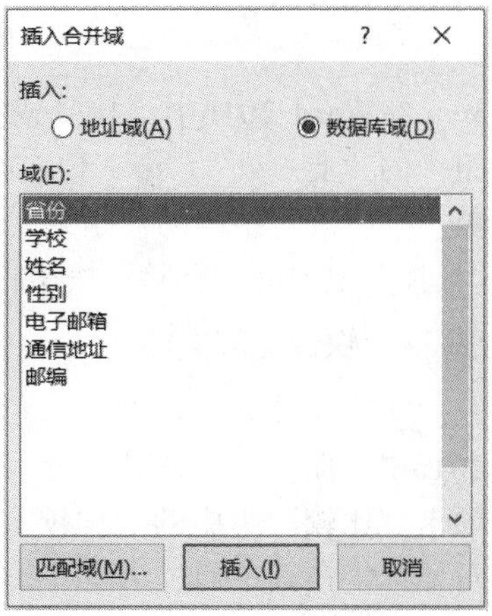

图3-114 “插入合并域”对话框

（8）在第5步“预览信函”栏中，单击“<<”或“>>”按钮，查看不同邀请人姓名的信函。单击“下一步：完成合并”按钮。

（9）在第6步“合并”栏中，用户可以根据实际需要选择“打印”或“编辑单个信函”命令，本例选择“编辑单个信函”命令，打开“合并到新文档”对话框，在“合并记录”栏中，选中“全部”单选按钮，然后单击“确定”按钮。这样，Word 2016会将表格中的收件人信息自动添加到邀请函主文档中，并合并生成一个新文档，在该文档中，每一页中的邀请人信息均由数据源自动创建生成。

3.4.10 修订与打印文档

如果一篇文档需要多人协作、共同处理，审阅、跟踪文档的修订状况就变得非常重要。需要及时了解其他人更改了文档的哪些内容，以及为何要进行这些更改。

文字处理软件提供了多种方式协助用户完成文档审阅的相关操作，帮助用户快速对比、查看、合并同一文档的多个修订版本。

1. 修订文档

当用户在修订状态下修改文档时，文字处理软件将跟踪文档中所有内容的变化情况，同时会把用户在当前文档中修改、删除、插入的每一项内容标记下来。

在Word 2016中，开启文档的修订状态是通过单击“审阅”选项卡“修订”组中的“修订”按钮来实现的。用户在修订状态下直接插入的文档内容将通过颜色和下画线标记下来，删除的内容也会在右侧的页边空白处显示出来，方便其他人查看。如果多个用户对同一文档进行修订，文档将通过不同的颜色区分不同用户的修订内容。

2. 添加批注

在多人审阅文档时，如果需要对文档内容的变更情况进行解释说明，或者向文档作者询问问题，可以在文档中插入“批注”信息。“批注”与“修订”的不同之处在于，“批注”并不在原文的基础上进行修改，而是在文档页面的空白处添加相关的注释信息，并用有颜色的方框括起来。“批注”除了文本外，还可以是音频、视频信息。

在Word 2016中，添加批注信息是通过单击“审阅”选项卡“批注”组中的“新建批注”按钮，然后直接输入批注信息来完成的。若要删除批注信息，可以选择右键快捷菜单中的“删除批注”命令。

3．审阅修订和批注

文档内容修订完成后，需要对文档的修订和批注状况进行最终审阅，并确定最终的文档版本。

在Word 2016中，接受或拒绝文档内容的每一项更改是通过单击“审阅”选项卡“更改”组中的“上一处”（或“下一处”）按钮，定位到文档中的上一处（或下一处）修订或批注，再单击“更改”组中的“拒绝”或“接受”按钮来选择拒绝或接受的。对于批注信息还可以通过“批注”组中的“删除”按钮将其删除。

4．快速比较文档

文档经过最终审阅后，可以通过对比方式查看修订前后两个文档版本的变化情况。在Word 2016中，提供了“精确比较”的功能。要显示两个文档的差异，操作步骤是，单击“审阅”选项卡“比较”组中的“比较”下拉按钮，在下拉菜单中选择“比较”命令，打开“比较文档”对话框，在其中通过浏览，找到原文档和修订的文档，如图3-115所示。单击“确定”按钮后，两个文档之间的不同之处将突出显示在“比较结果”文档的中间以供用户查看。在文档比较视图左侧的审阅窗格中，自动统计了原文档与修订文档之间的具体差异情况。

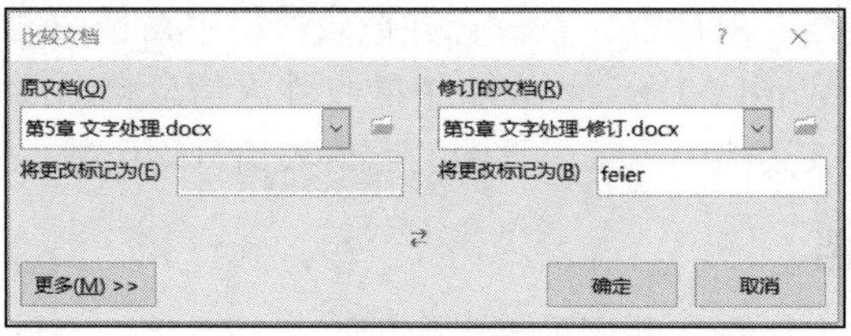

图3-115 “比较文档”对话框

5．标记文档的最终状态

如果文档已经确定修改完成，可以为文档标记最终状态来标记文档的最终版本。该操作将文档设置为只读，并禁用相关的内容编辑命令。

在Word 2016中，要标记文档的最终状态，操作步骤是，选择“文件”→“信息”命令，在“信息”选项卡中单击“保护文档”下拉按钮，在下拉菜单中选择“标记为最终”命令来完成的。

6．打印文档

计算机中编辑排版好的文档如果想变成书面文档，为计算机连接并添加打印机就可以将其打印输出。在打印输出前，可以对文档进行预览、进行相应内容设置，如页面布局、打印份数、纸张大小、打印方向等。这可以选择“文件”→“打印”命令，在“打印”选项卡中进行设置，如图3-116所示。

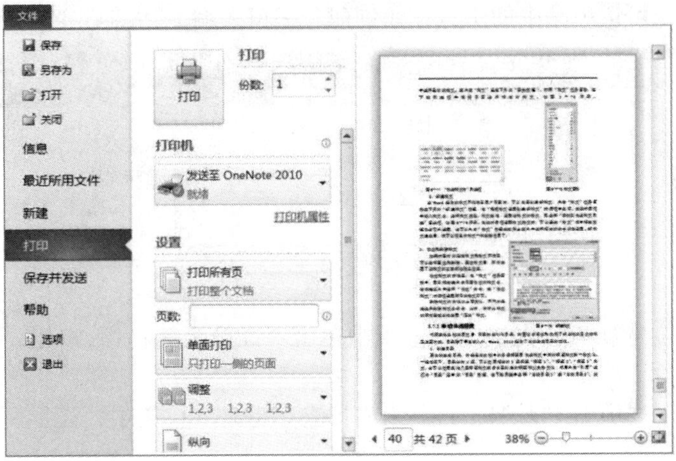

图3-116 “打印”选项卡

3.4.11 提高与拓展

1. 大纲视图的使用

所谓大纲，是指文档中标题的分级列表。创建大纲，不仅便于读者查阅，而且有利于修改文档。

Word使用层次结构来组织文档，大纲级别就是段落所处层次的级别编号，Word提供九级大纲级别，对一般的文档编排来说够用了。

1）查阅大纲

（1）在“视图”选项卡“文档视图”组中单击“大纲视图”按钮，如图3-117所示，可进入大纲视图，“大纲”选项卡被激活。

（2）在“大纲”选项卡“大纲工具”组中单击“显示级别”右侧的下拉按钮，根据需要在下拉列表中选择级别，如选择“2级”，在文档内只显示“级别2”以上的内容。

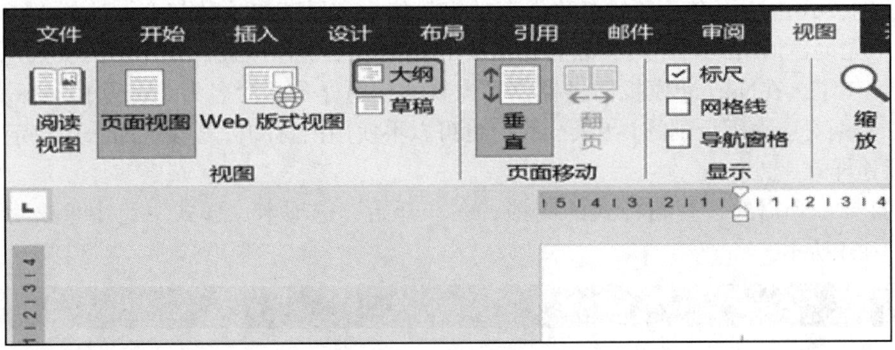

图3-117 “大纲视图”按钮

2）编辑大纲

编辑大纲的步骤如下：

（1）将光标放置在段落文档中。

（2）在“视图”选项卡“文档视图”组中单击“大纲视图”按钮，可进入大纲视图，“大纲”选项卡被激活，可运用其中的工具按钮创建和编辑大纲，“大纲”选项卡如图3-118所示。

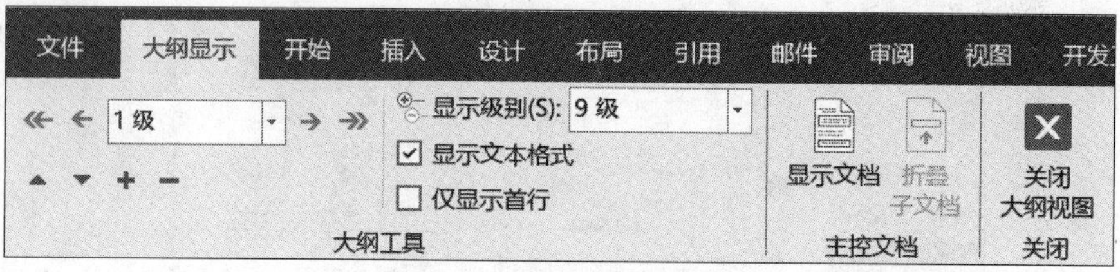

图3-118 “大纲”选项卡

（3）在“大纲”选项卡“大纲工具”组中单击“提升至标题1”按钮，当前段落文档会被编辑成1级标题的样式。

（4）在“大纲”选项卡“大纲工具”组中单击“提升”按钮中，光标所在段落文档级别会被提升1级。

（5）在“大纲”选项卡“大纲工具”组中单击“大纲级别”按钮正文文本 ，在下拉列表中选取一种级别，可将段落文档编辑成所选取的级别样式。

（6）在“大纲”选项卡“大纲工具”组中单击“降低”按钮▼，光标所在段落文档级别会被降低1级。

（7）在“大纲”选项卡“大纲工具”组中单击“降为正文文本”按钮，光标所在段落文档都会被编辑成“正文文本”的样式。

（8）在“大纲”选项卡“大纲工具”组中单击“上移”按钮，光标所在段落文档会敏移动到前一级文档的上方。

（9）在“大纲”选项卡“大纲工具”组中单击“下移”按钮，光标所在段落文档会被移到后一级文档的下方。

大纲编辑完后，在“大纲”选项卡“关闭”组中单击“关闭大纲视图”按钮，结束大纲的编辑。

2. 样式的使用

Office的样式是指用有意义的名称保存的字符格式和段落格式的集合，这样在编排重复格式过程时，先创建该格式的样式，然后在需要的地方套用这种样式，就无须一次次地进行重复的格式化操作了。在Normal模板已经提供了内置的标题样式，命名为“标题1”“标题2”……“标题9”，分别对应大纲级别的1- 9级。我们也可以不使用内置的标题样式而采用自定义样式。

1）新建样式

（1）打开一个需要设置新样式的文档，在“开始”选项卡“样式”组中单击对话框启动器，如图3-119所示。

图3-119 单击对话框启动器

（2）在弹出的“样式”对话框单击“新建样式”按钮，如图3-120所示。

（3）在弹出的“根据格式化创建新样式”对话框的“名称”文本框中输入新建样式的名称，设置相应的样式类型和样式基准，在“格式”栏中设置字体、字号等选项，并勾选“添加到样式列库”复选框，单击“确定”按钮，即可完成样式的创建操作，“根据格式化创建新样式”对话框如图3-121所示。

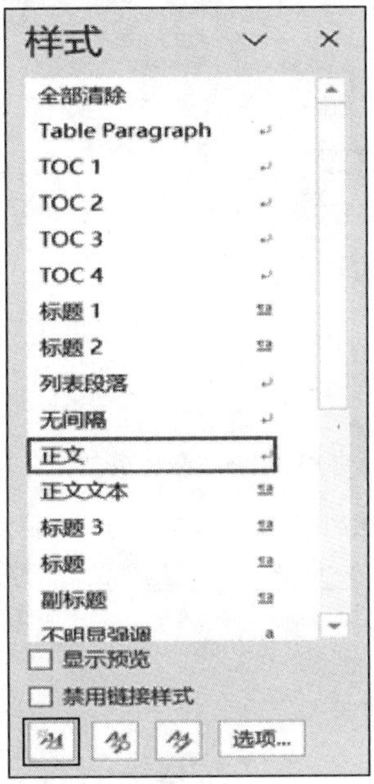

图3-120 “样式”对话框

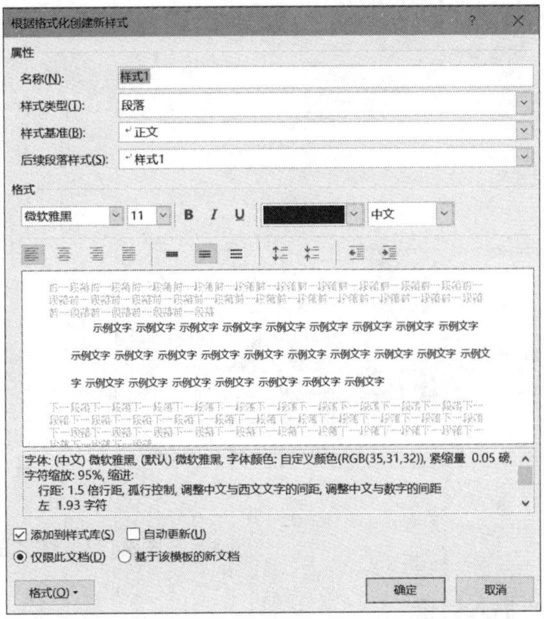

图3-121 “根据格式化创建新样式”对话框

2）样式的使用

选中需要使用样式的文本块或段落，在样式列表中选择需要应用的样式，即可将该样式应用到被选中的文本块或段落中，如图3-122所示。

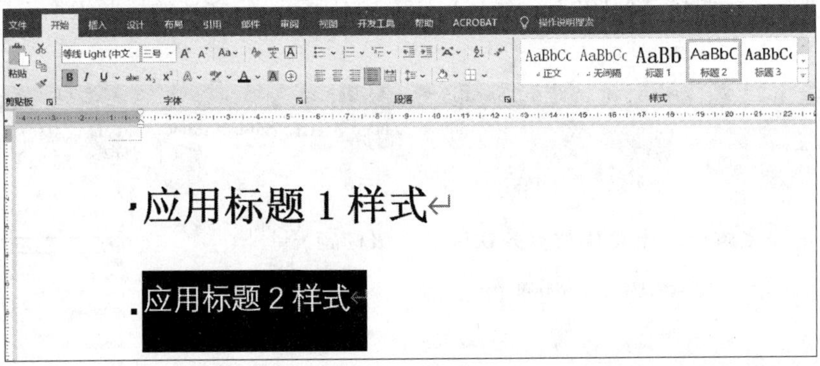

图3-122 样式的使用

3）样式的修改

通常Word内置的标题样式不符合文档格式要求，需要手动修改。具体操作步骤为：在“开始”选项卡“样式”组中，在需要修改的样式名称上右击，执行“修改”命令，如图3-123（a）所示，在弹出的“修改样式”对话框中可修改字体、段落、制表位和编号等，按文档格式的要求进行修改，勾选“自动更新”复选框，单击“确定”按钮，如图3-123（b）所示。

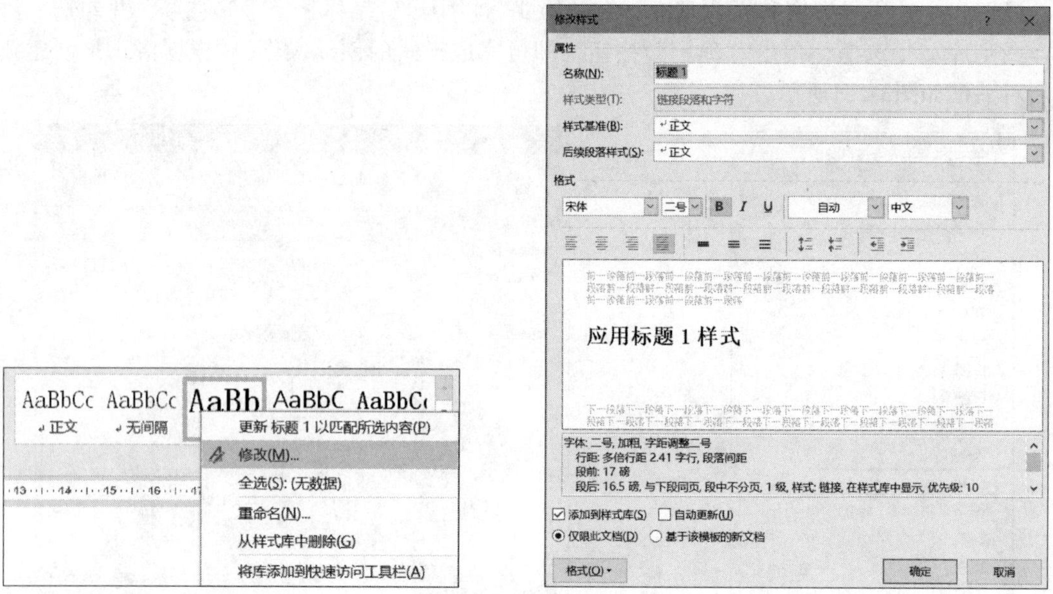

（a）　　　　　　　　　　　　　　（b）

图3-123　样式的修改

3. 插入目录

目录是用来列出文档中的各级标题及标题在文档中相对应的页码。Word的目录提取是基于大纲级别和段落样式的。下面介绍插入目录的方法。

1）应用样式

先给文档的标题应用不同级别的标题格式。可以在样式列表中修改并应用，也可以直接在样式列表中选择“标题1”“标题2”等样式。图3-124所示为给文档的标题添加不同级别的标题格式示例。

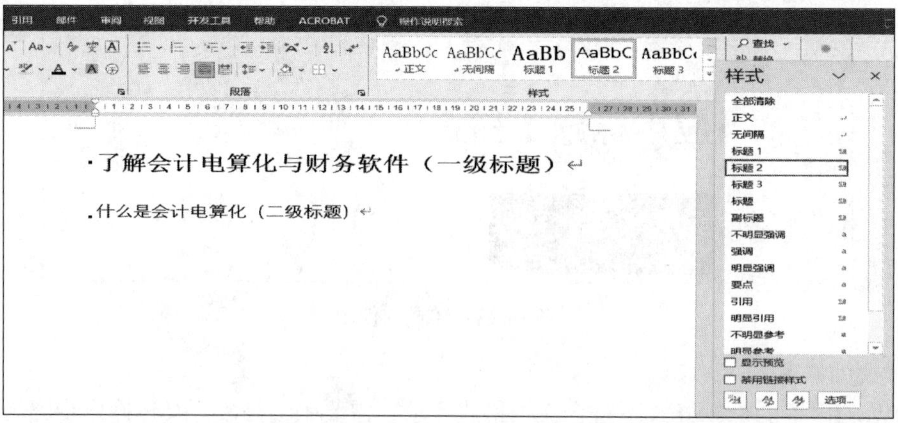

图3-124　为文档的标题添加不同级别的标题格式示例

使用样式来设置标题的格式，优点之一是更改标题的格式非常方便。假如要把所有二级标题的字号改为小四，只须更改“标题2”样式的格式设置，然后自动更新，所有二级标题的字号都将变为小四号而不必逐一修改。

2）提取目录

在“引用”选项卡“目录”组中单击“目录”按钮，在展开的下拉列表中可根据需要直接选择系统内置的目录样式，如图3-125（a）所示，也可执行下拉列表中的“自定义目录”命令，以调出“目录”对话框，设计所需要的目录样式，如图3-125（b）所示。

（a）　　　　　　　　　　（b）

图3-125　提取目录

若有章节标题未在目录中显示，则应该是没有使用标题样式或使用不当，而不是目录生成有问题，可在正文中检查相应章节的标题样式。若目录生成后章节标题改变，或页码发生变化，只须更新目录即可。目录生成后有时目录文字会有灰色的底纹，这是Word的“域底纹”，是不会被打印出来的。

3.4.12　同步实训

文档内容如下，按照操作要求完成下列操作并保存文档为“就业.docx”。

[文档开始]

就业

社会意识对大学生就业有较大影响。第一，中国传统文化重视人际关系和权力等级，“学而优则仕”的观念对就业选择还有很深的影响力。计划经济时期的“干部意识”之上又加上了新经济时代的“白领情结”，大都要求去大城市的好单位，影响了大学生的就业自望值和择业取向。第二，社会虽然不缺乏创业氛围。但创业者缺乏创业经验，优秀人才不能在商界脱颖而出。第三，用人单位注重以“物”为中心的发展观，缺乏以“人”为中心的发展观。许多用人单位都只看到人才使用的短期行为，不愿做长期投资。第四，毕业生缺乏创业观。如果换个思维，将开辟就业的崭新天地。

大学生就业难的问题除了外部的社会因素外，还有大学生自身人格缺陷的问题。就业者应具有职业人格和社会人格（大五人格），在大学生就业问题上不仅要关注职业人格，还要注重建立健全个体的社会人格，这样才能符合社会发展的要求，才能摆脱“就业难”的困境。从大五人格的角度看，目前大学生就业和职业生涯中主要存在的是人格问题：（1）外倾性不够，缺乏人际沟通和社会信息的收集能力；（2）责任感严重缺乏，想的只是待遇和条件；（3）宜人性不够，与新的组织内的人员几乎没有联系；（4）情绪控制不良，爱发低级牢骚；（5）开放性不够，不愿意也不善于学习新知识和新技术。

对于大学生的就业困境问题，除了从大学生自身素质和就业观念角度加以探讨以外，还要从大学生职业社会化方面找原因。首先，缺乏大学生职业社会化的目标，长期以来大学生就业观念的培养和职业道德教育很少受到人们的关注；其次，大学生职业社会化过程中的执行者方面存在着偏差，亟待做出相应调整，包括父母的偏差、学校的偏差和大众媒体的偏差。

每个人都有自己的理想，人生最有意义的事就是为理想而奋斗，那么就要主动出去，主动选择。

[文档结束]

操作要求：

（1）设置页面。纸张大小为“自定义大小”（宽度“23厘米”，高度“25厘米”）；页眉为“1.9厘米”，装订线为“0.9厘米”。

（2）设置艺术字标题“就业”设置为艺术字，艺术字样式选择第3行第4列样式；艺术字形状为“双波形2”；参考图3-130适当调整艺术字的大小和位置（位置为“顶端居左，四周型文字环绕”）。

（3）设置栏格式。将正文第二至第四段设置为两栏格式，加分隔线。

（4）设置边框（底纹）。设置正文第一段的字体为楷体；底纹填充浅绿；边框为阴影，宽度为0.5磅。

（5）插入文本框。参考图3-135插入一个宽度7.77厘米、高度5.26厘米的文本框，无线条，环绕方式为“四周环绕”。

（6）插入图片。在文本框中插入图片，图片为“就业.jpg”。

（7）设置脚注（尾注）。为文中出现的第一个就业（除标题）添加尾注：“就业的含义就是在法定年龄内的有劳动能力和劳动愿望的人们所从事的为获取报酬或经营收人进行的活动。”

（8）设置页眉和页码。添加页眉文字“论就业”，格式为：宋体，五号，居中。在页面底端（居中位置）插入页码，并设置起始页码为IV。

操作步骤：

（1）设置页面。

①打开“就业.docx”文件，在“布局”选项卡“页面设置”组中单击对话框启动器，弹出“页面设置”对话框。在“纸张”选项卡中设置纸张大小为“自定义大小”（宽度为“23厘米”，高度为“25厘米”），如图3-126（a）所示。

②在“布局”选项卡中设置页眉为“1.9厘米”，如图3-126（b）所示。

③在“页边距”选项卡中设置装订线为“0.9厘米”，如图3-127所示。

（2）设置艺术字。

①选中标题文字“就业”，在“插入”选项卡的“文本”组中单击“艺术字”按钮，选择艺术字式样为第3行第4列，如图3-128所示。

②选中“就业”艺术字，在“绘图工具一格式”选项卡“艺术字样式“文本”组中单击“文字方向”按钮，选择“垂直“，如图3-129所示。

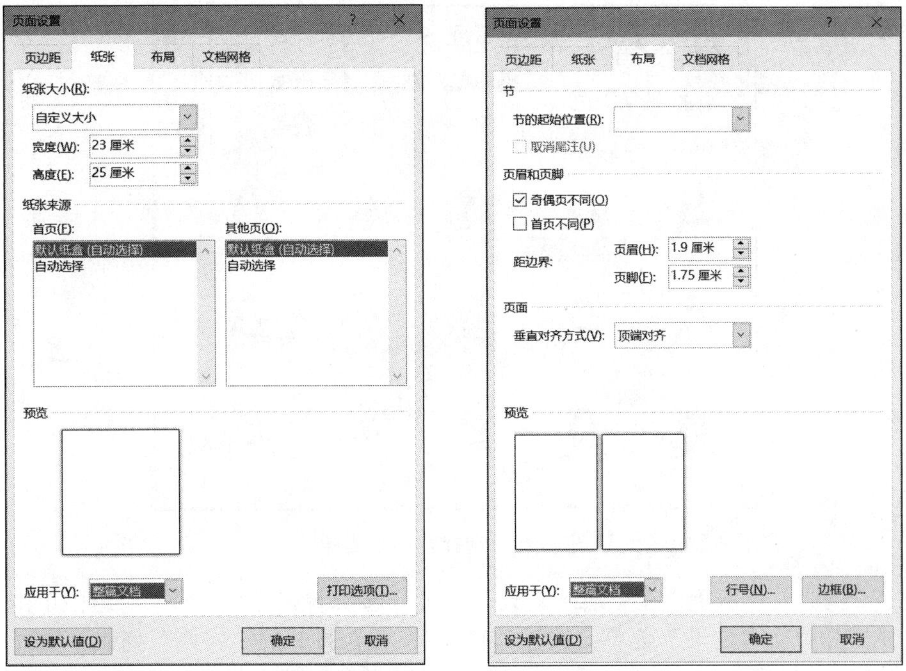

（a）　　（b）

图3-126　设置页面

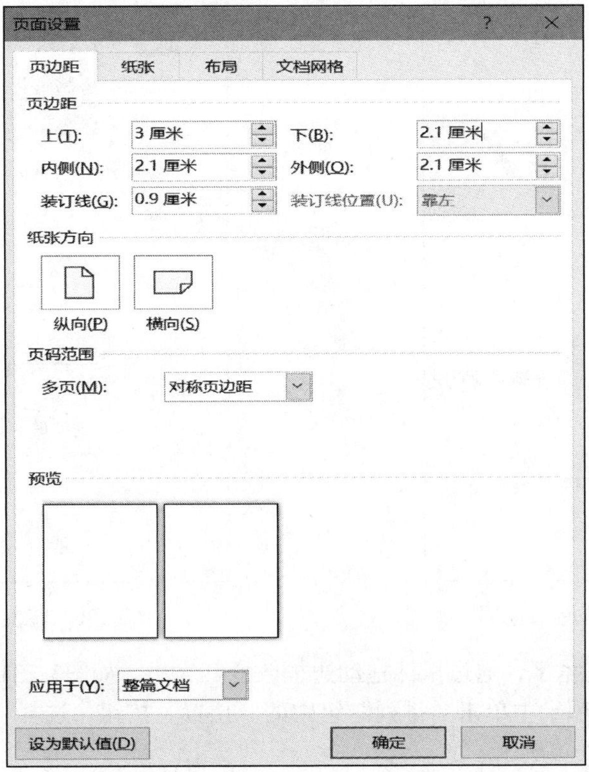

图3-127　“页边距”选项卡

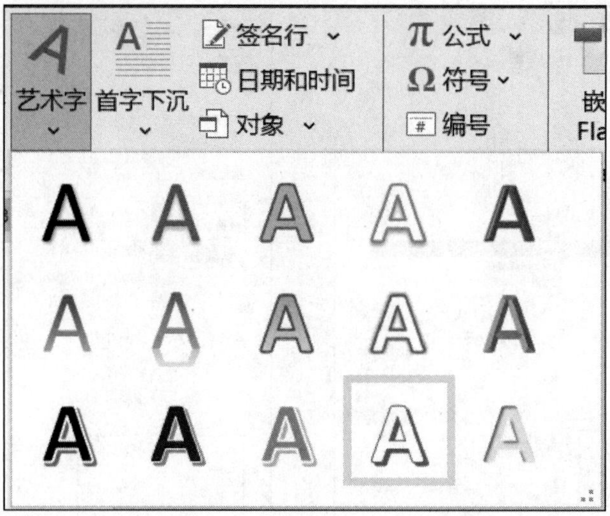

图3-128　选择艺术字式样

③选中“就业”艺术字，在“绘图工具—格式”选项卡“艺术字样式”组中单击“文本效果”按钮，打开“文本效果”菜单，选择“转换”，并在打开的“转换”列表中选择“双波形2”形状，如图3-130所示，Word 2016文档中的艺术字将实时显示实际效果。

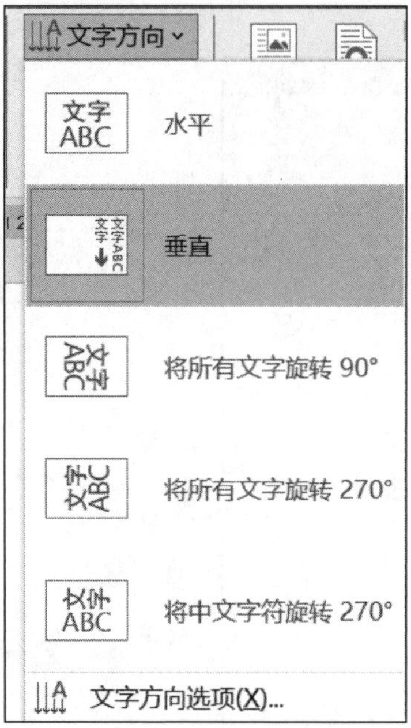

图3-129　选择“垂直”

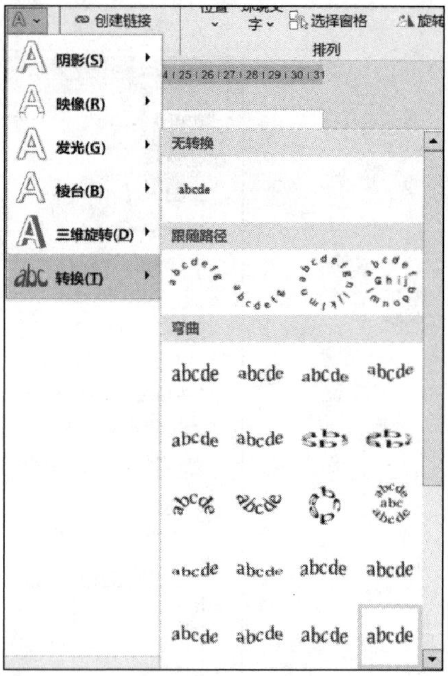

图3-130　转换“列表

④选中“就业”艺术字，通过鼠标拖动边框改变其大小，如图3-131（a）所示。在打开的“绘图工具—格式”选项卡中单击“排列”组中的“位置”按钮，选择“顶端居左，四周型文字环绕”，如图3-131（b）所示。

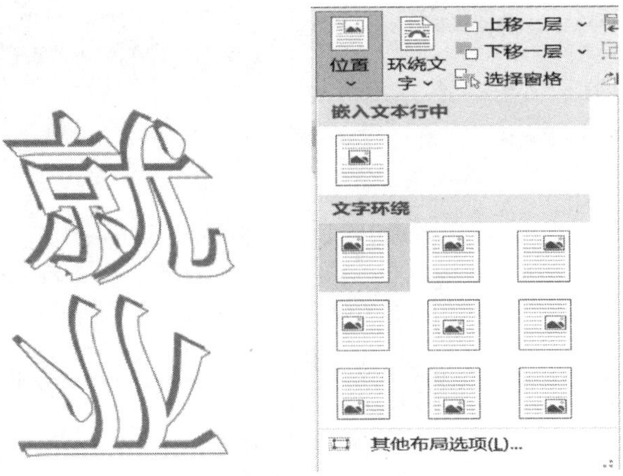

（a）　　　　　　　　　　（b）

图3-131 设置艺术字位置

（3）设置栏格式。选中正文第二至第四段，在“布局”选项卡“页面设置”组中单击“分栏”按钮，选择“更多分栏”，在弹出的“分栏”对话框中选择“两栏”，勾选“分隔线”复选框，如图3-132所示。

（4）设置底纹和边框。选中正文第一段设置字体为“楷体”，底纹填充为“浅绿”；设置边框为“阴影”，宽度为“0.5磅”，在“应用于”下拉列表框中选择“段落”，如图3-133所示。

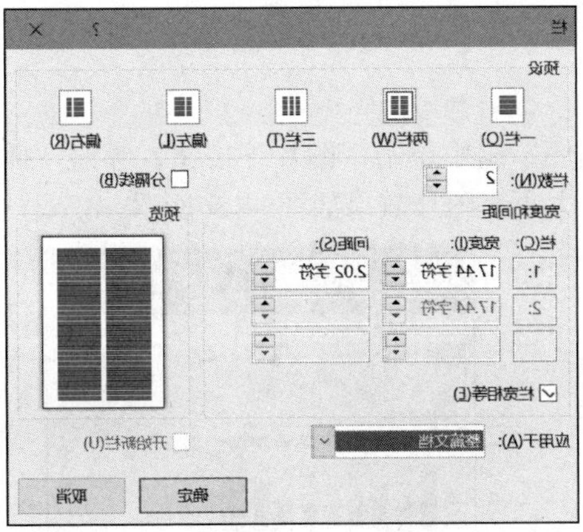

图3-132 “分栏”对话框

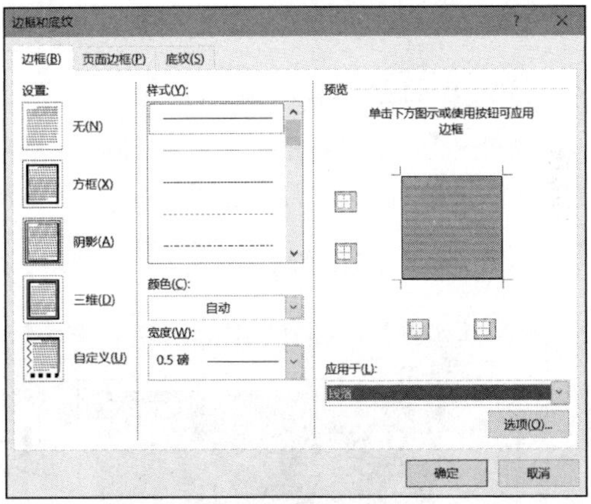

图3-133 “边框”选项卡

（5）插入文本框。

①在“插入”选项卡“文本”组中单击“文本框”按钮，选择“绘制文本框”，在样文所示位置拖出一个文本框，如图3-134（a）所示。

②选中文本框，单击被激活的右上角的“布局选项”按钮，在展开的列表中选择文字环绕为“四周型”，如图3-134（b）所示。

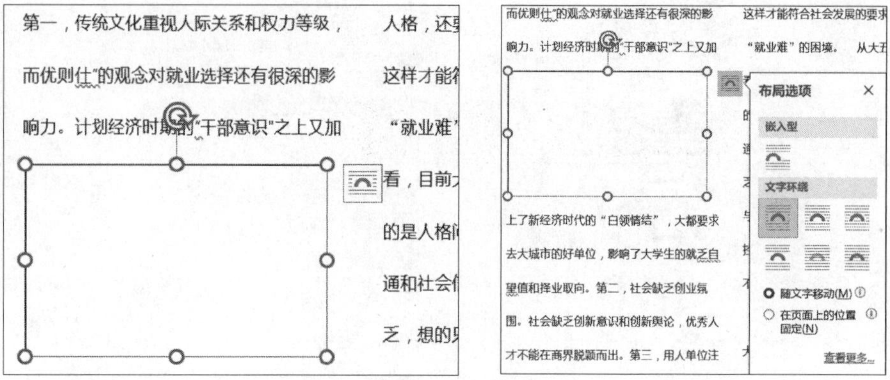

（a）　　　　　　（b）

图3-134　插入文本框操作

③在“绘图工具—格式”选项卡“大小”组中设置文本框的高度为“5.26厘米”、宽度为“7.77厘米”，如图3-135所示。

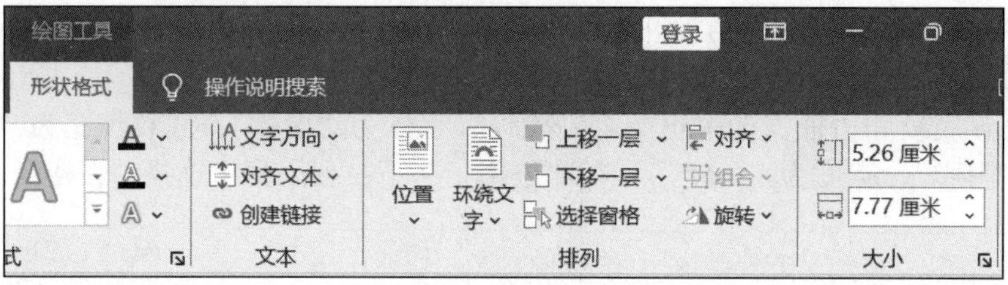

图3-135　设置文本框大小

（6）插入图片。

①把光标放在文本框内，在“插入”选项卡“插图”组中单击“图片”按钮，弹出“插入图片”对话框，插入图片“就业.jpg”，适当调整图片大小。图片效果如图3-136所示。

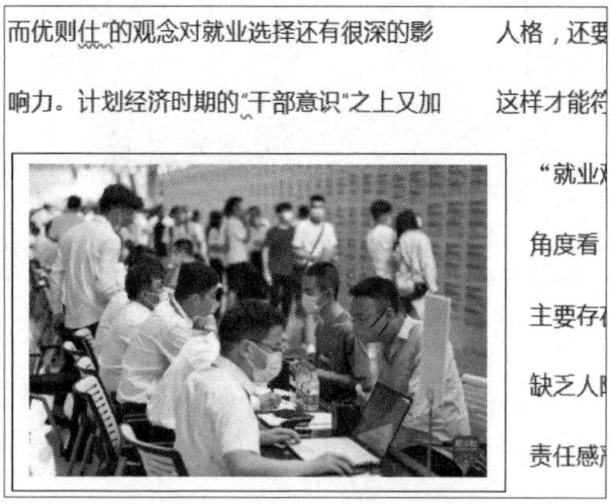

图3-136　插入图片效果

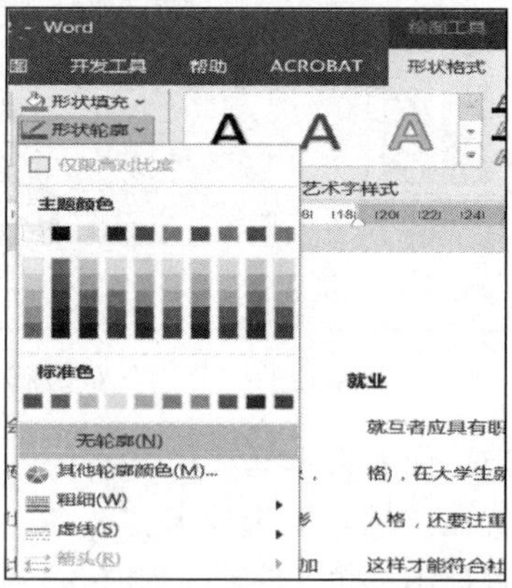

图3-137　选择“无轮廓”

②选中文本框，在“绘图工具—格式”选项卡“形状样式”组中单击”形状轮廓”按钮，选择“无轮廓”，如图3-137所示。

（7）设置尾注。选中正文中第一个“就业”，在“引用”选项卡“脚注”组中单击“插入尾注”按钮（见图3-138），添加尾注：“就业的含义就是在法定年龄内的有劳动能力和劳动愿望的人所从事的为获取报酬或经营收入进行的活动。”

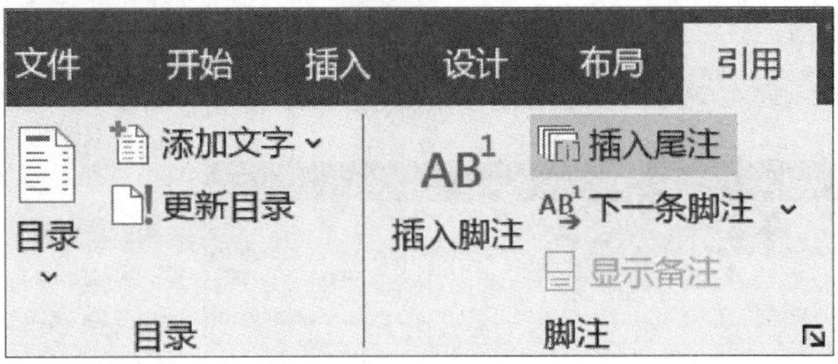

图3-138 “插入尾注”按钮

（8）设置页眉和页码。

①在“插入”选项卡“页眉和页脚”组中单击“页眉”按钮，在“页眉”下拉列表中选择“空白”样式，如图3-139所示。

图3-139 “页眉”下拉表

②在页眉处插入页眉文字“论就业”，设置字体为宋体、五号。页眉设置好后，在“页眉页脚—格式”选项卡“关闭”组中单击“关闭页眉和页脚关闭”按钮，如图3-140所示，结束页眉设置。

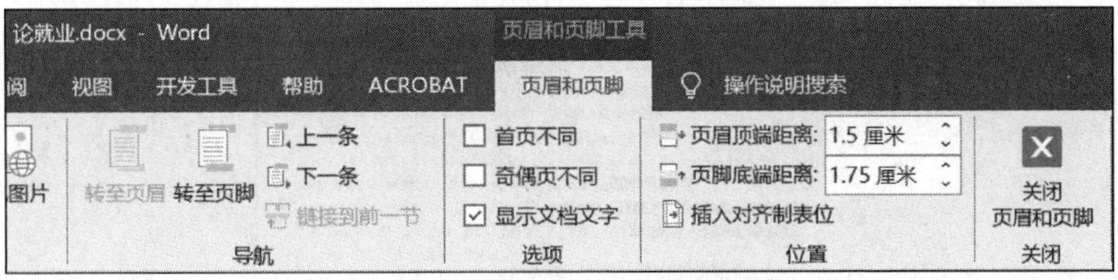

图3-140 关闭页眉和页脚

③在“插入”选项卡“页眉和页脚”组中单击“页码”按钮，选择“设置页码格式”，如图3-141（a）所示；在弹出的“页码格式”对话框中设置编号格式和起始页码，如图3-141（b）所示。

④在“插入”选项卡“页眉和页脚”组中单击“页码”按钮，在“页码”下拉列表中选择“页面底端”，并在下一级选项选择“普通数字2”，即插入起始页码“IV”，单击关闭页眉和页脚关闭”按钮，结束页码设置，如图3-142所示。

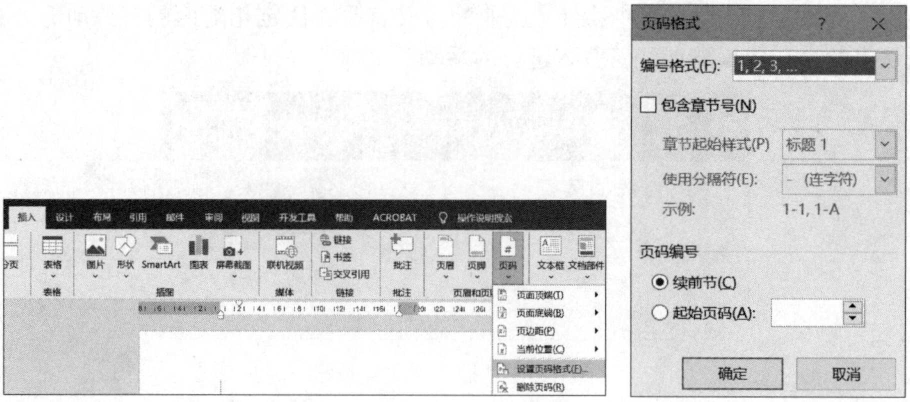

（a）　　　　　　　　　　（b）

图3-141　设置编号格式和起始页码

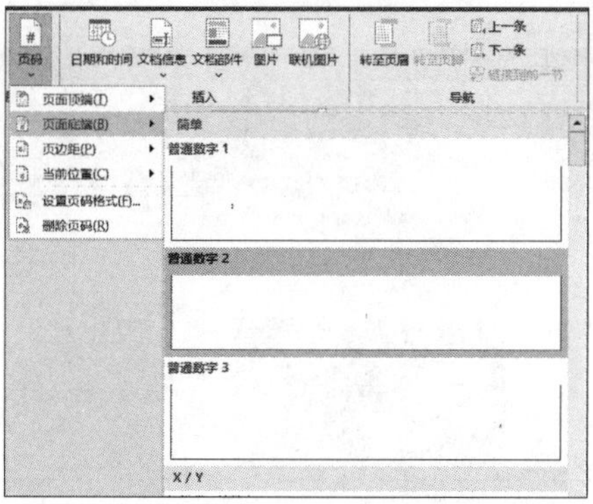

图3-142　设置页码

（9）保存文档。执行“文件”→“保存”命令，保存文档为“就业.docx”，最终结果见样章如图3-143所示。

图3-143 《就业》样章

3.5 综合应用实例

【文档开始】

第一章 绪 论

1.1 系统开发背景

人力资源管理是一门新兴的、集管理科学、信息科学、系统科学及计算机科学为一体的综合性学科，在诸多的企业竞争要素中，人力资源已逐渐成为企业最主要的资源，现代企业的竞争也越来越直接地反映为人才战略的竞争。在此背景下，现代企业为适应快速变化的市场，需要更加灵活、快速反应的，具有决策功能的人力资源管理平台和解决方案。

1.2 研究目标和意义

开发使用人力资源管理系统可以使得人力资源管理信息化，可以给企业带来以下好处:

1） 可以提高人力资源管理的效率;

2） 可以优化整个人力资源业务流程;

3） 可以为员工创造一个更加公平、合理的工作环境。

第二章 系统设计相关原理

2.1 技术准备

1. Hibernate

Hibernate是一个开放源代码的对象关系映射框架，它对JDBC进行了非常轻量级的对象封装，使得Java程序员可以随心所欲地使用对象编程思维来操纵数据库。

2. Struts

Struts最早是作为Apache Jakarta项目的组成部分，项目的创立者希望通过对该项目的研究，改进和提高Java Server Pages、Servlet、标签库以及面向对象的技术水准。

2.2 JSP

JSP（Java Server Pages）是由Sun公司倡导创建的一种新动态网页技术标准。

2.3 SQL Server

SQL Server是目前最流行的关系数据库管理系统之一。

第三章 系统分析

3.1 需求分析

包括任务概述、总体目标、遵循原则、运行环境、功能需求等。

3.2 可行性分析

从经济可行性、技术可行性两个方面进行分析。

第四章　系统总体设计

4.1　系统功能结构设计

人力资源管理系统由人事管理、招聘管理、培训管理、薪金管理、奖惩管理5 部分组成。

4.2　数据库规划与设计

本系统采用SQL Server 2008 数据库，系统数据库名为人力资源管理表，包括培训信息表、奖惩表、应聘信息表、薪金表和用户表5 个数据表。其中，奖惩表（institution）结构如下表所示。

奖惩表结构

字段名	数据类型	长 度	是否主键	描 述
Id	int	4	是	数据库流水号
Name	varchar	2000	否	奖惩名称
Reason	varchar	50	否	奖惩原因
Explain	varchar	50	否	描述
Createtime	datetime	8	否	创建时间

第五章　系统详细设计与实现

5.1　用户登录模块

用户登录模块是用户进入主页面的入口。流程图如下图所示。

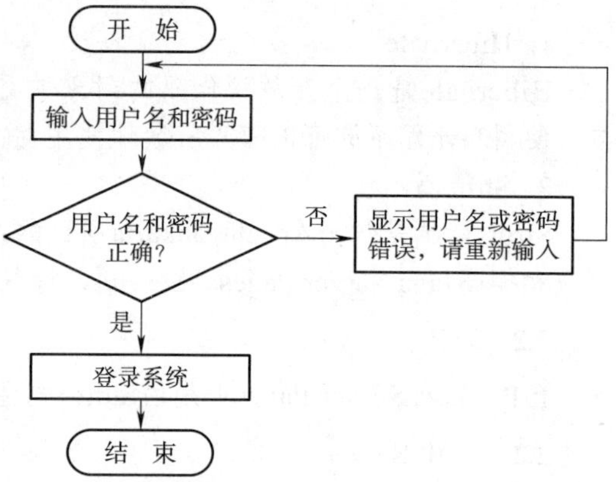

用户登录模块流程图

5.2　人员管理模块

主要包括浏览、添加、修改和删除人员信息。

5.3　招聘管理模块

主要包括应聘人员信息的详细查看、删除以及信息入库。

5.4　培训管理模块

主要包括浏览培训计划、信息删除和填写培训总结。

5.5　奖惩管理模块

主要包括浏览奖惩详细信息、修改和删除奖惩信息。

5.6　薪金管理模块

主要包括薪金信息的登记、修改、删除和查询。

为统计分析薪金，可以采用标准偏差函数，它反映了数值相对于平均值的离散程度。

第六章　总结与展望

6.1　总结

本系统由JSP为开发工具，依托于SQL Server 2008数据库实现。功能齐全，能基本满足企业对人力资源规划的需要，且操作简单，界面友好。

6.2　展望

当然，本系统也存在一定的不足之处，比如在薪金管理中，安全措施考虑的不是很周到，存在一定的风险，有待进一步完善。

【文档结束】

操作要求：

1. 对正文进行排版

（1）章名使用样式“标题1”，并居中；编号格式为：第X章，其中X为自动排序。

（2）小节名使用样式“标题2”，左对齐；编号格式为：多级符号，X.Y。X为章数字序号，Y为节数字序号（如1.1）。

（3）新建样式，样式名为“样式”+“1234”。其中：

①字体：中文字体为“楷体_GB2312”，西文字体为Times New Roman，字号为“小四”。

②段落：首行缩进2字符，段前0.5行，段后0.5行，行距1.5倍。

③其余格式：默认设置。

并将样式应用到正文中无编号的文字（注意：不包括章名、小节名、表文字、表和图的题注）。

（4）对出现“1.”“2.”……处，进行自动编号，编号格式不变；对出现“1）”“2）”……处，进行自动编号，编号格式不变。

（5）为正文文字（不包括标题）中首次出现“人力资源管理系统”的地方插入脚注，添加文字“Human Resource Management System，简称HRMS”。

（6）对正文中的表添加题注“表”，位于表上方，居中。

①编号为“章序号”-“表在章中的序号”，（例如第1章中第1张表，题注编号为1-1）。

②表的说明使用表上一行的文字，格式同表标号。

③表居中。

（7）对正文中出现“如下表所示”的“下表”，使用交叉引用，改为“如表X-Y所示”，其中“X-Y”为表题注的编号。

（8）对正文中的图添加题注“图”，位于图下方，居中。

①编号为“章序号”-“图在章中的序号”，（例如第1章中第2幅图，题注编号为1-2）。

②图的说明使用图下一行的文字，格式同图标号。

③图居中。

（9）对正文中出现“如下图所示”的“下图”，使用交叉引用，改为“如图X-Y所示”，其中“X-Y”为图题注的编号。

2. 分节处理

对正文做分节处理，每章为单独一节。

3. 生成目录和索引

在正文前按序插入节，使用“引用”中的目录功能，生成如下内容：

（1）第1节：目录。其中：

①“目录”使用样式“标题1”，并居中。

②“目录”下为目录项。

（2）第2节：表索引。其中：

①“表索引”使用样式“标题1”，并居中。

②“表索引”下为表索引项。

（3）第3节：图索引。其中：

①“图索引”使用样式“标题1”，并居中。

②“图索引”下为图索引项。

4. 添加页脚

使用域，在页脚中插入页码，居中显示。其中：

（1）正文前的节，页码采用“i,ii,iii,…”格式，页码连续，居中对齐。

（2）正文中的节，页码采用“1,2,3,…”格式，页码连续，居中对齐。

（3）更新目录、表索引和图索引。

5. 添加正文的页眉

使用域，按以下要求添加内容，居中显示。其中：

（1）对于奇数页，页眉中的文字为“章序号”+“章名”。

（2）对于偶数页，页眉中的文字为“节序号”+“节名”。

操作提示：

1. 正文排版

操作要求（1）、（2）的操作步骤如下：

①设置章名、小节名使用的编号。将光标置于第一章标题文字前，单击“开始”选项卡“段落”组“多级列表”的下拉按钮，在下拉列表中选择“定义新的多级列表”命令，打开“定义新多级列表”对话框，单击左下角的“更多”按钮。

在“定义新多级列表”对话框中进行相应设置。选择级别：1，编号格式：第1章（“1”编号样式确定后，在“1”前输入“第”，在“1”后输入“章”）；在“将级别链接到样式”下拉列表框中选择“标题1”，如图3-144所示。标题1编号设置完毕。

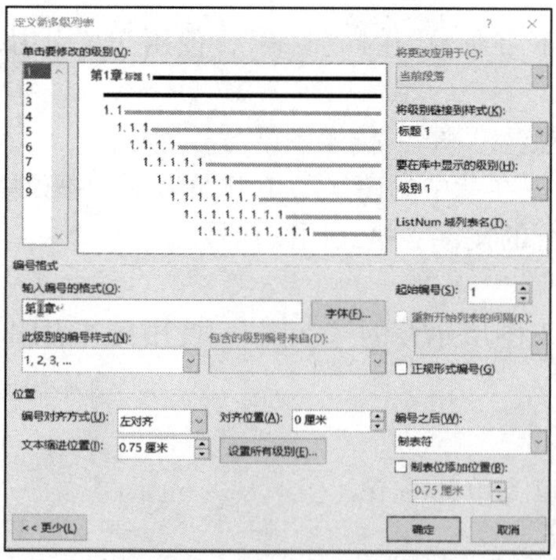

图3-144　置章名编号

继续在“定义新多级列表”对话框中操作，选择级别：2，编号格式：1.1，在“将级别链接到样式”下拉列表框中选择“标题2”；在“要在库中显示的级别”下拉列表框中选择“级别2”，如图3-145所示。标题2编号设置完毕。最后单击“确定”按钮。

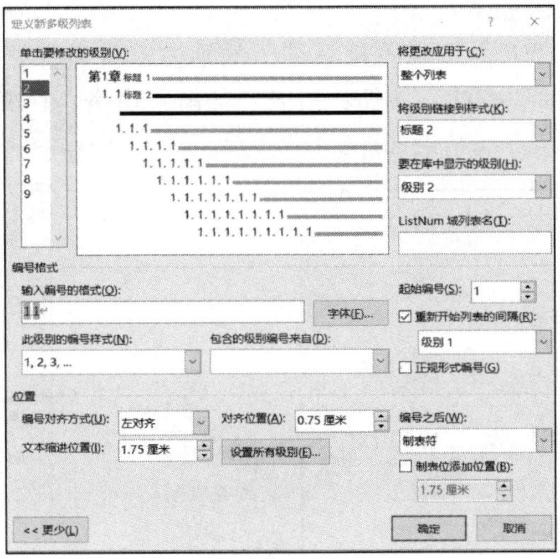

图3-145 设置小节名编号

②设置各章标题格式。首先选中各章标题（按【Ctrl】键+单击各章标题）；单击“开始”选项卡“样式”组快速样式中的“第1章标题1”，再单击“段落”组中的“居中”按钮，各章标题设置完毕。（注意删除各章标题中的原有编号“第一章、第二章……”）

③设置各小节标题格式。首先选中各小节标题（按【Ctrl】键+单击各小节标题）；单击“开始”选项卡“样式”组快速样式中的“1.1标题2”，再单击“段落”组的“编号”按钮，直到设置成所需格式，各小节标题设置完毕。

操作要求（3）操作步骤如下：

①新建样式。将光标置于第一段正文处，单击“开始”选项卡“样式”组右下角的对话框启动器按钮，打开“样式”任务窗格，在左下角单击“新建样式”按钮，打开“根据格式化创建新样式”对话框。

在“根据格式化创建新样式”对话框中输入样式名称：样式1234；然后单击“格式”按钮，在打开的菜单中选中“字体”命令，如图3-146所示，在打开的“字体”对话框中设置：中文字体为“楷体”，西文字体为Times New Roman，字号为“小四”；单击“确定”按钮返回。

继续单击“格式”按钮，在弹出的菜单中选中“段落”命令，在打开的“段落”对话框中设置：首行缩进2字符，段前0.5行，段后0.5行，行距1.5倍；单击“确定”按钮返回。

其余格式不要改动，在“根据格式化创建新样式”对话框中选中“自动更新”复选框，单击“确定”按钮结束。可以看到，在“样式”任务窗格及“样式”组快速样式库中均增加了一项“样式1234”。

②样式应用。将光标依次置于各段正文中（注意：不包括章名、小节名、表文字、表和图的题注），然后单击“开始”选项卡“样式”组快速样式库中的“样式1234”，即可快速设置所有正文样式。

操作要求（4）操作步骤如下：

①对“1.”“2.”……处，进行自动编号格式设置。逐次选中或将光标置于“1.”“2.”…处（若连续可同时选中），单击“开始”选项卡“段落”组中的“编号”按钮即可。

②对“1)”“2)”……处，进行自动编号格式设置方法同上。

操作要求（5）操作步骤如下：

①查找正文首次出现“人力资源管理系统”的地方。将光标置于文档开始处，单击“开始”选项卡“编辑”组中的“查找”按钮，打开“导航”窗格，在文本框中输入“人力资源管理系统”后按【Enter】键，查找结果如图3-147所示。

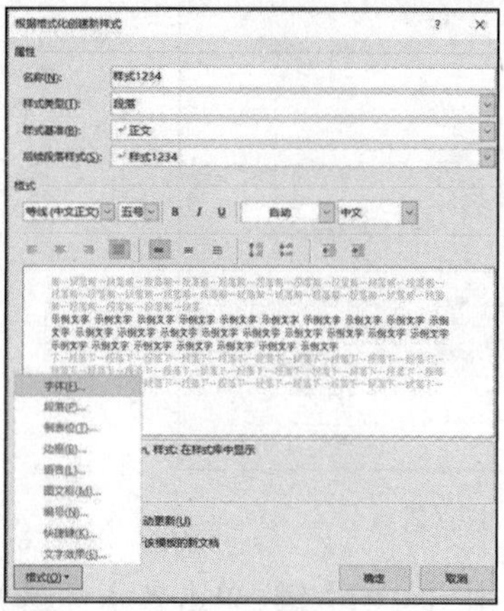

图3-146 “根据格式化创建新样式”对话框

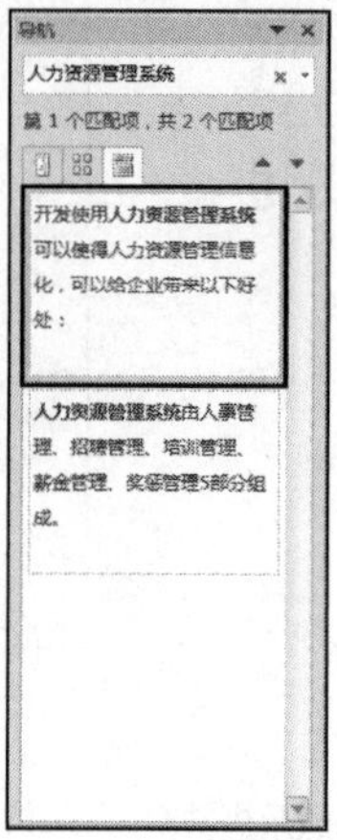

图3-147 查找结果

②插入脚注。将光标置于找到的“人力资源管理系统”文字后，单击“引用”选项卡“脚注”组中的“插入脚注”按钮，光标自动跳转到插入脚注文本的当前页面底部，输入注释文字“Human Resource Management System，简称HRMS”。插入脚注的文字后会自动添加上标符号，本页底部有相应的注释文字。

操作要求（6）操作步骤如下：

题注通常是对文章中表格、图片或图形、公式或方程等对象的下方或上方添加的带编号的注释说明。生成题注编号的前提是必须将标题中的章节符号转变成自动编号。

①插入表题注：

a.将光标置于表的上方文字前。单击“引用”选项卡“题注”组中的“插入题注”按钮，打开“题注”对话框，如图3-148所示。

b.单击“新建标签”按钮，打开“新建标签”对话框，在文本框中输入“表”，单击“确定”按钮返回“题注”对话框，在“选项”栏“标签”下拉列表中框中选择“表”；单击“编号”按钮，打开“题注编号”对话框，选中“包含章节号”复选框，单击“确定”按钮返回，然后单击“自动插入题注”按钮，打开“自动插入题注”对话框，选中“Microsoft Word表格”复选框，设置“使用标签”为“表”，“位置”为“项目上方”，如图3-149所示，单击“确定”按钮。如果表格文字前没有插入题注，再次单击“引用”选项卡“题注”组中的“插入题注”按钮，在“选项”栏“标签”中选择“表”，确认题注正确后，单击“确定”按钮。

②题注和表居中。分别选中题注和表，单击“开始”选项卡“段落”组中的“居中”对齐按钮。

注意：为表格设置自动插入题注后，当再次插入或粘贴表格时，都会在表格上方自动生成表格题注编号，用户只需要输入表格的注释文字即可。当不再需要自动插入题注功能时，只需要再次打开“题注”对话框，取消选中不需要进行自动编号的对象的复选框。如果用户增删或移动了其中的某个图表，其他图表的标签也会相应自动改变。如果没有自动改变，可以选中所有文档，然后在右键菜单中选择“更新域”命令。要注意删除或移动图表时，应删除原标签。

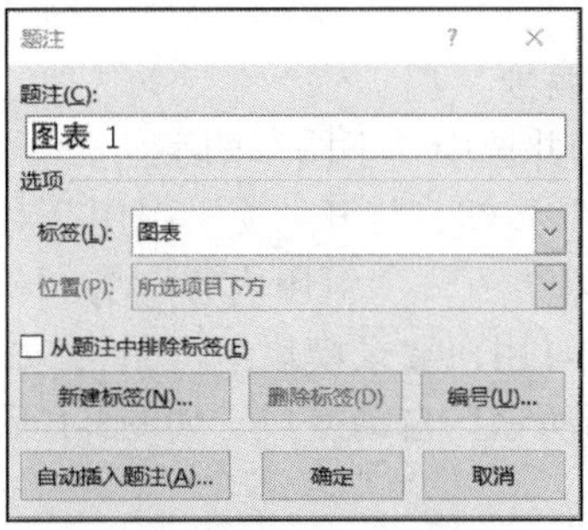

图3-148 “题注”对话框

图3-149 设置“自动插入题注”

操作要求（7）操作步骤如下：

前提：必须对该表用插入题注的方法生成表的题注编号。

准备：查找或移动到文档中第一处“如下表所示”，并选中“下表”两字。

①单击“引用”选项卡“题注”组中的“交叉引用”按钮，打开“交叉引用”对话框。

②在“交叉引用”对话框中，设置“引用类型”为“表”，“引用内容”为“仅标签和编号”，“引用哪一个题注”（即要连接的表题注）为“表4-1奖惩表结构”，如图3-150所示。然后单击“插入”按钮。此时，原来文字“如下表所示”自动变成“如表4-1所示”，即完成第一处插入。

③移动光标到下一处“如下表所示”，并选中“下表”两字。重复②中的操作，直到全部插入完毕，最后单击“关闭”按钮退出。

注意：当题注的交叉引用发生变化后，不会自动调整，需要用户自己“更新域”。“域”的更新方法如下：鼠标指向该“域”右击，在弹出的快捷菜单中选择“更新域”命令，即可更新域中的自动编号；若有多处，可以全选（按【Ctrl+A】组合键）后再更新；更新域也可以使用快捷键【F9】。

操作要求（8）操作步骤如下：

生成题注编号的前提是必须将标题中的章节符号转变成自动编号。

①插入图题注：

a.将光标置于图的下方文字前。单击“引用”选项卡“题注”组中的“插入题注”按钮，打开“题注”对话框。

b.单击“新建标签”按钮，打开“新建标签”对话框，在文本框中输入“图”，单击“确定”按钮返回“题注”对话框，在“选项”栏“标签”下拉列表框中选择“图”；单击“编号”按钮，打开“题注编号”对话框，选中“包含章节号”复选框，单击“确定”按钮返回“题注”对话框，再单击“确定”按钮。如果图文字前没有插入题注，可以再次单击“引用”选项卡“题注”组中的“插入题注”按钮，在“选项”栏“标签”中选择“图”，确认题注正确后，单击“确定”按钮。为其他图插入题注很简单，选中图后右击，在弹出的快捷菜单中选择“插入题注”命令，在打开的“题注”对话框中直接单击“确定”按钮即可。如果需要在编号后再增加一些说明文字，可以在“题注”对话框的“题注”文本框中题注编号后直接输入说明文字。

②题注和图居中。分别选中题注和图，单击“开始”选项卡“段落”组中的“居中”对齐按钮。

操作要求（9）操作步骤如下：

前提：必须对该图用插入题注的方法生成图的题注编号。

准备：查找或移动到文档中第一处“如下图所示”，并选中“下图”两字。

①单击“引用”选项卡“题注”组中的“交叉引用”按钮，打开“交叉引用”对话框。

②在“交叉引用”对话框中，设置“引用类型”为“图”，“引用内容”为“仅标签和编号”，“引用哪一个题注”（即要连接的图题注）为“图5-1用户登录模块结构图”，如图3-151所示。然后单击“插入”按钮。此时，原来文字“如下图所示”自动变成“如图5-1所示”，即完成第一处插入。

图3-150　表的交叉引用

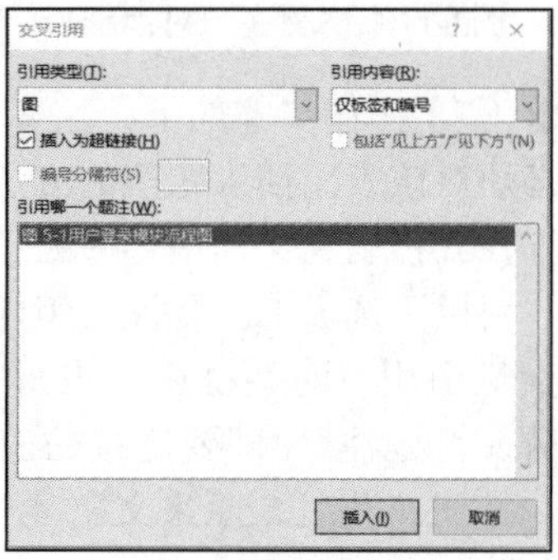

图3-151　图的交叉引用

③移动光标到下一处“如下图所示”，并选中“下图”两字。重复②中的操作，直到全部插入完毕，最后单击“关闭”按钮退出。

2. 分节处理

“节”是文档版面设计的最小有效单位，可以以节为单位设置页边距、纸型和方向、页眉和页脚、页码、脚注和尾注等多种格式类型。

Word将新建整篇文档默认为一节，划分为多节主要是通过“布局”选项卡“页面设置”组中的“分隔符”按钮来设置的，设置后在草稿视图方式下可以用删除字符的方法删除分节符。

分节符类型共有4种：下一页（新节从下一页开始）、连续（新节从同一页开始）、偶数页（新节从下一个偶数页开始）、奇数页（新节从下一个奇数页开始）。操作步骤如下：

将光标置于文字“第2章”后（文字“系统设计相关原理”前），单击“布局”选项卡“页面设置”组中的“分隔符”按钮，在下拉列表“分节符”区中选择“下一页”命令。重复上述操作，直到每章都分节完毕为止。

3. 生成目录和索引

①在文档最前面插入三节。单击“视图”选项卡“视图”组中的“草稿”按钮▤，进入草稿视图模式。

选中“第1章”文字，单击“布局”选项卡“页面设置”组中的“分隔符”按钮，在下拉列表“分节符”区中选择“下一页”命令。重复上述操作，再插入两个“下一页”分节符。

②完成操作要求（1）~（3）中的①要求：

a.单击第一个分节符（下一页），输入文字：目录，按两次【Enter】键（目的是在目录文字下产生一个空行）；目录自动使用标题1样式，并居中。单击“开始”选项卡“段落”组中的“编号”按钮，取消目录前的自动编号。

b.单击第二个分节符（下一页），输入文字：表索引，按两次【Enter】键（目的是在表索引文字下产生一个空行）；单击“开始”选项卡“段落”组中的“编号”按钮，取消目录前的自动编号。表索引自动使用标题1样式，并居中。

c.单击第三个分节符（下一页），输入文字：图索引，按两次【Enter】键（目的是在图索引文字下产生一个空行）；单击“开始”选项卡“段落”组中的“编号”按钮，取消目录前的自动编号。图索引自动使用标题1样式，并居中。

③创建文档目录，即操作要求（1）中的②要求。将光标置于“目录”下的空行（段落标记前，显示段落标记可单击“开始”选项卡“段落”组中的“显示/隐藏编辑标记”按钮¶），单击“引用”选项卡“目录”组中的“目录”按钮，在下拉列表中选择“自定义目录”命令，打开“目录”对话框，如图3-152所示，单击“确定”按钮。其中“显示级别”可以根据实际需要设定，这里不需要改动。

④创建表目录，即操作要求（2）中的②要求。将光标置于“表索引”下的空行，单击“引用”选项卡“题注”组中的“插入表目录”按钮，打开“图表目录”对话框，在“题注标签”下拉列表框中选择“表”，如图3-153所示，单击“确定”按钮。

⑤创建图目录，即操作要求（3）中的②要求。将光标置于“图索引”下的空行，单击“引用”选项卡“题注”组中的“插入表目录”按钮，打开“图表目录”对话框，在“题注标签”下拉列表框中选择“图”，如图3-154所示，单击“确定”按钮。

从创建的3种目录可以看出，自动生成的目录都带有灰色的域底纹，都是域。当标题和页号发生变化，与题注和交叉引用一样，目录可以用“更新域”的方式更新。即在生成的目录区或选中目录区右击，在弹出的快捷菜单中选择“更新域”命令，在“更新目录”对话框中选择“只更新页码”或“更新整个目录”，单击“确定”按钮就可以完成目录的修改。

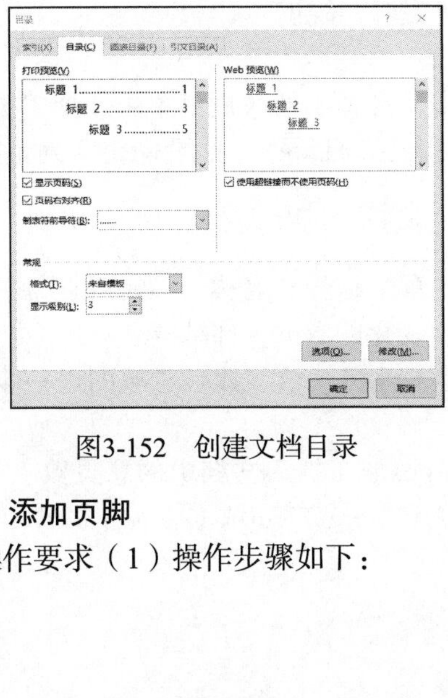

图3-152 创建文档目录

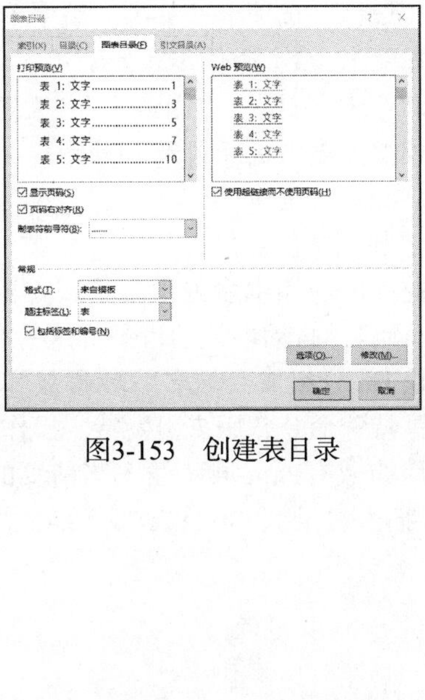

图3-153 创建表目录

4. 添加页脚

操作要求（1）操作步骤如下：

①在页面视图下，将光标置于第1节中，单击“插入”选项卡“页眉和页脚”组中的“页码”按钮，在下拉菜单中指向“页面底端”，在其级联菜单“简单”区中选择“普通数字2”选项。接着在“页眉和页脚工具”中“设计”选项卡“页眉和页脚”组中单击“页码”按钮，在下拉菜单中选择“设置页码格式”命令，打开“页码格式”对话框，在“编号格式”下拉列表框中选择“i，ii，iii，…”命令，在“页码编号”中选中“续前节”单选按钮，如图3-155所示，单击“确定”按钮。

②单击选中第2节页面底端页码，在“页眉和页脚工具”中“设计”选项卡“页眉和页脚”组中单击“页码”按钮，在下拉菜单中选择“设置页码格式”命令，打开“页码格式”对话框，在“编号格式”下拉列表框中选择“i, ii, iii, …”命令，在“页码编号”中选中“续前节”单选按钮，单击“确定”按钮。单击选中第3节页面底端页码，重复上述步骤，直到正文前各节设置完毕为止。

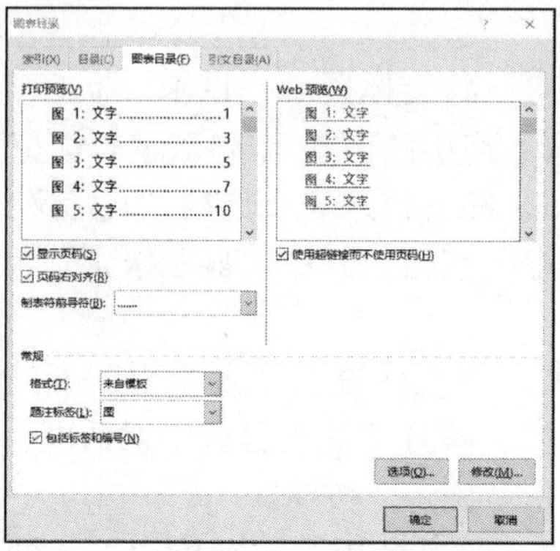

图3-154　创建图目录

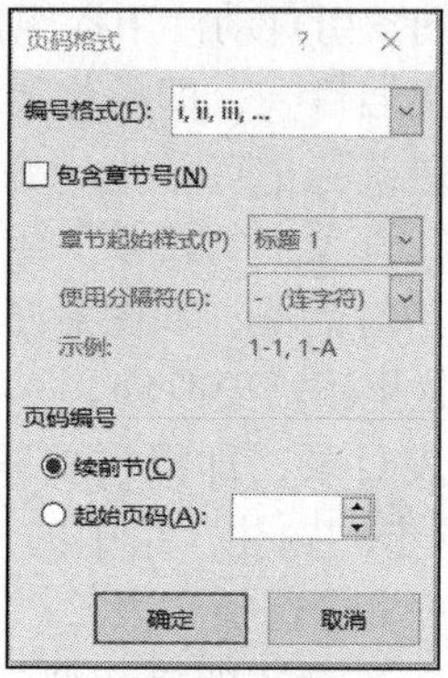

图3-155　设置目录页码格式

操作要求（2）操作步骤如下：

单击选中第4节页面底端页码（位于第1章首页），在“页眉和页脚工具”中“设计”选项卡“页眉和页脚”组中单击“页码”按钮，在下拉菜单中选择“设置页码格式”命令，打开“页码格式”对话框，在“编号格式”下拉列表框中选择“1，2，3，…”命令，在“页码编号”中选中“起始页码”单选按钮，如图3-156所示，单击“确定”按钮。最后在“页眉和页脚工具”中“设计”选项卡“关闭”组中单击“关闭页眉和页脚”按钮。

操作要求（3）操作步骤如下：

拖动选中“目录”“图索引”“表索引”各节，右击，在弹出的快捷菜单中选择“更新域”命令，相继弹出“更新目录”（见图3-157）对话框、“更新图表目录”（见图3-158）对话框，直接单击“确定”按钮。

5. 添加正文的页眉

在前面的应用中多处出现了域，比如自动添加的“章节编号和名称”，题注的引用，页脚中的“页码”，自动创建的目录等这些在文档中可能发生变化的数据，都是域。

域由3部分组成：域名、域参数和域开关。域名是关键字；域参数是对域的进一步说明；域开关是特殊命令，用来引发特定操作。

常用的域有Page域（插入当前页的页号）、NumPages域（插入文档中的总页数）、Toc域（建立并插入目录）、StyleRef域（插入具有样式的文本）和MergeField域（插入合并域，在邮件合并中使用）等。

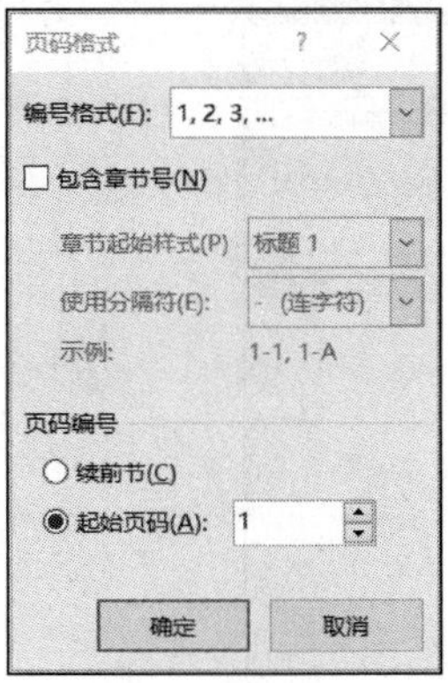

图3-156 “页码格式”对话框

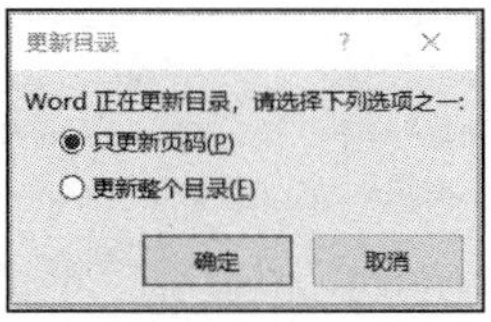

图3-157 “更新目录”对话框

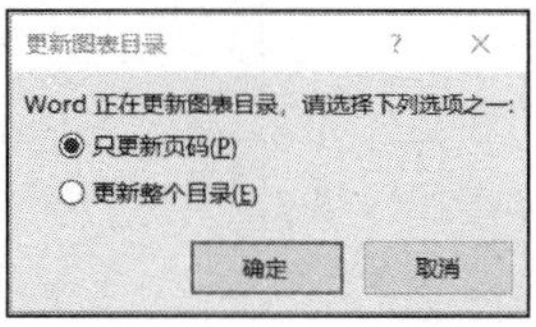

图3-158 “更新图表目录”对话框

在使用域时，通常单击“插入”选项卡“文本”组“文档部件”按钮，在下拉菜单中选择“域”命令，打开“域”对话框进行操作。

域插入后，选中“域”后右击，在弹出的快捷菜单中选择相应命令进行“编辑域”“更新域”“删除域”等操作。

操作步骤如下：

①页面设置。将光标置于第1章所在节中，单击“布局”选项卡“页面设置”组中的对话框启动器按钮，打开“页面设置”对话框，单击其中的“布局”选项卡进行设置。“节的起始位置”选择“新建页”命令，“页眉和页脚”选中“奇偶页不同”复选框，“应用于”选择“本节”命令，如图3-159所示，单击“确定”按钮。重复上述步骤，直到每章都设置完毕。

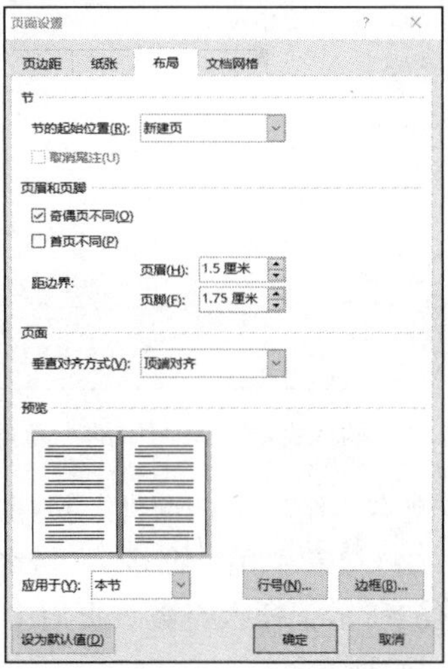

图3-159 “页面设置”对话框

②创建奇数页页眉：

a.双击“第1章”所在的页眉区域，光标将自动置于奇数页页眉处，并且自动出现“页眉和页脚工具”选项卡，如图3-160所示。单击“导航”组中的“链接到前一节”按钮，使得页眉处“与上一节相同”取消，使本节设置的奇数页页眉不影响前面各节的奇数页页眉设置。

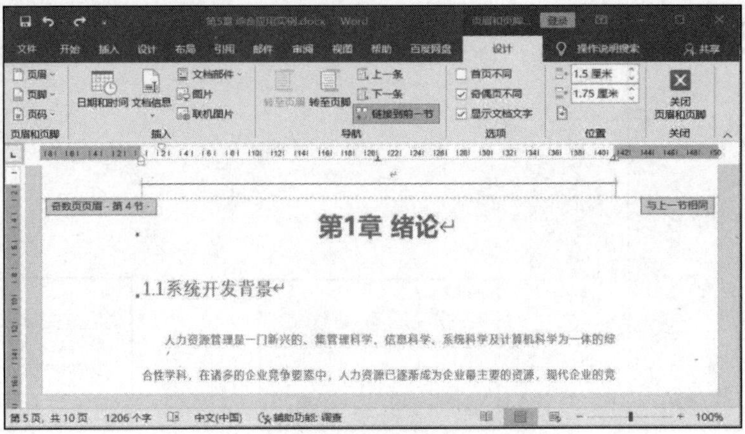

图3-160　创建奇数页页眉

b.将光标置于奇数页页眉处，单击“插入”选项卡“文本”组“文档部件”按钮，在下拉菜单中选择“域”命令，打开“域”对话框。“类别”选择“链接和引用”命令，“域名”选择“StyleRef”命令，“域属性”选择“标题1”命令，“域选项”选择“插入段落编号”复选框，如图3-161所示，单击“确定”按钮。插入奇数页页眉中的“章序号”。

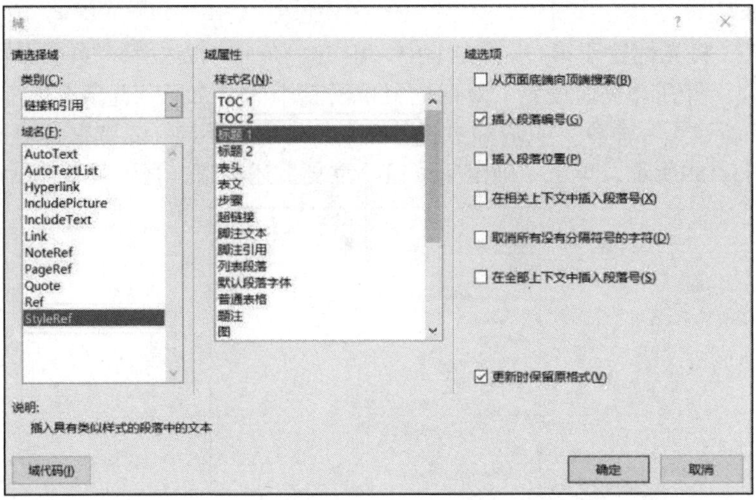

图3-161　插入奇数页页眉中的“章序号”

c.继续单击“插入”选项卡“文本”组“文档部件”按钮，在下拉菜单中选择“域”命令，打开“域”对话框。“类别”选择“链接和引用”命令，“域名”选择“StyleRef”命令，“域属性”选择“标题1”命令，如图3-162所示，插入奇数页页眉中的“章名”。

插入奇数页页眉效果，如图3-163所示。

③创建偶数页页眉，与创建奇数页页眉类似：

a.奇数页页眉创建后，单击“页眉和页脚工具”中“设计”选项卡“导航”组中的“下一条”按钮，光标将自动跳转到偶数页（下一页）页眉处。单击“导航”组中的“链接到前一节”按钮，使得页眉处“与上一节相同”取消，使本节设置的偶数页页眉不影响前面各节的偶数页页眉设置。

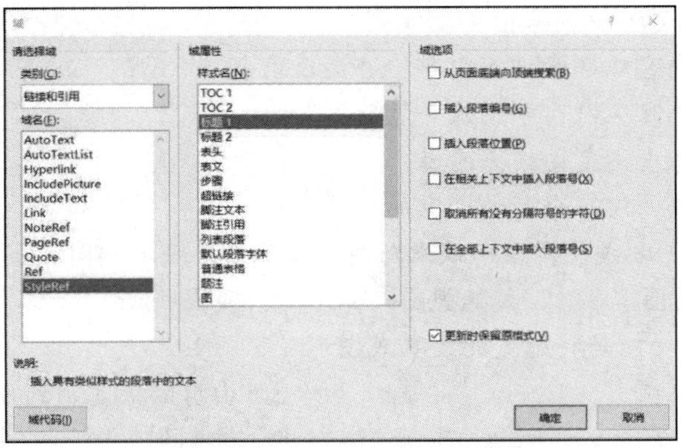

图3-162 插入奇数页页眉中的“章名”

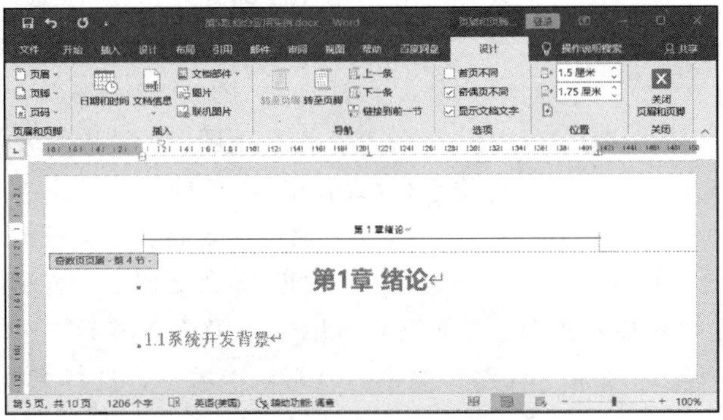

图3-163 插入奇数页页眉效果

b.将光标置于偶数页页眉处，单击“插入”选项卡“文本”组“文档部件”按钮，在下拉菜单中选择“域”命令，打开“域”对话框。“类别”选择“链接和引用”命令，“域名”选择“StyleRef”命令，“域属性”选择“标题2”命令，“域选项”选择“插入段落编号”命令，单击“确定”按钮，插入偶数页页眉中的“节序号”。

c.继续单击“插入”选项卡“文本”组“文档部件”按钮，在下拉菜单中选择“域”命令，打开“域”对话框。“类别”选择“链接和引用”命令，“域名”选择“StyleRef”命令，“域属性”选择“标题2”命令，单击“确定”按钮，插入偶数页页眉中的“节名”。最后在“页眉和页脚工具”中“设计”选项卡“关闭”组中单击“关闭页眉和页脚”按钮。

设置完毕后浏览文档，从开始到结尾检查所有设置是否正确。为了快速浏览，可把视图切换到其他方式，选中“视图”选项卡“显示”组中的“导航窗格”复选框，窗口左边出现“导航”窗格显示标题，右边显示所有内容。这样能快速地在各章节中跳转修改。

思考与练习

一、选择题

1. Word文档文件的扩展名是（　　）。

   A. .txt　　B. .wps　　C. .docx　　D. .doc

2. 打开Word 2016文档一般是指（　　）。

A. 把文档的内容从磁盘调入内存，并显示出来

B. 把文档的内容从内存中读入并显示出来

C. 显示并打印出指定文档的内容

D. 为指定文件开设一个新的、空的文档窗口

3. Word中（　　）方式使得显示效果与打印预览效果基本相同。

A. Web版式视图　　B. 大纲视图　　C. 页面视图　　D. 草稿

4. “复制”命令的功能是将选定的文本或图形（　　）。

A. 复制到剪贴板　　B. 由剪贴板复制到插入点

C. 复制到文件的插入点位置　　D. 复制到另一个文件的插入点位置

5. 选择纸张大小，可以在（　　）选项卡“页面设置”组中单击“纸张大小”按钮设置。

A. 开始　　B. 插入　　C. 布局　　D. 视图

6. 在Word编辑中，可单击（　　）选项卡“页眉和页脚”组中的“页眉”或“页脚”按钮，建立页眉和页脚。

A. 开始　　B. 插入　　C. 视图　　D. 引用

7. Word 2016具有分栏功能，下列关于分栏的说法中正确的是（　　）。

A. 最多可以分4栏　　B. 各栏的宽度必须相同

C. 各栏的宽度可以不同　　D. 各栏之间的间距是固定的

8. 在Word 2016文档中插入图形，下列方法（　　）是不正确的。

A. 单击“插入”选项卡“插图”组中的“形状”按钮，选择需要绘制的图形。

B. 选择“文件”→“打开”命令，再选择某个图形文件名

C. 单击“插入”选项卡“插图”组中的“图片”按钮，再选择某个图形文件名

D. 利用剪贴板将其他应用程序中的图形粘贴到所需文档中

二、思考题

1. 常用的文字处理软件有哪些？

2. 使用不同的文字处理软件，应着重掌握哪两点？

3. 在文字处理软件中，输入文本的途径有哪些？最常用的是哪种？

4. 特殊的标点符号、数学符号、单位符号、希腊字母等如何输入？特殊的图形符号如¥、等如何输入？

5. 文档编辑主要包括哪些操作？其遵守的原则是什么？

6. 字符排版、段落排版和页面排版主要包括什么内容？

第 4 章 电子表格处理

电子表格处理主要用来解决人们在日常工作和生活中遇到的各种计算问题，如销售人员进行销售统计；会计人员对工资、报表进行分析；教师记录、计算学生成绩；科研人员分析实验结果等。电子表格处理需要借助电子表格处理软件来实现。电子表格处理软件不仅具有强大的数据组织、计算、统计和分析功能，还可以通过图表、图形等多种形式形象地显示处理结果。本章主要介绍电子表格处理的基本操作、图表制作、数据管理和分析、工作表的打印等。

4.1 Excel 2016基础操作

计算机出现以后，为了提高工作效率，使人们解脱乏味烦琐的重复计算，专注于对计算结果的分析评价，出现了各种数据统计、分析软件，这些软件中的数据一般都是以表格的方式进行组织的，这种表格称为电子表格，这些软件统称为电子表格处理软件。

电子表格处理软件可以输入、输出、显示数据，帮助用户制作各种复杂的表格文档，进行烦琐的数据计算，将枯燥无味的数据及其计算结果显示为可视性极佳的表格，变为各种各样的统计报告和漂亮的彩色统计图表呈现出来，使数据的各种情况和变化趋势更加一目了然。

4.1.1 电子表格处理概述

目前常用的电子表格处理软件有Microsoft Office办公集成软件中的Excel、WPS Office金山办公组合软件中的金山电子表格等。

电子表格常用的术语有以下几种：

1. 工作簿

一个工作簿就是一个电子表格文件，用来存储并处理工作数据。它由若干张工作表组成，一个工作簿最多由256张工作表组成。

2. 工作表

工作表是一张规整的表格，由若干行和列构成，行号自上而下为$1\sim2^{20}$，列号从左到右为A、B、C、…、X、Y、Z；AA、AB、AC、…、AZ；BA、BB、BC、…、BZ；…（有2^{14}列）。每一个工作表都有一个工作表标签，单击它可以实现工作表间的切换。

3．工作表标签

工作表标签一般位于工作表的下方，用于显示工作表名称。单击工作表标签，可以在不同的工作表间切换。当前可以编辑的工作表称为活动工作表。

4．行号

每一行左侧的阿拉伯数字为行号，表示该行的行数，对应称为第1行、第2行……

5．列标

每一列上方的大写英文字母为列标，表示该列的列名，对应称为A列、B列、C列……

6．单元格、单元格地址与活动单元格

每一行和每一列交叉处的长方形区域称为单元格，单元格为电子表格处理的最小对象。单元格所在行列的列标和行号形成单元格地址，犹如单元格名称，如A1单元格、B2单元格……。当前可以操作的单元格称为活动单元格。

7．名称框

一般位于工作表的左上方，其中显示活动单元格的地址或已命名单元格区域的名称。

8．编辑栏

一般位于名称框的右侧，用于显示、输入、编辑、修改当前单元格中的数据或公式。

以电子表格处理软件Excel 2016为例，其界面如图4-1所示。

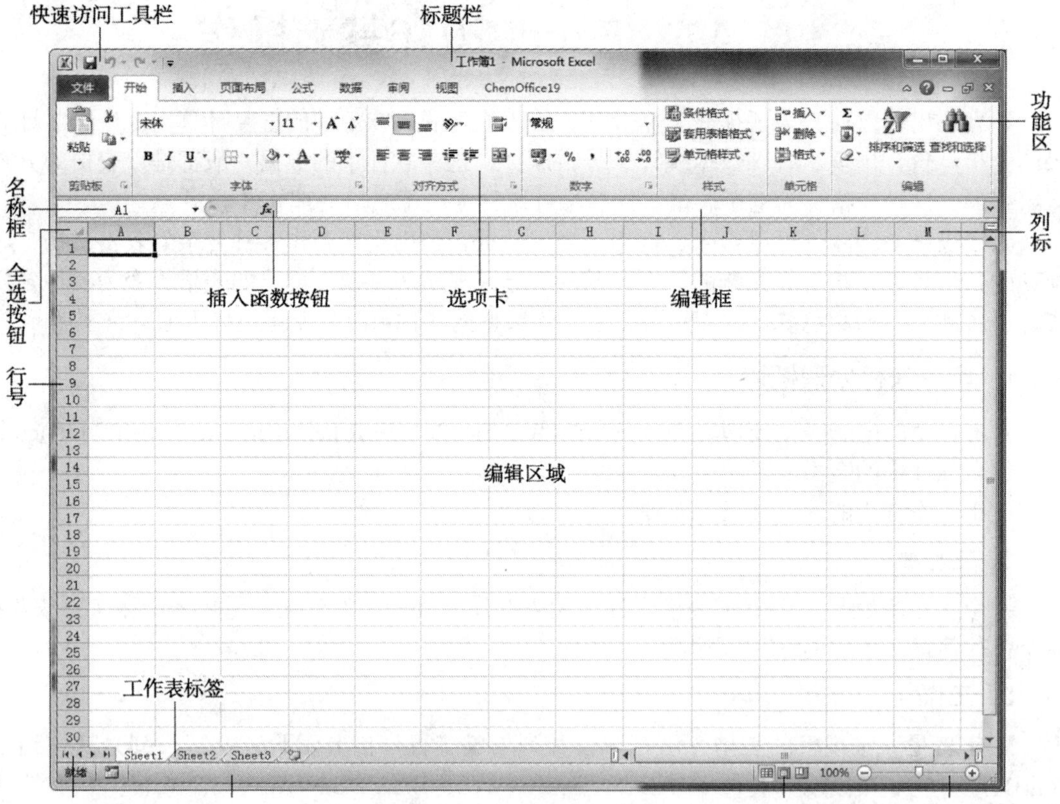

图4-1　Excel 2016 界面

4.1.2　工作簿的基本操作

电子表格处理所做的工作都是在工作簿中进行的。工作簿是电子表格处理和存储数据的文件。所有对文件的操作在电子表格中都变成了对工作簿的操作。

工作簿是电子表格的载体，创建工作簿是用户使用电子表格的第一步。

1．新建工作簿

以Excel 2016为例，新建一个空白的工作簿，一般有以下几种方法：

方法一：启动Excel 2016，将自动产生一个名称为“工作簿1”的空白工作簿。

方法二：单击“文件”选项卡，在左侧列表中选择“新建”选项，可以新建空白工作簿；可以通过模板新建固定格式工作簿；还可以通过联机搜索合适模板进行创建。

方法三：在快速访问工具栏区域单击“新建”按钮，若快速访问工具栏中没有该按钮，可通过单击向下的三角按钮，在弹出的下拉列表中进行选择。

方法四：使用【Ctrl＋N】组合键即可新建一个新的空白工作簿，新建工作簿将自动以“工作簿N”（N为从1开始的自然数序列）的方式命名。

2．打开工作簿

在进行电子表格处理时，有时需要同时打开多个工作簿，电子表格处理软件提供了打开工作簿和多工作簿操作的功能。在Excel 2016中，打开工作簿常用的方法有以下几种：

方法一：在快速访问工具栏添加“打开”按钮，并单击；或使用【Ctrl+O】组合键,均可打开已有工作簿。

方法二：直接双击已有工作簿文件图标（扩展名为“.xlsx”）,Excel可自动启动并打开该文件。

方法三：在Excel 2016中默认会保存最近打开或编辑过的工作簿，用户通过单击“文件”→“最近”，在右侧出现的最近使用的工作簿列表中选择所需文件打开。

电子表格处理软件打开多个工作簿后，只有一个工作簿是活动的，如果要激活其他工作簿，可以利用电子表格处理软件提供的切换窗口功能。在Excel 2016中，可通过“视图”选项卡“窗口”组“切换窗口”下拉按钮，在下拉列表中选择其他工作簿名称来实现。

3．保存工作簿

在对工作表进行操作时，应记住经常保存工作簿，以免由于一些突发状况而丢失数据。与文字处理软件一样，电子表格处理软件提供了手动和自动保存文件的功能。

在Excel 2016中，常用方法有以下几种：

方法一：单击“文件”选项卡，在左侧列表中选择“保存”选项，或使用【Ctrl+S】快捷键保存。若工作簿是第一次保存，会弹出“另存为”对话框，需要选择文件存放的位置、输入文件名称，再单击“保存”按钮，如图4-2所示。对于已保存过的工作簿，则会以原路径和原文件名进行保存。

方法二：单击快速访问工具栏的“保存”按钮。

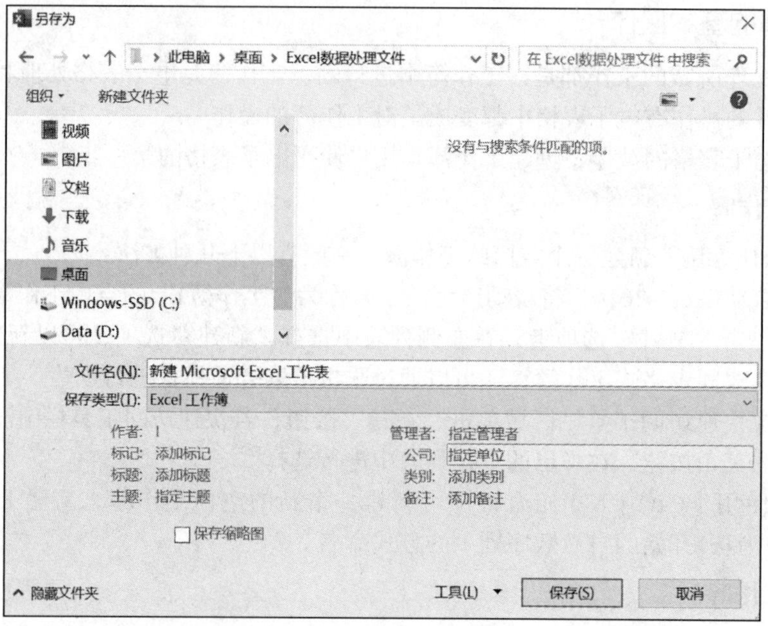

图4-2 “另存为”对话框

方法三：自动保存。

与Word 2016一样，在Excel 2016中，默认情况下系统每10分钟会自动保存文档一次。如果需要重新设置文档保存时间，操作方法如下：选择“文件”→“选项”命令，打开“Excel 选项”对话框，单击“保存”选项卡，在“保存工作簿”区单击“保存自动恢复信息时间间隔”数值框右侧的下调按钮，设置好需要的数值即可，如图4-3所示。

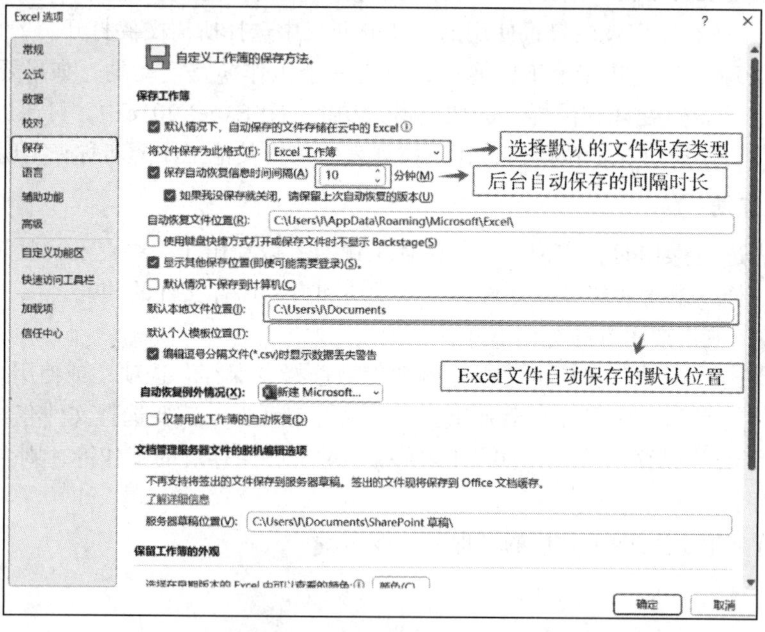

图4-3 “Excel选项”对话框

4．关闭工作簿

方法一：单击“文件”选项卡，在左侧列表中选择“关闭”选项，关闭当前工作簿。

方法二：使用【Ctrl+W】快捷键关闭当前工作簿。

方法三：单击工作簿窗口右上角“工作簿窗口控制按钮”中的“×”按钮，关闭当前工作簿。单击“Excel窗口控制按钮”中的“×”按钮、关闭所有打开的工作簿和Excel 2016。

5．保护工作簿

1）保护工作簿数据

为了保证数据安全，有时需要为工作簿设置打开或修改密码。电子表格处理软件提供了设置文档权限密码的功能。

在Excel 2016中，可以在第一次保存时出现的“另存为”对话框中设置密码。

操作方法：选择“工具”下拉菜单中的“常规选项”命令，打开“常规选项”对话框，在“打开权限密码”和“修改权限密码”文本框中输入相应密码，如图4-4所示，确定后在弹出的“确认密码”对话框中分别再次输入密码即可。

2）保护工作簿结构和窗口

有时允许他人更改工作簿中的数据，但不希望对工作簿的结构或窗口进行改变时，电子表格处理软件提供了保护结构和窗口的命令。

操作方法：选择“审阅”选项卡“保护”组中的“保护工作簿”按钮，单击该按钮，弹出“保护结构和窗口”对话框，如图4-5所示，在其中选择好内容，输入密码即可。如果要取消对工作簿的保护，只需再次单击“审阅”选项卡“保护”组中的“保护工作簿”按钮即可。

需要注意的是，如果使用密码，一定要牢记自己的密码，否则自己也无法再对工作簿的结构和窗口进行设置。

3）保护工作表

如果仅仅是为了防止他人对某张工作表单元格格式或内容进行修改，可以只设定工作表保护。电子表格处理软件提供了保护工作表的命令。

操作方法：选择“审阅”选项卡“保护”组中的“保护工作表”按钮，单击该按钮，弹出“保护工作表”对话框，如图4-6所示，在其中选择好内容，输入密码即可。如果要取消对工作表的保护，只需再次单击“审阅”选项卡“保护”组中的“保护工作表”按钮即可。

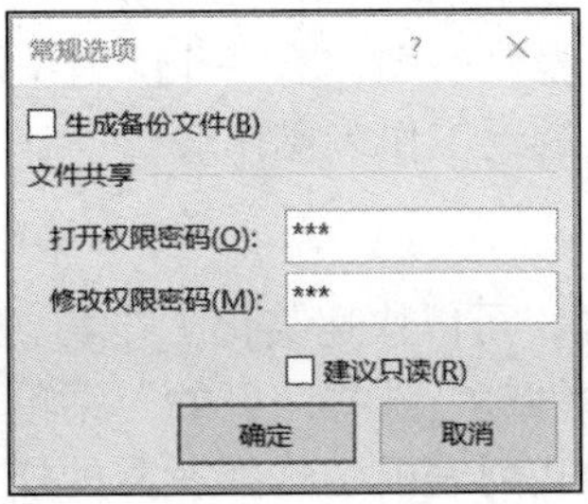

图4-4　“常规选项”对话框

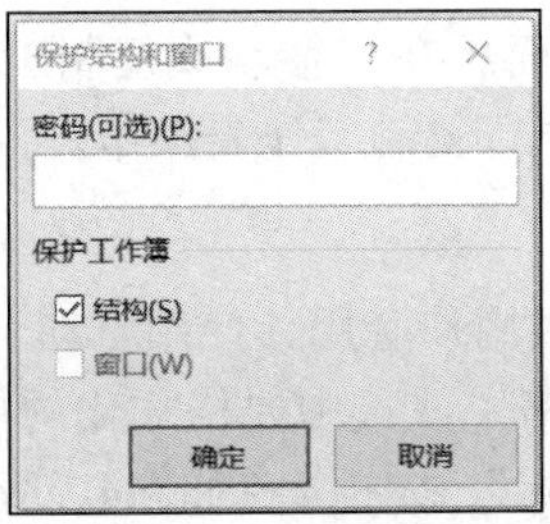

图4-5　“保护结构和窗口”对话框

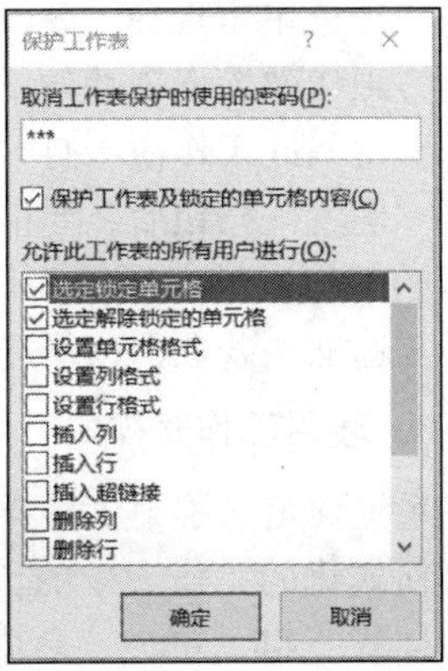

图4-6　“保护工作表”对话框

4）隐藏工作簿

单击“视图”菜单下“窗口”组中的“隐藏”按钮，即可把该工作簿隐藏起来，工作簿被隐藏后，工作表标签不显示，但工作簿内的数据仍然可以使用。单击“视图”菜单下“窗口”组中的“取消隐藏”按钮，即可取消对该工作簿的隐藏。

4.1.3 工作表的基本操作

工作簿由一张张工作表构成，如果把工作簿比作一本书，那么工作表就是书中的书页。

1. 工作表的选择、插入、删除及重命名

1）工作表的选择

（1）多个连续工作表的选择：单击第一个工作表标签，按住【Shift】键，然后再单击最后一个工作表标签。

（2）多个非连续工作表的选择：单击第一个工作表标签，按住【Ctrl】键，然后再逐一单击其他工作表标签。

（3）右击工作表标签中的任意位置，在弹出的快捷菜单中可“选定全部工作表”，当选择了多个工作表后，在其中任何一个工作表中进行数据操作，其他表的相同位置也将执行相同操作；可以通过单击任意一个未被选定的工作表标签来取消连续选择。

2）工作表的插入、删除及重命名

右击工作表，弹出图4-7所示的快捷菜单，通过该菜单中的命令可实现对整个工作表的插入、删除、重命名、标签颜色等设置。

注意：在删除工作表的时候一定要慎重，一旦工作表被删除后将无法恢复。如果工作簿中工作表太多，为了更加清楚地区分工作表，可以利用右键快捷菜单中的相应命令设置工作表标签的颜色，使之醒目显示。

2. 移动或复制工作表

工作表可以在同一工作簿内或不同工作簿之间实现移动和复制。

（1）使用鼠标拖动方式实现移动或复制工作表：选择需要复制的工作表，按下鼠标左键以拖动方式实现移动；如在拖动过程中配合【Ctrl】功能键则实现工作表的复制。

（2）如果是在多个工作簿中操作，首先应打开这些工作簿，然后右击该工作表标签，在弹出的快捷菜单中选择“移动或复制”命令，打开如图4-8所示的“移动或复制工作表”对话框。单击“工作簿”选项旁的下拉按钮，在下拉列表框中选择一个目标工作簿（如没有出现所需工作簿，说明此工作簿未打开），从“下列选定工作表之前”列表框中选择插入位置来实现移动。单击“确定”按钮后，当前工作簿窗口的活动工作表将移动或复制到目标工作簿中，并作为一张新的工作表插在所选工作表的前面。在“移动或复制工作表”窗口下端，有一个“建立副本”复选框，若选中该复选框，则执行复制工作表操作，否则执行移动工作表操作。

3. 套用工作表样式

系统预定义了十多种样式表格供用户套用，使用自动套用格式，可以快速美化工作表。选中要格式化的工作表中的任一单元格（或选中要格式化的单元格区域），选择“开始”菜单下的“样式”组，单击“套用表格格式”按钮，在如图4-9所示的样式列表框中选择所需的样式即可。

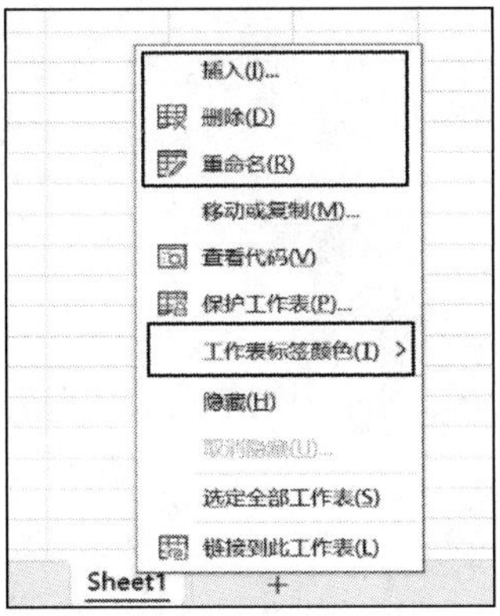

图4-7　工作表标签操作命令列表

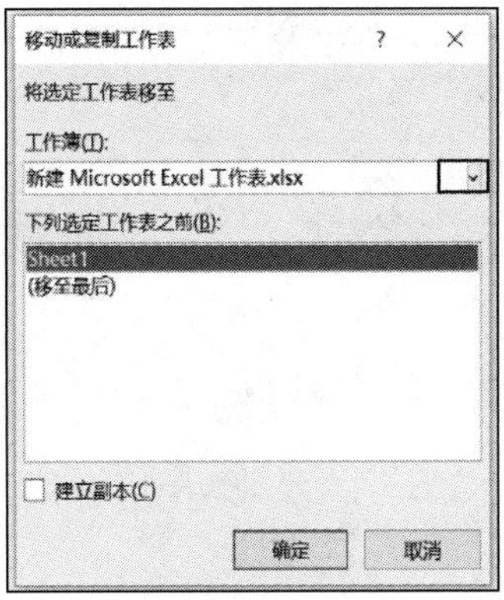

图4-8　“移动或复制工作表”对话框

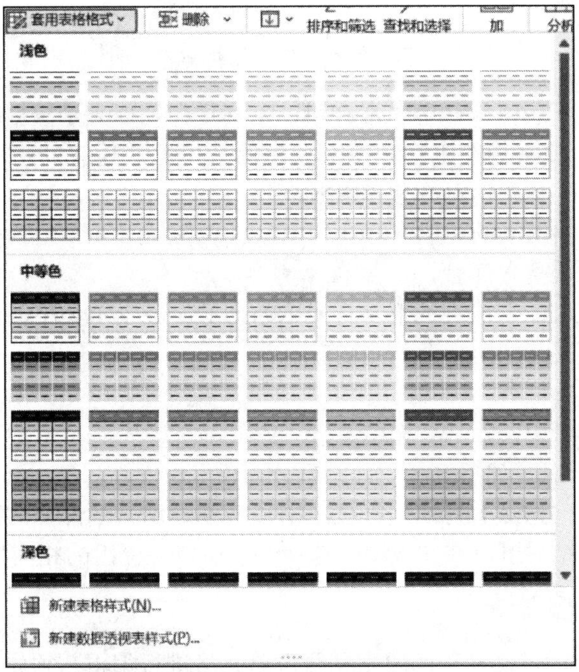

图4-9　表格样式列表

4．拆分和冻结窗格

一个较大的数据区域，无法在窗口中同时看见首尾数据或相隔较远的数据，使用窗口拆分可以实现这一功能。在“视图”选项卡“窗口”分组中，单击“拆分”按钮，工作表会出现一个“十”字形拆分框，如图4-10所示。此时，原工作表被拆分为完全相同的四个窗格，在其中一个窗格的单元格操作，其他窗格对应单元格会出现相同操作。此时，工作区域中间出现横向和纵向拆分条，鼠标悬停时显示双向箭头，双击该拆分条,则对应方向拆分消失；也可通过右侧和下方的滚动条调整拆分区域需要固定显示的内容。若想取消工作表拆分，可再次单击“拆分”按钮使之变为未选状态。

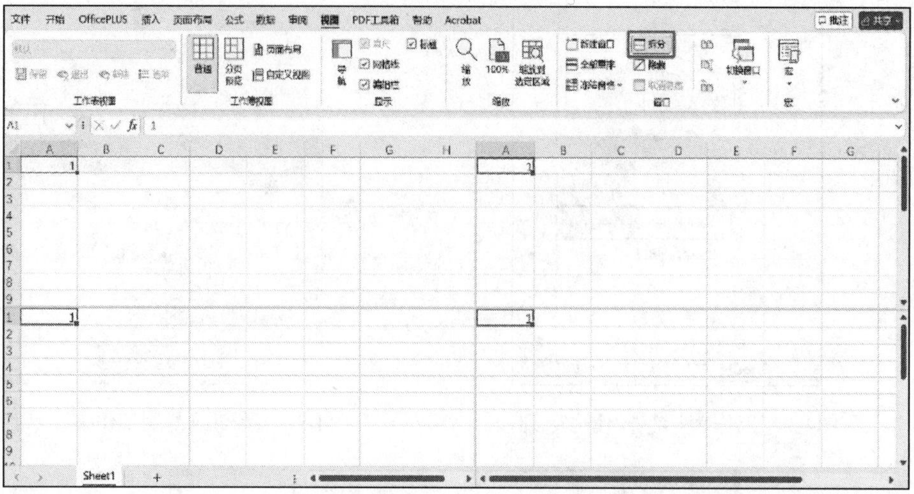

图4-10 “十”字形拆分框

冻结窗格功能在电子表格软件中非常有用，尤其是在处理大量数据时。通过冻结窗格，你可以固定某些行或列，使它们在滚动其他数据时保持可见。这有助于用户在查看和对比数据时，始终能够看到重要的标题信息或参考数据。

下面是使用冻结窗格功能的一般步骤：

（1）打开你的电子表格文件。

（2）选择你想要冻结的行或列的下一行或下一列的第一个单元格。例如，如果你想冻结首行，那么你应该选择第二行的第一个单元格。

（3）转到“视图”选项卡。

（4）在“窗口”分组中，找到“冻结窗格”选项。

（5）点击“冻结窗格”，然后选择“冻结拆分窗格”。

完成这些步骤后，你选择的行或列将被冻结，当你滚动其他部分的数据时，它们会保持在屏幕的顶部或左侧。冻结后可以在“视图”选项卡“窗口”分组的相同位置取消冻结。

4.1.4 单元格的基本操作

Excel遵循“先选定，后操作”的原则，要对单元格进行编辑，须先选中要编辑的单元格。

1. 单元格区域的选定

（1）单个单元格的选定：当前活动单元格的边框以粗线框呈现，用户可以在名称框中看到该单元格名称，如图4-11所示，A1为当前选定的活动单元格。

（2）单元格区域的选定：选定的是由多个单元格构成的单元格区域，则以灰色显示该区域，连续的单元格区域，首尾两个单元格名称用冒号分隔表示，如A1:D5表示选定了从A1到D5的20个单元格区域。

①多个连续单元格的选定方法：按左键拖动选择连续区域，被选定区域被特定颜色填充；也可以单击首单元格后，按【Shift】键的同时单击末单元格。连续单元格的描述方式为：起始单元格地址＋冒号＋结束单元格地址，图4-12中从A1到D5可用“A1:D5”表示。

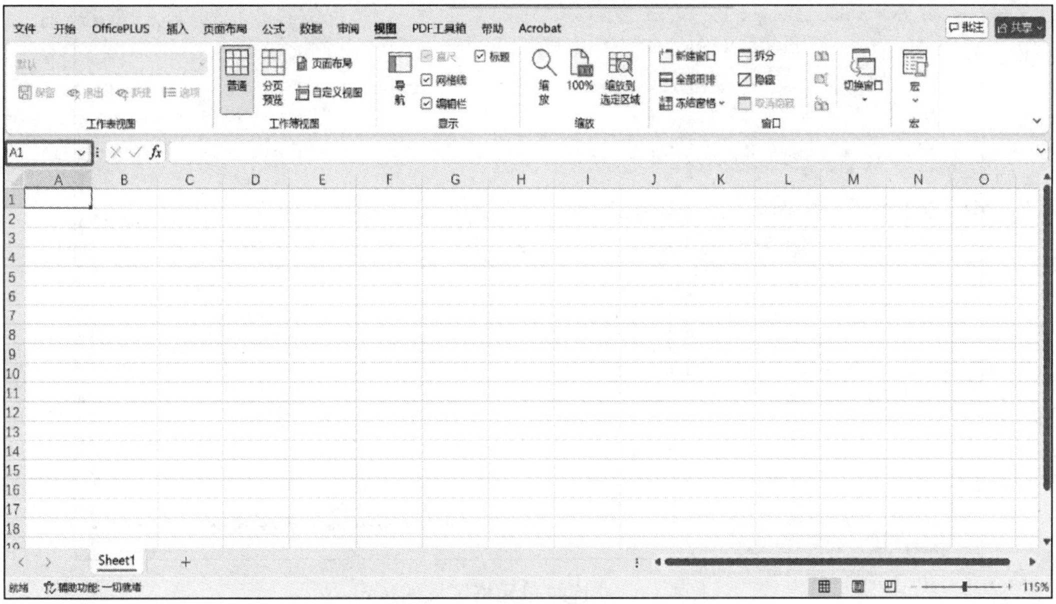

图4-11　活动单元格的选定

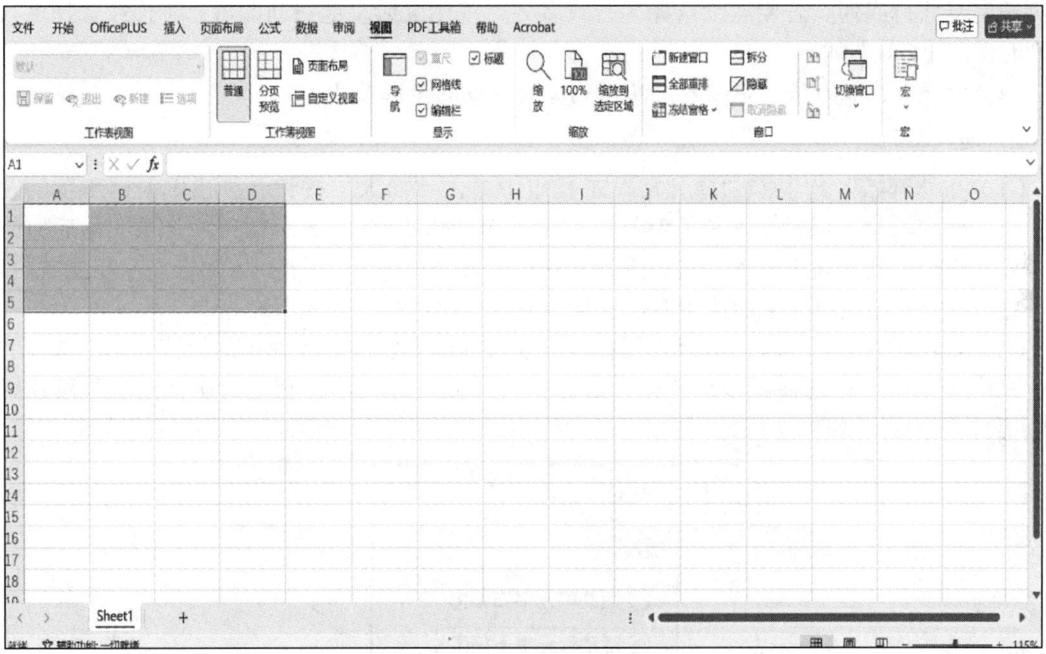

图4-12　单元格区域的选定

②多个不连续单元格的选取方法：单击首单元格后，按【Ctrl】键的同时单击各个不邻近的单元格，如图4-13中A1、B3、C1和、D3和D5即为不连续单元格。

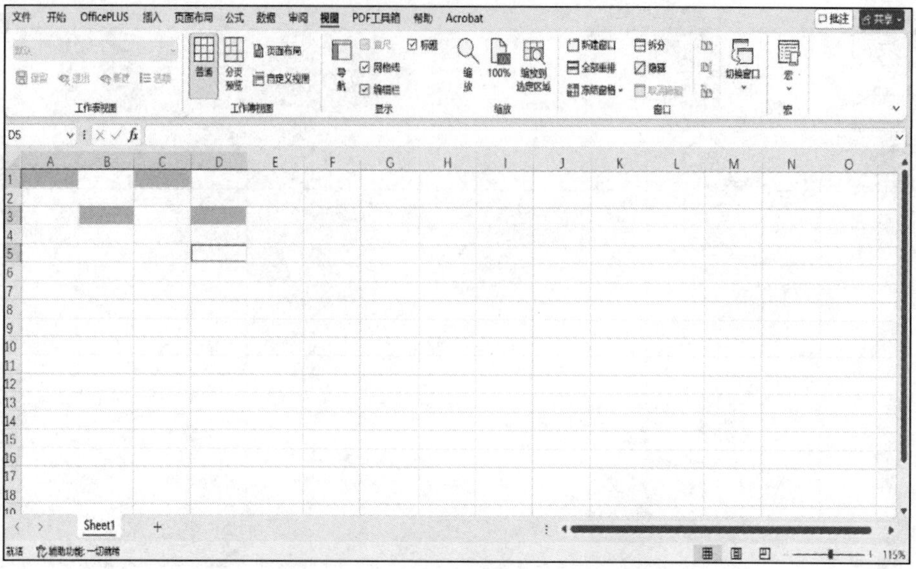

图4-13　非连续单元格区域的选定

（3）整行整列的选取方法：将鼠标移动到行号或列标附近，当鼠标指针变成箭头时，单击即可选定当前行或列。若要连续选择多行或多列，按住鼠标左键拖动即可；不连续选择多行或多列时使用【Ctrl】键。

（4）全表的选取方法：单击左上角行列标交界处的全选按钮。

2．插入单元格

（1）在“开始”选项卡“单元格”工具组中单击“插入”按钮，弹出图4-14所示的“插入”对话框。选择“活动单元格右移”或“活动单元格下移”，表示插入一个单元格后原来的内容先右移动一列或向下移动一行；选择“整行”或“整列”，表示插入一个空白行或空白列。也可直接在需要插入单元格的位置右击，从快捷菜单中选择“插入”命令。

（2）插入新行（列）时，可以直接在行号或者列标上右击，在弹出的快捷菜单中选择“插入”命令。如果事先选择了多行（列）后再执行“插入”操作，则可一次性插入与所选择行（列）数相同的行（列）。

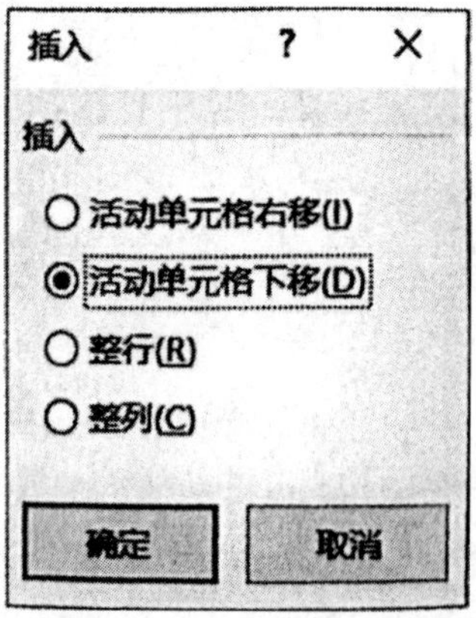

图4-14　“插入”对话框

3．移动和复制单元格

单元格的移动、复制均可通过鼠标拖动或使用剪贴板两种方法来实现。

（1）选定要移动或者复制的单元格区域，将鼠标指针移到选定区域的边框处，当指针变成双向垂直交叉箭头时，直接拖动即可移动选定对象，按住【Ctrl】键拖动则可复制选定对象。

（2）选定要移动或者复制的单元格区域，右键选择“剪切”或“复制”，也可以在“开始”选项卡“剪贴板”组中选择“剪切”或“复制”。

（3）若要交换行或交换列，选中要交换的某两行（列）中的一行（列），将鼠标左键放置于该行上（左）边框处变成双向垂直交叉头时，同时按下键盘上的【Shift】键，拖拽鼠标直至另一行（列）的上（左）边框处，即可交换两行（列）。

4．删除单元格

选中单元格，按下【Delete】键，可以清除该单元格的内容，但单元格本身依旧存在，还可以继续在此单元格中输入新内容。如果需要彻底删除单元格本身，可以在所选中单元格上右击，从弹出的快捷菜单中选择“删除”命令，根据需要选择删除后其他单元格变动的方向。整行整列地删除，可以直接在行号或者列标上右击后选择“删除”命令。

5．合并单元格

Excel也可以将相邻的几个单元格合并成一个单元格，例如表格的标题行通常需要合并后使标题内容居中显示。

（1）单元格的合并：选定要合并的多个单元格，单击“开始”菜单，在“对齐方式”组中单击“合并后居中”按钮，选择合适的合并方式。

（2）单元格的拆分：选中合并后的单元格，单击“开始”菜单，在“对齐方式”组中单击“合并后居中”按钮，选择“取消单元格合并”。

需要说明的是：首行为整张表格标题的排版方式看起来清晰美观，但当需要对数据进行统计分析时可能会带来一些麻烦，单元格的合并、拆分如图4-15和图4-16所示。

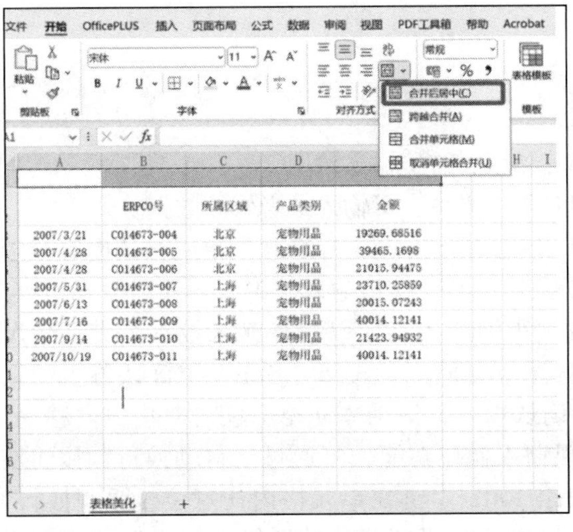

图4-15　单元格合并

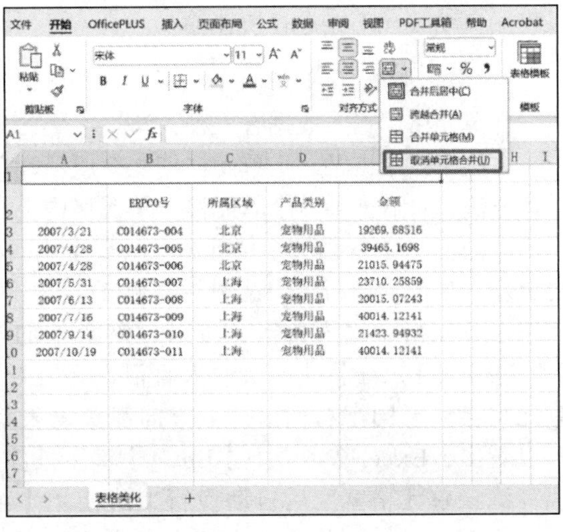

图4-16　单元格的拆分

6．设置行高和列宽

选定某行号或者列标，当鼠标指针变成✚或✚时按需要进行拖动。当选中的为多行或者多列时，拖动其中任意一行或者一列即可使所有选中部分具有相同的行高或者列宽。也可通过对话框精确设置行高和列宽，选中要设置的行或列后，在“开始”选项卡“单元格”组中执行“格式”命令，如图4-17所示，分别进行“行高”和“列宽”的设置。最为方便的设置方法是直接在选定目标上单击右键，在弹出的快捷菜单中进行选择设置。

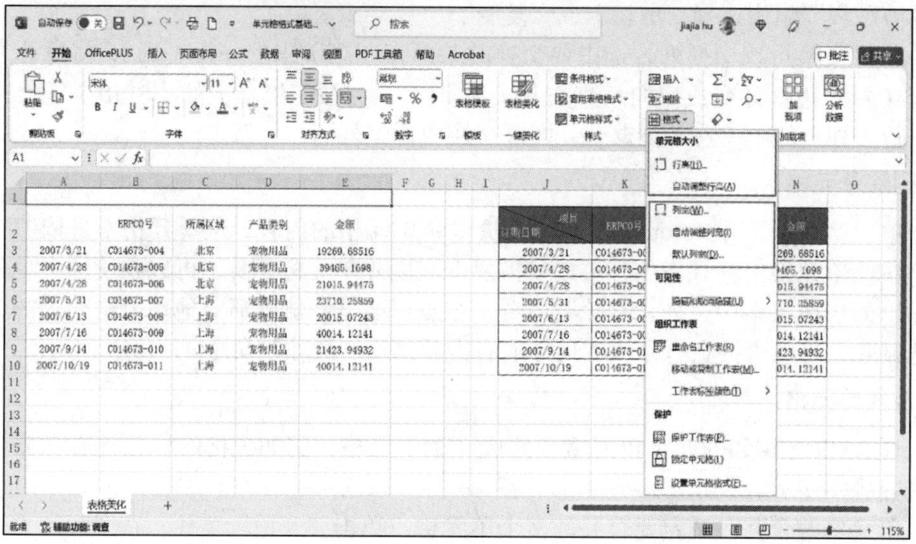

图4-17 “开始”选项卡

4.1.5 数据的输入

数据处理是Excel工作表的主要功能，各单元格中的数据是数据处理的对象。因此，必须首先输入文本、数值、日期和时间、公式等多种数据，不同类型的数据有不同的输入方法，可以使用自动填充功能进行快速输入。

1．基本输入方法

在单元格中输入数据有三种方法：

方法一：单击某一个单元格使之变成活动单元格后，直接输入数据。

方法二：双击某一个单元格，单元格内会出现闪动光标，可输入或者修改数据。

方法三：单击某一个单元格，在编辑栏中对数据进行输入或者修改，单元格的内容会随之更新。如图4-18所示，编辑栏左侧①、②、③按钮依次为撤销输入、确认输入和插入函数。

在单元格中输入数据，可借助键盘上的按键来辅助控制，以提高输入效率。默认情况下，按下【Enter】键确认输入且活动单元格移至下行同列；按下【Tab】键确认输入活动单元格会移至同行右列；按下方向箭头也表示确认输入，活动单元格会朝着对应方向移动。可以看出，Excel单元格中【Enter】键不能实现输入换行功能，可通过“自动换行”按钮实现写满该单元格宽度后自动换行，或使用【Alt＋Enter】键在单元格内任意位置强制换行。图4-19中，A4单元格为文本超出宽度的显示，A5单元格设置了自动换行，A6单元格在“农贸”二字后强制换行。

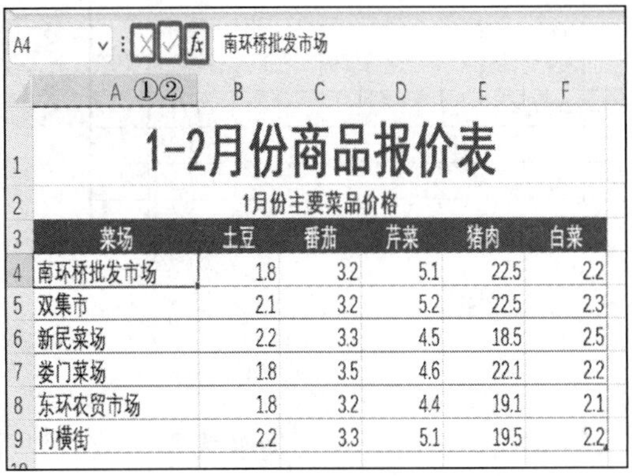

图4-18　编辑栏左侧①、②、③按钮

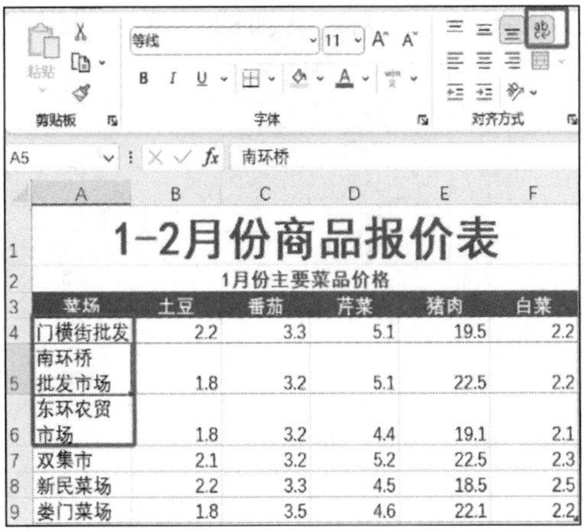

图4-19　“自动换行”按钮

2. 文本型数据输入

文本型数据是指被当作字符串处理的数据，包含汉字、字母、数字、空格、各种符号等，默认以左对齐的方式放置在单元格内。一般情况下，含字母或汉字等的字符串本身默认为文本型，直接按照上文所述的基本输入方法输入即可。但在处理数据时，我们通常会遇到一些特殊的数字编号，如电话号码、身份证号码、职工编码、学号等，这类编号全部由数字组成却不需要参与数学运算，直接输入会被默认为数值型数据，在输入之前须先输入半角单引号“'”，表征其为文本型数据。

例如，输入身份证号220108202402091234，当直接输入数字回车确认后，单元格内显示如图4-20左图所示，因为Excel会默认把长数字用科学计数法来表示，同时15位以后的数字会变成0，图中2.20108E+17表示2.20108×10^{17}。正确的输入方法是在输入数字之前添加半角逗号，如图4-20右图所示，确认输入后右上角会出现黄色角标，悬停会提示该单元格内为文本型数据，打开扩展按钮则可进行转换成数字的相关操作。还有一种方法是：选定单元格后，先设置单元格格式为文本型后再输入数字编号，具体操作见“4.1.6 工作表的格式化”。

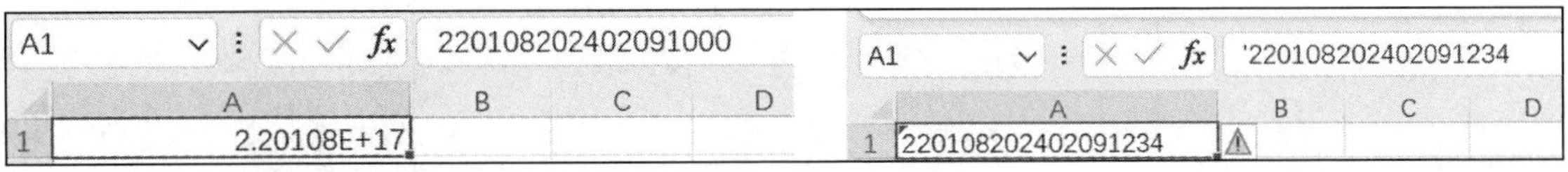

图4-20　输入文本型数据

3. 数值型数据输入

数值型数据可以采用整数、小数或科学计数法输入，它由数字0~9和一些数学符号组成，这些符号包括+（正号）、-（负号）、.（小数点）、%（百分号）、/（分数线）、E（指数符号）、¥（货币符号）等，默认以右对齐的方式放置在单元格内。数值型数据输入方法很简单，选定单元格直接输入即可，也可以先设置格式再输入数据。图4-21左图显示了几种数值型数据的输入结果。对于分数的输入，在电子表格处理软件中，为了与日期的输入区别，应先输入“0”和空格。例如，要输入1/2，应输入“0 1/2”，如果直接输入的话，系统会自动处理为日期。

在输入数值时，有时会发现单元格中出现符号“###”，这是因为单元格列宽不够，不足以显示全部数值的缘故，此时加大单元格列宽即可。

整数:	168
小数:	−168.18
分数:	1/2
科学计数法:	1.20E+02
货币数:	￥125

（a）

输入17/4/26	2017-4-26
输入17/4	4月17日
输入4/17	4月17日
输入2017-4-26	2017-4-26
输入15:30	15:30

（b）

图4-21　输入数值型数据

4. 输入日期和时间

日期和时间型数据必须按照规范的格式输入，输入后系统会自动转换为默认或者已设定的时间格式，默认以右对齐的方式放置在单元格内。输入日期时，使用“/”或“-”分割日期的年、月、日；输入时间时，使用冒号分隔小时、分钟和秒。图4-21（b）显示了几种日期型数据的输入结果。需要说明的是，输入后显示的格式由当前工作簿默认或已设置好的日期格式决定。

为了便于记忆，对各种数据的输入总结为以下口诀：日期斜短线，冒号标时间；分数零排头，空格中间站；数字变文本，撇号要当先；Enter来确认，Alt强行换。

5. 输入公式和函数

Excel中的公式和函数是人们为进行数据计算编写的各种算式，目的是使数据运算更简单快捷。一个公式通常由运算值和运算符组成，运算值可以是数字、文本，单元格地址等，运算符可以是加减乘除、大于小于、文本链接符等。函数被认为是预先编好的公式，使用时只需要填入相关的参数即可进行运算。

公式的输入类似于数据的输入，但输入公式时需要先输入“=”（等于符号），然后再输入公式。例如,在A1单元格输入公式“=10+15”，回车后将会显示公式计算结果25，这里的25是通过公式计算出来的并不是直接输入的，可以通过编辑栏查看到公式，如图4-22所示。

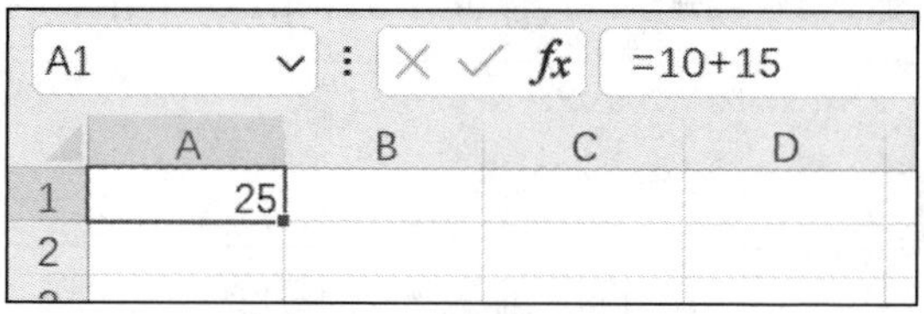

图4-22　公式的输入

6. 输入批注

为了使数据具有更好的可读性，通常需要在数据输入时对某些特殊数据输入批注。具体方法如下：单击需要添加批注的单元格，在“审阅”功能区的“批注”分组中单击“新建批注”，如图4-23所示，在弹出的批注框键入文本即可。添加成功后该单元格右上角会出现红色三角标志。右击该单元格，可对已输入的批注进行再编辑、删除和显示操作。

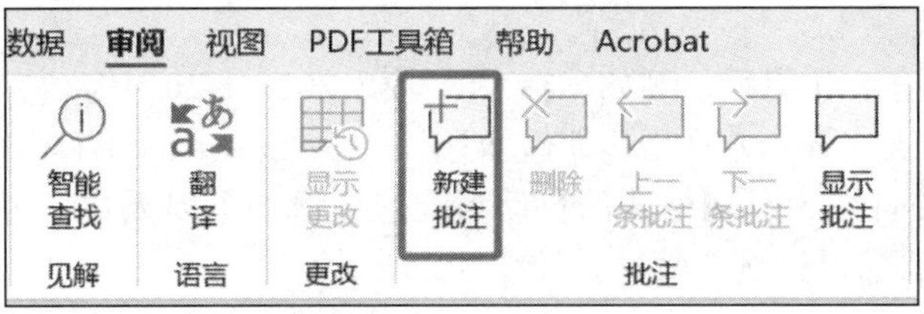

图4-23　单击“新建批注”

7. 自动填充数据

填充柄是实现自动填充的强大工具。当选定单元格后，该单元格被黑框框住成为活动单元格，框的右下角有一个很小的正方形方块，称之为填充柄。当鼠标移至填充柄时，指针变成“十”字形，拖动可以进行有规律填充，能大大提高数据输入效率。

1）自动填充相同单元格

在某个单元格输入内容，例如在A1单元格中输入1，将鼠标放在单元格右下角的填充句柄上，鼠标变成“十”字形后，按住鼠标左键不放向右拖动至D1，系统默认所有鼠标拖动过的区域为复制填充方式，即值均为1。填充完毕后，在填充区域的右下角出现自动填充选项图标，单击它将弹出一个下拉菜单，可在此选择填充方式进行修改，自动填充相同单元格过程如图4-24所示。

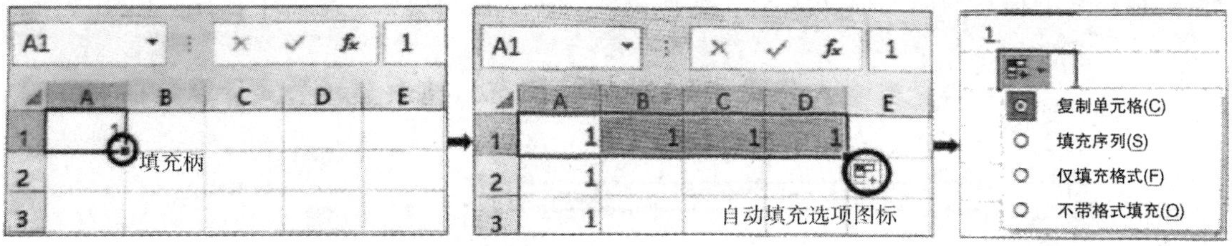

图4-24　自动填充相同单元格过程

2）自动填充等差序列

在相邻单元格中分别输入不同的初始值，如在A1和A2中分别输入1、3，同时选中这两个单元格，在右下角的填充柄处按住鼠标向下拖动，拖动后的单元格将按照起始单元格的步长（3-1=2）进行自动填充。需要注意的是：在填充等差序列之前，必须事先定义好步长值，自动等差序列填充过程如图4-25所示。

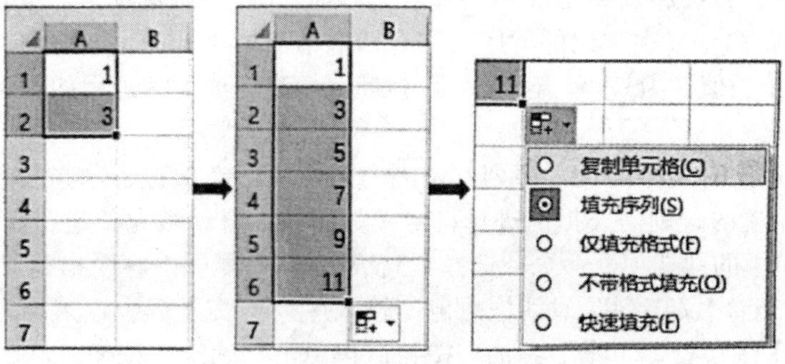

图4-25　自动填充等差序列过程

3）自动填充日期

在选定单元格中输入日期后，例如，在A1中输入2021/1/20，拖动右下角的填充句柄，向下填充至A3，系统默认的填充方式是日期递增1天。也可以在A1和B1输入起始步长日期，向右填充固定步长为2天的日期。日期格式的自动填充选项增加了以天数、工作日、月、年填充的选项，可以按照输入要求进行选择编辑，如图4-26所示。

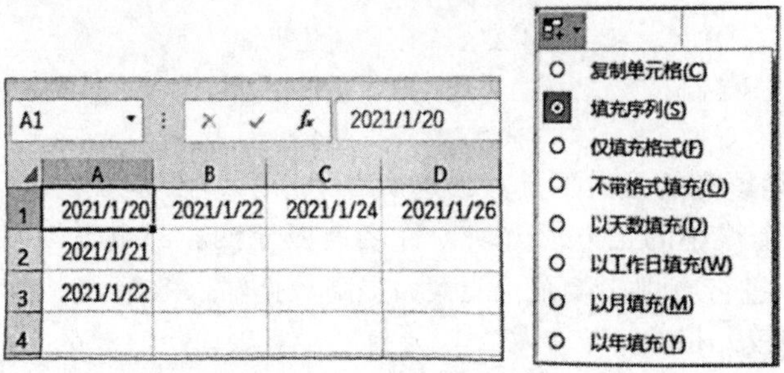

图4-26　自动填充日期

4）自动填充文本序列

有规律的文本系列也可以进行填充，例如，数字编号001、002、003……；第1分公司、第2分公司、第3分公司……；星期一、星期二、星期三……。在起始单元格F1中输入“星期日”，拖动它的填充柄向左拖动至B1，松开鼠标后在“自动填充”选项中选择“填充序列”，如图4-27所示。

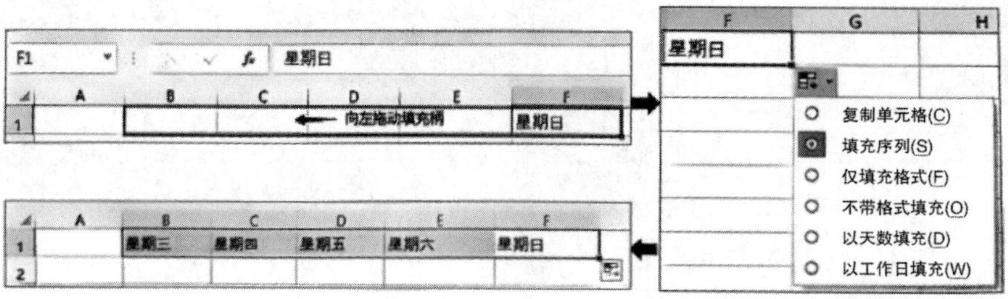

图4-27　自动填充文本序列

5）自动填充等比数列

等比数列的填充不能靠直接拖动填充柄来实现，需要通过选项卡的操作命令来完成。要创建“3的等比数列”，在起始单元格A1中输入起始值3，在开始选项卡“编辑”组中选择“填充”，执行“序列”命令，在弹出的“序列”对话框中选择序列产生的方向，序列类型为“等比序列”，设置“步长值”为3，单击“确定”按钮，填充完成，其过程如图4-28所示。

6）自定义填充

Excel能自动填充有规律的文本序列，是因为系统中已经预置了这些系列。如果我们要使用的序列是未被预置的，则需要提前进行自定义。例如，自动填充“赵、钱、孙、李”之前，单击“文件”菜单中的“选项”命令，选择“高级”，在右侧的内容区找到“编辑自定义列表”按钮，在弹出的“自定义序列”对话框右侧“输入序列”文本框中输入自定义的序列项，每项末尾用【Enter】键换行。单击“添加”按钮后再单击“确定”按钮。然后在A1单元格输入“赵”，通过填充柄即可调用“赵、钱、孙、李”除列填充对应单元格，其过程如图4-29所示。

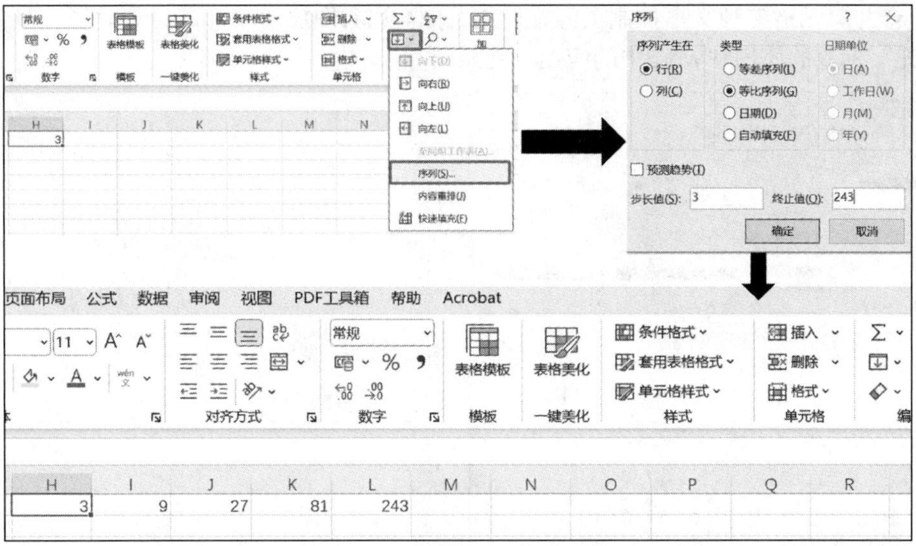

图4-28　自动填充等比数列过程

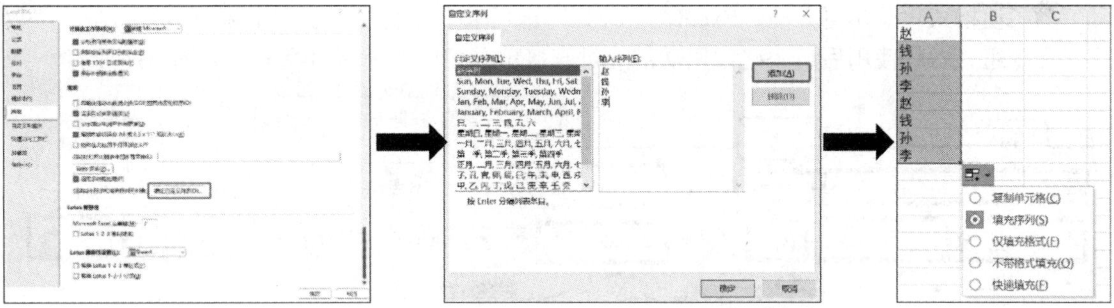

图4-29　添加用户自定义新序列过程

4.1.6　工作表的格式化

一个好的工作表除了保证数据的正确性外，为了更好地体现工作表中的内容，还应对外观进行修饰（即格式化），达到整齐、鲜明和美观的目的。注意格式设置只影响外观，不影响单元格的实际值，选中单元格后通过编辑可查看实际值。

1．设置单元格格式

完成基本数据的输入以后，可以通过格式的设置来改变数据的显示方式，如减少小数点的位数、改变字体颜色、设置内容对齐、填充单元格图案等。选择需要设置的单元格区域，在“开始”选项卡“单元格”组中执行“格式”命令，在下拉列表中单击“设置单元格格式”按钮，弹出如图4-30左图所示的“设置单元格格式”对话框。

单击“数字”标签，可以对当前单元格的数据类型进行更详细的定义。“数值”用于对一般数值的格式修改，可以设置数值型数据的小数点位数、正负数的表示方式、添加千分位符号。“货币”和“会计专用”格式则提供货币值计算的专用格式。“百分比”格式将单元格的内容乘以100，再在数字后面添加百分号（%）。“日期”和“时间”提供多种不同的格式方便选择。

“对齐”标签，设置单元格文本的水平、垂直对齐方式及缩进量，其中自动换行、缩小字体填充、合并单元格三种文本控制项经常使用，图4-30右图展示了部分对齐效果。“字体”“边框”“填充”标签的使用和Word中的应用功能相同。

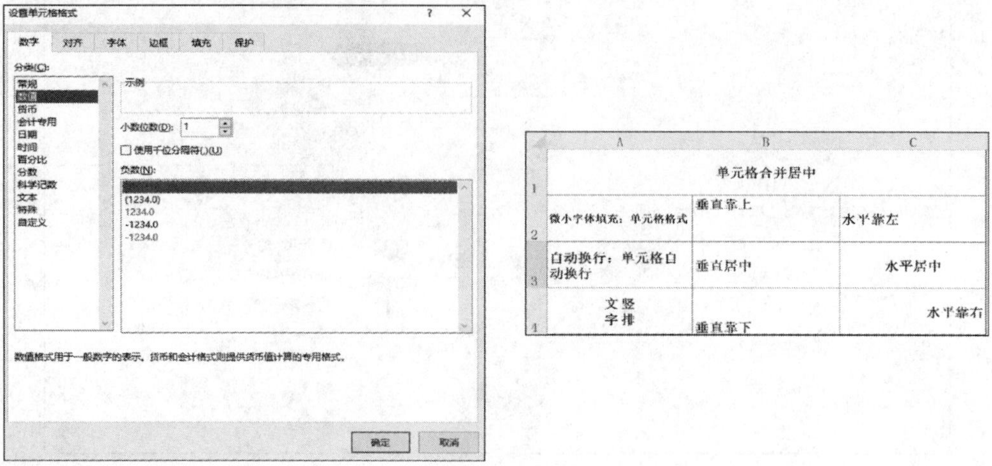

图4-30　“设置单元格格式”对话框

为了使格式化操作更方便，Excel在“开始”选项卡下分别设置了“字体”“对齐方式”“数字”命令组，熟练使用后，一些常用功能通过直接单击相应图标即可实现，如图4-31所示。

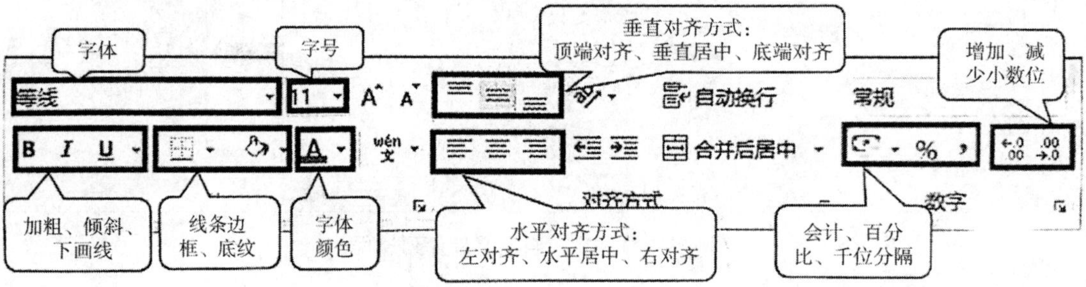

图4-31　常用功能图标

注意：要取消数据格式的设置，可以选择“开始”选项卡“编辑”组中“清除”按钮下拉菜单中的“清除格式”命令，其他工作表格式的取消也是如此。

【例4-1】对素材4-1中的“学生成绩表”进行单元格格式化。设置平均分列小数位为1位；将第1行行高设为25，姓名列列宽设为10；将A1到I1单元格合并为一个，标题内容水平居中对齐；标题字体设为黑体、16号、加粗；工作表边框外框为黑色粗线，内框为黑色细线，“设置单元格格式”对话框“边框”选项卡如图4-32所示；姓名所在行底纹为黄色，其格式的效果如图4-33所示。

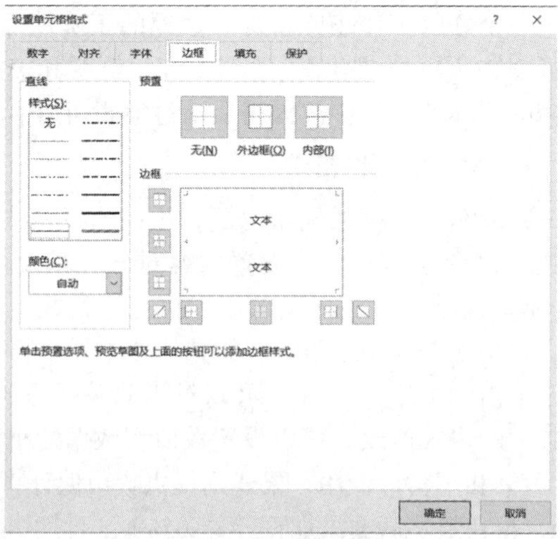

图4-32　“边框”选项卡

	A	B	C	D	E	F	G	H	I
1	第一学期学生成绩表								
2	姓名	系别	性别	数学	英语	计算机	总分	平均分	奖学金
3	金翔	数学	男	68	67	86	221	73.7	
4	张磊	经济	男	69	91	80	240	80.0	有
5	王力	数学	男	78	87	75	240	80.0	有
6	孙英	数学	女	76	53	53	182	60.7	
7	郝心怡	经济	女	71	81	95	247	82.3	有
8	张在旭	经济	男	86	90	78	254	84.7	有
9	周杰	自动控制	男	85	89	95	269	89.7	有
10	林琳	计算机	女	73	65	90	228	76.0	
11	邵飞	信息	男	74	75	78	227	75.7	
12	刘君	信息	男	87	80	50	217	72.3	
13	章舒	自动控制	女	93	62	80	235	78.3	
14	含笑	自动控制	女	79	68	90	237	79.0	
15	温馨	自动控制	女	56	60	68	184	61.3	
16	李醒尘	数学	女	77	75	80	232	77.3	
17									
18	评定标准							80.0	

图4-33 “学生成绩表”格式化效果

在Excel 2016 中，操作步骤如下：

（1）右击列标“H”选定此列，在弹出的快捷菜单中选择“设置单元格格式”命令，打开“设置单元格格式”对话框，在“数字”选项卡“分类”列表框中选择“数值”，小数位数选择“1”，也可以选择“开始”选项卡“数字”组中的“减少小数位数”按钮快捷完成。

（2）单击行号“1”选定标题行（第1行），选择“开始”选项卡“单元格”组中“格式”下拉菜单中的“行高”命令，在“行高”对话框中输入“25”；单击列标“A”选定姓名所在列，选择“开始”选项卡“单元格”组中“格式”下拉菜单中的“列宽”命令，在“列宽”对话框中输入“10”。

（3）选中A1到I1单元格，在“单元格格式”对话框“对齐”选项卡中设置“水平对齐”为“居中”，选中“合并单元格”复选框。也可以单击“开始”选项卡“对齐方式”组中的“合并后居中”按钮快捷完成。

（4）选中标题“第一学期学生成绩表”，在“设置单元格格式”对话框“字体”选项卡中设置字体为“黑体”，字形为“加粗”，字号为“16”。也可以利用“开始”选项卡“字体”组中的相应按钮来快捷完成。

（5）选中整个表格（A1:I18），在“设置单元格格式”对话框“边框”选项卡中先选择线条颜色为“黑色”，样式为“粗线”，单击预置栏“外边框”按钮，完成工作表外框的设置，再选择线条样式为“细线”，单击“内部”按钮，完成工作表内框的设置。选中姓名所在行（A2:I2），在“设置单元格格式”对话框“填充”选项卡中选择“颜色”为黄色。

2. 使用条件格式

条件格式是指对满足条件的单元格执行预设好的格式，Excel内置部分常用规则见表4-1，也可以新建规则和管理当前规则。选择要设置的单元格区域，在“开始”选项卡“样式”组中单击“条件格式”按钮，从下拉列表中选择规则，这里我们选择“最前/最后规则”中“高于平均值”条件，在弹出的对话框中进行格式的选择或者自定义设置，操作过程如图4-34所示。Excel 2016充分考虑设置的便捷性和可视度，可通过新增的快速分析工具实现常用条件格式的设定，非常方便，其内容如图4-35所示。

表4-1　条件格式的各种条件规则说明

条件规则	功能说明	功能举例
突出显示单元格规则	通过使用大于、小于、等于、包含等比较运算限定数据范围，对属于该条件范围内的单元格设定格式	介于（B） 等于（E）
项目选取规则	可将选定单元格区域中前若干个最高值或后若干个最低值、高于或低于平均值的单元格设定特殊格式	值最大的10项（T） 值最大的10%项（P）
数据条	可帮助查看某个单元格在选定单元格区域中的相对值,用数据条的长度表示单元格中值的大小。在统计大量数据的趋势时尤其有用	实心填充
色阶	通过两种或三种颜色的渐变效果来直观地比较单元格区域中的数据,颜色的深浅表示值的高低	
图标集	可以使用图标集中的图标对数据进行注释,每个图标标记一个值的范围,具体的含义可以设定或修改	方向

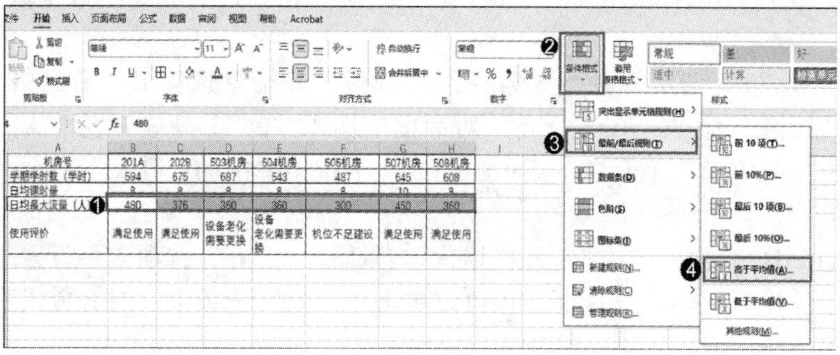

图4-34　格式设置操作过程

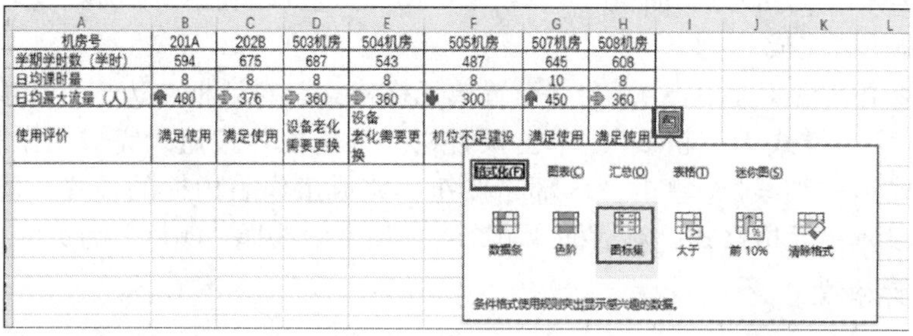

图4-35　快速分析工具

条件格式可以使数据在满足不同的条件时，显示不同的格式，非常实用。如处理学生成绩时，可以对不及格、优等不同分数段的成绩以不同的格式显示。

【例4-2】对例4-1中的“学生成绩表”设置条件格式：将不及格的成绩设置成“浅红填充色深红色文本”效果，90分以上的成绩设置成蓝色，加双下画线。其效果如图4-36所示。

在Excel 2016 中，操作步骤如下：

（1）选定要设置格式的数据区域（D3:F16）。

（2）单击“开始”选项卡“样式”组中的“条件格式”按钮，在下拉菜单中指向“突出显示单元格规则”，选择其级联菜单中的“小于”命令，打开“小于”对话框，进行设置，如图4-37所示。

（3）然后，用同样的方法选择“大于”命令，打开“大于”对话框，在左边的文本框中输入90，在右边的下拉列表框中选择“自定义格式”命令，打开“设置单元格格式”对话框，在“字体”选项卡中设置颜色为“蓝色”，下画线为“双下画线”，然后单击“确定”按钮。

	A	B	C	D	E	F	G	H	I
1	第一学期学生成绩表								
2	姓名	系别	性别	数学	英语	计算机	总分	平均分	奖学金
3	金翔	数学	男	68	67	86	221	73.7	
4	张磊	经济	男	69	91	80	240	80.0	有
5	王力	数学	男	78	87	75	240	80.0	有
6	孙英	数学	女	76	53	53	182	60.7	
7	郝心怡	经济	女	71	81	95	247	82.3	有
8	张在旭	经济	男	86	90	78	254	84.7	有
9	周杰	自动控制	男	85	89	95	269	89.7	有
10	林琳	计算机	女	73	65	90	228	76.0	
11	邵飞	信息	男	74	75	78	227	75.7	
12	刘君	信息	男	87	80	50	217	72.3	
13	章舒	自动控制	女	93	62	80	235	78.3	
14	含笑	自动控制	女	79	68	90	237	79.0	
15	温馨	自动控制	女	56	60	68	184	61.3	
16	李醒尘	数学	女	77	75	80	232	77.3	
17									
18	评定标准							80.0	

图 4-36　设置条件格式效果

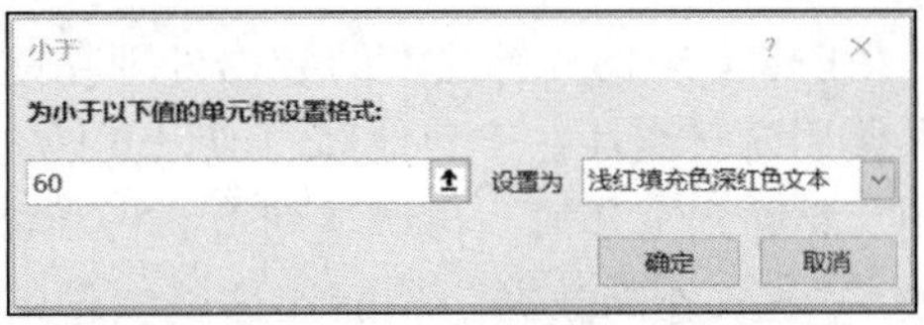

图 4-37　“小于”对话框设置

3. 自动套用格式

在电子表格处理的过程中，有时需要快速实现报表格式化，既节省时间又产生美观统一的报表。电子表格处理软件提供了许多种漂亮、专业的表格自动套用格式。自动套用格式是一组已定义好的格式的组合，包括数字、字体、对齐、边框、颜色、行高和列宽等。在Excel 2016中，自动套用格式是通过“开始”选项卡“样式”组中的“套用表格格式”按钮来实现的。

Excel 2016中预设了多种内置样式，包括单元格样式和表格格式两种。这些样式对元格的各种格式进行了预设，直接应用这些样式可以快速美化表格。

1）套用单元格样式

选定单元格区域，在“开始”选项卡“样式”组中单击“单元格样式”下拉按钮，根据需要选择其中一种样式，若无满足要求的样式可以选择“新建单元格样式”，在对话框中新建样式名并单击“格式”按钮，在“设置单元格格式”对话框中按需求进行设置，单击“确定”后会在样式列表“自定义”组中显示，如图4-38图所示。

2）套用表格格式

套用表格格式，将把某种系统预定义的格式集应用到数据区域，而且会将这个区域创建为“表格”对象。“表格”对象将独立于工作表普通的单元格区域，具有更多的整体数据分析和格式控制功能，在构建动态变化的表格时非常有用。套用表格格式只能用在没有合并单元格的数据区域。

选定单元格区域，在“开始”选项卡“样式”组中单击“套用表格格式”下拉按钮，每种表格样式均有一个名字，根据需要选择其中一种样式。若无满足要求的样式可以选择“新建表格样式”进行自定义。

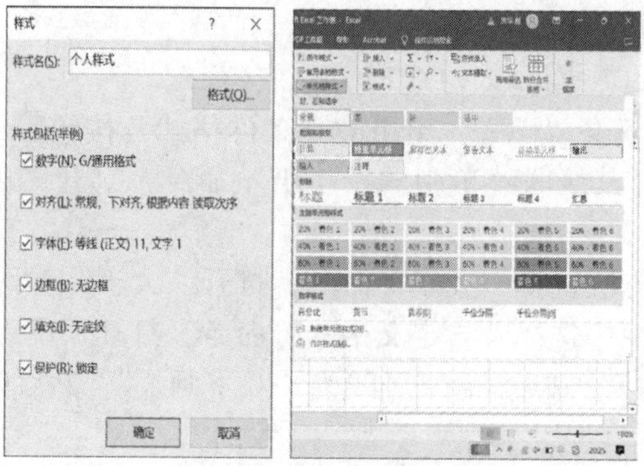

图4-38　套用单元格样式

4.1.7　提高与拓展

1．外部数据的获取

Excel 2016具有强大的数据处理功能，日常工作中应用也十分广泛，因此通常有大量数据在使用前已经存在于其他部门或以其他方式存储了，以往我们总是不厌其烦地从别处将数据复制、粘贴到工作簿，再调整列宽，做相应美化，可当数据更新时又不得不对工作表重新进行修改。“获取外部数据”功能让这些烦琐的工作变得相当简单。Excel 2016可以导入多种类型数据，常用的有Access、文本、网站、SQL等，通过“数据”选项卡下的“获取外部数据”命令组来完成。

下面以导入网站数据为例，介绍具体的操作步骤。

首先打开“数据”选项卡，单击“获取外部数据”选项组中的“自网站”按钮，打开“新建Web查询对话框”，在“地址”栏中输入数据源所在的网址，单击“转到”按钮打开网页。

打开网页后，如果该网页上存在有允许导入的数据表，则会在相应数据表之前出现，单击后该箭头变成√，变为蓝色的数据区域被选中，如图4-39（a）图所示。

（a）　　　　　　　　　　　　　　　　（b）

图4-39　外部数据的获取

单击“新建Web查询”对话框中的“选项”按钮，打开图4-39（b）图所示的“Web 查询选项”对话框。在“格式”选项区域选中“完全HTML格式”单选按钮，导入Excel工作表中的数据格式与网页保持一致。单击“确定”按钮后返回“新建Web查询”对话框。

单击“导入”按钮，打开“导入数据”对话框，指定导入的数据在Excel工作簿中的位置。默认值是当前单元格位置，单击“导入数据”对话框中的“确定”按钮，将数据导入工作表，如图4-40所示。

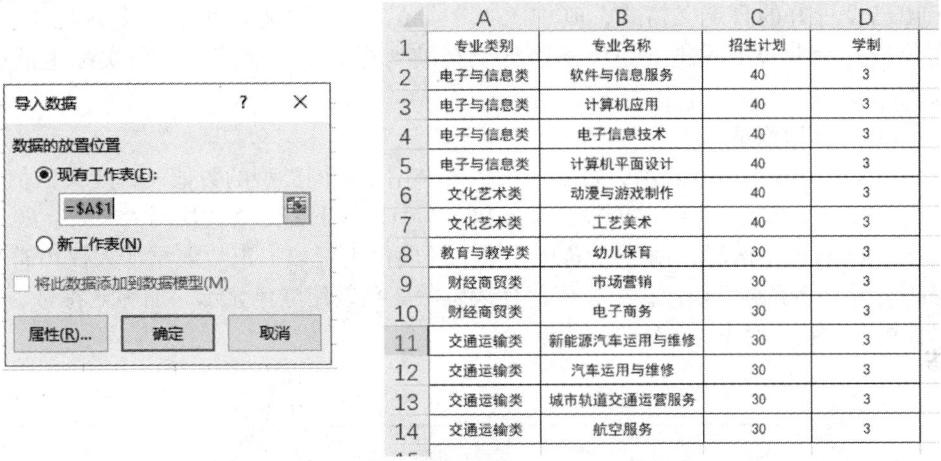

	A	B	C	D
1	专业类别	专业名称	招生计划	学制
2	电子与信息类	软件与信息服务	40	3
3	电子与信息类	计算机应用	40	3
4	电子与信息类	电子信息技术	40	3
5	电子与信息类	计算机平面设计	40	3
6	文化艺术类	动漫与游戏制作	40	3
7	文化艺术类	工艺美术	40	3
8	教育与教学类	幼儿保育	30	3
9	财经商贸类	市场营销	30	3
10	财经商贸类	电子商务	30	3
11	交通运输类	新能源汽车运用与维修	30	3
12	交通运输类	汽车运用与维修	30	3
13	交通运输类	城市轨道交通运营服务	30	3
14	交通运输类	航空服务	30	3

图4-40　导入数据

如果希望每次打开工作簿时自动从网站上获取最新的数据，只须在导入数据区域的任意位置右击，在随机打开的快捷菜单中执行“数据区域属性”命令，打开“外部数据区域属性”对话框，选中“刷新控件”选项区域的“打开文件时刷新数据”复选框，单击“确定”按钮，如图4-41所示。

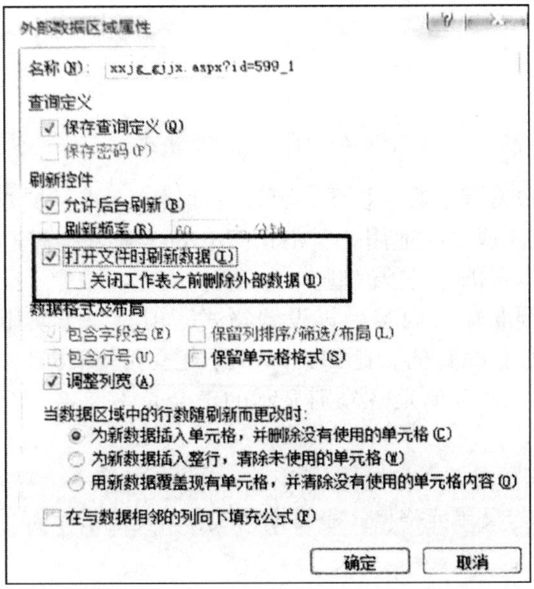

图4-41　“外部数据区域属性”对话框

2. 自定义单元格格式

单元格格式是Excel中一个最基本但又可以很高级的技能。前文已经介绍了常用的几种数据格式，如数值型、文本型、日期型、货币型等，但使用过程中有些格式往往在内置格式里面没有或者不是我们需要的状态，这种情况下可以自定义单元格格式。

首先在“开始”选项卡“单元格”组中单击“格式”，在弹出的下拉列表中单击“单元格格式”，弹出“设置单元格格式”对话框，选择“自定义”分类。对话框右侧用各种符号显示出已设置好的自定义格式，其中“#”、“0”、“？”均可用于数字占位符；“@”是文本占位符；“*”表示重复下一个字符直至充满列宽等。下面演示一些实际生活中经常用到的案例。

1）自定义数值格式

自定义格式用代码来表示，每个区段代码作用于不同类型的数值。自定义数值格式中包含四种类型的数值格式：正数、负数、零值和文本。比如下面的格式代码：￥#，##0.00；[红色]$-#，##0.00有两个区段，用分号隔开。第一区段代表正数，正数前添加人民币符号、用千位分隔符、保留小数点后两位；第二区段代表负数，负数用红色显示、加美元符号、用千位分隔符、保留小数点后两位，如图4-42所示。

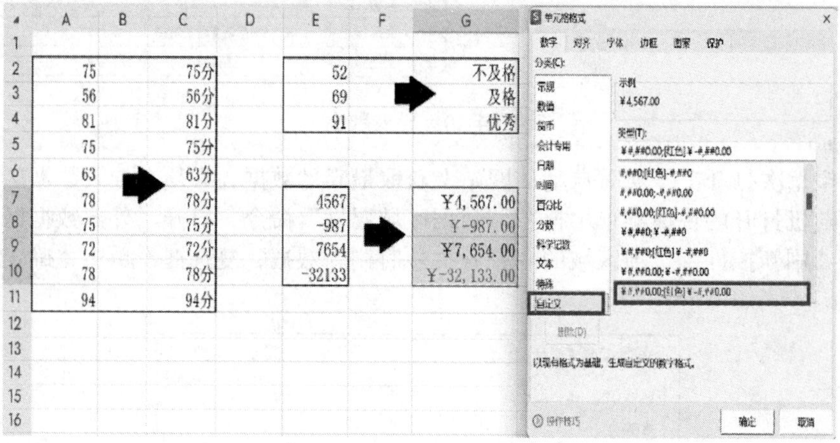

图4-42　自定义数值格式

“G/通用”格式表示以常规的数字显示，可以在此格式上进行扩充，常用于添加固定文本。如将H2：H11单元格自定义成“G/通用分”格式，单击“确定”按钮后输入的数字后会自动添加单位“分”，而单元格本身仍然是数值型。

自定义格式还能先判断输入内容后再设置格式，但只限于使用三个条件，前两个条件是明确的，最后一个是所有的其他。比如：[>90]"优秀"；[<60]"不及格"；“合格”，设置完成输入“52、69、91”之后单元格分别显示的值会是不及格、合格、优秀，类似后文中将讲的if函数的使用。

2）自定义日期格式

另一种经常使用的自定义单元格格式是日期格式，常见的表示符号有“Y”“M”“D”“A”，不同个数符号代表不同含义，见表4-2。

表4-2　不同符号代表的含义

符　号	含　义	例　子
d	使用没有前导0显示日期	12-4
dd	使用有前导0显示日期	12-04
ddd	使用英文缩写显示星期几	*sat~sun*
dddd	使用英文全称表示星期几	Saturday~Sunday
aaaa	使用中文来显示星期几	星期一~星期日
aaa	中文显示星期序列	一~日
yy	两位显示年	00~99
yyyy	四位显示年份	1 900~9 999
m	没有前导0的数字显示月份	1~10
mm	有前导0的数字显示月份	01~10

知道这些符号的意思后，我们在使用时可以按照需求对它们进行选择和组合。如在显示日期的时候同时显示星期几，只需要在自定义单元格格式时，在常规的类型后添加表示星期的符号“aaa”或者“aaaa”即可实现，如图4-43所示。

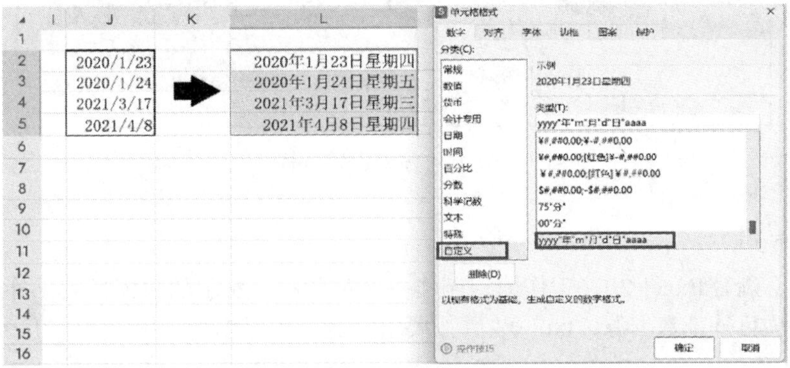

图4-43　自定义日期格式

3．数据的有效性

数据的有效性是指对单元格或单元格区域输入的数据从内容到数量上的限制。对于符合条件的数据，允许输入；对于不符合条件的数据，禁止输入。这样就可以依靠系统检查数据的正确有效性，避免错误的数据录入。数据有效性的设置需要在未输入数据时预先设置，设置后输入的数据才能够检查其有效性。例如，成绩只允许输入0~100分中的整数，输入其他数据的时候会弹出出错警告。

设置数据的有效性，首先选定需要设置的单元格区域，在“数据”选项卡“数据工具”组中执行“数据有效性”命令，在弹出的对话框中选择要设置的单元格允许类型或允许值。以性别只允许“男”或“女”为例进行介绍。

首先选中“性别”列中的单元格，在“数据”选项卡“数据工具”组中单击“数据有效性”。在“数据有效性”对话框“设置”选项卡中选择有效性条件为“序列”，勾选“提供下拉箭头”复选框，在来源区域输入“男，女”，注意中间的标点符号必须为半角逗号；也可以先建立一个序列的区域，通过右侧的选择区域按钮来直接选择。

若需要输入数值的大小范围，则在“有效性条件”中选择整数或者小数，选择数据条件“介于”“大于”或“小于”等，然后在对应的值输入框中输入条件值，如最大值或者最小值。

“输入信息”选项卡可以设置当选定单元格时显示的提示信息。“出错警告”选项卡可以设置输入错误值时的警告信息。设置完成后单击“确定”即可。

若设置为序列，则在单元格右侧出现一个下拉箭头，单击后出现已设置好的序列范围，通过下拉箭头可以依次选择填充，设置过程如图4-44所示。若输入在范围内，则只有当输入超出范围时才会弹出“输入值非法”窗口。

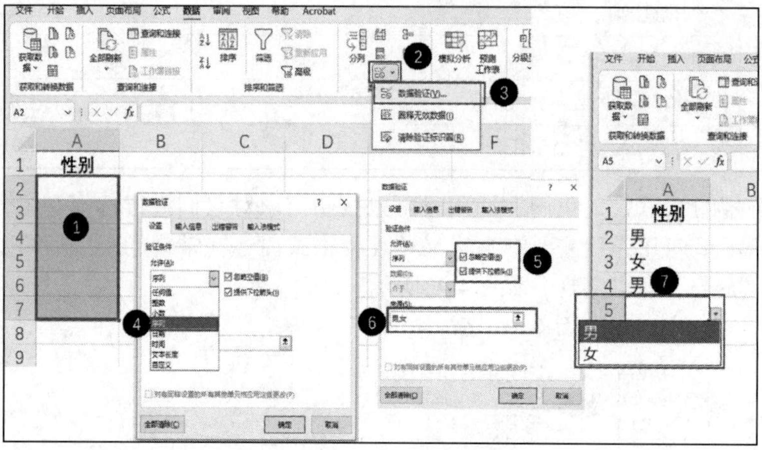

图4-44　序列设置过程

4.1.8　同步实训

实训项目：新建Excel 2016工作簿，制作一张如图4-45所示的数据样表（外部数据源导入请使用“实训项目外部数据源．txt”），并按要求完成以下操作：

	A	B	C	D	E	F	G
1	姓名	性别	出生日期	部门	Word	Excel	PowerPoint
2	包一兰	女	1968年5月4日	研发部	89	86	75
3	陈府华	男	1972年11月9日	研发部	57	58	56
4	杜思雨	女	1975年1月24日	行政部	90	82	81
5	胡子鸣	男	1963年2月2日	生产部	74	72	75
6	金笑含	女	1981年6月3日	行政部	82	63	63
7	李佳一	女	1990年12月1日	物流部	85	64	78
8	刘洋	男	1969年1月29日	采购部	75	78	72
9	苏畅	男	1970年10月26日	研发部	70	70	88
10	孙萌	女	1985年2月22日	市场部	80	73	49
11	王凯文	男	1965年4月10日	市场部	59	78	79

图4-45　同步实训数据样表

（1）在“姓名”列后添加“员工编号”列，从“001”开始编号，并自动填充其他编号。

（2）设置所有单元格行高为25，内容水平、垂直均居中对齐；设置成绩所在的单元格为数值型，保留小数点后1位。设置“姓名”等列标题所在单元格的字体为隶书、字号12、黑色加粗；填充图案颜色蓝色（标准色）、图案样式为6.25%灰色；上下框线为红色（标准色）双窄线，其他为黑色（标准色）单实线。

（3）利用条件格式将成绩小于60的数据单元格格式设置为：字体为红色（标准色）、加粗倾斜；边框红色（标准色）；填充浅蓝色（标准色）。为最高成绩单元格设置“浅红填充色深红色文本”格式，并添加批注“最高成绩”。

（4）在第一行之前插入一行，输入表格标题“创友科技公司办公应用技能大赛成绩表”，使其与表格列数相同且在一个单元格内，标题行字体为黑体、红色（标准色）、18号加粗，行高为40。

（5）根据内容布局自定义调整列宽，为数据区域添加所有框线，将工作表命名为“创友科技公司MOS大赛成绩”，并将该工作簿保存为“创友科技公司办公应用技能大赛成绩表.xlsx”，效果图如图4-46所示。

	A	B	C	D	E	F	G	H
1	创友科技公司办公应用技能大赛成绩表							
2	姓名	员工编号	性别	出生日期	部门	Word	Excel	PowerPoint
3	包一兰	001	女	1968年5月4日	研发部	89.0	86.0	75.0
4	陈府华	002	男	1972年11月9日	研发部	57.0	58.0	56.0
5	杜思雨	003	女	1975年1月24日	行政部	90.0	82.0	81.0
6	胡子鸣	004	男	1963年2月2日	生产部	74.0	72.0	75.0
7	金笑含	005	女	1981年6月3日	行政部	82.0	63.0	63.0
8	李佳一	006	女	1990年12月1日	物流部	85.0	64.0	78.0
9	刘洋	007	男	1969年1月29日	采购部	75.0	78.0	72.0
10	苏畅	008	男	1970年10月26日	研发部	70.0	70.0	88.0
11	孙萌	009	女	1985年2月22日	市场部	80.0	73.0	49.0
12	王凯文	010	男	1965年4月10日	市场部	59.0	78.0	79.0

图4-46　效果图

操作步骤：

（1）启动Excel 2016，系统默认建立一个名为“工作簿1”的空白工作簿，当前工作表为“sheet 1”。

（2）在A1:F1区域分别输入各列的列标题，再依次输入姓名、性别和部门列对应单元格的内容，这部分内容输入后系统会默认为“文本”格式。

（3）C2:C11区域为日期型数据，为输入方便，我们首先设置该区域单元格的格式。选定C2:C11，单击“开始”选项卡“数字”组右下角箭头，在弹出的“设置单元格格式”对话框“数字”选项卡中设置分类为“日期”，选择日期类型为“××年××月××日”，如图4-47所示，单击“确定”按钮。依次在C2：C11中输入“1968/5/4”等日期数据。若先输入完日期数据后再进行单元格格式的统一设置，也能达到一样的效果。

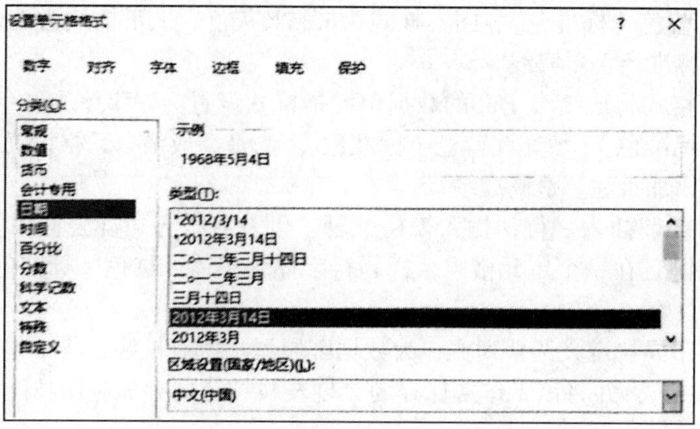

图4-47 “设置单元格格式”对话框

（4）对照素材图4-45，依次在D2：F11区域输入对应的成绩。

利用教材素材提供的原始数据文件“实训数据.txt”，也可以通过导入外部数据源的方式创建工作表，具体操作方法参见微课视频—同步实训（通过外部数据源新建工作表，如图4-48所示）。

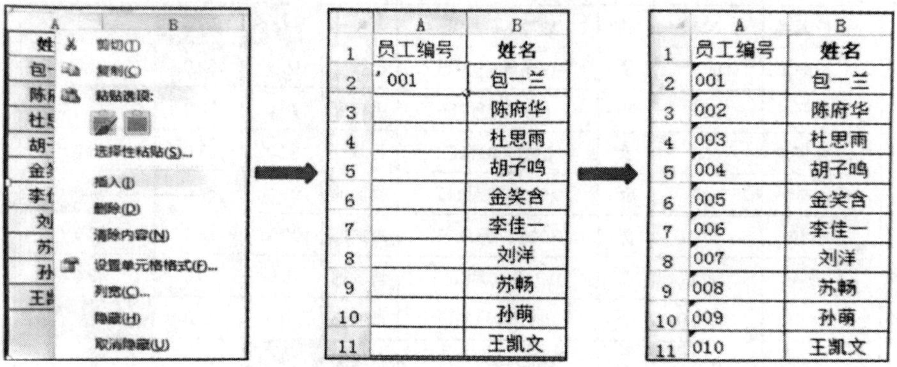

图4-48 通过外部数据源新建工作表操作过程

（5）将鼠标移至列标A，当鼠标变成黑色向下箭头↓时右击，在弹出的快捷菜单中执行“插入”命令，系统默认在选中列前插入一列，原来数据内容自动向右移动一列。

（6）在A1单元格输入“员工编号”。在A2单元格先输入半角单引号“'”，然后输入“001”，在该单元格的左上角出现绿色的三角符号，表示该单元格是“以文本形式保存的数字”。若直接输入“001”，则系统会默认为数值型，输入完成后直接变成“1”。

（7）将鼠标移至A2单元格右下角的填充句柄上，出现“十”字形标记时拖动下拉至A11单元格，系统默认所有鼠标拖动过的区域填充方式为序列。

（8）选定A1:H11单元格区域，在“开始”选项卡“单元格”组中单击“格式”下拉列表，执行“行高”命令，在弹出的对话框中输入25；在“对齐方式”组中单击“水平居中”“垂直居中”按钮。

（9）选择F2:H11单元格区域，单击“开始”选项卡“数字”组中右下角的斜下箭头标志，弹出“设置单元格格式”对话框，设置“数字”分类为“数值”，保留小数点后一位。

（10）选定A1：H1单元格区域，单击“开始”选项卡“字体”组中右下角的斜下箭头标志，弹出“设置单元格格式”对话框，设置“字体”为隶书、字号12、黑色（标准色）加粗；设置“填充”图案颜色为蓝色（标准色）、图案样式为6.25%灰色，如图4-49所示；在“边框”中选择双窄线样式，选择红色（标准色），应用于上框线和下框线，如图4-50所示。

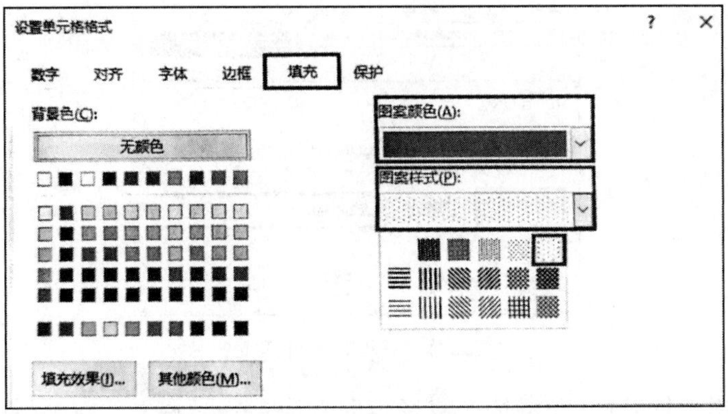

图4-49　“填充”设置

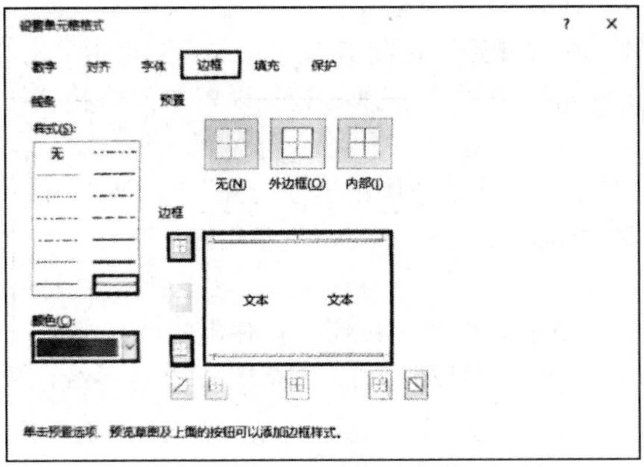

图4-50“边框”设置

（11）选定F2:H11单元格区域，在“开始”选项卡“样式”组中单击“条件格式”下拉列表中的“突出显示单元格规则”，执行“小于”命令。

（12）在弹出的“小于”对话框中，设置比较值为60，设置格式为“自定义格式”，如图4-51所示。

（13）在弹出的“单元格格式”对话框中设置边框为红色（标准色），字体为红色（标准色）、加粗倾斜，填充浅蓝色（标准色）。

（14）选定F2:H11单元格区域，在“开始”选项卡“样式”组中单击“条件格式”下拉列表中的“项目选取规则”，执行“前10项”命令，在弹出的对话框中设置值为1，格式为“浅红色填充深红色文本”。

（15）选择已突出显示的最高成绩F4单元格，在“审阅”选项卡“批注”组中执行“新建批注”命令，在弹出的输入框中输入“最高成绩”。添加批注的单元格右上角有一个红色三角形标志，当鼠标悬浮在该单元格上时批注内容出现。

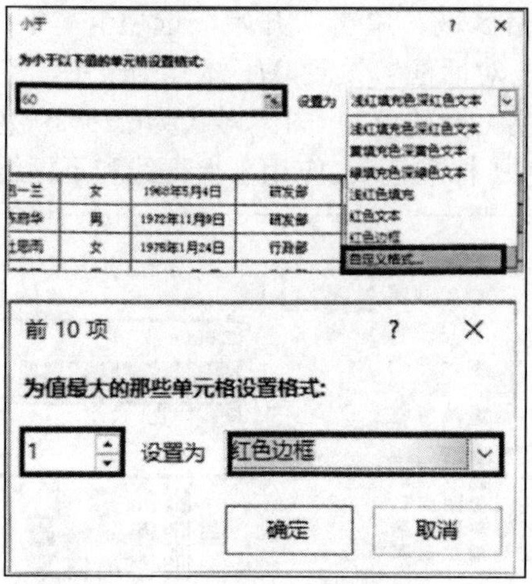

图4-51 “小于”对话框

（16）将鼠标移至行号1，当鼠标变成黑色向右箭头→时右击，在弹出的快捷菜单中执行“插入”命令，系统默认在选中行前插入一行，原来数据内容自动向下移动一行。

（17）在A1单元格内输入标题文字“创友科技公司办公应用技能大赛成绩表”。

（18）选中A1:H1区域，在“开始”选项卡“对齐方式”组中单击“合并并居中”按钮，单击“对齐方式”组右下角的斜下箭头，在弹出的“设置单元格格式”内设置字体为黑体、红色、22号加粗。

（19）右击行号1，在弹出的快捷菜单中单击“行高”，在弹出的对话框中输入40。

（20）双击工作表标签“sheet 1”，标签变成黑色后输入工作表表名“创友科技公司MOS大赛成绩”。

（21）单击“文件”菜单下的“保存”按钮，在弹出的“另存为”对话框中选择存放路径、输入文件名“创友科技公司办公应用技能大赛成绩表”、注意系统已默认“.xlsx”为保存类型时无须再输扩展名。

4.2 图表的操作

图表以图形形式来显示数值数据系列，反映数据的变化规律和发展趋势，使人更容易理解大量数据以及不同数据系列之间的关系，一目了然地进行数据分析。电子表格处理软件能充分满足图表制作的需求，提供丰富的图表类型，如柱形图、折线图、饼图、条形图、面积图、散点图和其他图表等，既有平面图形，又有复杂的三维立体图形。同时，它还提供许多图表处理工具，如设置图表标题、设置字体、修改图表背景色等，帮助用户设计、编辑和美化图表。

4.2.1 图表的类型

同Excel 2010相比，Excel 2016新增五类更高大上的图表类型，同时将组合图表作为一种专门类型呈现出来，让原来的图表组合变得更接地气。让人眼前一亮的还有Excel 2016添加的智能分析工具，会自动推荐最适合的图表类型并可视化供使用者选择，为Excel普通使用者提供极大方便，图表对比如图4-52所示。

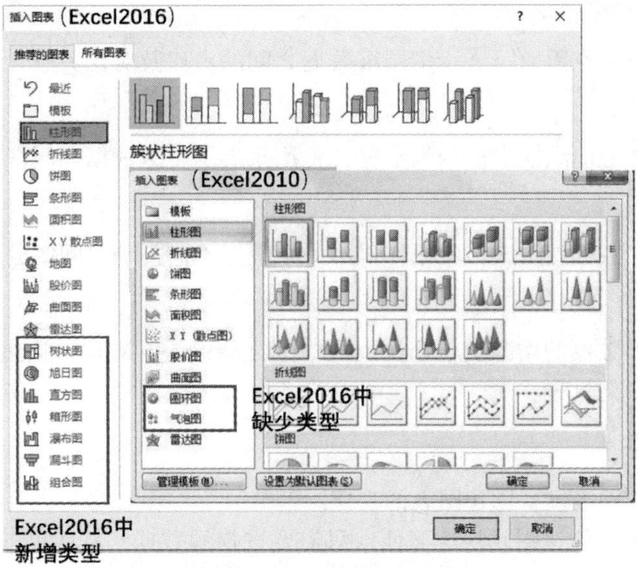

图4-52　Excel 2016和Excel 2010中的图表对比

图表与创建它的原始单元格数据相链接，并随数据值的改变而自动变化更新。每一类图表包含若干种图表样式，如有二维平面图形，也有三维立体图形等。常见和新增的图表类型功能如下：

1. 柱形图

用于显示一段时间内数据变化或各项之间的比较情况。它简单易用，是最受欢迎的图表形式。

2. 条形图

可以看作是横着的柱形图，是用来描绘各个项目之间数据差别情况的一种图表，它强调的是在特定的时间点上进行分类和数值的比较。

3. 折线图

折线图是将同一数据系列的数据点在图中用直线连接起来，以等间隔显示数据的变化趋势。

4. 饼图

饼图能够反映出统计数据中各项所占的百分比或是某个单项占总体的比例。使用该类图表便于查看整体与个体之间的关系。

5. 迷你图

迷你图是以单元格为绘图区域，绘制出简约的数据小图标。由于迷你图太小，无法在图中显示数据内容，所以迷你图与表格是不能分离的。迷你图包括折线图、柱形图、盈亏图3种类型。

6. 树状图

用矩形大小、颜色和排列，表示数据的层级和占比关系。

7. 旭日图

用多个圆环及离圆点距离，展示多层级数据之间的占比及对比关系。

8. 直方图

形状与柱形图类似但纵横坐标均为数据，常用来展示一组数据不同区间的分布情况。

9. 箱形图

由柱形、线段和数据点组成，常用作显示一组数据不同类别之间的分布和离散情况。

10. 瀑布图

用于表现一系列数据的增减变化情况以及数据之间的差异对比，通过显示各阶段的增值或者负值来显示值的变化过程。

4.2.2 图表的创建

电子表格处理软件提供了创建图表的功能。

在Excel 2016 中，创建图表快速简便，只需要选择源数据，然后单击“插入”选项卡“图表”组中对应图表类型的按钮，在下拉列表中选择具体的类型即可。

选中要绘制图表数据所在的单元格区域，若事先不知使用哪种图表类型可直接执行“推荐图表”命令进行直观选择，若事先已选定图表类型则可直接在“图表”组中选定对应图标命令，当鼠标悬停在图标上时会自动弹出该图表类型提示，如图4-53（a）所示。选中图表后，图表右侧会出现“图标元素”“图表样式”“图标筛选器”三个快捷按钮，同时在功能区出现“图表工具—设计”“图表工具—格式”两个新选项卡，对图表所有的编辑和设置均可通过它们来完成，如图4-53（b）所示。

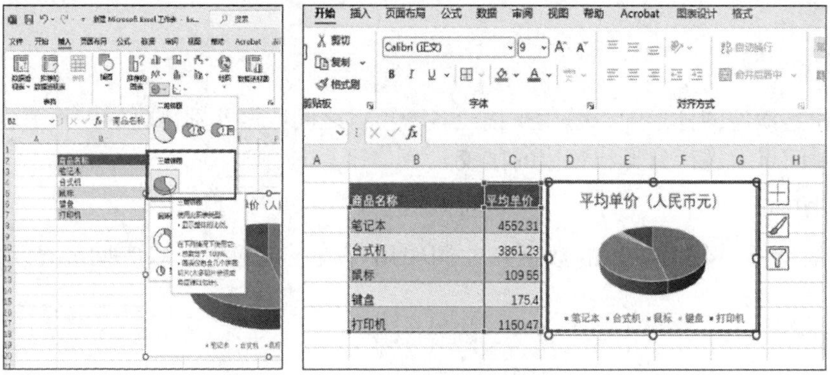

图4-53 图表的创建

【例4-3】根据例4-2“学生成绩表”中的姓名、各科成绩产生一个簇状柱形图，如图4-54所示。

在Excel 2016 中，操作步骤如下：

（1）选定建立图表的数据源。先选定姓名列（A2:A16），按住【Ctrl】键，再选定各科成绩数据区域（D2:F16），如图4-55所示。

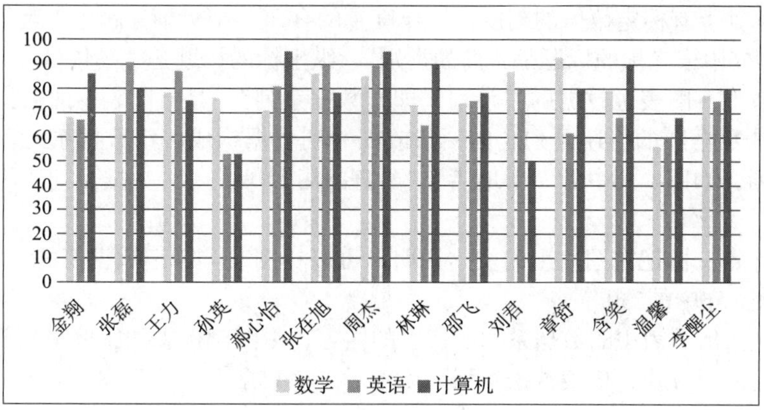

图4-54　簇状柱形图

	A	B	C	D	E	F	G	H	I	J
1	第一学期学生成绩表									
2	姓名	系别	性别	数学	英语	计算机	总分	平均分	奖学金	
3	金翔	数学	男	68	67	86	221	73.7		
4	张磊	经济	男	69	91	80	240	80.0	有	
5	王力	数学	男	78	87	75	240	80.0	有	
6	孙英	数学	女	76	53	53	182	60.7		
7	郝心怡	经济	女	71	81	95	247	82.3	有	
8	张在旭	经济	男	86	90	78	254	84.7	有	
9	周杰	自动控制	男	85	89	95	269	89.7	有	
10	林琳	计算机	女	73	65	90	228	76.0		
11	邵飞	信息	男	74	75	78	227	75.7		
12	刘君	信息	男	87	80	50	217	72.3		
13	章舒	自动控制	女	93	62	80	235	78.3		
14	含笑	自动控制	女	79	68	90	237	79.0		
15	温馨	自动控制	女	56	60	68	184	61.3		
16	李醒尘	数学	女	77	75	80	232	77.3		
17										
18	评定标准							80.0		
19										

图4-55　正确选定建立图表的数据源

（2）单击“插入”选项卡“图表”组中的“插入柱形图或条形图”下拉按钮，然后选择“簇状柱形图”（单击图标即可），图表就会在表格中显示，然后将图表调整至合适大小。

4.2.3　编辑图表

在创建图表之后，如果图表的类型不能直观表达工作表中的数据，或者想设计图表布局和图表样式时，需要编辑图表。电子表格处理软件提供了编辑图表的功能。

1. 认识图表

单击已创建图表上的空白位置，图表四周出现浅灰色方框，表示选定了该图表，这时可以对图表中的组成元素进行编辑和修改。图表一般由多个元素组成，如图4-56所示。用户可以对各个元素逐一设置。

（1）图表区：包含图表图形及标题、图例等所有图表元素的整个矩形区域。

（2）绘图区：图表区的一部分，是仅包含图表主体图形的矩形区域。

（3）图表标题：用来说明图表内容的标题文字，可以进行自定义有无和编辑修改。

（4）坐标轴及标题：坐标轴是标记数值大小及分类的水平线或垂直线，也是界定绘图区的线条。大多数类型的图表都有横坐标和纵坐标，横坐标通常表示分类，纵坐标通常显示数值，表示数值的坐标轴上有标定数值的刻度，用作度量的参照。坐标轴标题用于表征坐标轴的分类及内容。如图4-56中横坐标的标题是“商品类别”，纵坐标的标题是“销售量”。

（5）数据系列：图表源数据的“系列”即“数据系列”，是指图表中的数据图形区反映的数据来源于所选数据区的行还是列，同一行或同一列数据构成一组数据系列。图表可有一组或多组数据系列，如图4-56中的“上地店”“西直门店”等，每种数据系列用不同颜色的柱体表示。

（6）数据标签：标记在图表上的文本说明，可以在图表上标记数据值的大小、系列名称、类别名称，如图4-56中的230等。

（7）图例：指出图表中的数据系列所代表的内容，由图例标志和图例项两部分组成。前者通常是不同颜色的小方块，代表数据系列，后者对应该数据系列的名称，一个图例标是只能对应一个数据系列。

（8）网格线：贯穿绘图区的线条，通常是横纵坐标上刻度线的延伸，用于更方便地读取图中数据系列值的大小。

（9）数据表：反映图表中每一种分类对应的原始数据，当图表和原始数据不在一起才能更好地理解数据来源和图表的形成。

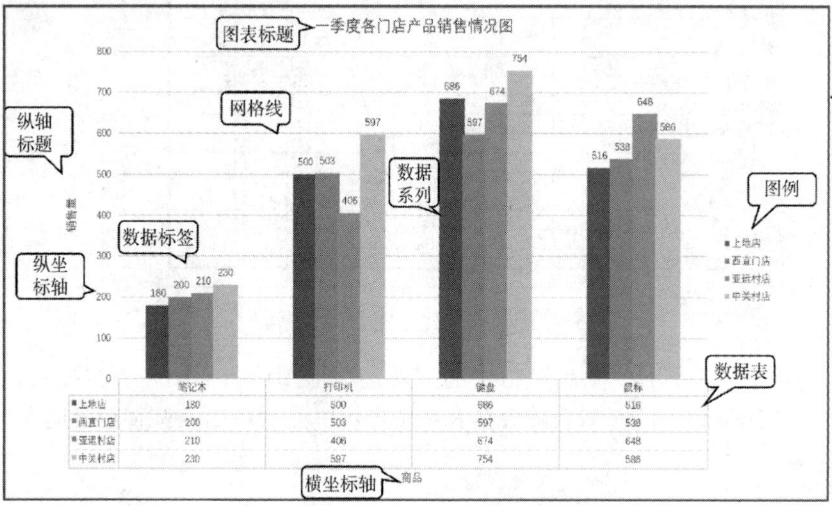

图4-56　图表的组成

2. 设计图表样式

创建一张图表后，系统会根据选定的类型自动生成一张默认设置的图表，往往需要进行样式的编辑和修改，“图表工具—设计”选项卡提供快速修改图表布局和样式的功能，包含的五个功能区分别为：图表布局、图表样式、数据、类型、位置，如图4-57所示。

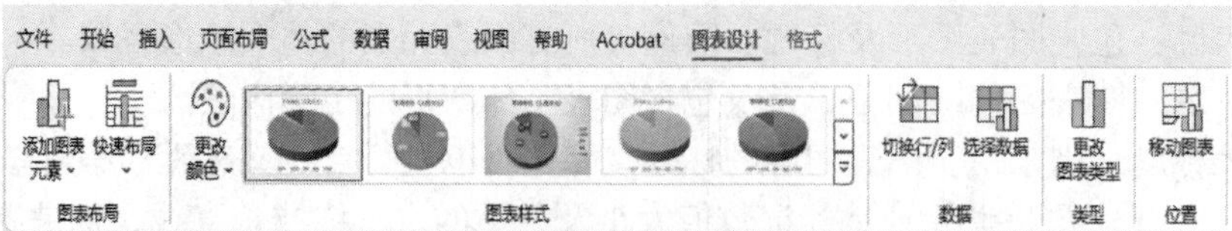

图4-57　“图表设计”选项卡

（1）“图表布局”命令组包括设置图表元素功能和预设布局快速样式两方面功能，其中“快速布局”功能展示的是常见元素的组合布局，已预设好元素位置，选择后即直接应用；“添加图表元素”包含最常用的布局功能，将在后文详述。

（2）“图表样式”命令组可批量更改数据序列颜色或直接使用快速样式。“更改颜色”提供色彩搭配和单色渐变两类多种颜色套餐，“快速样式”展示当前图表类型系统预设的图表样式，如图例颜色、图表的背景墙等，选择后即直接应用。

（3）“类型”命令组可直接更改当前图表的类型，如将饼图变成柱形图等。

（4）“数据”命令组可更改当前图表数据来源，图表随着数据源改变而发生改变。“系列产生在”有“行”或“列”两种情况，每一系列用单独的颜色或图案区分，可以通过单击图表中任何一种颜色来检查图表中的数据图形元素是“产生在行”还是“产生在列”，若不符合要求可以通过“切换行／列”来进行转换。

（5）“位置”命令组包含“移动图表”功能，创建图表后图表默认和原数据在一个工作表，如果要将图表移动到其他工作表，可以使用此功能来完成。选择工作表后，选择“图表工具—设计—移动图表”功能，在“移动图表”对话框里选择须放置位置，若是新工作表可重新命名，如图4-58所示。

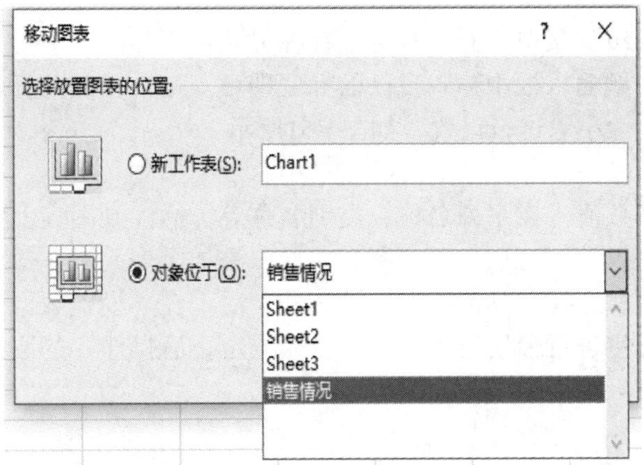

图4-58　“移动图表”对话框

3．修改图表布局

图表可以根据实际需要显示或隐藏一些元素，也可对图表中的元素位置进行调整，以使图表内容结构更加合理、美观。“图表工具—设计”选项卡“图表布局”组“添加图表元素”命令集合了Excel低版本中的“图表工具—布局”选项卡功能，可对如图4-59所示的图表元素进行自定义，是图表设计中最常用的功能。需要说明的是，图表元素集的个数并不是固定的11个元素，而是会随着使用图表类型的变化而变化。

1）设置坐标轴及坐标轴标题

大多数类型图表有坐标轴，用于对图表中的数据进行度量和分类的轴线。可以设置是否在图表中显示坐标轴以及显示的方式，还可以为坐标轴设置标题。选中图表后，在“图表工具—设计”选项卡“图表布局”组中单击“添加图表元素”按钮，在“坐标轴”的级联菜单中选择是否呈现横坐标轴和纵坐标轴，单击第一次为选择，再单击一次即为取消选择。单击“更多轴选项”，可进一步对坐标轴进行设计和美化，过程如图4-60所示。

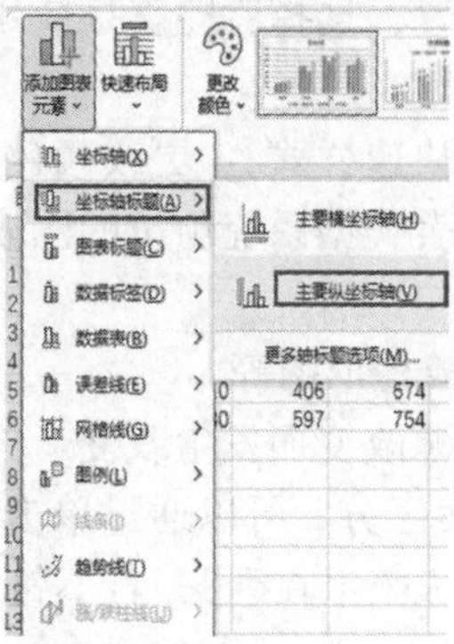

图4-59　图表元素

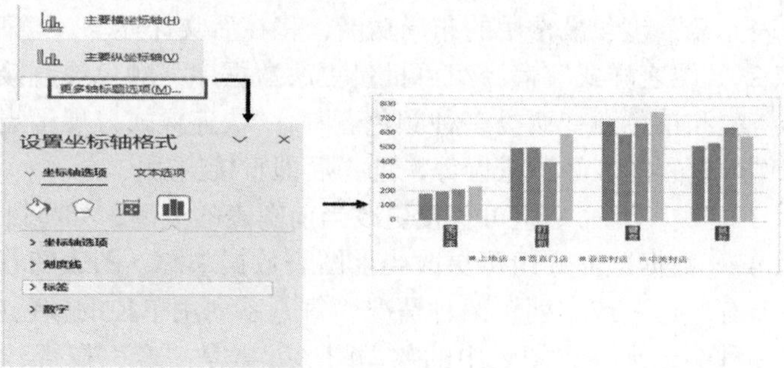

图4-60　更多轴选项

设置坐标轴标题的操作方式与设置坐标轴相似，设置过程中可在“坐标轴标题”框里输入标题内容，可通过双击标题进行修改，“更多轴标题选项”还可进一步对格式进行设置。

2）添加图表标题

选中图表后，在“图表工具——设计”选项卡“图表布局”组中单击“添加图表元素”按钮，在“图表标题”的级联菜单中有三种标题存在方式：无、图表上方、居中覆盖，选择其中一种后在弹出的图表标题输入框中输入自己的标题即可。单击“其他标题选项”还可以对标题文本框的填充、效果、大小等进行设置，如图4-61所示。

3）添加数据标签

将数据系列的具体数值（或系列名称、类别名称等）标注到图表上，称为数据标签。选中图表，在“图表工具—设计”选项卡下“图表布局—添加图表元素—数据标签”级联列表中选择所须添加的位置即可；选择“其他数据标签选项”后，在“设置数据标签格式”对话框中可以对任一系列的数据标签进行分别设置，遵循“先选定，后操作”的原则，标签选项和部分效果如图4-62所示。

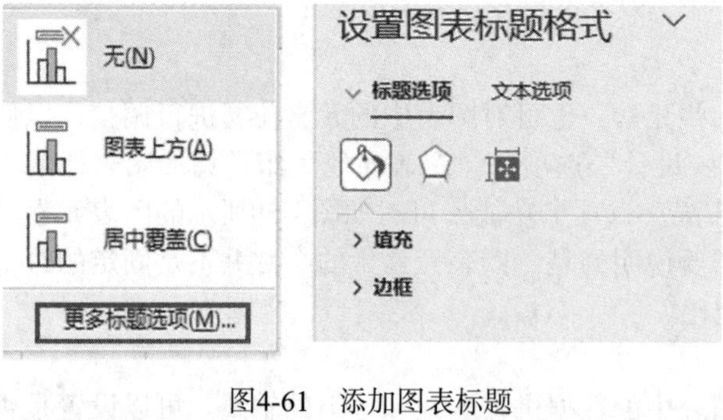

图4-61　添加图表标题

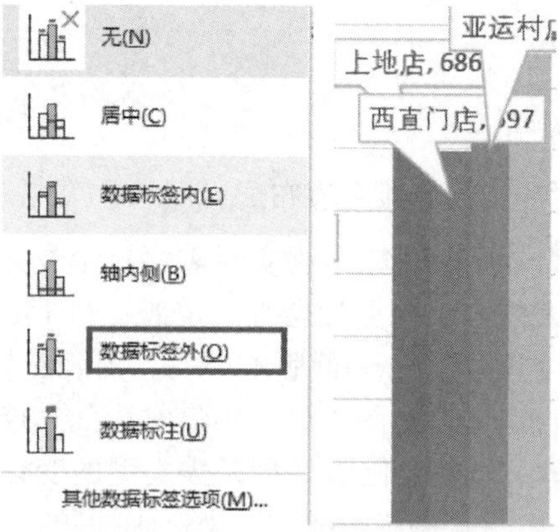

图4-62　标签选项和部分效果

4）设置图例

图例表征图表中不同颜色数据系列所代表的内容，对理解图表很有帮助。图例的呈现方式一般有六种，需要注意的是，在“图表工具—设计”选项卡下“图表布局-添加图表元素-图例”

级联列表中对图例位置的描述与“其他图例选项”中的描述存在差异，对应为：无、靠上（顶部）、靠下（底部）、靠左（左侧）、靠右（右侧）、右上，如图4-63所示。在对图例格式进行设计时，所有图例作为一个整体文本对象来呈现效果。要删除图例，从级联列表中选择“无”即可。

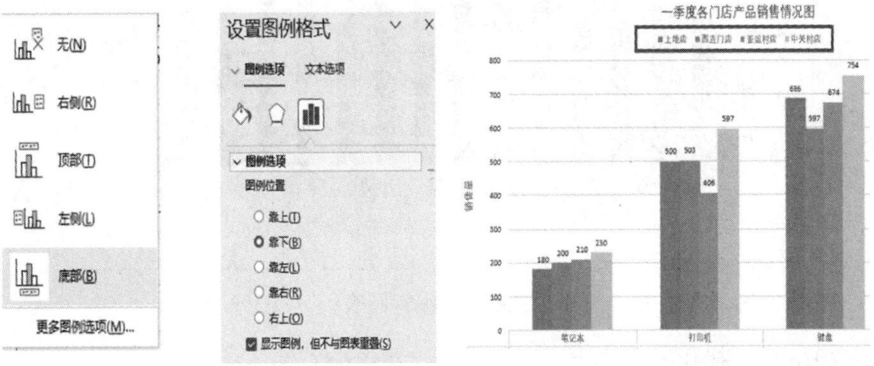

图4-63　设置图例

4．设置图表格式

图表创建布局好之后，可以进一步通过设置图表格式来美化图表，也可以在当前图表上插入形状、插入艺术字、精确调整大小等。在Excel 2016中，设置图表格式有以下三种方法：

（1）在设置图表布局时，通过“更多图表元素选项”对单个元素设置格式，前文已介绍。

（2）通过单击图表上已有元素，打开相应格式设置框，设置或变更当前格式。

（3）在“图表工具—格式”选项卡下选择当前图表对应元素设置格式。如图4-64所示，在“图表区”下拉框中选择当前的图表元素，单击“设置所选内容格式”命令，弹出设置相应元素格式对话框。

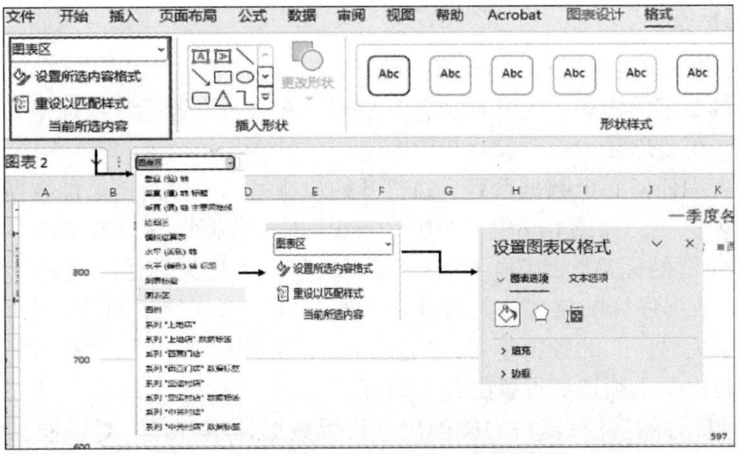

图4-64　设置图表格式

【**例4-4**】为例4-3中的图表添加图表标题为“学生成绩表”，X 轴标题为“学生姓名”，Y 轴标题为“分”，效果如图4-65所示。

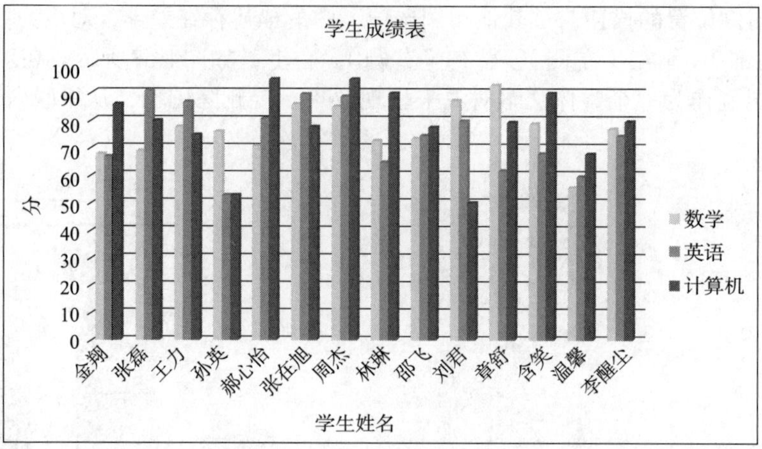

图4-65　编辑图表

在Excel 2016中，操作步骤如下：

（1）选定图表，在“设计”选项卡“图表布局”组中单击“添加图表元素”下拉按钮，在下拉列表中选择“图表标题”→“图表上方”命令，此时图表上方添加了图表标题文本框，在其中输入“学生成绩表”。

（2）然后继续选择“坐标轴标题”→“主要横坐标轴”命令，在出现的“坐标轴标题”文本框中输入“学生姓名”。

（3）继续选择“坐标轴标题”→“主要纵坐标轴”命令，在出现的“坐标轴标题”文本框中输入“分”。

（4）最后选择“数学”“英语”“计算机”标签，在右边的“设置图例项格式”窗格中，单击“图例选项”按钮，在“图例位置”栏中，选中“靠右”单选按钮即可。

4.2.4　提高与拓展

1．设置数据标签

在Excel图表中，数据标签用于表示数据系列的实际数值，用户可以对数据标签的样式进行设置，如设置其文字的样式、为其添加背景填充图案以及设置标签数据格式等，这样会使图表更具有辨识度、更易理解。

右键单击图表中任何一个数据系列，在打开的快捷菜单中单击“添加数据标签”按钮，则图表中将添加数据标签，如图4-66中“210”“265”即为数据标签；若单击“添加数据标注”，则添加的是带标注框的标签，如图4-66中“打印机”即为数据标注。此时，通过“填充”和“轮廓”可以对该数据序列的格式进行修改，对组成同一系列的不同部分也可以做局部设置，图4-66中同是“中关村店”的数据序列，“笔记本”部分用绿色显示，“打印机”部分用红色显示，操作时只须再次单击须选择设置的部分即可。

右击任一个数据标签，在窗口右侧弹出“设置数据标签格式”对话框，可以选择标签类型、存放位置和显示方式等，如这里复选“类别名称”，数据标签将变成“笔记本，210”“打印机，265”“键盘，674”“鼠标，648”。如果要取消数据标签的显示，只需要在任一个数据标签右击，选择“删除”命令即可。

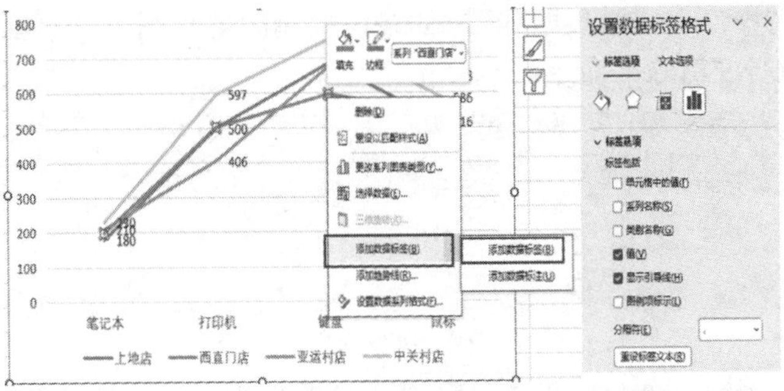

图4-66　设置数据标签举例

数据标签实际上是一个文本框，可以像普通文本框那样设置文本格式及绘图格式。例如，可以使用“开始”选项卡中的命令对文字的字体、字号和对齐方式等进行设置；可以打开“数字”栏，将数据标签的数据显示为货币格式；也可以使用“填充”设置数据标签文本框的填充样式；还可以展开“对齐方式”栏，使用其中的选项可以对数据标签的对齐方式、文字方向和段落格式等进行设置。

2. 迷你图

迷你图是被嵌入在一个单元格中的微型图表。迷你图与普通图表有很多相似之处，但也有不同：迷你图使用范围较小，Excel 2016中提供了折线迷你图、柱形迷你图和盈亏迷你图三种类型；迷你图只有一个数据系列，一般被放置在数据旁边的单元格内，用于表示某一行或某一列的数据走势，或者突出最大值和最小值等。

选择要创建迷你图的单元格，在如图4-67(a)中的I3单元格单击“插入”选项卡“迷你图”组中“折线图”，弹出“创建迷你图”对话框，选择所需的数据区域及放置的位置，默认放在当前单元格，单击“确定”按钮后创建成功，如图4-67(b)所示。

迷你图是以背景方式填充于单元格中的，所以还可以继续在插入迷你图的单元格内输入文字、填充单元格颜色等，如图4-68所示。在第一个插入迷你图的单元格拖动填充句柄，一样可以实现迷你图的复制填充，并且复制的不是图形本身而是生成图形的方式。如果迷你图所在单元格有文字，文字在自动填充后会直接复制，若需要不同文字则需要手动修改。

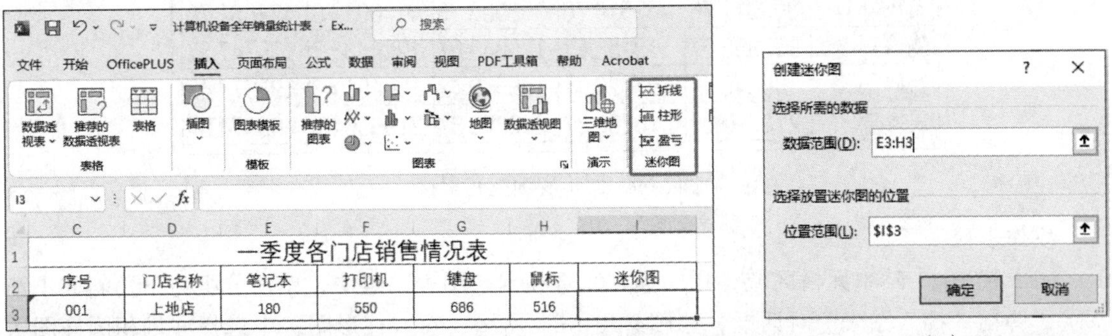

(a)　　　　(b)

图4-67　创建迷你图

迷你图创建成功后，会产生迷你图工具，对图形类型、显示内容、样式等均可以进行详细设置。在包含迷你图的单元格中按【Delete】键不能删除迷你图，只能删除其中的数据，如

图4-68中的“销售趋势”或“增长曲线”。如果需要删除迷你图，则须在迷你图工具“设计”选项卡“分组”中执行“清除”命令。

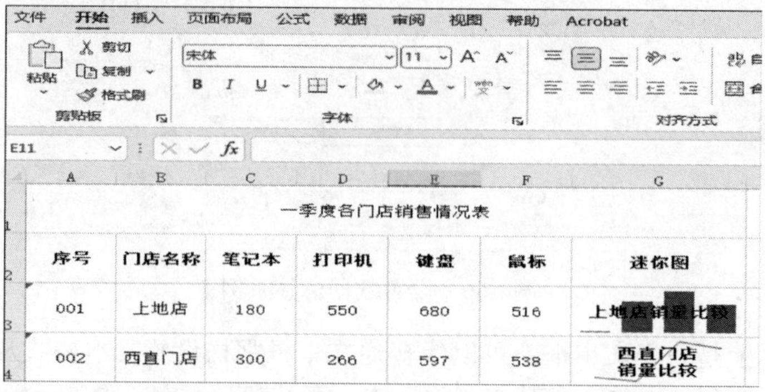

图4-68　在插入迷你图的单元格内输入文字

4.2.5　同步实训

实训项目：打开配套素材“创友科技公司部门工资总额情况表.xlsx”（见图4-69），按要求完成以下操作：

（1）选取工作表中A2：F8的数据内容建立“三维堆积柱形图”（系列产生在“列”）。

（2）将图表的标题设置为“各部门工资总额堆积图”，隶书、16号、红色加粗。

（3）为图表添加X轴标题为“部门名称”、Y轴标题为“工资总额”，字号均为10并加粗。

（4）设置Y轴刻度最小值为0，最大值为2000000，主要刻度单位为250000，X轴交叉于0。

（5）将图表插入A10：G20单元格区域内，并另存为“创友科技公司部门工资总额情况图.xlsx”。

A	B	C	D	E	F
创友科技公司部门工资总额情况表					
部门	2012年	2013年	2014年	2015年	2016年
采购部	153388.49	157687.49	153389.49	141986.49	166289.49
生产部	113572.12	116872.39	113573.73	120172.64	103471.56
市场部	393011.76	403516.76	392996.76	414001.76	424521.76
物流部	115855.57	119153.57	125849.57	122443.57	125747.57
行政部	188549.42	191026.42	188540.42	193491.42	195977.42
研发部	272890.87	276286.87	262878.87	279666.87	303074.87

图4-69　同步实训配套素材

操作步骤：

（1）选中A2:F8单元格区域，在“插入”选项卡“图表”组中，单击分组右下角斜向下箭头，弹出“插入图表”对话框，如图4-70（a）所示，在“柱形图”中选择“堆积圆柱图”，单击“确定”按钮，即可插入图表。也可直接通过执行“插入”选项卡“图表”组中的“柱形图”图标命令快速插入，如图4-70（b）所示。

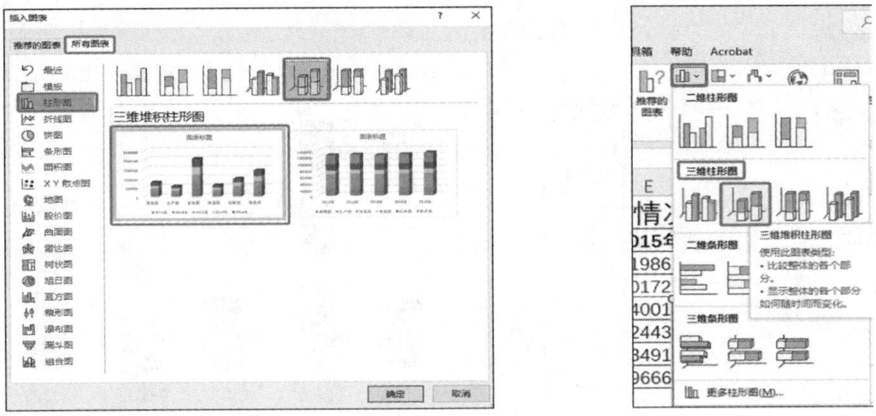

（a）　　　　　　　　　　　　（b）

图4-70　插入图表

（2）单击图表中的任何一个数据序列，如果数据来源于一列，则表示图表的数据源系列产生在列上。否则选中图表，在“图表工具—设计”选项卡“数据”组中单击“切换行/列”按钮。

（3）选中系统默认插入的图表标题框，删除“图表标题”后输入“各部门工资总额堆积图”。若须设置标题其他格式，可通过双击图表标题，或单击“图表工具-设计”选项卡、“图标布局”分组、“添加图表元素-图表标题”级联菜单进一步设置。单击选中标题框，可以在“开始”选项卡“字体”分组中设置隶书、16号、红色加粗。

（4）选中已插入的图表，在“图表工具-设计”选项卡、“图标布局”分组、“添加图表元素-轴标题”级联菜单中单击“主要横坐标轴”，图表下方出现“坐标轴标题”文本框，将文字修改为“部门名称”。相同方式设置“主要纵坐标轴”为“工资总额”。

（5）分别选中两个标题框后，在“开始”选项卡“字体”分组设置字体为10号、加粗。设置完成后如图4-71所示。

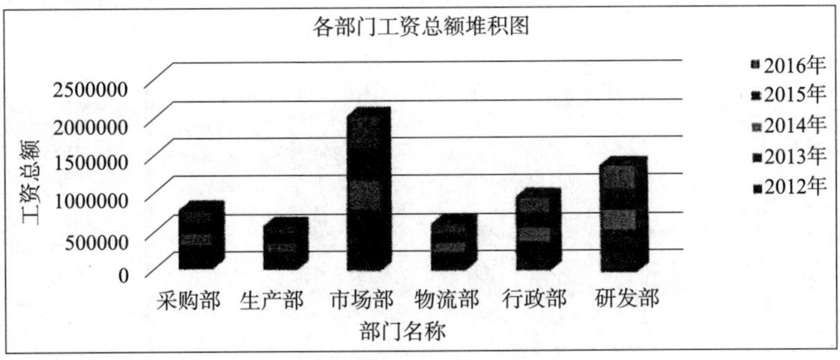

图4-71　设置完成图

（6）双击图表纵坐标轴，窗口右侧出现“设置坐标轴格式”对话框，如图4-72（a）所示。在“坐标轴选项”边界“最小值”中输入“0”，“最大值”中输入“2 000 000”或“2E6”；在“坐标轴选项”单位“主要”中输入“250 000”；在“坐标轴选项”基底交叉点“坐标轴值”中输入“0”，纵坐标值随输入值的变化而变化，设置完成后如图4-72（b）所示。

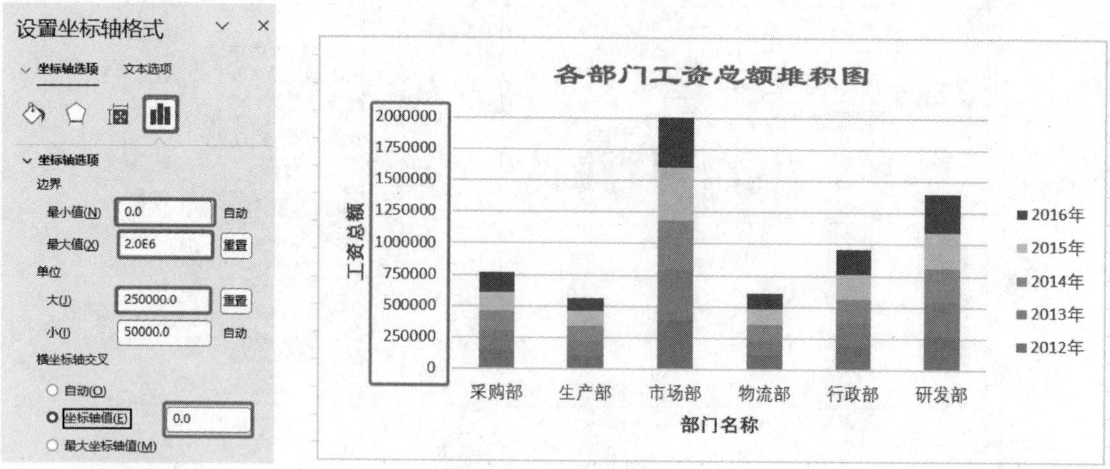

（a）　　（b）

图4-72　设置坐标轴

（7）双击图例文本框，在窗口右侧“设置图例格式”中设置“图例选项”图例位置为“右上”。

（8）单击图例文本框，在“开始”选项卡中设置字体大小为8并加粗。

（9）选中图表，在“图表工具—设计”选项卡、“图表布局”分组、“添加图表元素—网格线”级联菜单中单击“主轴主要水平网格线”，原默认的水平网格线将取消；用相同的操作方式添加“主轴主要垂直网格线”。

（10）右键单击2016年的蓝色数据系列，单击“添加数据标签”后在级联菜单中选择“添加数据标签”，图表中将显示默认内容为“值”的标签；单击标签值，在“开始”选项卡中设置字体颜色为红色（标准色）。设置完成后如图4-73所示。

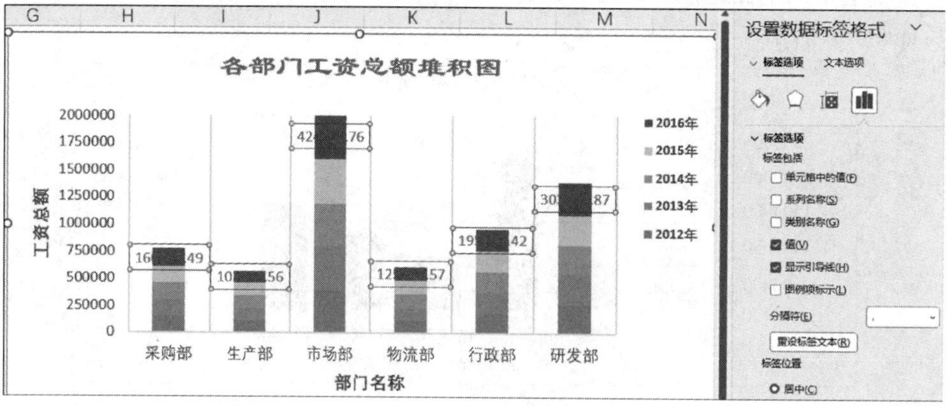

图4-73　设置完成后效果图

（11）单击图表，按住左键不放，拖动左上角放置在A10单元格后松开，移动鼠标至图标的右下角，当鼠标变成双向箭头“↘”时将其拖动到G20单元格区域内，注意图表外边缘不要超过这个区域。

（12）单击“文件”，打开“另存为”对话框，对当前工作簿以“创友科技公司部门工资总额情况图．xlsx”命名并保存文件，最后结果如图4-74所示。

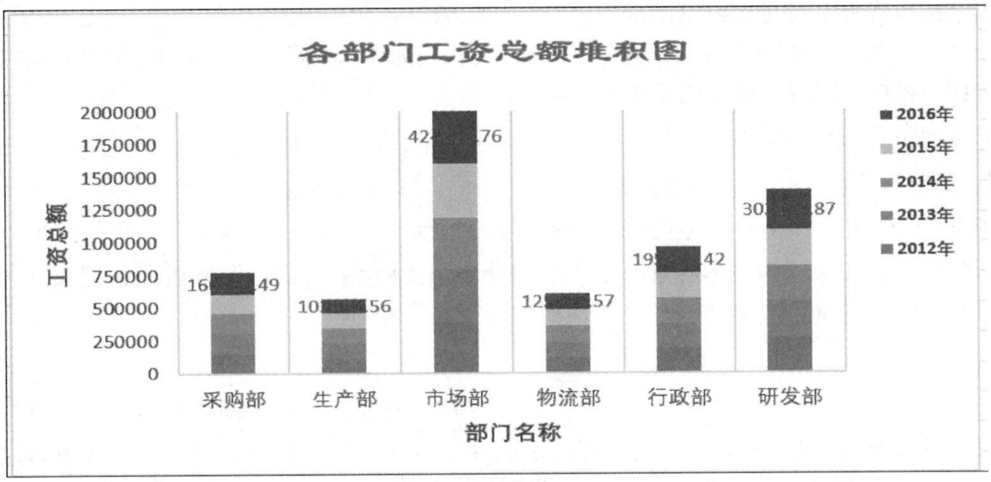

图4-74　最后结果图

4.3　数据管理和分析

在电子表格处理过程中，不仅需要输入、编辑、计算数据，将数据制作成图表，还需要对这些数据进行组织、管理、排列、分析，从中获取更加丰富的信息。为了实现这一目的，电子表格处理软件提供了丰富的数据管理功能，可以对大量、无序的原始表格数据进行深入处理和分析，方便、快捷地对数据进行排序、筛选、分类汇总、创建数据透视表等统计分析工作。

4.3.1　创建数据列表

如果要使用电子表格处理软件的数据管理功能，首先必须将电子表格创建为数据清单。数据清单，又称数据列表，是由工作表中的单元格构成的矩形区域，即一张二维表。数据清单是一种特殊的表格，必须包括两部分，即表结构和表记录。表结构是数据清单中的第一行，即列标题（又称字段名）。电子表格处理软件将利用这些字段名对数据进行查找、排序以及筛选等操作。表记录则是电子表格处理软件实施管理功能的对象，该部分不允许有非法数据内容出现。要正确创建数据清单，应遵循以下准则：

（1）避免在一张工作表中建立多个数据清单，如果在工作表中还有其他数据，要在它们与数据清单之间留出空行、空列。

（2）通常在数据清单的第一行创建字段名。字段名必须唯一，且每一字段的数据类型必须相同，如字段名是“性别”，则该列存放的必须全部是性别名称。

（3）数据清单中不能有完全相同的两行记录。

4.3.2　数据排序

在实际应用中，为了方便查找和使用数据，用户通常按一定顺序对数据清单进行重新排列。其中，数值按大小排序，时间按先后排序，英文字母按字母顺序（默认不区分大小写）排序，汉字按拼音首字母排序或笔画排序。

用来排序的字段称为关键字。排序方式分升序（递增）和降序（递减），排序方向有按行排序和按列排序，此外，还可以采用自定义排序。

数据排序有两种：简单排序和复杂排序。

1. 简单排序

指对1个关键字（单一字段）进行升序或降序排列。在Excel 2016 中，简单排序可以通过单击“数据”选项卡“排序和筛选”组中的“升序”按钮、“降序”按钮快速实现，也可以通过“排序”按钮打开“排序”对话框进行操作。

2. 复杂排序

指对1个以上关键字（多个字段）进行升序或降序排列。当排序的字段值相同，可按另一个关键字继续排序，最多可以设置3个排序关键字。在Excel 2016中，复杂排序必须通过单击“数据”选项卡“排序和筛选”组中的“排序”按钮来实现。

【例4-5】对“学生成绩表”排序，首先按男女生升序排列，然后按“总分”降序排列，总分相同时再按“计算机”成绩降序排列，结果如图4-75所示。

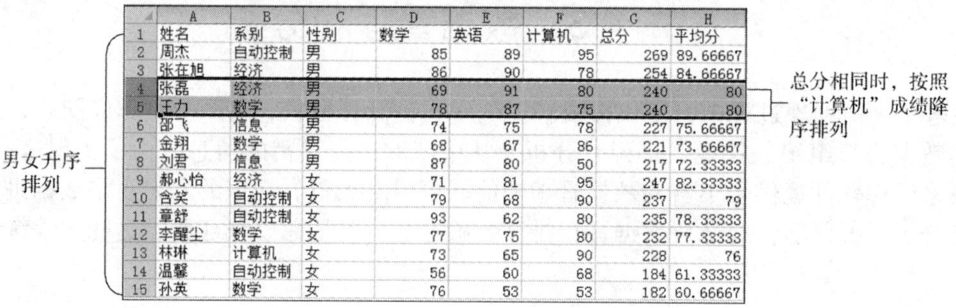

	A	B	C	D	E	F	G	H
1	姓名	系别	性别	数学	英语	计算机	总分	平均分
2	周杰	自动控制	男	85	89	95	269	89.66667
3	张在旭	经济	男	86	90	78	254	84.66667
4	张磊	经济	男	69	91	80	240	80
5	王力	数学	男	78	87	75	240	80
6	部飞	信息	男	74	75	78	227	75.66667
7	金翔	数学	男	68	67	86	221	73.66667
8	刘君	信息	男	87	80	50	217	72.33333
9	郝心怡	经济	女	71	81	95	247	82.33333
10	含笑	自动控制	女	79	68	90	237	79
11	章舒	自动控制	女	93	62	80	235	78.33333
12	李醒尘	数学	女	77	75	80	232	77.33333
13	林琳	计算机	女	73	65	90	228	76
14	温馨	自动控制	女	56	60	68	184	61.33333
15	孙英	数学	女	76	53	53	182	60.66667

图4-75　复杂排序结果

在Excel 2016 中，操作步骤如下：

（1）建立学生成绩表数据清单。在例1中的工作表中选定数据区域A2:H16，右击，在弹出的快捷菜单中选择“复制”命令，然后新建一个工作簿，在Sheet1中选中A1单元格，右击，在弹出的快捷菜单中选择“选择性粘贴”命令，在弹出的对话框的“粘贴”区中选择“数值”，单击“确定”按钮，创建好数据清单。

（2）选择数据清单中任意单元格，单击“数据”选项卡“排序和筛选”组中的“排序”按钮，打开“排序”对话框，选择“主要关键字”为“性别”、排序依据为“单元格值”，次序为“升序”，单击“添加条件”按钮，选择“次要关键字”为“总分”、“排序依据”为“单元格值”，“次序”为“降序”，再单击“添加条件”按钮，选择“次要关键字”为“计算机”，“排序依据”为“单元格值”，“次序”为“降序”，如图4-76所示。在该对话框中，“数据包含标题”复选框是为了避免字段名也成为排序对象；“选项”按钮用来打开“排序选项”对话框，进行一些与排序相关的设置，比如按自定义次序排序、排列字母时区分大小写、改变排序方向（按行）或汉字按笔画排序等。

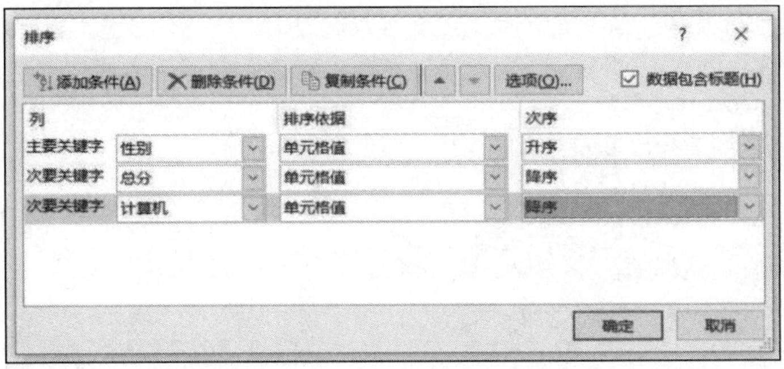

图4-76　“排序”对话框

4.3.3　数据筛选

当数据列表中记录非常多，用户只对其中一部分数据感兴趣时，可以使用电子表格处理软件提供的数据筛选功能将不感兴趣的记录暂时隐藏起来，只显示感兴趣的数据。当筛选条件被清除时，隐藏的数据又恢复显示。

数据筛选有两种：自动筛选和高级筛选。自动筛选可以实现单个字段筛选，以及多字段筛选的“逻辑与”关系（即同时满足多个条件），操作简便，能满足大部分应用需求；高级筛选能实现多字段筛选的“逻辑或”关系，较复杂，需要在数据清单以外建立一个条件区域。

1．自动筛选

在Excel 2016中，自动筛选是通过“数据”选项卡“排序和筛选”组中的“筛选”按钮来实现的。在所需筛选的字段名下拉列表中选择符合的条件，若没有，则指向“文本筛选”或“数字筛选”其中的“自定义筛选”输入条件。如果要使数据恢复显示，单击“排序和筛选”组中的“清除”按钮。如果要取消自动筛选功能，再次单击“筛选”按钮即可。

【例4-6】筛选“学生成绩表”中数学系计算机成绩在80~90 分（包括80分和90分）之间的所有记录，筛选结果如图4-77所示。

	A	B	C	D	E	F	G	H
1	姓名	系别	性别	数学	英语	计算机	总分	平均分
2	金翔	数学	男	68	67	86	221	73.66667
15	李醒尘	数学	女	77	75	80	232	77.33333

图4-77　自动筛选结果

在Excel 2016中，操作步骤如下：

（1）选择数据清单中任意单元格。

（2）单击“数据”选项卡“排序和筛选”组中的“筛选”按钮，在各个字段名的右边会出现筛选箭头，单击“系别”列的筛选箭头，在下拉列表中仅选择“数学”选项，筛选结果只显示数学系的学生记录。

（3）再单击“计算机”列的筛选箭头，在下拉列表中指向“数字筛选”，然后选择其中的“大于或等于”命令，打开“自定义自动筛选方式”对话框，在其中进行相应设置，如图4-78所示，设置完成后单击“确定”按钮。

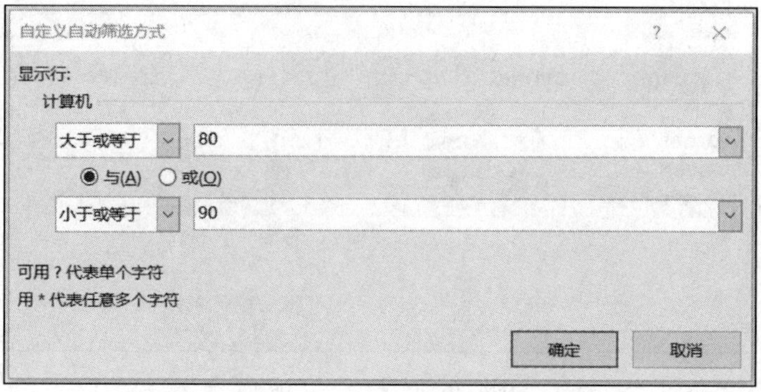

图4-78 “自定义自动筛选方式”对话框设置

2．高级筛选

当筛选的条件较为复杂，或出现多字段间的“逻辑或”关系时，使用“数据”选项卡“排序和筛选”组中的“高级”按钮。

在进行高级筛选时，不会出现自动筛选下拉箭头，而是需要在条件区域输入条件。条件区域应建立在数据清单以外，用空行或空列与数据清单分隔。输入筛选条件时，首行输入条件字段名，从第2行起输入筛选条件，输入在同一行上的条件关系为“逻辑与”，输入在不同行上的条件关系为“逻辑或”。在Excel 2016中，建立条件区域后，单击“数据”选项卡“排序和筛选”组中的“高级”按钮，在其对话框内进行数据区域和条件区域的选择。筛选的结果可在原数据清单位置显示，也可在数据清单以外的位置显示。

【例4-7】要筛选出“学生成绩表”中“数学系总分>=200”且“计算机成绩>=80”或“自动控制系总分<200”的所有记录，并将筛选结果在原有区域显示，高级筛选结果如图4-79所示。

	A	B	C	D	E	F	G	H
1	姓名	系别	性别	数学	英语	计算机	总分	平均分
2	金翔	数学	男	68	67	86	221	73.66667
14	温馨	自动控制	女	56	60	68	184	61.33333
15	李醒尘	数学	女	77	75	80	232	77.33333

图4-79 高级筛选结果

在Excel 2016 中，操作步骤如下：

（1）建立条件区域：在数据清单以外选择一个空白区域，在首行输入字段名：系别、总分、计算机，在第2行对应字段下面输入条件：数学>=200、计算机>=80，在第3行对应字段下面输入条件：自动控制<200，如图4-80所示。

（2）选择数据清单中任意单元格，单击“数据”选项卡“排序和筛选”组中的“高级”按钮，打开“高级筛选”对话框。先确认“在原有区域显示筛选结果”单选按钮为选中状态，以及给出的列表区域是否正确。如果不正确，可以单击“列表区域”框右侧的“折叠对话框”按钮，用鼠标在工作表中重新选择后单击“折叠对话框”按钮返回。然后单击“条件区域”文本框右侧的“折叠对话框”按钮。用鼠标在工作表中选择条件区域后单击“折叠对话框”按钮返回，“高级筛选”对话框设置如图4-81所示。

	A	B	C	D	E	F	G	H
1	姓名	系别	性别	数学	英语	计算机	总分	平均分
2	金翔	数学	男	68	67	86	221	73.66667
3	张磊	经济	男	69	91	80	240	80
4	王力	数学	男	78	87	75	240	80
5	孙英	数学	女	76	53	53	182	60.66667
6	郝心怡	经济	女	71	81	95	247	82.33333
7	张在旭	经济	男	86	90	78	254	84.66667
8	周杰	自动控制	男	85	89	95	269	89.66667
9	林琳	计算机	女	73	65	90	228	76
10	邵飞	信息	男	74	75	78	227	75.66667
11	刘君	信息	男	87	80	50	217	72.33333
12	章舒	自动控制	女	93	62	80	235	78.33333
13	含笑	自动控制	女	79	68	90	237	79
14	温馨	自动控制	女	56	60	68	184	61.33333
15	李醒尘	数学	女	77	75	80	232	77.33333
16								
17	系别	总分	计算机					
18	数学	>=200	>=80	——条件区域				
19	自动控制	<200						

图4-80　建立条件区域

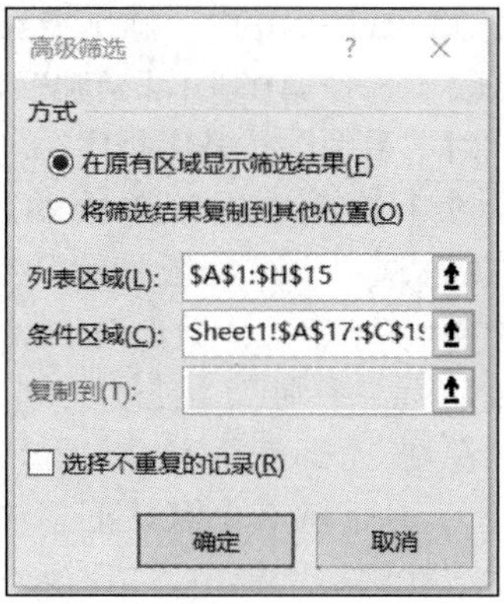

图4-81　“高级筛选”对话框设置

4.3.4　数据的分类汇总

实际应用中经常用到分类汇总，像仓库的库存管理经常要统计各类产品的库存总量，商店的销售管理经常要统计各类商品的售出总量等。它们的共同特点是首先要进行分类（排序），将同类别数据放在一起，然后再进行数量求和之类的汇总运算。电子表格处理软件提供了分类汇总功能。

分类汇总就是对数据清单按某个字段进行分类（排序），将字段值相同的连续记录作为一类，进行求和、求平均、计数等汇总运算。针对同一个分类字段，可进行多种方式的汇总。

需要注意的是，在分类汇总前，必须先对分类字段排序，否则将得不到正确的分类汇总结果；其次，在分类汇总时要清楚对哪个字段分类，对哪些字段汇总以及汇总的方式，这些都需要在“分类汇总”对话框中逐一设置。

分类汇总有两种：简单汇总和嵌套汇总。

1. 简单汇总

简单汇总是指对数据清单的一个或多个字段仅做一种方式的汇总。

【例4-8】求“学生成绩表”中各系学生各门课程的平均成绩，简单汇总结果如图4-82所示。根据分类汇总要求，实际上是对“系别”字段分类，对“数学”“英语”“计算机”字段进行汇总。汇总方式是求平均值。

	A	B	C	D	E	F	G	H
1	姓名	系别	性别	数学	英语	计算机	总分	平均分
2	林琳	计算机	女	73	65	90	228	76
3		**计算机 平均值**		73	65	90		
4	张磊	经济	男	69	91	80	240	80
5	郝心怡	经济	女	71	81	95	247	82.33333
6	张在旭	经济	男	86	90	78	254	84.66667
7		**经济 平均值**		75.33333	87.33333	84.33333		
8	金翔	数学	男	68	67	86	221	73.66667
9	王力	数学	男	78	87	75	240	80
10	孙英	数学	女	76	53	53	182	60.66667
11	李醒尘	数学	女	77	75	80	232	77.33333
12		**数学 平均值**		74.75	70.5	73.5		
13	邵飞	信息	男	74	75	78	227	75.66667
14	刘君	信息	男	87	80	50	217	72.33333
15		**信息 平均值**		80.5	77.5	64		
16	周杰	自动控制	男	85	89	95	269	89.66667
17	章舒	自动控制	女	93	62	80	235	78.33333
18	含笑	自动控制	女	79	68	90	237	79
19	温馨	自动控制	女	56	60	68	184	61.33333
20		**自动控制 平均值**		78.25	69.75	83.25		
21		**总计平均值**		76.57143	74.5	78.42857		

图4-82　简单汇总结果

在Excel 2016 中，操作步骤如下：

（1）选择第B列（“系别”数据），单击“数据”选项卡“排序和筛选”组中“升序”按钮，对“系别”按升序排序。

（2）选择数据清单中的任意单元格，单击“数据”选项卡“分级显示”组中的“分类汇总”按钮，打开“分类汇总”对话框。选择“分类字段”为“系别”，“汇总方式”为“平均值”，“选定汇总项”（即汇总字段）为“数学”“英语”“计算机”，并清除其余默认汇总项，其设置如图4-83所示。在该对话框中，“替换当前分类汇总”的含义是：用此次分类汇总的结果替换已存在的分类汇总结果。

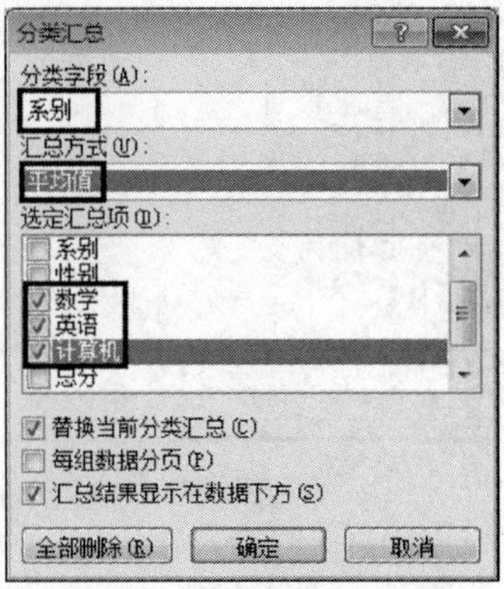

图4-83 “分类汇总”对话框设置

分类汇总后，默认情况下，数据会分3级显示，可以单击分级显示区上方的“1”“2”“3”这3个按钮控制，单击“1”按钮，只显示清单中的列标题和总计结果；单击“2”按钮，显示各个分类汇总结果和总计结果；单击“3”按钮，显示全部详细数据。

2. 嵌套汇总

嵌套汇总是指对同一字段进行多种不同方式的汇总。

【例4-9】 在例4-8中求各系学生各门课程的平均成绩的基础上再统计各系人数，这需要分两次进行分类汇总，汇总结果如图4-84所示。

	A	B	C	D	E	F	G	H
1	姓名	系别	性别	数学	英语	计算机	总分	平均分
2	林琳	计算机	女	73	65	90	228	76
3		**计算机 计数**		1	1	1		
4		**计算机 平均值**		73	65	90		
5	张磊	经济	男	69	91	80	240	80
6	郝心怡	经济	女	71	81	95	247	82.33333
7	张在旭	经济	男	86	90	78	254	84.66667
8		**经济 计数**		3	3	3		
9		**经济 平均值**		75.33333	87.33333	84.33333		
10	金翔	数学	男	68	67	86	221	73.66667
11	王力	数学	男	78	87	75	240	80
12	孙英	数学	女	76	53	53	182	60.66667
13	李醒尘	数学	女	77	75	80	232	77.33333
14		**数学 计数**		4	4	4		
15		**数学 平均值**		74.75	70.5	73.5		
16	邵飞	信息	男	74	75	78	227	75.66667
17	刘君	信息	男	87	80	50	217	72.33333
18		**信息 计数**		2	2	2		
19		**信息 平均值**		80.5	77.5	64		
20	周杰	自动控制	男	85	89	95	269	89.66667
21	章舒	自动控制	女	93	62	80	235	78.33333
22	含笑	自动控制	女	79	68	90	237	79
23	温馨	自动控制	女	56	60	68	184	61.33333
24		**自动控制 计数**		4	4	4		
25		**自动控制 平均值**		78.25	69.75	83.25		
26		**总计数**		14	14	14		
27		**总计平均值**		76.57143	74.5	78.42857		

图4-84 嵌套汇总结果

在Excel 2016 中，操作步骤如下：

（1）先按例4-8的方法进行平均值汇总。

（2）再在平均值汇总的基础上统计各部门人数。统计人数“分类汇总”对话框的设置如图4-85所示，需要注意的是“替换当前分类汇总”复选框不能选中。

若要取消分类汇总，在“分类汇总”对话框中单击“全部删除”按钮即可。

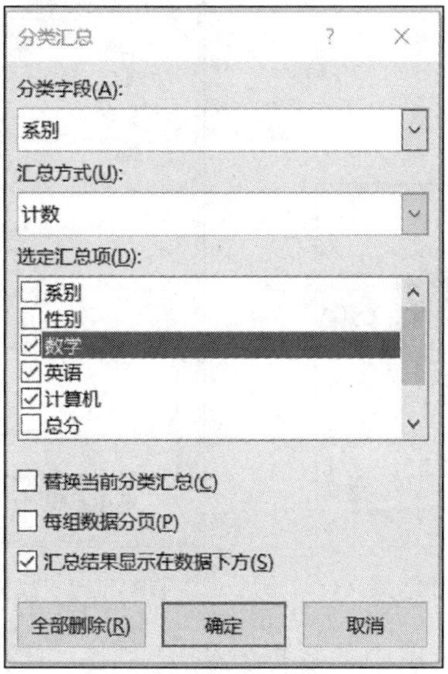

图4-85　“分类汇总”对话框的设置

4.3.5　数据透视表

分类汇总适合按一个字段进行分类，对一个或多个字段进行汇总。如果要对多个字段进行分类并汇总，需要利用数据透视表这个有力的工具来解决问题。

【例4-10】统计“学生成绩表”中各系男女生的人数，其结果如图4-86所示。本例既要按“系别”分类，又要按“性别”分类，这时候需要使用数据透视表。在Excel 2016中，操作步骤如下：

（1）选择数据清单中任意单元格。

（2）单击“插入”选项卡“表格”组中的“数据透视表”按钮，打开“创建数据透视表”对话框，选择要分析的数据的范围（如果系统给出的区域选择不正确，用户可用鼠标选择区域）以及数据透视表的放置位置（可以放在新建表中，也可以放在现有工作表中）,然后单击“确定”按钮。此时出现“数据透视表字段列表”窗格，把要分类的字段拖入行标签、列标签位置，使之成为透视表的行、列标题，要汇总的字段拖入∑数值区，本例“系别”作为行标签，“性别”作为列标签，统计的数据项也是“性别”，如图4-87所示。默认情况下，数据项如果是非数字型字段则对其计数，否则求和。

创建好数据透视表后，“数据透视表工具”选项卡会自动出现，用它可以修改数据透视表。数据透视表的修改主要有：

（1）更改数据透视表布局。透视表结构中行、列、数据字段都可以被更替或增加。将行、列、数据字段移出表示删除字段，移入表示增加字段。

（2）改变汇总方式。可以通过单击“数据透视表工具”中“分析”选项卡“计算”组中的“按值汇总”按钮来实现。

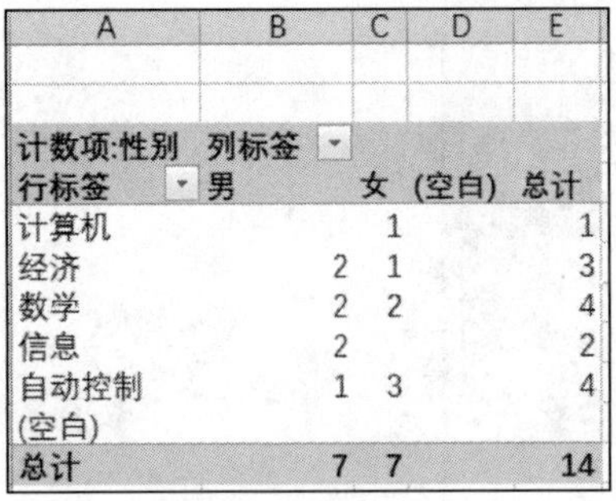

计数项:性别	列标签			
行标签	男	女	(空白)	总计
计算机		1		1
经济	2	1		3
数学	2	2		4
信息	2			2
自动控制	1	3		4
(空白)				
总计	7	7		14

图4-86　数据透视表统计结果

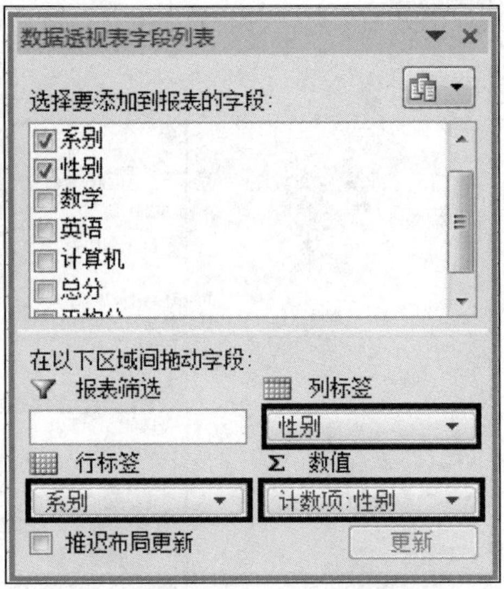

图4-87　“数据透视表字段列表”窗格

（3）数据更新。有时数据清单中的数据发生了变化，但数据透视表并没有随之变化。此时，不必重新生成数据透视表，单击“数据透视表工具”中“分析”选项卡“数据”组中的“刷新”按钮即可。

还可以将数据透视表中的汇总数据生成数据透视图，更为形象化地对数据进行比较。

操作方法是：选定数据透视表，单击“数据透视表工具”中“分析”选项卡“工具”组中的“数据透视图”按钮，打开“插入图表”对话框，选择相应的图表类型和图表子类型，单击“确定”按钮即可。

4.3.6　数据链接与合并计算

1. 数据链接

电子表格处理软件允许同时操作多个工作表或工作簿，通过工作簿的链接，使它们具有一定的联系。修改其中一个工作簿的数据，通过它们的链接关系，会自动修改其他工作表或工作簿中的数据。同时，链接使工作簿的合并计算成为可能，可以把多个工作簿中的数据链接到一个工作表中。

链接让一个工作簿可以共享其他工作簿中的数据，可以链接单元格、单元格区域、公式、常量或工作表。包含原始数据的工作簿是源工作簿，接收信息的工作簿是目标工作簿，在打开目标工作簿的时候，源工作簿可以是打开的，也可以是关闭的。如果先打开源工作簿，后打开目标工作簿，系统会自动使用源工作簿中的数据更新目标工作簿中的数据。

链接有很多好处。例如，一个大公司的产品销售遍布全国各地，在一个大工作簿中处理所有的数据是不现实的：一方面，收集这些数据可能要花费很大的代价；另一方面，一个工作簿中的工作表太多可能会出现许多问题。如果把各个地区的销售数据分别保存在不同的工作簿中，而各地区的工作簿数据可由各地区的销售代理完成，最后通过工作表或工作簿的链接，把不同工作簿中的数据汇总在一起进行分析。这样数据收集就变得简单了，工作表的更新随之也变快了。

总之，链接具有以下优点:

（1）在不同的工作簿和工作表之间可以进行数据共享。

（2）小工作簿比大工作簿的运行效率更高。

（3）分布在不同地域中的数据管理可以在不同的工作簿中完成，通过链接可以进行远程数据采集、更新和汇总。

（4）可以在不同的工作簿中修改、更新数据，可以同时工作。如果所有的数据都存于一个工作簿中，就增加了多人合作办公的难度。

【例4-11】某电视机厂生产的电视机产品有21英寸、25英寸、29英寸及34英寸几种规格，主要销售于西南地区的四川、重庆等地。该厂每个季度进行一次销售统计，每个地区每个季度的统计数据保存在一个独立的工作簿中，各个地区电视机销售统计工作簿如图4-88所示。

现在要进行第一季度销售统计，从每个地区的工作簿中直接取出汇总数据，然后在季度汇总工作簿中进行统计。第一季度销售统计工作簿如图4-89所示。

	A	B	C	D	E
1	第一季度电视机销售统计				
2	规格	一月	二月	三月	汇总
3	21英寸	417	185	104	706
4	25英寸	209	53	43	305
5	29英寸	93	66	46	205
6	34英寸	31	21	12	64

重庆 / Sheet2 / Sheet3

	A	B	C	D	E
1	第一季度电视机销售统计				
2	规格	一月	二月	三月	汇总
3	21英寸	289	101	84	474
4	25英寸	131	47	36	214
5	29英寸	352	138	96	586
6	34英寸	101	45	41	187

四川 / Sheet2 / Sheet3

图4-88　各个地区电视机销售统计工作簿

虽然图4-89中各地区的季度汇总数据可以从图4-88中复制得到，但是，如果各地区工作簿中的数据发生变化时，季度汇总的数据就不能同步更新，需要重新输入或复制。若用链接的方法将各地区工作簿中的数据链接到季度汇总工作簿就可以解决问题。

	A	B	C
1	第一季度电视销售统计		
2	规格	四川	重庆
3	21英寸	474	706
4	25英寸	214	305
5	29英寸	586	205
6	34英寸	187	64

第一季度 / Sheet2

图4-89　第一季度销售统计工作簿

通过“复制”和“选择性粘贴”建立链接的方法如下：

（1）同时打开链接的源工作簿和目标工作簿，激活源工作簿中的源工作表。打开四川地区电视机销售数据工作簿和各地区电视机销售季度汇总工作簿后，单击“四川”工作表。

（2）选中源工作表中要链接的单元格区域并复制。选择“四川”工作表中的数据区域E3:E6，然后右击，在弹出的快捷菜单中选择“复制”命令。

（3）激活目标工作簿，并选择目标工作表。在要链接的单元格区域进行“选择性粘贴”。选中各地区电视机销售季度汇总工作簿，单击“第一季度”工作表，然后选择存放数据的单元格区域中的左上角第一个单元格B3，右击，在弹出的快捷菜单中选择“选择性粘贴”命令，打开图4-90所示的对话框，单击“粘贴链接”按钮，建立两个工作簿中的单元格链接。

（4）用同样的方法实现“第一季度”工作表中对重庆地区销售汇总数据的链接。

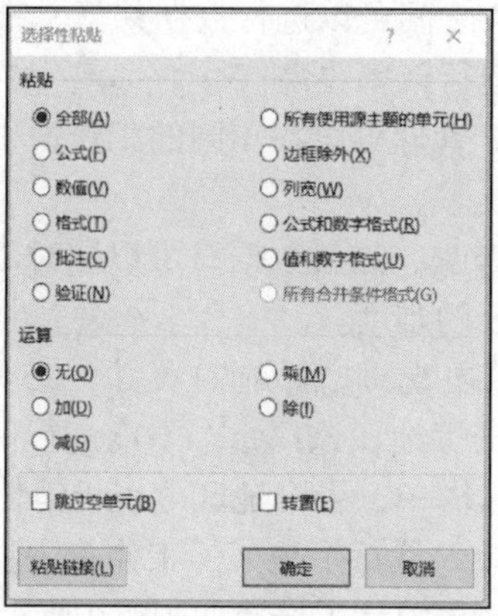

图4-90 “选择性粘贴”对话框

数据链接后，每次打开包含链接的工作簿，且源工作簿处于关闭状态时，系统会弹出一个对话框提醒用户是否更新，单击“更新”按钮会更新数据。如果作为数据源的工作簿改名或移到了另外的磁盘目录中，系统会报告一个链接错误信息，此时单击信息框中的“编辑链接”按钮，打开“编辑链接”对话框，单击其中的“更改源”按钮，在随后的“更改源：*”对话框中选择链接的数据源所在的位置和文件名即可。

注意：也可以将电子表格处理软件建立的工作表、图表、单元格或单元格区域作为数据源链接到其他Windows应用程序建立的文档中，以达到最佳效果。例如，用Word、PowerPoint 做会议报告时，以Excel工作表链接到Word为例，操作方法是：在工作表中选定需要链接的内容（通常是数据表及图表所在的单元格区域），然后复制，在Word文档中选择“开始”选项卡“剪贴板”组“粘贴”按钮下拉菜单中的“选择性粘贴”命令，在出现的“选择性粘贴”对话框中选中“粘贴链接”单选按钮，并在“形式”列表框中选择“Microsoft Excel图表对象”选项，如图4-91所示。

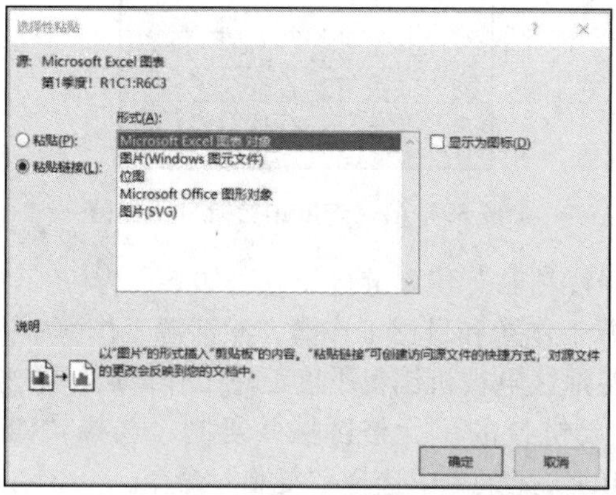

图4-91 建立 Excel 和其他应用程序的链接

2. 数据合并计算

电子表格处理软件提供了“合并计算”的功能，可以对多张工作表中的数据同时进行计算汇总，包括求和（SUM），求平均数（AVERAGE），求最大值（MAX）、最小值（MIN），计数（COUNT），求标准差（STDEV）等运算。以Excel 2016为例，它支持将不少于255个工作表中的信息合并计算到一个主工作表中，这些工作表可以在同一个工作簿中，也可以来源于不同的工作簿。在合并计算中，计算结果所在的工作表称为目标工作表，接受合并数据的区域称为源区域。

按位置进行合并计算是最常用的方法，它要求参与合并计算的所有工作表数据的对应位置都相同，即各工作表的结构完全一样，这时，就可以把各工作表中对应位置的单元格数据进行合并。

【例4-12】 在例4-11中，假设某电视机厂已对各地区电视机的销售情况进行了第一季度和第二季度的统计，第一季度销售统计工作簿如图4-89所示，第二季度销售统计工作簿如图4-92所示。

现在要统计上半年度销售总量，可以采用合并计算完成。操作步骤如下：

（1）打开第一季度和第二季度的电视机销售汇总工作簿。

（2）建立上半年度汇总工作簿，如图4-93所示。单击上半年度汇总工作表中存放合并数据的第一个单元格（或选中要存放合并数据的单元格区域），如本例题中为“B3（或单元格区域B3:C6）”。

	A	B	C
1	第二季度电视销售统计		
2	规格	四川	重庆
3	21英寸	898	196
4	25英寸	728	952
5	29英寸	209	423
6	34英寸	260	291

第二季度 / Sheet2

图4-92　第二季度销售统计工作簿

	A	B	C
1	电视销售上半年汇总表（台）统计		
2	规格	四川	重庆
3	21英寸		
4	25英寸		
5	29英寸		
6	34英寸		

上半年汇总表 / Sheet2 / Sheet

图4-93　上半年度汇总工作簿

（3）单击“数据”选项卡“数据工具”组中的“合并计算”按钮，打开“合并计算”对话框，在“函数”下拉列表中选择“求和”命令，然后单击“引用位置”编辑框右侧的“折叠对话框”按钮，出现“合并计算—引用位置：”编辑框，用鼠标选取第一季度工作表中的数据区域（B3:C6），单击该编辑框“折叠对话框”按钮返回，再单击“添加”按钮，则选择的工作表单元格区域就会加入“所有引用位置”列表框中，如图4-94所示。

同样的方法把第二季度的统计数据区域添加到“所有引用位置”列表框中，选中“创建指向源数据的链接”复选框，然后单击“确定”按钮，结果如图4-95所示。如果想查看合并计算的明细数据，单击图中的“+”按钮；如果不想显示明细数据，单击相关行前的“-”按钮即可。

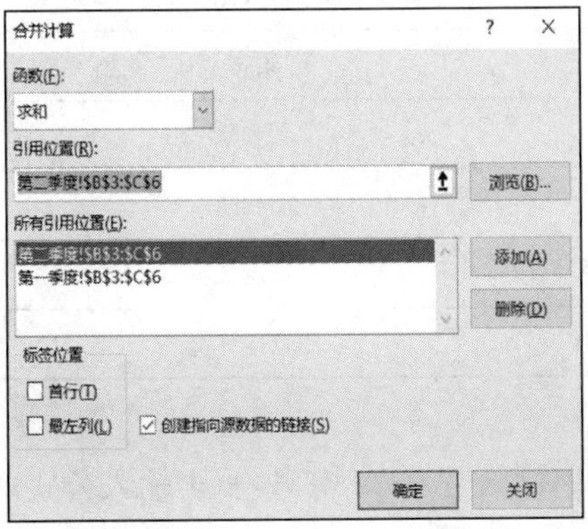

图4-94　“合并计算”对话框

1 2		A	B	C
	1	电视销售上半年汇总表（台）统计		
	2	规格	四川	重庆
+	5	21英寸	1372	902
+	8	25英寸	942	1257
+	11	29英寸	795	628
·	12		260	291
·	13		187	64
−	14	34英寸	447	355

上半年汇总表 / Sheet2 / Sheet3

图4-95　创建了链接源数据的合并结果

4.3.7 工作表的计算

1. 公式的运用

公式是对工作表中数值执行计算的等式。公式要以等号“＝”开始。公式也可以包括下列所有内容或其中某项内容。

（1）函数：预先编写的公式，可以对一个或多个值执行运算，并返回一个或多个值。函数可以简化和缩短工作表中的公式。

（2）常量：不进行计算的值，因此也不会发生变化。例如，数字“321”及文本“每季度收入”都是常量。表达式以及表达式产生的值都不是常量。

（3）运算符：标记或符号，指定表达式内执行的计算的类型。常用运算符有算术、文本、比较和引用运算符等。运算符的内容见表4-3，运算符的使用优先级别见表4-4。

表4-3 运算符的内容

运 算 符	内 容
算术运算符	%、^、*、/、+、-
文本运算符	& 如"North"&"wind")=("Northwind")
比较运算符	=、>、<、>=、<=、<>
引用运算符	冒号“：”：区域运算符，产生对包括在两个引用之间的所有单元格的引用。如（B5:B15） 逗号“,”：联合运算符，将多个引用合并为一个引用。如（SUM（B5:B15，D5:D15）） （空格）交叉运算符，产生对两个引用共有的单元格的引用。如（B7:D7 C6:C8）

表4-4 运算符的使用优先级别

运算符（优先级从高到低）	说 明
:	区域运算符
（单个空格）	交叉运算符
,	联合运算符
-	负号
%	百分比
^	乘幂
*和/	乘和除
+和-	加和减
&	文本运算符
=,>,<,>=,<=,<>	比较运算符

1）输入公式

选择要输入公式的单元格，然后在公式编辑框里输入“＝”（等号），再输入公式内容，如图4-96所示，按【Enter】键或单击公式编辑栏的“√”按钮。

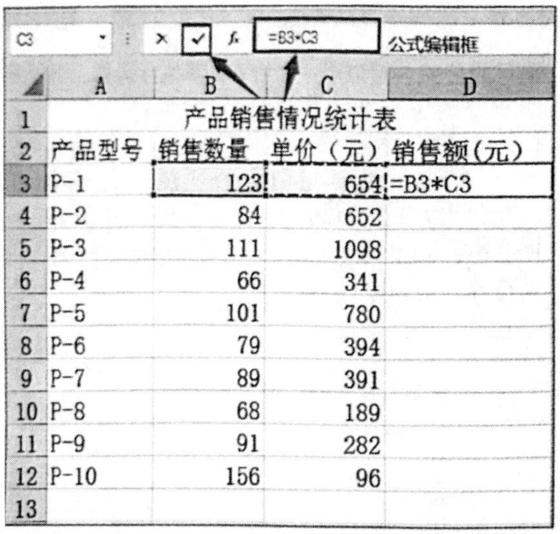

	A	B	C	D
1	产品销售情况统计表			
2	产品型号	销售数量	单价（元）	销售额(元)
3	P-1	123	654	=B3*C3
4	P-2	84	652	
5	P-3	111	1098	
6	P-4	66	341	
7	P-5	101	780	
8	P-6	79	394	
9	P-7	89	391	
10	P-8	68	189	
11	P-9	91	282	
12	P-10	156	96	
13				

图4-96　输入公式

2）利用填充柄自动填充

利用填充柄（运用鼠标拖动的方法）自动填充的具体实现步骤如下：

（1）选中要复制的单元格，将鼠标指针移至该单元格的填充柄处如图4-97所示。

（2）鼠标指针变为“十”字形时，按住鼠标左键不放，拖动鼠标，鼠标指针经过的单元整将被填充公式，显示出计算结果，如图4-98所示。

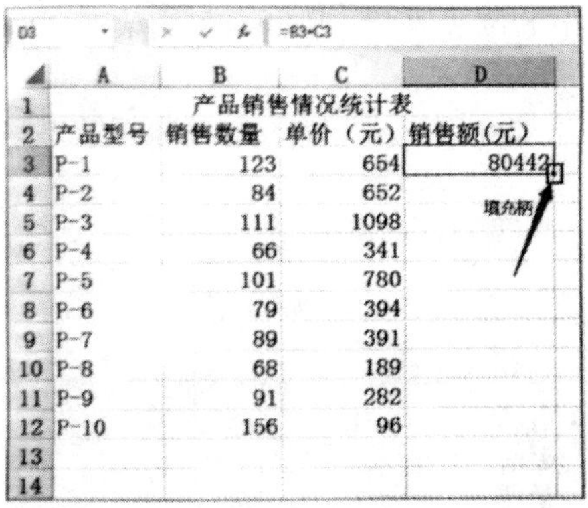

	A	B	C	D
1	产品销售情况统计表			
2	产品型号	销售数量	单价（元）	销售额(元)
3	P-1	123	654	80442
4	P-2	84	652	
5	P-3	111	1098	
6	P-4	66	341	
7	P-5	101	780	
8	P-6	79	394	
9	P-7	89	391	
10	P-8	68	189	
11	P-9	91	282	
12	P-10	156	96	
13				
14				

图4-97　移动鼠标指针至单元格填充柄处

	A	B	C	D
1	产品销售情况统计表			
2	产品型号	销售数量	单价（元）	销售额(元)
3	P-1	123	654	80442
4	P-2	84	652	54768
5	P-3	111	1098	121878
6	P-4	66	341	22506
7	P-5	101	780	78780
8	P-6	79	394	31126
9	P-7	89	391	34799
10	P-8	68	189	12852
11	P-9	91	282	25662
12	P-10	156	96	14976
13				
14				

图4-98　单元格被填充公式

2．单元格的引用

Excel单元格引用通过标记Excel工作表中的单元格或单元格区域，来指明公式中所使用的数据的位置。通过Excel单元格引用，当公式中引用的单元格数值发生变化时，公式会自动更新其所在单元格的内容，即更新其计算结果。

Excel提供了相对引用、绝对引用和混合引用三种引用类型，用户可以根据实际情况选择Excel引用的类型。

1）相对引用

相对引用指单元格的相对地址，其引用形式为直接用列标和行号表示单元格，例如A4，或用引用运算符表示单元格区域，如A4:D14。如果公式所在单元格的位置改变，则引用也随之改变。即当把一个含相对引用地址的公式复制到一个新位置时，公式中的单元格地址会随之改变，默认情况下，公式使用相对引用。如图4-99所示为相对引用示例。

2）绝对引用

绝对引用指引用单元格的精确地址，与包含公式的单元格位置无关，其引用形式为在列标和行号的前面都加上“$”符号。例如，若在公式中引用$B$6单元格，则不论将公式复制或移动到什么位置，引用的单元格地址的行和列都不会改变。绝对引用示例如图4-100所示。

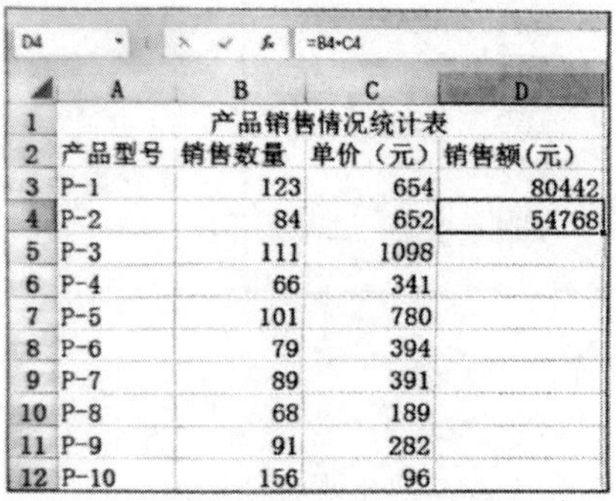

D4 =B4*C4

	A	B	C	D
1	产品销售情况统计表			
2	产品型号	销售数量	单价（元）	销售额(元)
3	P-1	123	654	80442
4	P-2	84	652	54768
5	P-3	111	1098	
6	P-4	66	341	
7	P-5	101	780	
8	P-6	79	394	
9	P-7	89	391	
10	P-8	68	189	
11	P-9	91	282	
12	P-10	156	96	

图4-99　相对引用示例

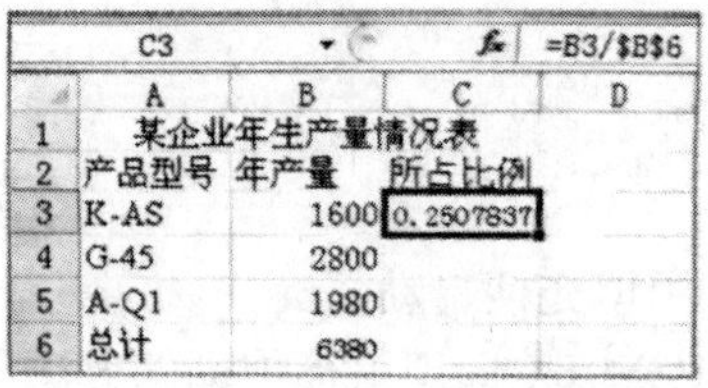

C3 =B3/$B$6

	A	B	C	D
1	某企业年生产量情况表			
2	产品型号	年产量	所占比例	
3	K-AS	1600	0.2507837	
4	G-45	2800		
5	A-Q1	1980		
6	总计	6380		

图4-100　绝对引用示例

3）混合引用

既包含绝对引用又包含相对引用的称为混合引用，如B$2或$B2等。混合引用用于表示列变行不变或列不变行变的引用。如果公式所在单元格的位置改变，则相对引用改变，而绝对引用不变。

图4-101所示为混合引用示例，利用填充柄可算出“经理提成”列其他的数据结果。

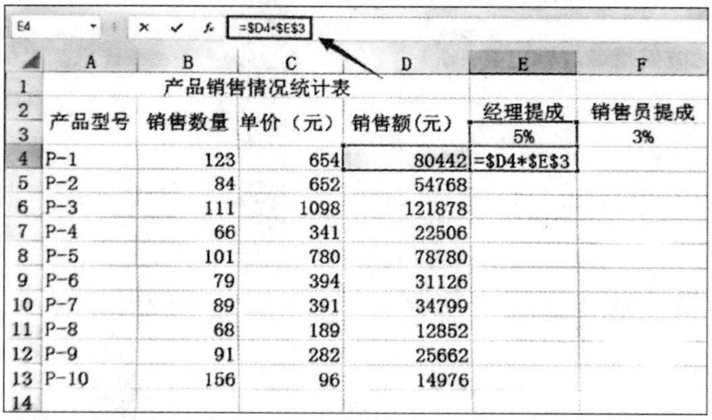

E4 =$D4*$E$3

	A	B	C	D	E	F
1	产品销售情况统计表					
2	产品型号	销售数量	单价（元）	销售额(元)	经理提成	销售员提成
3					5%	3%
4	P-1	123	654	80442	=$D4*$E$3	
5	P-2	84	652	54768		
6	P-3	111	1098	121878		
7	P-4	66	341	22506		
8	P-5	101	780	78780		
9	P-6	79	394	31126		
10	P-7	89	391	34799		
11	P-8	68	189	12852		
12	P-9	91	282	25662		
13	P-10	156	96	14976		
14						

图4-101　混合引用示例

用上面的方法，即将E4单元格设置公式为“＝$D4*$E$3”时，不便于在F列计算数据时利用填充柄。若将E4单元格设置公式改为“＝$D4*E$3”时，无须重新在F4单元格设置公式，即可利用填充柄填充结果，这便是巧用混合引用的示例，如图4-102所示。

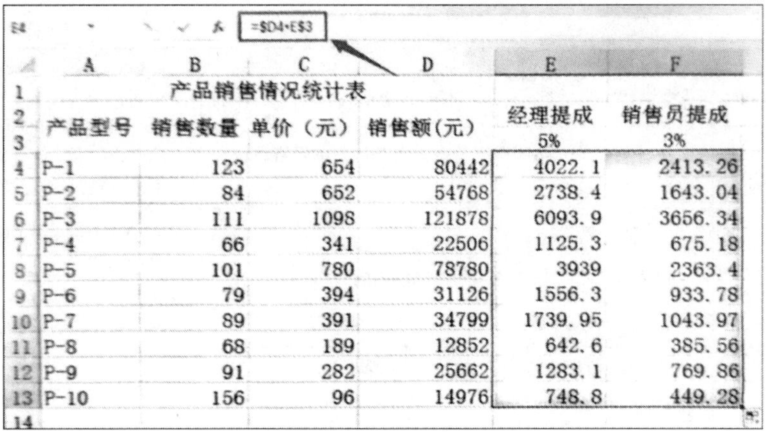

=$D4*E$3

	A	B	C	D	E	F
1	产品销售情况统计表					
2	产品型号	销售数量	单价（元）	销售额(元)	经理提成	销售员提成
3					5%	3%
4	P-1	123	654	80442	4022.1	2413.26
5	P-2	84	652	54768	2738.4	1643.04
6	P-3	111	1098	121878	6093.9	3656.34
7	P-4	66	341	22506	1125.3	675.18
8	P-5	101	780	78780	3939	2363.4
9	P-6	79	394	31126	1556.3	933.78
10	P-7	89	391	34799	1739.95	1043.97
11	P-8	68	189	12852	642.6	385.56
12	P-9	91	282	25662	1283.1	769.86
13	P-10	156	96	14976	748.8	449.28
14						

图4-102　巧用混合引用示例

3. 函数的概念

函数是Excel中预定义的执行特殊计算功能的指令。Exeel中的函数非常丰富，一共有11类，分别是数据库函数、日期与时间函数、工程函数、财务函数、信息函数、逻辑函数、查询和引用函数、数学和三角函数、统计函数、文本函数以及用户自定义函数。

函数括号中的部分称为参数，假如一个函数可以使用多个参数，那么参数与参数之间使用半角逗号进行分隔。参数可以是常量（数字和文本）、逻辑值（如TRUE或FALSE）、数组、错误值（如#N/A）或单元格引用（如E1:H1），甚至可以是另一个或几个函数等。参数的类型和位置必须满足函数语法的要求，否则将返回错误信息。

函数的形式：

=函数名（参数1,参数2,…）

常用的函数见表4-5。

表4-5　常用的函数

函　数　名	主要功能	使用格式及部分参数说明
SUM	计算所有参数数值的和	SUM(numberl,number2,…)
AVERAGE	求出所有参数的算术平均值	AVERAGE(numberl,number2,…)
IF	根据对指定条件的逻辑判断的真假结果，返回相对应的内容	IF(Logical,Value_if_true,Value_if_false)
ABS	返回给定数值的绝对值	ABS(number)
INT	将数值向下取整为最接近的整数	INT(number)
MAX	求出一组数中的最大值	MAX(numberl,number2,…)
MIN	求出一组数中的最小值	MIN(numberl,number2,…)
MOD	求出两数相除的余数	MOD(number,divisor) number代表被除数，divisor代表除数
COUNT	计算区域中包含数字的单元格的个数	COUNT(value1,value2,…)

续表

函　数　名	主要功能	使用格式及部分参数说明
COUNTIF	统计某个单元格区域中符合指定条件的单元格数目	COUNTIF(Range,Criteria) Range代表要统计的单元格区域 Criteria表示指定的条件表达式
SUMIF	计算符合指定条件的单元格区域内的数值和	SUMIF(Range,Criteria,Sum_- Range) Range代表条件判断的单元格区域；Criteria为指定条件表达式；Sum__Range代表需要计算的数值所在的单元格区域
AND	返回逻辑值，如果所有参数值均为逻辑“真”（TRUE），则返回逻辑“真”（TRUE），反之返回逻辑“假”（FALSE）	AND(logical1,logical2,…)
OR	返回逻辑值，仅当所有参数值均为逻辑“假”（FALSE）时返回函数结果逻辑“假”（FALSE），否则都返回逻辑“真”（TRUE）	OR(logicall,logical2,…)
RANK或RANK.EQ	返回某一数值在一列数值中的相对于其他数值的排位	RANK(number，ref，order)或RANK.EQ(number，ref，order) RANK是Excel早期版本就有的函数，而RANK.EQ是从Excel 2010中新出现的函数，两者用法一致，本质上没有差别

需要插入函数时，在“公式”选项卡“函数库”组中单击“插入函数”按钮，或单击公式编辑栏前的 *fx*，弹出如图4-103（a）所示的“插入函数”对话框，选择类别，找到所需函数后，单击“确定”按钮，弹出相应的“函数参数”对话框，如图4-103（b）所示，在其中输入或用鼠标在表中选择参数所对应的数据区域，单击“确定”按钮，即可在放置结果的单元格内显示出结果值。

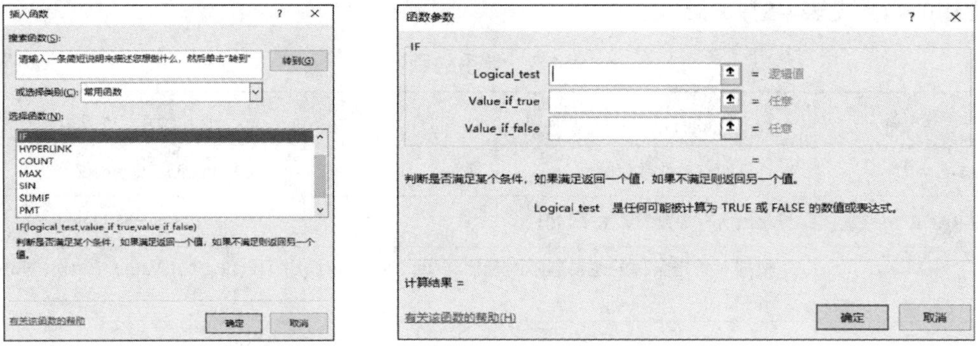

（a）　　　　（b）

图4-103　插入函数

4.3.8　常用数据统计分析函数及其应用

1．日期时间函数

1）YEAR 函数

功能：返回某日期对应的年份，返回值为1 900到9 999之间的整数。

格式：YEAR(serial_number)。

说明：serial_number是一个日期值，也可以是格式为日期格式的单元格名称。

2）TODAY 函数

功能：返回当前期。

格式：TODAY( )。

【例4-13】使用日期函数计算“个人信息情况表”（见图4-104）中的“年龄”字段结果。在Excel 2016 中，操作步骤如下：

（1）单击工作表中的D2单元格。

（2）输入公式“=YEAR(TODAY())-YEAR(C2)”，完毕后按【Enter】键。

（3）拖动D2单元格右下角的填充柄至单元格D6，利用公式的自动填充功能得到其他人的年龄。

	A	B	C	D	E	F	G	H	I
1	姓 名	性 别	出生年月	年龄	所在区域	原电话号码	升级后号码	是否>=40男性	是否闰年出生
2	王一	男	1967/6/15		天心区	073123198××			
3	张二	女	1974/9/27		芙蓉区	073157428××			
4	林三	男	1953/2/21		雨花区	073152428××			
5	胡四	女	1984/3/30		开福区	073147428××			
6	吴五	男	1996/8/13		岳麓区	073186428××			

图4-104　个人信息情况表

3）MINUTE 函数

功能：返回时间值中的分钟，即一个介于0~59之间的整数。

格式：MINUTE(serial_number)。

说明：serial_number是一个时间值，也可以是格式为时间格式的单元格名称。

4）HOUR 函数

功能：返回时间值中的小时数，即一个介于0~23之间的整数。

格式：HOUR(serial_number)。

说明：serial_number是一个时间值，也可以是格式为时间格式的单元格名称。

2. 逻辑函数

1）AND（与）函数

功能：在其参数组中，所有参数逻辑值为 TRUE，即返回TRUE。

格式：AND(logical1,logical2,⋯)。

说明：logical1,logical2,⋯为需要进行检验的1~255个条件，结果分别为TRUE或FALSE。

2）OR（或）函数

功能：在其参数组中，任何一个参数逻辑值为TRUE，即返回TRUE。

格式：OR(logical1,logical2,⋯)。

说明：logical1,logical2,⋯为需要进行检验的1~255个条件，结果分别为TRUE或FALSE。

【例4-14】使用逻辑函数计算“个人信息情况表”（见图4-105）中的“是否>=40男性”和“是否闰年出生”字段结果。

操作步骤如下：

（1）单击工作表中的H2单元格。

（2）输入公式“=AND(B2="男",D2>=40)”，完毕后按【Enter】键；利用公式的自动填充功能得到其他人的结果。

（3）单击工作表中的I2单元格。

（4）输入公式“=OR(AND(MOD(YEAR(C2),4)=0,MOD(YEAR(C2),100)<>0),MOD(YEAR(C2),400)=0)”，其中MOD函数的作用是返回两数相除的余数，完毕后按【Enter】键，利用公式的自动填充功能得到其他人的结果，如图4-105所示。

	A	B	C	D	E	F	G	H	I
1	姓 名	性 别	出生年月	年龄	所在区域	原电话号码	升级后号码	是否>=40男性	是否闰年出生
2	王一	男	1967/6/15	46	天心区	073123198××		TRUE	FALSE
3	张二	女	1974/9/27	39	芙蓉区	073157428××		FALSE	FALSE
4	林三	男	1953/2/21	60	雨花区	073152428××		TRUE	FALSE
5	胡四	女	1984/3/30	29	开福区	073147428××		FALSE	TRUE
6	吴五	男	1996/8/13	17	岳麓区	073186428××		FALSE	TRUE

图4-105　个人信息情况表计算结果

3．算术与统计函数

1）MOD 函数

功能：返回两数相除的余数。

格式：MOD(number,divisor)。

说明：number为被除数，divisor为除数。

2）MAX 函数

功能：返回一组值中的最大值。

格式：MAX(number1,number2,…)。

说明：number1,number2,…是要从中找出最大值的1~255个数字参数。

3）RANK函数

功能：为指定单元的数据在其所在行或列数据区所处的位置排序。

格式：RANK(number,reference,order)。

说明：number是被排序的值，reference是排序的数据区域，order是升序、降序选择。其中，order取0值按降序排列，order取1值按升序排列。

【例4-15】有“大学计算机基础学生机试成绩表”需要进行统计分析，如图4-106所示。现在需要在右边增加一列，显示排名情况。

在Excel 2016中，操作步骤如下：

（1）单击工作表中的E2单元格，输入“排名”。

（2）单击E3单元格，输入公式“=RANK.EQ(D3,D3$:$D$10)”，D3为第一个学生机试成绩，$D3:$D$10为所有学生机试成绩所占的单元格区域，没有第三个参数则排名按降序排列，即分数高者名次靠前。绝对引用是为了保证公式复制的结果正确，按【Enter】键，得到第一个学生的名次是“2”。

（3）利用公式的自动填充功能得到其他学生的名次，结果如图4-107所示。

	A	B	C	D
1	大学计算机基础机试成绩表			
2	序号	姓名	性别	机试成绩
3	01	李 娟	女	90
4	02	廖 念	男	85
5	03	李 婷	女	72
6	04	王 珂	男	78
7	05	尹 娟	女	67
8	06	李 想	男	64
9	07	陈茜倩	女	45
10	08	王莲艺	女	93
11	09	胡 歌	男	87
12	10	高 妹	女	85

图4-106　学生机试成绩表

	A	B	C	D	E
1	大学计算机基础机试成绩表				
2	序号	姓名	性别	机试成绩	排名
3	01	李 娟	女	90	2
4	02	廖 念	男	85	4
5	03	李 婷	女	72	7
6	04	王 珂	男	78	6
7	05	尹 娟	女	67	8
8	06	李 想	男	64	9
9	07	陈茜倩	女	45	10
10	08	王莲艺	女	93	1
11	09	胡 歌	男	87	3
12	10	高 妹	女	85	4

图4-107　RANK 函数的应用

4）IF函数

功能：执行真假值判断，根据逻辑计算的真假值，返回不同结果。

格式：IF(logical_test,value_if_true,value_if_false)。

说明：logical_test表示计算结果为TRUE或FALSE的任意值或表达式，value_if_true是logical_test 为TRUE时返回的值，value_if_false 是logical_test 为FALSE时返回的值。当要对多个条件进行判断时，需嵌套使用IF函数，IF最多可以嵌套7层，用value_if_false和value_if_true参数可以构造复杂的检测条件，一般直接在编辑栏输入函数表达式。

【例4-16】使用例4-15的“大学计算机基础学生机试成绩表”，在右边继续增加一列，将机试成绩百分制转换成等级制，转换规则为90~100（优）、80~89（良）、70~79（中）、60~69（及格）、60以下（不及格）。

在Excel 2016中，操作步骤如下：

（1）单击工作表中的F2 单元格，输入“等级制”。

（2）单击F3 单元格，输入公式：“=IF(D3>=90,"优",IF(D3>=80,"良",IF(D3>=70,"中",IF(D3>=60,"及格","不及格"))))”，然后按【Enter】键，得到第一个学生的成绩等级是“优”。

（3）利用公式的自动填充功能得到其他学生的成绩等级。结果如图4-108所示。

	A	B	C	D	E	F
1	大学计算机基础机试成绩表					
2	序号	姓名	性别	机试成绩	排名	等级制
3	01	李 娟	女	90	2	优
4	02	廖 念	男	85	4	良
5	03	李 婷	女	72	7	中
6	04	王 珂	男	78	6	中
7	05	尹 娟	女	67	8	及格
8	06	李 想	男	64	9	及格
9	07	陈茜倩	女	45	10	不及格
10	08	王莲艺	女	93	1	优
11	09	胡 歌	男	87	3	良
12	10	高 姝	女	85	4	良

图4-108　IF 函数的应用

5）SUMIF函数

功能：根据指定条件对若干单元格求和。

格式：SUMIF(range,criteria,sum_range)。

说明：range为用于条件判断的单元格区域，criteria为确定哪些单元格将被相加求和的条件，其形式可以为数字、表达式或文本。

6）COUNTIF函数

功能：计算区域中满足给定条件的单元格的个数。

格式：COUNTIF(range,criteria)。

说明：range为需要计算其中满足条件的单元格数目的单元格区域。criteria为确定哪些单元格将被计算在内的条件，其形式可以为数字、表达式、单元格引用或文本。

【例4-17】在例4-16的“大学计算机基础学生机试成绩表”中，统计男生和女生的机试成绩总分数，且统计各个分数段（如90~100，80~89，70~79，60~69，<60）的学生人数,其结果如图4-109所示。

	A	B	C	D	E	F	G	H	I
1		大学计算机基础机试成绩表							
2	序号	姓名	性别	机试成绩	排名	等级制			总分数
3	01	李 娟	女	90	2	优		男	314
4	02	廖 念	男	85	4	良		女	452
5	03	李 婷	女	72	7	中			
6	04	王 珂	男	78	6	中			
7	05	尹 娟	女	67	8	及格		分数段	人数
8	06	李 想	男	64	9	及格		90-100	2
9	07	陈茜倩	女	45	10	不及格		80-89	3
10	08	王莲艺	女	93	1	优		70-79	2
11	09	胡 歌	男	87	3	良		60-69	2
12	10	高 姝	女	85	4	良		<60	1

图4-109　SUMIF 函数和 COUNTIF 函数的应用

在Excel 2016中，操作步骤如下：

（1）按图建立男女生总分数表格和分数段人数表格。

（2）单击I3单元格，输入公式“=SUMIF($C$3:$C$12,H3,$D$3:$D$12)”，表示在区域C3:C12中查找单元格H3中的内容，即在C列查找“男”所在的单元格，找到后，返回D列同一行的单元格（因为返回的结果在区域D3:D12），最后对所有找到的单元格求和。按【Enter】键后，在I3单元格得到男生机试成绩的总分数。利用拖动复制公式的方法得到女生机试成绩的总分数。

（3）在I8~I12单元格依次输入公式:

“=COUNTIF(D3:D12,">=90")”，

“=COUNTIF(D3:D12,">=80")-COUNTIF(D3:D12,">=90")”，

“=COUNTIF(D3:D12,">=70")-COUNTIF(D3:D12,">=80")”，

“=COUNTIF(D3:D12,">=60")-COUNTIF(D3:D12,">=70")”，

“=COUNTIF(D3:D12,"<60")”，然后按【Enter】键，得到各个分数段的人数。

4．查找函数

1）HLOOKUP函数

功能：在表格或数值数组的首行查找指定的数值，并由此返回表格或数组当前列中指定行处的数值。

格式：HLOOKUP(lookup_value,table_array,row_index_num,range_lookup)。

说明：lookup_value为需要在数据表第一行中进行查找的数值，lookup_value可以为数值、引用或文本字符串；table_array为需要在其中查找数据的数据表，可以使用对区域或区域名称的引用；row_index_num 为table_array 中待返回的匹配值的行序号；range_lookup 为一逻辑值，指明函数HLOOKUP查找时是精确匹配，还是近似匹配。如果为TRUE或省略，则返回近似匹配值。需要注意的是，模糊查找时，table_array的第1行数据必须按升序排列，否则找不到正确的结果。

2）VLOOKUP函数

VLOOKUP函数的用法与HLOOKUP基本一致，不同在于HLOOKUP的table_array数据表的数据信息是以行的形式出现，而VLOOKUP的table_array数据表的数据信息是以列的形式出现。需要注意的是，模糊查找时，table_array的第1列数据必须按升序排列，否则找不到正确的结果。

【例4-18】在例4-17的“大学计算机基础学生机试成绩表”中，将成绩由百分制转换成等级制也可以通过VLOOKUP的模糊查找来实现。另外，实际中成绩表数据往往很多（学生人数

多，成绩、科目多），要查看某个学生的成绩非常困难，此时可以设计一个查询表格，输入某个学号（本例为序号）后，能自动显示该学号所对应的姓名和成绩，如图4-110所示。

	A	B	C	D	E	F	G	H	I
1	大学计算机基础机试成绩表							成绩转换	
2	序号	姓名	性别	机试成绩	排名	等级制		0	不及格
3	01	李 娟	女	90	2	优		60	及格
4	02	廖 念	男	85	4	良		70	中
5	03	李 婷	女	72	7	中		80	良
6	04	王 珂	男	78	6	中		90	优
7	05	尹 娟	女	67	8	及格			
8	06	李 想	男	64	9	及格		成绩查询（输入学号）	
9	07	陈茜倩	女	45	10	不及格		学号（序号）	08
10	08	王莲艺	女	93	1	优		姓名	王莲艺
11	09	胡 歌	男	87	3	良		机试成绩	93
12	10	高 姝	女	85	4	良		排名	1

图4-110　用VLOOKUP进行模糊查找和精确查找

在Excel 2016中，操作步骤如下：

（1）清除成绩表中等级制列中的内容，按图4-110建立成绩转换的表格，其中0~60不及格，60~69及格，70~79中，80~89良，90以上优，然后单击F3单元格，输入公式“=VLOOKUP(D3,$H$2:$I$6,2,1)”，按【Enter】键，得到第一个学生的等级，然后通过拖动复制公式的方法得到其他学生的等级。

注意：实际应用中，成绩转换表可能位于不同的工作表中，但查找方法完全相同，查找区域第1列（即H 列），必须升序排列，否则结果可能不正确。

（2）按图建立成绩查询表格。在单元格I10 中输入公式“=VLOOKUP(I9,A3:E12,2,0)”，单元格I11 中输入公式“=VLOOKUP(I9,A3:E12,4,0)”，单元格I12中输入公式“=VLOOKUP(I9,A3:E12,5,0)”，然后在I9单元格输入“’08”（08前加单引号表示作为文本输入），按【Enter】键就可以显示学号（序号）为“08”学生的相关数据。

5．文本函数

1）REPLACE函数

功能：使用其他文本字符串并根据所指定的字符数替换某文本字符串中的部分文本。

格式：REPLACE(old_text,start_num,num_chars,new_text)。

说明：old_text 是要替换其部分字符的文本；start_num 是要用new_text 替换的old_text 中字符的位置；num_chars 是希望 REPLACE 使用new_text 替换old_text 中字符的个数，如果num_ chars 为“0”，是在指定位置插入新字符；new_text 是要用于替换old_text 中字符的文本。

【例4-19】使用REPLACE 函数，对“个人信息情况”工作表中用户的电话号码进行升级。升级方法是在区号（0731）后面加上“8”，REPLACE函数的使用如图4-111所示。

	A	B	C	D	E	F	G	H	I
1	姓 名	性 别	出生年月	年龄	所在区域	原电话号码	升级后号码	是否>=40男性	是否闰年出生
2	王一	男	1967/6/15	46	天心区	073123198××		TRUE	FALSE
3	张二	女	1974/9/27	39	芙蓉区	073157428××		FALSE	FALSE
4	林三	男	1953/2/21	60	雨花区	073152428××		TRUE	FALSE
5	胡四	女	1984/3/30	29	开福区	073147428××		FALSE	TRUE
6	吴五	男	1996/8/13	17	岳麓区	073186428××		FALSE	TRUE

图4-111　REPLACE 函数的使用

在Excel 2016中，操作步骤如下：

（1）单击工作表中G2 单元格。

（2）输入公式“=REPLACE（F2,5,0,8）”，完毕后按【Enter】键，G2单元格产生升级后的电话号码。

（3）利用公式的自动填充功能升级其他电话号码。

2）MID函数

功能：返回文本字符串中从指定位置开始的特定数目的字符。

格式：MID(text,start_num,num_chars)。

说明：text是包含要提取字符的文本字符串；start_num是文本中要提取的第一个字符的位置；num_chars指定希望MID从文本中返回字符的个数。

3）CONCATENATE函数

功能：将几个文本字符串合并为一个文本字符串。

格式：CONCATENATE (text1,text2,…)。

说明：text1,text2,…为1~255个要合并的文本字符串。

【例4-20】使用MID与CONCATENATE函数，对“学生资料表”中的“出生日期”列进行自动填充，学生资料表如图4-112所示。要求：填充的内容根据“身份证号码”列的内容来确定。

（1）身份证号码中的第7位~第10位：表示出生年份。

（2）身份证号码中的第11位~第12位：表示出生月份。

（3）身份证号码中的第13位~第14位：表示出生日。

填充结果的格式为××××年××月××日。

注意：不使用单元格格式进行设置

在Excel 2016中，操作步骤如下：

（1）单击D3单元格；

（2）输入公式“=CONCATENATE(MID(B3,7,4),"年",MID(B3,11,2),"月",MID(B3,13,2),"日")”，完毕后按【Enter】键。

（3）利用公式的自动填充功能得到其他学生的出生日期，如图4-113所示。

	A	B	C	D
1		学生资料表		
2	姓名	身份证号码	性别	出生日期
3	王梅	3306751993060144××	女	
4	李畅	3306751990081544××	男	
5	刘依	3306751991022118××	女	
6	赵剑	3306751994100358××	男	
7	秦欢	3306751992113028××	男	

图4-112　学生资料表

	A	B	C	D
1		学生资料表		
2	姓名	身份证号码	性别	出生日期
3	王梅	3306751993060144××	女	1993年06月01日
4	李畅	3306751990081544××	男	1990年08月15日
5	刘依	3306751991022118××	女	1991年02月21日
6	赵剑	3306751994100358××	男	1994年10月03日
7	秦欢	3306751992113028××	男	1992年11月30日

图4-113　自动填充出生日期

6．财务函数

1）PMT函数

功能：基于固定利率及等额分期付款方式，返回贷款的每期付款额。

格式：PMT(rate,nper,pv,fv,type)。

说明：rate为贷款利率；nper为该项贷款的付款总数；pv为现值，或一系列未来付款的当前值的累积和，又称本金；fv 为未来值，或在最后一次付款后希望得到的现金余额，如果省略fv，则假设其值为零，也就是一笔贷款的未来值为零；type为数字0或1，用以指定各期的付款时间是在期初还是期末，0或省略为期末，1为期初。

2）IPMT函数

功能：基于固定利率及等额分期付款方式，返回给定期数内对投资的利息偿还额。

格式：IPMT(rate,per,nper,pv,fv,type)。

说明：per为用于计算其利息数额的期数，必须在1到nper之间。其他与PMT函数相同。

【例4-21】 利用商业贷款买房，计算贷款月还款额与第1个月的还款利息。假定贷款10万元，年利率为7.05%，贷款10年，每月末等额还款。其结果如图4-119所示。在Excel 2016 中，操作步骤如下：

（1）按图4-114建立工作表。计算每月还款额时，单击B5单元格，输入公式“=PMT(B2/12,B3*12,B4)”，按【Enter】键，得到月还款额。

（2）单击B6单元格，输入公式“=IPMT(B2/12,1,B3*12,B4)”，按【Enter】键，得到第 1 个月的还款利息。

	A	B
1	贷款月还款额计算表	
2	贷款年利率	7.05%
3	贷款期限（年）	10
4	贷款额（元）	100000
5	每月还款额	¥-1,163.66
6	第1个月还款利息	¥-587.50

图4-114　PMT函和IPMT函数的应用

4.3.9　宏的简单应用

在电子表格处理过程中，如果总是需要重复执行某项任务，可以录制一个宏来自动执行。宏是可运行任意次数的一个操作或一组操作。电子表格处理软件提供了宏的录制、运行和编辑功能。

1．录制宏

录制宏的过程就是记录鼠标单击操作和键盘按键操作的过程。录制宏时，宏录制器会记录需要宏来执行的操作所需的一切步骤。

【例4-22】 录制一个“设置单元格格式”的宏：设置数据加人民币符号、千位分隔符，保留2位小数。

（1）打开一个新工作簿，确认其他工作簿已经关闭，以便能够很容易地对录制的宏进行定位和处理。

（2）选中A1单元格，单击“视图”选项卡“宏”组中“宏”的下拉按钮，在下拉菜单中选择“录制宏”命令，打开“录制宏”对话框，在“宏名”文本框中输入“设置单元格格式”，如图4-115所示，按【Enter】键开始录制宏。

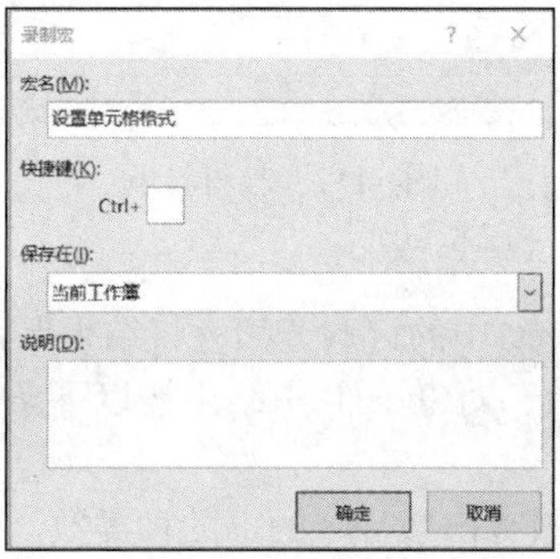

图4-115　“录制新宏”对话框

（3）右击A1单元格，在弹出的快捷菜单中选择“设置单元格格式”命令，在“数字”选项卡“数值”分类中设置小数位数为2位，使用千位分隔符；在“货币”分类中设置货币符号为人民币符号。完成操作后，单击“视图”选项卡“宏”组中“宏”的下拉按钮，在下拉菜单中选择“停止录制”命令，完成“设置单元格格式”宏的录制。

2. 运行宏

当运行一个宏时，它将按照录制宏时相同的步骤进行操作。

【例4-23】运行例4-22中创建的宏“设置单元格格式”。在Excel 2016中，运行一个宏的操作步骤如下：

（1）选择需要执行宏的单元格。

（2）单击“视图”选项卡“宏”组中“宏”的下拉按钮，在下拉菜单中选择“查看宏”命令，打开“宏”对话框，在“宏名”列表框中选择需要运行的宏“设置单元格格式”，单击“执行”按钮，如图4-116所示。

在“宏”对话框中还可以进行编辑和删除宏的操作，直接单击相应的命令按钮即可。

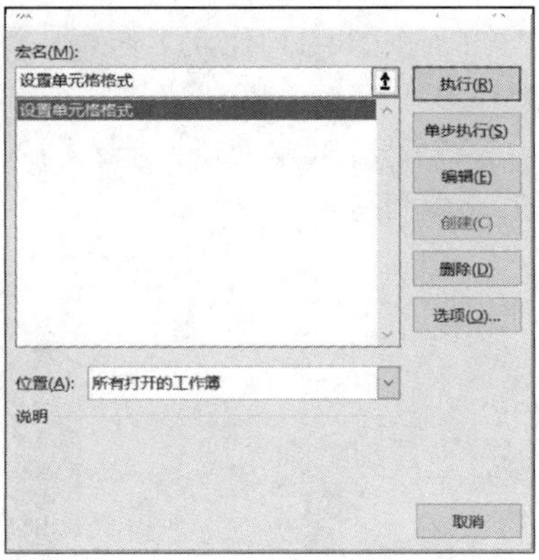

图4-116 “宏”对话框

4.3.10 提高与拓展

【例4-24】有教材订购情况表（位于Sheet1中），如图4-117所示。

	A	B	C	D	E	F	G	H	I
1	教材订购情况表								
2	客户	ISBN	书名	出版社	版次	作者	订数	单价	金额
3	c1	7-04-513245-8	高等数学 下册	××教育出版社	六版	同济大学数学系	3700	25	
4	c1	7-04-813245-9	高等数学 上册	××教育出版社	六版	同济大学数学系	3500	24	
5	c1	7-04-414587-1	概率论与数理统计教程	××教育出版社	四版	沈恒范	1592	31	
6	c1	7-5341-1401-2	Visual Basic 程序设计教程	××科技出版社	一版	陈庆章	1504	27	
7	c1	7-03-012345-6	化工原理（下）	××出版社	一版	何潮洪	924	40	
8	c1	7-03-012346-8	化工原理(上)	××出版社	一版	何潮洪 冯霄	767	38	
9	c1	7-121-02828-9	数字电路	××工业出版社	一版	贾立新	555	34	
10	c1	7-81080-159-7	大学英语 快读 2	××外语教育出版社	修订	谌馨燕	500	28	
11	c2	7-300-54329-8	审计学	××人民大学出版社	五版	秦荣生	146	26	
12	c2	7-300-23487-5	税务会计与税收筹划	××大学出版社	三版	盖地	146	32	
13	c2	7-300-31004-3	资产评估学教程	××大学出版社	二版	乔志敏	146	32	
14	c2	7-300-50123-4	国际贸易法	××大学出版社	二版	郭寿康	137	27	
15	c2	7-04-888888-1	现代公关礼仪	××教育出版社	二版	施卫平	120	20	
16	c2	7-305-14029-0	房地产投资分析	××大学出版社	一版	刘秋雁	120	35	
17	c2	7-5047-3333-4	市场营销学—理论与应用	××物资出版社	03版	赵国柱	109	26	
18	c3	7-355-98654-9	计算技术	××财经大学出版社	一版	姚珑珑	75	25	
19	c3	7-300-21100-0	硬笔书法画精品大全	××人民大学出版社	一版	张虎臣	73	33	
20	c3	7-121-32958-7	投资与理财	××工业出版社	一版	魏涛	71	24	
21	c3	7-222-09832-2	室内设计手绘效果图	××美术出版社	一版	赵志君	58	34	
22	c3	7-5201-0236-6	环境设计模型制作艺术	××人民美术出版社	一版	王双龙	58	45	
23	c3	7-119-10023-8	妇产科护理学	××卫生出版社	一版	夏海鸥	156	33	
24	c3	7-5341-0332-3	急救护理	××科学技术出版社	一版	杨丽丽	106	31	
25	c3	7-5303-8878-0	国际贸易	××金融出版社	05版	刘诚	645	35	
26	c3	7-03-523451-2	市场营销学	××出版社	一版	常志有	53	30	
27	c3	7-03-512349-0	市场调查与预测	××出版社	07版	徐井冈	150	28	
28	c4	7-402-15710-6	新编统计学原理	××会计出版社	二版	唐庆银	637	32	
29	c4	7-04-113245-8	经济法（含学习卡）	××教育出版社	二版	曲振涛	589	35	
30	c4	7-04-213489-0	市场营销学	××教育出版社	一版	毕思勇	472	25	
31	c4	7-356-54321-5	电子商务	××理工大学出版社	一版	田自然	421	30	
32	c4	7-300-54823-1	成本会计	××人民大学出版社	四版	于富生	224	26	

K	L
统计情况	统计结果
出版社名称为“××教育出版社”的书的种类数：	
订购数量大于110，且小于850的书的种类数：	

用户支付情况表	
用户	支付总额
c1	
c2	
c3	
c4	

图4-117 教材订购

【操作要求】

（1）使用数组公式，计算Sheet1中的订购金额，将结果保存到表中的“金额”列当中。

（2）使用COUNTIF统计函数，对Sheet1 中结果按以下条件进行统计，将结果保存在表中相应位置，要求：

①统计出版社名称为“××教育出版社”的书的种类数。

②统计订购数量大于110 且小于850 的书的种类数。

（3）使用SUMIF统计函数，计算每个用户所订购图书所需支付的金额总数，将结果保存在表中相应位置。将Sheet1中的数据复制到Sheet2中，对Sheet2进行高级筛选，要求：

①筛选条件为“订数>=500，且金额<=30000”。

②将结果保存在Sheet2中。

（4）根据Sheet1中的数据，在Sheet3中创建一张数据透视表，要求：

①显示每个客户在每个出版社所订的教材数目。

②行区域设置为“出版社”。

③列区域设置为“客户”。

④计数项为“订数”。

【操作提示】

（1）使用数组公式。数组是单元的集合或是一组处理的值的集合。可以写一个数组公式，即输入一个单个的公式，它执行多个输入操作并产生多个结果，每个结果显示在一个单元格区域中。数组公式可以看成有多重数值的公式，它与单值公式的不同之处在于它可以产生一个以上的结果。一个数组公式可以占用一个或多个单元区域，数组元素的个数最多为6 500个。

操作步骤如下：

①在Sheet1中选定要定义数组的全部数据区域（填写金额的单元格）I3:I32。

②在编辑栏中书写公式“=G3:G32*H3:H32”。

③按【Ctrl+Shift+Enter】组合键，所编辑的公式出现数组标志符号“{}”，同时I3:I32列各个单元中生成相应结果。

注意：数组公式不能单个进行修改，否则系统提示错误。修改数组过程中数组标志符号“{}”会消失，需重新按【Ctrl+Shift+Enter】组合键。

（2）使用COUNTIF统计函数。操作步骤如下：

①在Sheet1的L2单元格中输入公式“=COUNTIF(D3:D32,"××教育出版社")”，完毕后按【Enter】键生成统计结果。

②在Sheet1的L3单元格中输入公式“=COUNTIF(G3:G32,">110")-COUNTIF (G3:G32, ">850")”；完毕后按【Enter】键生成统计结果。

注意：COUNTIF函数如果使用条件表达式需要用引号引起；一个COUNTIF函数不能同时使用两个表达式，如L3中的两个条件关系需要转化为两个COUNTIF函数计算。

（3）使用SUMIF统计函数。操作步骤如下：

①在Sheet1的L8单元格中输入公式“=SUMIF(A3:A32,"C1",I3:I32)”，完毕后按【Enter】键生成统计结果。

②在Sheet1的L9单元格中输入公式“=SUMIF(A3:A32,"C2",I3:I32)”，完毕后按【Enter】键生成统计结果。

③在Sheet1的L10单元格中输入公式“=SUMIF(A3:A32,"C3",I3:I32)”，完毕后按【Enter】键生成统计结果。

④在Sheet1的L11单元格中输入公式“=SUMIF(A3:A32,"C4",I3:I32)”，完毕后按【Enter】键生成统计结果。

计算后的教材订购情况表如图4-118所示。

教材订购情况表

	客户	ISBN	书名	出版社	版次	作者	订数	单价	金额
3	c1	7-04-513245-8	高等数学 下册	××教育出版社	六版	同济大学数学系	3700	25	92500
4	c1	7-04-813245-9	高等数学 上册	××教育出版社	六版	同济大学数学系	3500	24	84000
5	c1	7-04-414587-1	概率论与数理统计教程	××教育出版社	四版	沈恒范	1592	31	49352
6	c1	7-5341-1401-2	Visual Basic 程序设计教程	××科技出版社	一版	陈庆章	1504	27	40608
7	c1	7-03-012345-6	化工原理（下）	××出版社	一版	何潮洪	924	40	36960
8	c1	7-03-012346-8	化工原理(上)	××出版社	一版	何潮洪 冯霄	767	38	29146
9	c1	7-121-02828-9	数字电路	××工业出版社	一版	贾立新	555	34	18870
10	c1	7-81080-159-7	大学英语 快读 2	××外语教育出版社	修订	谌馨蒸	500	28	14000
11	c2	7-300-54329-8	审计学	××人民大学出版社	五版	秦荣生	146	26	3796
12	c2	7-300-23487-5	税务会计与税收筹划	××大学出版社	三版	盖地	146	32	4672
13	c2	7-300-31004-3	资产评估学教程	××大学出版社	二版	乔志敏	146	32	4672
14	c2	7-300-50123-4	国际贸易法	××大学出版社	二版	郭寿康	137	27	3699
15	c2	7-04-888888-1	现代公关礼仪	××教育出版社	二版	施卫平	120	20	2400
16	c2	7-305-14029-0	房地产投资分析	××大学出版社	一版	刘秋雁	120	35	4200
17	c2	7-5047-3333-4	市场营销学—理论与应用	××物资出版社	03版	赵国柱	109	26	2834
18	c3	7-355-98654-9	计算技术	××财经大学出版社	一版	姚珑珑	75	25	1875
19	c3	7-300-21100-0	硬笔书法画精品大全	××人民大学出版社	一版	张虎臣	73	33	2409
20	c3	7-121-32958-7	投资与理财	××工业出版社	一版	魏涛	71	24	1704
21	c3	7-222-09832-2	室内设计手绘效果图	××美术出版社	一版	赵志君	58	34	1972
22	c3	7-5201-0236-6	环境设计模型制作艺术	××人民美术出版社	一版	王双龙	58	45	2610
23	c3	7-119-10023-8	妇产科护理学	××卫生出版社	一版	夏海鸥	156	33	5148
24	c3	7-5341-0332-3	急救护理	××科学技术出版社	一版	杨丽丽	106	31	3286
25	c3	7-5303-8878-0	国际贸易	××金融出版社	05版	刘诚	645	35	22575
26	c3	7-03-523451-2	市场营销学	××出版社	一版	常志有	53	30	1590
27	c3	7-03-512349-0	市场调查与预测	××出版社	07版	徐井冈	150	28	4200
28	c4	7-402-15710-6	新编统计学原理	××会计出版社	二版	唐庆银	637	32	20384
29	c4	7-04-113245-8	经济法（含学习卡）	××教育出版社	二版	曲振涛	589	35	20615
30	c4	7-04-213489-0	市场营销学	××教育出版社	一版	毕思勇	472	25	11800
31	c4	7-356-54321-5	电子商务	××理工大学出版社	一版	申自然	421	30	12630
32	c4	7-300-54823-1	成本会计	××人民大学出版社	四版	于富生	224	26	5824

统计情况	统计结果
出版社名称为“××教育出版社”的书的种类数：	6
订购数量大于110，且小于850的书的种类数：	17

用户支付情况表

用户	支付总额
c1	365436
c2	26273
c3	47369
c4	71253

图4-118　计算后的教材订购

（4）高级筛选。操作步骤如下：

①在Sheet1中选定数据区域A2:I32，复制粘贴到Sheet2中。

②在Sheet2的K1:L2 单元格输入高级筛选条件，其中K1中为“订数”，L1中为“金额”，K2中为“>=500”，L2中为“<=30000”。

③单击“数据”选项卡“排序和筛选”组中的“高级”按钮，打开“高级筛选”对话框。先确认“在原有区域显示筛选结果”为选中状态，以及给出的列表区域是否正确。如果不正确，可以单击“列表区域”框右侧的“折叠对话框”按钮，用鼠标在工作表中重新选择后再次单击该按钮返回。然后单击“条件区域”文本框右侧的“折叠对话框”按钮，用鼠标在工作表中选择条件区域后再次单击该按钮返回，生成结果如图4-119所示。

1	客户	ISBN	书名	出版社	版次	作者	订数	单价	金额
7	c1	7-03-012346-8	化工原理(上)	××出版社	一版	何潮洪 冯霄	767	38	29146
8	c1	7-121-02828-9	数字电路	××工业出版社	一版	贾立新	555	34	18870
9	c1	7-81080-159-7	大学英语 快读 2	××外语教育出版社	修订	谌馨蒸	500	28	14000
24	c3	7-5303-8878-0	国际贸易	××金融出版社	05版	刘诚	645	35	22575
27	c4	7-402-15710-6	新编统计学原理	××会计出版社	二版	唐庆银	637	32	20384
28	c4	7-04-113245-8	经济法（含学习卡）	××教育出版社	二版	曲振涛	589	35	20615

图4-119　高级筛选结果

（5）创建数据透视表。操作步骤如下：

①单击Sheet1中数据区域任意单元格。

②单击“插入”选项卡“表格”组中的“数据透视表”按钮，打开“创建数据透视表”对话框，选择要分析的数据的范围以及数据透视表的放置位置（此处选择“新工作表”单选按钮），然后单击“确定”按钮。此时出现“数据透视表字段”窗格，把要分类的字段“出版社”拖入行标签，“客户”拖入列标签位置，要汇总的字段“订数”拖入∑值区，得到如图4-120所示的透视表。

③根据要求，将工作簿中的Sheet3删除，将当前数据透视表所在工作表Sheet4重命名为Sheet3。最后将整个工作簿保存。

求和项:订数	列标签				
行标签	c1	c2	c3	c4	总计
×× 工业出版社	555				555
×× 教育出版社	3700				3700
××财经大学出版社			75		75
××出版社	1691		203		1894
××大学出版社		549			549
××工业出版社			71		71
××会计出版社				637	637
××教育出版社	5092	120		1061	6273
××金融出版社			645		645
××科技出版社	1504				1504
××科学技术出版社			106		106
××理工大学出版社				421	421
××美术出版社			58		58
××人民大学出版社		146	73	224	443
××人民美术出版社			58		58
××外语教育出版社	500				500
××卫生出版社			156		156
××物资出版社		109			109
总计	13042	924	1445	2343	17754

图4-120　创建数据透视表

4.3.11　同步实训

实训项目：制作“学生成绩管理”；打开工作簿文件“学生成绩管理. xlsx”，按照下面的操作要求完成相应操作，并以文件名“学生成绩管理表.xlsx”保存文件。

（1）创建学生信息表，如图4-121所示。

	A	B	C	D	E	F	G	H	I	J
1	学生信息表									
2	姓名	组别	身份证号码	数学	英语	物理	化学	平均分	年龄	等级
3	张谷玉	B	330675199306154485	88	98	82	85			
4	李春阳	A	330675199408154432	76	87	77	97			
5	郭枫	B	330675199202215412	89	87	87	85			
6	丁夏雨	A	330675199303301836	77	76	80	78			
7	徐鹏程	B	330675199208032859	98	96	89	90			
8	齐嘉	B	330675199305128755	50	60	54	58			
9	杨蒲英	A	330675199311045826	97	94	89	90			
10	宋翼铭	A	330675199307015258	88	95	100	86			
11	叶子富	B	330675199304178789	98	96	92	96			
12	唐小刚	B	330675199210032235	78	92	84	81			
13	杜娟	A	330675199203312584	85	96	74	85			
14	刘毅	A	330383199308040533	47	61	66	56			
15	桂登峰	A	330483199304040537	75	82	77	98			
16	陶贝佳	A	330483199210030524	80	79	92	89			
17	刘 倩	A	330675199203045828	66	51	56	61			
18	陈际鑫	A	330385199402178711	91	74	93	92			
19	蔡晓莉	B	330485199210032245	95	93	88	98			
20	李若倩	B	330485199205312584	91	63	86	91			
21	韦丹妮	A	330673199308030543	92	78	94	88			
22	陈华丽	B	330673199304040567	70	85	96	86			
23	范成运	B	330673199411040534	86	68	97	87			
24										
25			平均分统计	0-59分	60-84分	≥85分				
26			人数							
27			所占比例							

图4-121　原始工作表

（2）操作要求。

①将首行合并居中，并将标题“学生信息表”设置为“黑体”、“20号”，将其他数据清单数据设置为“宋体”、“12号”、“水平居中”。

②将数据表中的行高设为“20磅”，列宽设为“最合适的列宽”，数据表中的单元格垂直和水平对齐方式均设定为“居中”。

③设置各科成绩的数据输入有效性，要求成绩输入的范围为0~100，当鼠标停留在成绩的单元格上时，提示信息为“成绩范围：0~100”。

④将每门课程中不及格的成绩用红色、加粗字体显示。

⑤用AVERAGE函数求出每位学生的平均分，并用IF函数根据平均分对学生做出评价，60分及以上为“合格”，60分以下为“不合格”。

⑥根据“身份证号码”字段计算每位学生的年龄。

⑦用统计函数完成对“平均分”中各分数段人数统计，把结果分别填入相应的单元格，并根据各等级的比例生成三维饼图，放在统计表下。

⑧插入一张工作表，工作表标签颜色设成红色，工作表重命名为“优秀学生信息表”；在“学生信息表”中筛选出平均成绩大于等于85分的学生记录，将其复制到“优秀学生信息表”中，“学生信息表”中的记录还原。

⑨建立“按组分类汇总”工作表，把“学生信息表”中的成绩表复制到该表中，按“组别”字段升序排序。

⑩按A、B两个组进行分类汇总，分别计算出A、B组的“数学”“英语”“物理”“化学”平均分。

（3）操作步骤。

①输入数据表中的原始数据。

②选择D3至G23区域，单击“数据”选项卡“数据工具”组中的“数据有效性”命令，弹出“错误！未找到引用源”。如图4-122所示的对话框，选择“设置”选项卡进行“有效性条件”设置，在“输入信息”选项卡中进行相关输入信息的设置。

③选择D3至G23区域，单击“开始”选项卡“样式”组中的“条件格式”按钮，选择“突出显示单元格规则”→“其他规则”命令，弹出“新建格式规则”对话框，设置单元格数值为“小于60”，再单击“格式”对话框，设置字体为“红色”“加粗”，如图4-123所示，单击“确定”按钮。

④在单元格H3中输入公式“=AVERAGE(D3:G3)”，计算该学生的平均分，利用Excel 2016的序列填充功能，求出其他学生的平均分，如图4-124所示。

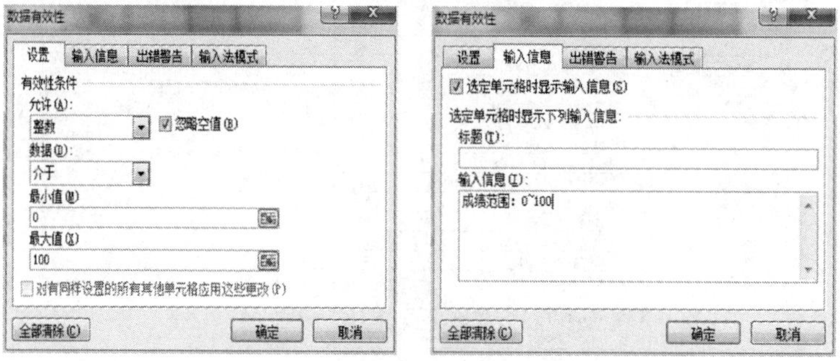

图4-122　设置“数据有效性”对话框

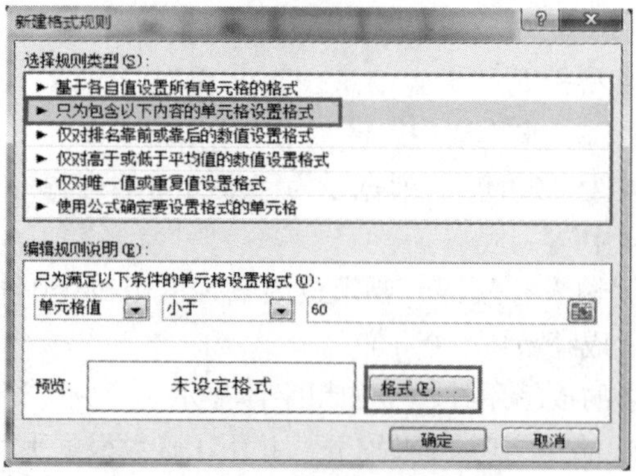

图4-123　条件格式设置

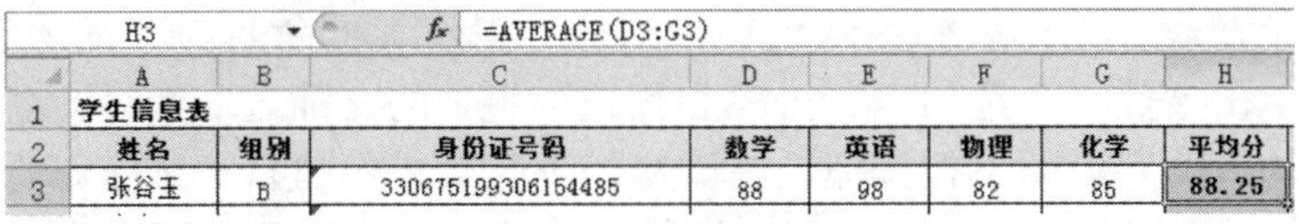

H3　=AVERAGE(D3:G3)

	A	B	C	D	E	F	G	H
1	学生信息表							
2	姓名	组别	身份证号码	数学	英语	物理	化学	平均分
3	张谷玉	B	330675199306154485	88	98	82	85	88.25

图4-124　计算“平均分”

⑤在单元格I3中输入公式“=YEAR(NOW())-MID(C3,7,4)”，计算该学生的年龄，利用Excel 2016的序列填充功能，求出其他学生年龄，如图4-125所示。

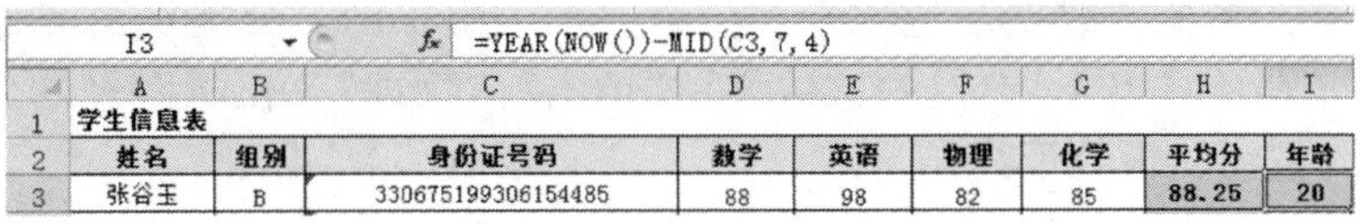

I3　=YEAR(NOW())-MID(C3,7,4)

	A	B	C	D	E	F	G	H	I
1	学生信息表								
2	姓名	组别	身份证号码	数学	英语	物理	化学	平均分	年龄
3	张谷玉	B	330675199306154485	88	98	82	85	88.25	20

图4-125　计算“年龄”

⑥在单元格J3中输入公式“=IF(H3>=60,"合格","不合格")”，计算该学生的等级，利用Excel 2016的序列填充功能，求出其他学生的等级，如图4-126所示。

⑦在单元格D26中输入公式“=COUNTIF(H3:H23,"<60")”，计算“0~59分”的人数；在单元格E26中输入公式“=COUNTIF(H3:H23,">=60")-COUNTIF(H3:H23,">=85")”，计算“60~84分”的人数；在单元格F26中输入公式“=COUNTIF(H3:H23,">=85")”，计算“≥85分”的人数；在单元格D27中输入公式“=D26/COUNT($H$3:$H$23)”，计算出该等级所占比例，其他依次类推，如图4-127所示。

J3　=IF(H3>=60,"合格","不合格")

	A	B	C	D	E	F	G	H	I	J
1	学生信息表									
2	姓名	组别	身份证号码	数学	英语	物理	化学	平均分	年龄	等级
3	李春阳	A	330675199408154432	76	87	77	97	84.25	19	合格

图4-126　计算“等级”

平均分统计	0-59分	60-84分	≥85分
人数	3	7	11
所占比例	14%	33%	52%

图4-127　统计各分数段人数

⑧选中C25至F27，单击“插入”选项卡“图表”组中的“饼图”按钮，选择“三维饼图”命令，根据各等级的比例生成图4-128所示的三维饼图，放在统计表下。

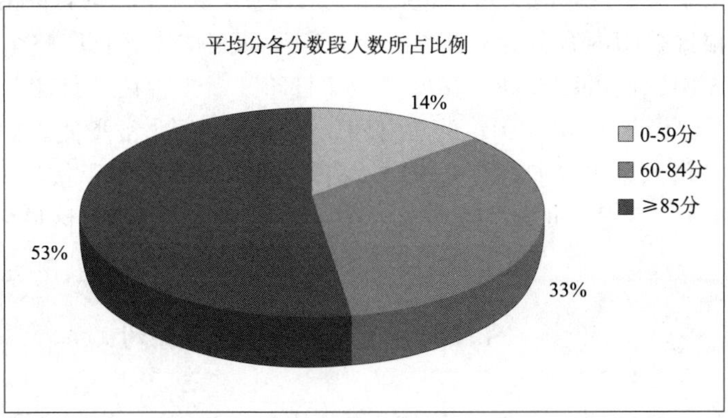

图4-128　各分数段人数所占比例图表

⑨插入一张工作表，工作表标签颜色设成红色，工作表重命名为“优秀学生信息表”；返回原始工作表，单击“数据”选项卡“排序和筛选”组中的“筛选”命令，各字段旁出现下拉按钮。单击“平均分”字段的下拉按钮，在弹出的下拉菜单中执行“数字筛选”→“自定义筛选”命令，弹出“自定义自动筛选方式”对话框，如图4-129所示。筛选出平均成绩大于等于85分的学生记录，将这些记录复制到“优秀学生信息表”中，单击“数据”选项卡“排序和筛选”组中的“筛选”命令，取消“学生信息表”中的记录筛选。

⑩建立“按组分类汇总”工作表，把“学生信息表”中的成绩表复制到该表中，按“组别”字段升序排序，单击“数据”选项卡“分级显示”组中的“分类汇总”命令，按“组别”进行分类汇总，分别计算出A、B组的“数学”“英语”“物理”“化学”平均分，如图4-130所示，单击“确定”按钮，得到汇总结果。

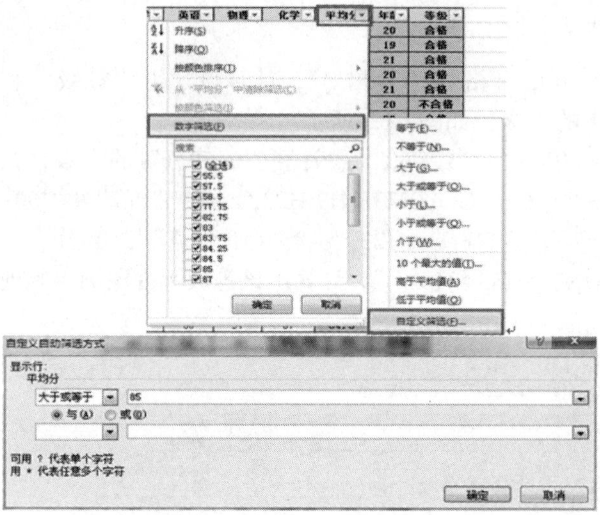

图4-129　设置“自动筛选”对话框

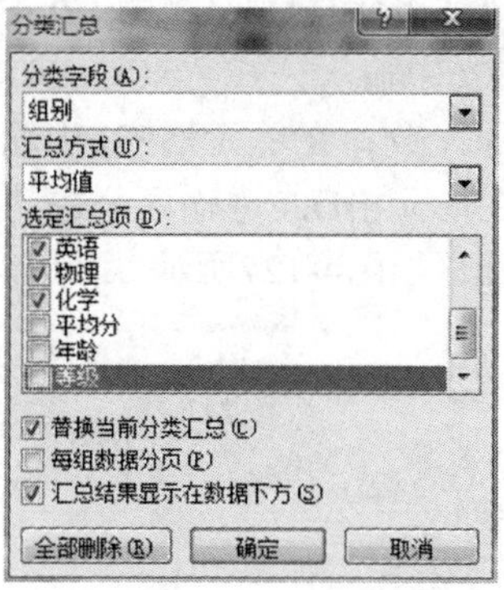

图4-130　设置“分类汇总”对话框

4.4　工作表的打印

电子表格编辑完成需要打印时，可以进行相应的设置，然后将其打印输出。

工作表的打印根据打印内容分为3 种情况：打印活动工作表、打印整个工作簿、打印选定区域。在Excel 2016 中，这可以选择“文件”→“打印”命令，在“打印”选项卡“设置”区中进行相应设置。其界面与Word 2016 的“打印”选项卡界面非常类似。如果打印时需要为工作表加上页眉页脚，可以单击“打印”选项卡最下面的“页面设置”按钮，打开“页面设置”对话框，切换到其中的“页眉/ 页脚”选项卡，在“页眉”和“页脚”区域内操作完成。

4.5　综合应用实例

小陈是某环境科学院的研究人员，现在需要使用Excel来分析我国主要城市的降水量。根据下列要求，帮助她完成这项工作。

（1）打开素材“分析城市降水量.xlsx”。

（2）在“主要城市降水量”工作表中，将A列数据中城市名称的汉语拼音删除，并在城市名后面添加文本“市”，如“北京市”。

（3）将单元格区域A1:P32转换为表，为其套用一种恰当的表格格式，取消筛选和镶边行，将表的名称修改为“降水量统计”。

（4）将单元格区域B2:M32中所有的空单元格都填入数值0；然后修改该区域的单元格数字格式，使得值小于15的单元格仅显示文本“干旱”；再为这一区域应用条件格式，将值小于15的单元格设置为“黄色填充深黄色文本”。(注意:不要修改单元格中的数值本身)

（5）在单元格区域N2:N32中计算各城市全年的合计降水量，对其应用实心填充的“数据条”条件格式，并且不显示数值本身。

（6）在单元格区域O2:O32中，根据“合计降水量”列中的数值进行降序排名。

（7）在单元格区域P2:P32中，插入迷你柱形图，数据范围为B2:M32中的数值，并将高点设置为标准红色。

（8）在R3单元格中建立数据验证，仅允许在该单元格中填入单元格区域A2:A32中的城市名称；在S2单元格中建立数据验证，仅允许在该单元格中填入单元格区域B1:M1中的月份名称；在S3单元格中建立公式，使用Index函数和Match函数，根据R3单元格中的城市名称和S2单元格中的月份名称，查询对应的降水量；以上三个单元格最终显示的结果为广州市7月份的降水量。

（9）按照如下要求统计每个城市各月降水量以及在全年中的比重，并为其创建单独报告，报告的标题和结构等完成效果可参考图片“城市报告.png”。

①每个城市的数据位于一张独立的工作表中，工作表标签名为城市名称，如“北京市”。

②如样例图片“城市报告.png”所示，各月份降水量数据位于单元格区域A3:C16中，A列中的月份按照1~12月顺序排列，B列中为对应城市和月份的降水量，C列为该月降水量占该城市全年降水量的比重。

③不限制计算方法，可使用中间表格辅助计算，中间表格可保留在最终完成的文档中。

（10）在“主要城市降水量"工作表中，将纸张方向设置为横向，并进行页面设置，以便在打印时数据始终显示在一页内。

(11)为文档添加名称为“索引”，类型为“文本”，值为“水资源”的自定义属性。

操作步骤如下：

①打开素材“分析城市降水量.xlsx”。

②辅助列和LEFT函数、LEN函数的使用的操作步骤如下：

• 选中B列，右击，在弹出的快捷菜单中选择“插入”命令，在B列之前新插入一空白列。

• 在B2单元格中输入公式“=LEFT(A2.LENB(A2);LEN(A2)&"市"”，使用键盘上的【Enter】键确认输入，然后拖动单元格右下角的填充句柄，填充公式到B32单元格中。

• 选中B2:B32区域，右击，在弹出的快捷菜单中选择“复制”，然后在A2单元格中右击，在弹出的快捷菜单中选择“选择性粘贴”，在右侧出现的级联菜单中选择“粘贴数值”中的“值”(显示为“123”的图标)

• 选中B列，右击，在弹出的快捷菜单中选择“删除”命令，删除B列。

③表格设置的操作步骤：

• 选中“主要城市降水量”工作表的A1:P32数据区域，单击【开始】选项卡下【样式】功能组中的“套用表格格式”命令，在下拉列表中选择一种合适的表格样式(本例中选择的是“表样式中等深浅2”)

• 在【表格工具/设计】选项卡下【表格样式选项】功能组中取消勾选“镶边行”和“筛选按钮”，在左侧的【属性】功能组中的“表名称”文本框中输入表名称“降水量统计”。

④查找替换和条件格式设置的操作步骤：

• 选中“主要城市降水量”工作表的B2:M32数据区域，单击【开始】选项卡下【编辑】功能组中的“查找和选择”按钮，在下拉列表中选择“替换”命令，弹出“查找和替换”对话框，在“替换”选项卡中的“查找内容”文本框中保持为空，不输入任何内容，在“替换为”文本框中输入“0”，单击“全部替换”按钮，替换完成后，关闭“查找和替换”对话框。

• 继续选中工作表的B2:M32数据区域，单击【开始】选项卡下【单元格】功能组中的“格式”按钮，在下拉列表中选择“设置单元格格式”命令，弹出“设置单元格格式”对话框，在“数字”选项卡的“分类”列表框中选择“自定义”，在右侧的“类型”文本框中，首先删除“G,通用格式”，然后输入表达式“[<15]"干旱"”，最后单击“确定”按钮，关闭“设置单元格格式”对话框。

• 继续选中工作表的B2:M32数据区域，单击【开始】选项卡下【样式】功能组中的“条件格式”命令，在下拉列表中使用鼠标指向“突出显示单元格规则”在右侧的级联菜单中选择“小于”，弹出“小于”对话框，在对话框的“为小于以下值的单元格设置格式”文本框中输入“15”，在“设置为”中选择“黄填充色深黄色文本”，最后单击“确定”按钮，完成设置。

⑤SUM函数的使用和条件格式设置，操作步骤如下：

• 选中N2单元格，输入公式“=SUM(降水量统计[@[1月]:[12月]]”，使用键盘上的【Enter】键确认输入，然后拖动单元格右下角的填充句柄，填充公式到N32单元格中。

• 选中N2:N32数据区域，单击【开始】选项卡下【样式】功能组中的“条件格式”按钮，在下拉列表中选择使用鼠标指向“数据条”，在右侧出现的级联菜单中选择“其他规则”，弹出“新建格式规则”对话框，在“编辑规则说明”区域中，勾选“仅显示数据条”，在“条形外观”区域中，将“填充”选择为“实心填充”，最后单击“确定”按钮，关闭“新建格式规则”对话框。

⑥使用RANK.EQ函数。操作步骤如下:

• 选中O2单元格，输入公式“=RANK.EQ(N2,$N$2:$N$32,0)”，使用键盘上的【Enter】键确认输入。说明:RANK和RANK.EQ函数功能相同。

• 拖动O2单元格右下角的填充句柄，填充公式到O32单元格中。

⑦设置迷你图。操作步骤如下：

• 选中P2单元格，单击【插入】选项卡下【迷你图】功能组中的“柱形图”按钮，弹出“创建迷你图”对话框，在“数据范围”中选择“B2:M2”区域，最后单击“确定”按钮。

• 在【迷你图工具/设计】选项卡的【显示】功能组中勾选“高点”复选框，然后在【样式】功能组中，单击“标记颜色”按钮，在下拉列表中使用鼠标指向“高点”，在右侧的级联菜单中选择“标准色/红色”。

• 拖动P2单元格右下角的填充句柄，填充公式到P32单元格中。

⑧数据验证，使用INDEX和MATCH函数。操作步骤如下：

• 选中R3单元格，单击【数据】选项卡下【数据工具】功能组中的“数据验证”按钮，在下拉列表中选择“数据验证”命令，弹出“数据验证”对话框，在对话框，在对话框的“设置”选项卡中，将“允许”选择为“序列”，将“来源”设置为“$A$2:$A$32”，

最后单击“确定”按钮，关闭对话框。

• 选中S2单元格，单击【数据】选项卡下【数据工具】功能组中的“数据验证”按钮，在下拉列表中选择“数据验证”命令，弹出“数据验证”对话框，在对话框的“设置”选项卡中，将“允许”选择为“序列”，将“来源”设置为“$B$1:$M$1”，最后单击“确定”按钮，关闭对话框。

• 选中S3单元格，输入公式“=INDEX(降水量统计[1月]:[12月]),MATCH(R3,降水量统计[城市(毫米)],0),MATCH(S2,降水量统计[[#标题],[1月]:[12月]],0))”，使用键盘上的【Enter】键确认输入。

• 在R3单元格中下拉选择“广州市”，在S2单元格中下拉选择“7月”。

⑨数据透视表向导应用。操作步骤如下：

• 选中工作表“主要城市降水量”中的任意单元格，点击上方【文件】选项卡中左侧的“选项”按钮，弹出【Excel选项】对话框，点击“快速访问工具栏”→“所有命令”→数据透视表和数据透视图向导”，然后点击选择“添加”，最后点击“确定”按钮。

• 单击选中左上方的“快速访问工具栏”中的“数据透视表和数据透视表向导”按钮，在弹出的“数据透视表和数据透视图向导—步骤1(共3步)”对话框，选中“多重合并计算数据区域”和“数据透视表”，然后单击“下一步”按钮。

• 在弹出的“数据透视表和数据透视图向导—步骤2a(共3步)”对话框，选中“创建单页字段”，然后单击“下一步”按钮。

• 在弹出的“数据透视表和数据透视图向导—步骤2b(共3步) ”对话框，选中“主要城市降水量”工作表的A1:M32数据区域，然后点击“添加”按钮。

• 在弹出的“数据透视表和数据透视图向导—步骤3(共3步)”对话框，采用默认设置，直接单击“完成”按钮。

• 参考“城市报告.png”文件，在新建的工作表中，将右侧的“数据透视表字段列表”中的“行”字段拖动到“筛选器”，将“列”字段拖动到“行标签”列表框中，然后再拖动一次“值”到“数值”列表框中。

• 单击“数值”列表框中第二个“求和项:降水量2”右侧的下拉三角形按钮，在弹出的快捷菜单中选择“值字段设置”命令，弹出“值字段设置”对话框，“自定义名称”设置为“全年占比”；切换到“值显示方式”选项卡，将“值显示方式”选择为“列汇总的百分比”，单击“确定”按钮。

• 双击工作表的B3单元格，弹出“值字段设置”对话框，在“自定义名称”行中输入标题“各月降水量”，单击“确定”按钮。

• 选中A3单元格，单击【数据透视表工具/分析】选项卡下的【数据透视表】功能组中的“选项”命令，弹出“数据透视表选项”对话框，切换到“显示”选项卡，取消勾选“显示字段标题和筛选下拉列表”，单击“确定”按钮。

• 继续单击“选项”下拉按钮，在下拉列表中选择“显示报表筛选页”，在弹出的“显示报表筛选页”对话框中，保存默认设置，单击“确定”按钮，即可批量生成每个城市各月降水量及在全年中的比重。

⑩页面格式设置。操作步骤如下：

选中“主要城市降水量”工作表，单击【页面布局】选项卡下【页面设置】功能组右下角的对话框启动器按钮，弹出“页面设置”对话框中，设置“方向”为“横向”，在“缩放”中选择“调整为”并设置“1页宽”“1页高”，单击“确定”按钮。

⑪如何添加自定义属性。操作步骤如下：

• 单击【文件】选项卡，点击左侧的“信息”，单击最右侧页面中的“属性”，在下拉列表中选择“高级属性”，弹出“Excel.xlsx属性”对话框，切换到“自定义”选项卡，在“名称”行中输入“索引”;在“类型”行中选择“文本”;在“取值”行中输入“水资源”，最后单击“添加”按钮，单击“确定”按钮关闭对话框。

• 单击“快速访问”工具栏中的“保存”按钮，关闭工作薄。

思考与练习

一、选择题

1. 小刘用Excel 2016制作了一份员工档案表，但经理的计算机中只安装了Office 2003，能让经理正常打开员工档案表的最优操作方法是（　　）。

A. 将文档另存为Excel 97-2003文档格式

B. 将文档另存为PDF格式

C. 建议经理安装Office 2010

D. 小刘自行安装Office 2003,并重新制作一份员工档案表

2. 初二年级各班的成绩单分别保存在独立的Excel工作簿文件中，李老师需要将这些成绩单合并到一个工作簿文件中进行管理,最优的操作方法是（　　）。

A. 将各班成绩单中的数据分别通过复制、粘贴的命令整合到一个工作簿中

B. 通过移动或复制工作表功能,将各班成绩单整合到一个工作簿中

C. 打开一个班的成绩单,将其他班级的数据录入到同一个工作簿的不同工作表中

D. 通过插入对象功能,将各班成绩单整合到一个工作簿中

3. 某公司需要统计各类商品的全年销量冠军。在Excel中，最优的操作方法是（　　）。

A. 在销量表中直接找到每类商品的销量冠军，并用特殊的颜色标记

B. 分别对每类商品的销量进行排序，将销量冠军用特殊的颜色标记

C. 通过自动筛选功能，分别找出每类商品的销量冠军，并用特殊的颜色标记

D. 通过设置条件格式，分别标出每类商品的销量冠军

4. Excel 2016工作簿文件的扩展名为（　　）。

A. .xIsx　　B. .docx　　C. .pptx　　D. .xIs

5. 按（　　）可执行保存Excel工作簿的操作。

A.【Ctrl+C】组合键 B.【Ctrl+E】组合键 C.【Ctrl+S】组合键 D.【Esc】键

6. 在Excel 2016中，Sheet1、Sheet2 等表示（　　）。

A. 工作簿名　　B. 工作表名　　C. 文件名　　D. 数据

7. 在Excel 2016中打开“打开”对话框，可按组合键（　　）。

A.【CtrI+N】　　B.【Ctr+S】　　C.【Ctrl+O】　　D.【Ctrl+Z】

8. 下列关于工作表的描述，正确的是(　　)

A. 工作表主要用于存取数据

B. 工作表的名称显示在工作簿顶部

C. 工作表无法修改名称

D. 工作表的默认名称为“Sheet1,Sheet2…”

9. 在Excel 2016工作表中，如果要同时选取若干个连续的单元格，则可以（　　）。

A. 按住【Shift】键，依次单击第一个和最后一个单元格

B. 按住【Ctrl】键，依次单击第一个和最后一个单元格

C. 按住【Alt】键，依次单击第一个和最后一个单元格

D. 按住【Tab】键，依次单击第一个和最后一个单元格

10. 在默认情况下，Excel2016工作表中的数据呈白底黑字显示。为了使工作表更加美观，可以为工作表填充颜色，此时一般可通过（　　）进行操作。

A. [页面布局]/[背景设置]组　　B. [页面布局]/[主题]组

C. [页面布局]/[页面设置]组　　D. [页面布局]/[排列]组

二、实操题

小李今年毕业后，在一家计算机图书销售公司担任市场部助理，主要的工作职责是为部门经理提供销售信息的分析和汇总。

请你根据销售数据报表(“Excel.xlsx”文件)，按照如下要求完成统计和分析工作。

1. 请对“订单明细表”工作表进行格式调整，通过套用表格格式方法将所有的销售记录调整为一致的外观格并将“单价”列和“小计”列所包含的单元格调整为“会计专用”(人民币)数字格式。

2. 根据图书编号，请在“订单明细表”工作表的“图书名称”列中，使用VLOOKUP函数完成图书名称的自动填充。“图书名称”和“图书编号”的对应关系在“编号对照”工作表中。

3. 根据图书编号，请在“订单明细表”工作表的“单价”列中，使用VLOOKUP函数完成图书单价的自动填充“单价”和“图书编号”的对应关系在“编号对照”工作表中。

4. 在“订单明细表”工作表的“小计”列中，计算每笔订单的销售额，如图4-131所示。

5. 根据“订单明细表”工作表中的销售数据，统计所有订单的总销售金额，并将其填写在“统计报告”工作表的B3单元格中。

6. 根据“订单明细表”工作表中的销售数据，统计《MS Office高级应用》图书在2012年的总销售额，并将其填写在“统计报告”工作表的B4单元格中

7. 根据“订单明细表”工作表中的销售数据，统计隆华书店在2011年第3季度的总销售额，并将其填写在“统计报告”工作表的B5单元格中。

8. 根据“订单明细表”工作表中的销售数据，统计隆华书店在2011年的每月平均销售额(保留2位小数)并将其填写在“统计报告”工作表的B6单元格中，如图4-132所示。

9. 保存“Excel.xlsx”文件。

销售订单明细表							
订单编号	日期	书店名称	图书编号	图书名称	单价	销量（本）	小计
BTW-08001	2011年1月2日	鼎盛书店	BK-83021	《计算机基础及MS Office应用》	¥ 36.00	12	¥ 432.00
BTW-08002	2011年1月4日	博达书店	BK-83033	《嵌入式系统开发技术》	¥ 44.00	5	¥ 220.00
BTW-08003	2011年1月4日	博达书店	BK-83034	《操作系统原理》	¥ 39.00	41	¥ 1,599.00
BTW-08004	2011年1月5日	博达书店	BK-83027	《MySQL数据库程序设计》	¥ 40.00	21	¥ 840.00
BTW-08005	2011年1月6日	鼎盛书店	BK-83028	《MS Office高级应用》	¥ 39.00	32	¥ 1,248.00
BTW-08006	2011年1月9日	鼎盛书店	BK-83029	《网络技术》	¥ 43.00	3	¥ 129.00
BTW-08007	2011年1月9日	博达书店	BK-83030	《数据库技术》	¥ 41.00	1	¥ 41.00
BTW-08008	2011年1月10日	鼎盛书店	BK-83031	《软件测试技术》	¥ 36.00	3	¥ 108.00
BTW-08009	2011年1月10日	博达书店	BK-83035	《计算机组成与接口》	¥ 40.00	43	¥ 1,720.00
BTW-08010	2011年1月11日	隆华书店	BK-83022	《计算机基础及Photoshop应用》	¥ 34.00	22	¥ 748.00
BTW-08011	2011年1月11日	鼎盛书店	BK-83023	《C语言程序设计》	¥ 42.00	31	¥ 1,302.00
BTW-08012	2011年1月12日	隆华书店	BK-83032	《信息安全技术》	¥ 39.00	19	¥ 741.00
BTW-08013	2011年1月12日	鼎盛书店	BK-83036	《数据库原理》	¥ 37.00	43	¥ 1,591.00
BTW-08014	2011年1月13日	隆华书店	BK-83024	《VB语言程序设计》	¥ 38.00	39	¥ 1,482.00
BTW-08015	2011年1月15日	鼎盛书店	BK-83025	《Java语言程序设计》	¥ 39.00	30	¥ 1,170.00
BTW-08016	2011年1月16日	鼎盛书店	BK-83026	《Access数据库程序设计》	¥ 41.00	43	¥ 1,763.00

图4-131　销售订单明细表

统计报告	
统计项目	销售额
所有订单的总销售金额	¥ 658,638.00
《MS Office高级应用》图书在2012年的总销售额	¥ 15,210.00
隆华书店在2011年第3季度（7月1日~9月30日）的总销售额	¥ 40,727.00
隆华书店在2011年的每月平均销售额（保留2位小数）	¥ 9,845.25

图4-132　统计报告最终效果

第 5 章 演示文稿制作

在进行学术交流、产品展示、会议报告、课程教学、广告宣传时，经常会有一些复杂的内容难以用语言描述，此时最好的办法是事先准备一些带有文字、图形、图表甚至视频、动画的演示文稿，用来阐明观点，然后在面向观众播放演示文稿中幻灯片的同时进行详细地讲解。

演示文稿制作需要借助演示文稿制作软件来实现。演示文稿制作软件可以方便地制作内容丰富、效果生动的演示文稿，帮助人们在各种场合下更好地进行信息表达和交流。

本章主要介绍制作多媒体演示文稿、定制演示文稿的视觉效果、设置演示文稿的播放效果、演示文稿的打印和输出等。

5.1 演示文稿制作概述

在办公环境中，当需要介绍一项计划、提出一个观点或进行会议报告、销售汇报时，为了更有效地传达信息并增强表达的感染力和生动性，人们常常使用各种屏幕展示工具来制作演示文稿。目前，市场上广泛使用的演示文稿制作软件包括Microsoft Office套件中的PowerPoint和WPS Office金山办公软件中的WPS演示等。这些软件的设计初衷是为了帮助用户向观众展示内容。演示文稿能否给观众留下深刻印象，是评价其效果的重要标准。为了达到这一目标，这些演示文稿软件各自拥有独特的功能特点和在设计时需要遵循的原则。

1. 演示文稿制作软件的功能特点

1）可以作为屏幕演示

利用演示文稿制作软件的幻灯片可以作为演示文稿进行屏幕演示。屏幕演示的内容可以包含文本、艺术字、图形、表格、绘制的形状以及由其他应用程序产生的图片、声音、影片和其他艺术对象等。它既可以按一定顺序连续播放，也可以像选择菜单一样进行选择播放，还可以随时修改演示文稿，使用幻灯片切换、定时和动画控制播放。

2）可以制作投影机幻灯片及35 mm专业幻灯片

利用演示文稿制作软件可以将屏幕用的幻灯片打印成黑白或彩色胶片，也可以将制作的幻灯片转制成35 mm专业幻灯片。

3）可以同时制作讲义、备注和大纲并在演示中做记号在利用演示文稿制作幻灯片的同时，可以制作出供观众使用的讲义和供演讲者使用的备注；可以打印演示文稿的大纲；另外，在播放的过程中，为了强调某些内容，演讲者还可以在演示文稿中利用不同颜色的绘图笔做记号或做出批注、注释。

2. 演示文稿设计遵循的原则

1）主题突出

主题突出原则是幻灯片设计的核心原则。

在开始制作幻灯片演示文稿之前，首先要明确演示文稿的主题内容。一份好的演示文稿只有一个中心主题。有人对主题突出原则做了一个数字上的定义：每份幻灯片传达五个概念效果。最好，传达七个概念，人脑恰好可以处理。而如果传达超过九个概念则负担太重，建议重新组织。这说明每份幻灯片演示文稿的主题都要突出，不能过于零散。其次，每页幻灯片只用于说明一个问题。幻灯片中的重点，要先提取出来，然后进行加强。只有把核心明确突出地表现出来，在幻灯片打开时，观众才能够了解所讲的重点，使幻灯片达到质的变化。

总之，制作幻灯片一定要考虑观众的感受，学会换位思考，从而达到主题突出的效果。

2）逻辑结构清晰

制作演示文稿时一定要有清晰的逻辑，然后将这种逻辑清晰地生成演示文稿的框架和结构。因为演示文稿应该是设计者的整体思路的体现，无论是“结论—论据1、2、3—结论”式的观点表达，还是“问题—原因—解决方法”的问题阐述，演示文稿设计都应该先根据设计者的主题和思路确定大体的逻辑结构，再进行完善。

一份演示文稿的结构大概要包括以下几部分：

（1）标题页：在“标题页”应该说明演讲的标题、副标题（如果有的话）、演讲者、演讲时间以及演讲者所属机构；

（2）目录及跳转页面；

（3）正文；

（4）致谢页面：经常采用艺术字；

（5）辅文：针对工作报告、项目说明、推广方案类的演示稿，主要内容是演讲对象在演讲结束后可能提出的问题的回答等。

3）简洁

演示文稿最大的艺术是“简约而不简单”。简洁原则的体现同样涉及内容和形式两方面。内容上简约给人一种轮廓清晰的感觉，形式上简约给人一种清爽而不混乱的体验。总体给人一种很不简单的印象。

在内容方面，简洁原则的含义就是在演示文稿上只展示结论和重点，不展示具体内容。文字千万不要太多，会让人产生疲倦感，起不到吸引观众的效果。有一条3秒原则可做参考：一张幻灯片中的文字必须少到3秒可以读完。

在形式方面，主要就是指页面布局不能过于混乱。总而言之要学会舍弃、善于组织，使复杂变简单。

4）风格统一

统一原则是指幻灯片结构清晰，风格一致，包括统一的配色、文字格式、图形使用的方式和位置等，在幻灯片中形成一致的风格。统一原则具体包括：

（1）背景统一。尽管允许为每一页幻灯片设计自己的背景，但是在正式演讲中使用不同的背景是不严谨的表现；

（2）字体及格式统一。这里的字体及格式统一并不是指演示文稿全部采用同一种字体及格式，而是指在某一页或某个演示文稿中，相同层次的内容使用相同的字体，这会让观众很清楚地明白各内容间的层次关系。比如，每页幻灯片的标题用相同的字体和字号；

（3）统一的动画。恰当的动画演示能使演示文稿具备更加生动形象的效果，统一的动画可以使演示文稿整体更协调。

5）对比鲜明

对比原则是指：如果两项不完全相同，那么就应当使之截然不同，即对比一定要强烈。需要注意的，如果对比不强烈（如三号字体和四号字体），就不能算是对比，而会成为冲突，这种设计是一个败笔。

在演示文稿设计中，对比可以通过很多方法实现：如字号、字体、字体颜色、文本框底色和艺术字特效等。通常，需要使用以上多种方式来实现对比。但关于字体的使用要注意，同一页中同类字体（如仿宋和中宋、行楷和方正舒体、微软雅黑和华文细黑等）不能出现两次。因为同类字体看起来很像，无法形成对比。对比鲜明的另一点是要求背景与文字对比要鲜明。

6）整齐美观

整齐是指任何元素都不能在页面上随意安放，每一项都应该与页面上某个内容存在某种视觉联系。除了整齐外，还要关注美观度，不应是单纯的文字展示，“能用图，不用表；能用表，不用字”，多用图形和图表说话。图形（图形和模型）有表达文字内容、减少冗余文字、表现力强、形象生动的优势，图表有直观、表现力强、便于记忆、形象生动的特点。

7）灵活创意

一份演示文稿的制作过程就是一种艺术创作过程，是灵活多变的。它可以将多种元素有机结合，除了插入文字、图形图表、动画或者音乐、视频等多媒体对象外，还能做出阴影、三维等丰富的效果，此外，还可以动静结合、巧妙构思，让观众的视线跟随幻灯片或者演讲者的思路移动。在达到一定的熟练程度后，可以利用演示文稿软件设计出更多新花样。

5.2　制作多媒体演示文稿

制作一个多媒体演示文稿，通常包括建立和编辑演示文稿两个过程，一般按照以下基本步骤进行：

（1）准备好相关素材，理清整体思路，确定整体风格；

（2）选择用来表现内容的模板，并确定各张幻灯片的适当版式；

（3）建立各个幻灯片，并在幻灯片中加入标题、正文等文字对象；

（4）在幻灯片中加入艺术字、图片、表格、图表、结构图、声音、影片等对象；

（5）对幻灯片中的对象和整个幻灯片进行编辑操作。

要准备制作演示文稿，首先应熟悉其工作窗口，以PowerPoint 2016为例，其工作窗口如图5-1所示。要启动PowerPoint 2016，可以按照以下步骤操作：点击“开始”菜单，接着选择“所有应用”或“高效工作”，然后进入“Microsoft Office”文件夹，最后点击“PowerPoint 2016”，即可打开PowerPoint的工作窗口。

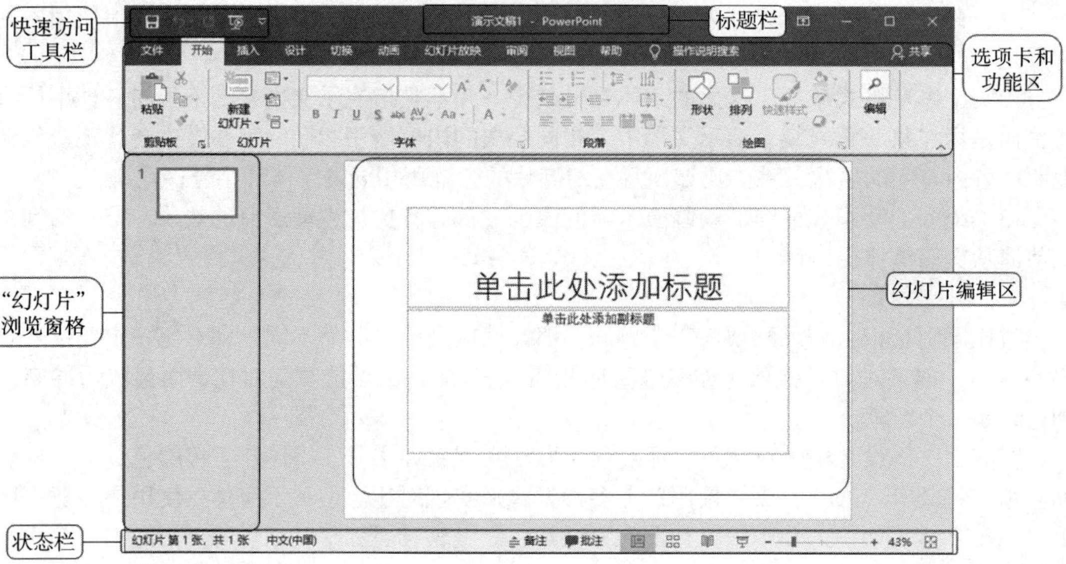

图5-1　PowerPoint 2016窗口

根据建立、编辑、浏览、放映幻灯片的需要，PowerPoint 2016 提供了四种视图方式：普通视图、幻灯片浏览、阅读视图、大纲视图。视图不同，演示文稿的显示方式不同，对演示文稿的加工也不同。各个视图间的切换可以通过“视图”选项卡“演示文稿视图”组中的相应命令或单击窗口底部的三个视图按钮来实现。

1．普通视图

图5-2所示的是普通视图，是系统的默认视图，由幻灯片窗格、幻灯片编辑区和备注窗格组成。

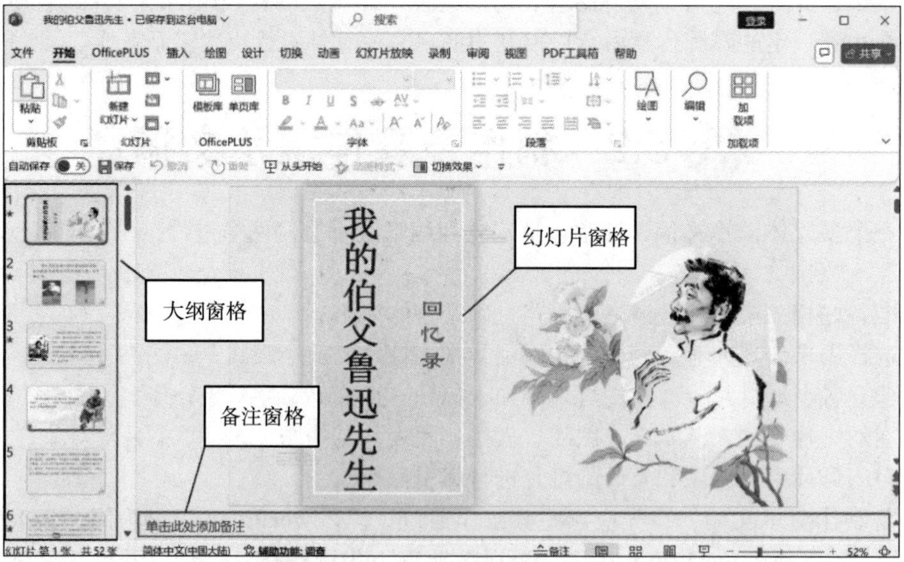

图5-2　幻灯片普通视图

（1）幻灯片窗格：可以显示各幻灯片的缩略图，可以重新排序、添加或删除幻灯片。单击任意一张缩略图，将立即在幻灯片窗格中显示该幻灯片。

（2）幻灯片编辑区：可以查看每张幻灯片的文本外观。可以在单张幻灯片中添加图形、影片和声音，并创建链接以及向其中添加动画，按照幻灯片的编号顺序显示演示文稿中全部幻灯片的图像。

（3）备注窗格：备注是演讲者对每一张幻灯片的注释，可以在备注窗格中输入（PowerPoint 2016 默认隐藏备注窗格，单击状态栏中的“备注”按钮后显示备注窗格）。该注释内容仅供演讲者使用，不能在幻灯片上显示。

2．幻灯片浏览视图

可以同时显示多张幻灯片，方便对幻灯片进行移动、复制、删除等操作。

3．阅读视图

如果希望在一个方便审阅的窗口中查看演示文稿，而不想使用全屏的幻灯片放映视图，可以使用阅读视图。如果要更改演示文稿，可随时从阅读视图切换至其他视图。

5.2.1　建立演示文稿

创建演示文稿常用的方法有：模板、根据现有内容新建和空白演示文稿。

（1）模板：模板包括各种主题和版式。可以利用演示文稿软件提供的现有模板自动、快速地形成每张幻灯片的外观，节省格式设计的时间，专注于具体内容的处理。除了内置模板外，还可以联机在网上搜索下载更多的演示文稿模板以满足要求。

（2）根据现有内容新建：如果对所有的设计模板不满意，而喜欢某一个现有文稿的设计风格和布局，可以直接在上面修改内容来创建新演示文稿。

（3）空白演示文稿：用户如果希望建立具有自己风格和特色的幻灯片，可以从空白的演示文稿开始设计。

空演示文稿是最常用的方法。以PowerPoint 2016为例，在其工作窗口中选择“文件”→“新建”命令，单击“空白演示文稿”图标，界面中就会出现一张空白的“标题幻灯片”。按照占位符中的文字提示来输入内容，还可以通过“插入”选项卡中的相应命令插入所需要的各种对象，例如，表格、图像、插图、链接、文本、符号、媒体等。

一个完整的演示文稿往往由多张幻灯片组成，在PowerPoint 2016 中，新建另外一张幻灯片时，单击“开始”选项卡“幻灯片”组中“新建幻灯片”的下拉按钮，在展开的幻灯片版式库中单击需要的版式，然后开始新幻灯片的制作。演示文稿软件一般预设了标题幻灯片、标题和内容、节标题、两栏内容等11种幻灯片版式以供选择。在PowerPoint 2016中，要修改幻灯片的版式时，可以选定幻灯片，单击“开始”选项卡“幻灯片”组中“版式”的下拉按钮，在幻灯片版式库中重新选择即可。在将所有幻灯片完成后，可以将演示文稿保存。在PowerPoint 2016 中，其文件默认扩展名为.pptx。

5.2.2　编辑演示文稿

编辑演示文稿包括两部分：一是对每张幻灯片中的对象进行编辑操作；一是对演示文稿中的幻灯片进行移动、复制、删除等操作。

1．编辑幻灯片中的对象

在幻灯片上添加对象有两种方法：建立幻灯片时，通过选择幻灯片版式为添加的对象提供占位符，再输入需要的对象；或通过演示文稿制作软件提供的“插入”选项卡中的相应命令，如“文本框”“艺术字”“图片”“图表”“表格”等来实现。

用户在幻灯片上添加的对象除了文本框、艺术字、图片、表格、组织结构图、公式等外，还可以是视频、音频和链接等。

（1）插入视频和音频：在幻灯片中插入视频、音频，可以通过单击“插入”选项卡中的相应按钮来实现。在PowerPoint 2016中，视频一般包括文件中的视频和联机视频；音频一般包括文件中的音频和录制音频。

（2）插入链接：用户可以在幻灯片中插入链接，利用它能跳转到同一文档的某张幻灯片上，或者跳转到其他的演示文稿、Word 文档、网页或电子邮件地址等。它只能在“幻灯片放映”视图下起作用。

链接有两种形式：

以下画线表示的链接。通过“插入”→“链接” 按钮来实现。

以动作按钮表示的链接。通过“插入”→“插图”→“形状”→“动作按钮”区中的各种按钮来实现。

在幻灯片上添加的对象可以进行缩放、修改、移动、复制、删除等编辑操作。操作方法与Word相同。

2．编辑幻灯片

幻灯片的删除、移动、复制等操作在“幻灯片浏览”视图或“普通”视图中，通过编辑命令或编辑快捷操作方式来进行。

【例5-1】新建“垃圾分类 绿色环保”演示文稿，共三张幻灯片。第一张幻灯片如图5-3所示，插入了图片(“保护环境.jpg”)、视频(“Clock.avi”)和音频(“垃圾分类歌.mp3”)，第二张幻灯片如图5-4所示，第一行文字是以下画线表示的链接，右下角的按钮 是以动作按钮表示的链接，均是链接到下一张幻灯片，同时该幻灯片中还插入了图片(“可回收物.jpg”)；第3张幻灯片是由第二张幻灯片复制而成。

在PowerPoint 2016中，操作步骤如下：

（1）选择“文件”→“新建”命令，在“新建”选项卡中单击“空白演示文稿”图标。

（2）在标题幻灯片上单击“标题”占位符，输入文字“垃圾分类 绿色环保”，再单击“副标题”占位符，输入“制作人：点点”。

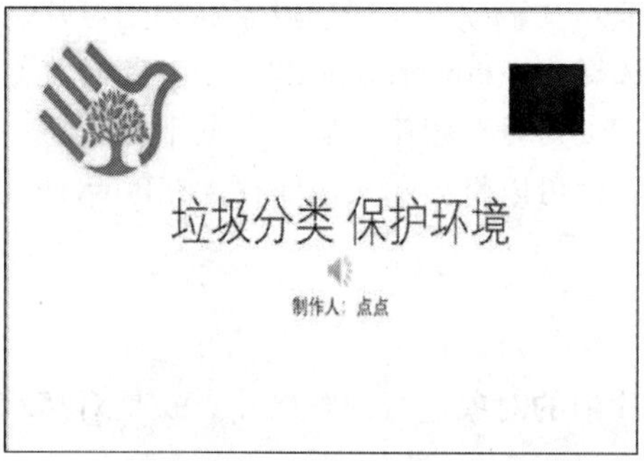

图5-3　第一张幻灯片

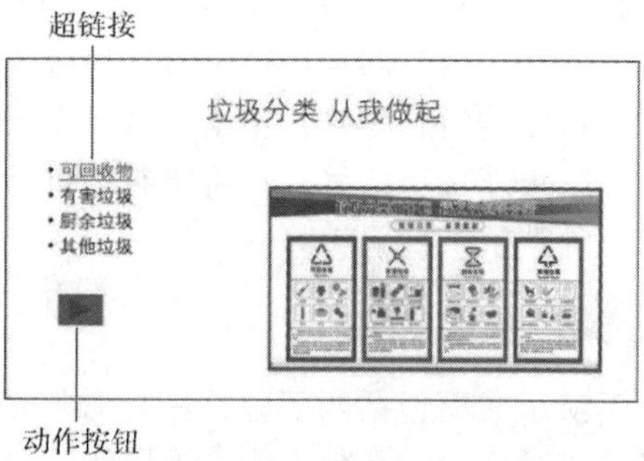

图5-4　第二张幻灯片

（3）单击“插入”选项卡“图像”组中的“图片”按钮，在下拉菜单中选择“此设备”命令，在“插入图片”对话框中找到图片文件“保护环境.jpg”，插入幻灯片，并适当调整大小和位置。

（4）单击“插入”选项卡“媒体”组“视频”的下拉按钮，在下拉菜单中选择“此设备”命令，在“插入视频”对话框中找到视频文件“Clock.avi”插入幻灯片，适当调整大小和位置。同样，单击“媒体”组“音频”的下拉按钮，在下拉菜单中选择“PC上的音频”命令，在“插入音频”对话框中找到音频文件“垃圾分类歌.mp3”插入幻灯片，插入音频文件后，幻灯片中央出现一个声音图标。

（5）单击“开始”选项卡“幻灯片”组“新建幻灯片”的下拉按钮，在展开的幻灯片版式库中选择“标题和内容”版式，插入一张幻灯片，输入相应内容；选定第一行文字，单击“插入”选项卡“链接”组中的“链接”按钮，打开“编辑超链接”对话框选择链接到“本文档中的位置”，在“请选择文档中的位置”区中选择“下一张幻灯片”选项，如图5-5所示。

（6）单击“插入”选项卡“插图”组中的“形状”按钮，在“动作按钮”区选择动作按钮“前进或下一项”，将它画在幻灯片右下角合适位置，在出现的动作设置对话框中确认超链接到：“下一张幻灯片”后单击“确定”按钮，如图5-6所示。

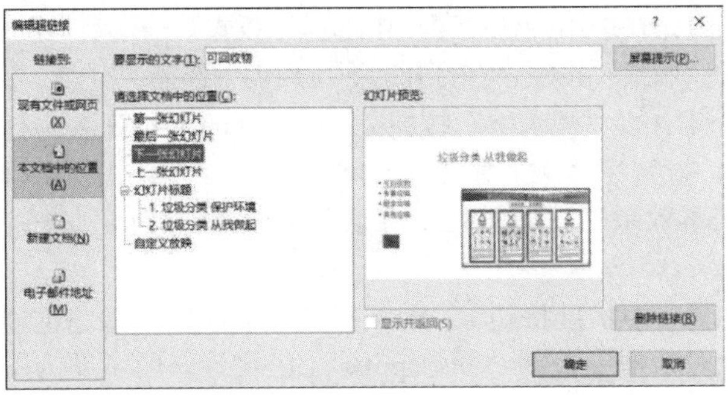

图5-5　“编辑超链接”对话框

图 5-6　“动作设置”对话框

（7）按照前面所述的方法插入图片“可回收物.jpg”，适当调整大小和位置。

（8）在普通视图幻灯片窗格中，选定第二张幻灯片，按住【Ctrl】键拖动形成第3张幻灯片，或利用下拉菜单或快捷菜单中相应的编辑命令来实现。

5.3　定制演示文稿的视觉效果

演示文稿制作好后，接下来的工作就是修饰演示文稿的外观，以求达到最佳的视觉效果。美化演示文稿包括两部分：一是对每张幻灯片中分别进行美化；一是统一设置演示文稿中幻灯片的外观，进行美化。

5.3.1　美化幻灯片

用户在幻灯片中输入标题、文本后，为了使幻灯片更加美观、易读，可以设定文字和段落的格式。在演示文稿软件中，这利用“开始”选项卡中的相应命令按钮来实现。除了对文字和段落进行格式化外，还可以对插入的文本框、图片、自选图形、表格、图表等其他对象进行格式化操作，只要双击这些对象，在打开的相应的工具选项卡中设置即可。此外，还可以设置幻灯片主题和背景等，这通过“设计”选项卡中的相应命令按钮来操作。

【例5-2】将演示文稿第1张幻灯片中版式变为“空白”，插入艺术字，样式任选，文字：人口普查，字体格式为隶书、80磅，文本效果为“转换”中的“V型：倒”，将主题设计为“图钉”.pptx，效果如图5-7所示。

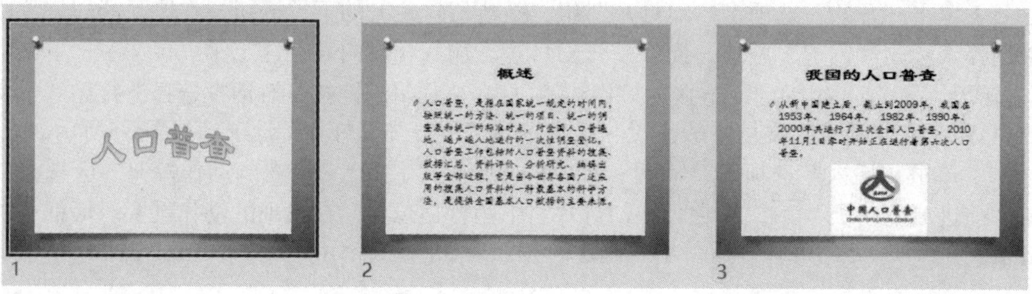

图5-7　美化幻灯片中的对象

在PowerPoint 2016中，操作步骤如下：

（1）在第1张幻灯片中的任意位置右击，在弹出的快捷菜单中选择“版式”→“空白”版式，或单击“开始”选项卡“幻灯片”组中的“版式”按钮，在打开的下拉列表中选择“空白”版式。

（2）单击“插入”选项卡“文本”组中的“艺术字”按钮，在打开的下拉列表中任选一种艺术字样式，输入文字“人口普查”，设置字体为：隶书，80磅。然后在“绘图工具/格式”选项卡“艺术字样式”组中，单击“文本效果”按钮，在下拉菜单中选择“转换”→“V型：倒”效果（“弯曲”区第2行第1列）。

（3）在“设计”选项卡中找到“主题”中扩展按钮，在下拉菜单中选择“浏览主题”命令，在打开的“选择主题或主题文档”对话框中找到“图钉.pptx”（已设计好的主题为图钉样式），单击“应用”按钮。

5.3.2　统一设置幻灯片外观

一个演示文稿由若干张幻灯片组成，为了保持风格一致和布局相同，提高编辑效率，可以通过演示文稿制作软件提供的“母版”功能来设计好一张“幻灯片母版”，使之应用于所有幻灯片。母版包括可出现在每一张幻灯片上的显示元素，可以对整个文稿中的幻灯片进行统一调整，避免重复制作。

在PowerPoint 2016中，母版分为：幻灯片母版、讲义母版和备注母版。

幻灯片母版是最常用的，它可以控制当前演示文稿中，相同幻灯片版式上输入的标题和文本的格式与类型，使它们具有相同的外观。如果要统一修改多张幻灯片的外观，没有必要一张张幻灯片进行修改，只需要在相应幻灯片版式的母版上做一次修改即可。如果用户希望某张幻灯片与幻灯片母版效果不同，则直接修改该幻灯片即可。

在PowerPoint 2016中，单击“视图”选项卡“母版视图”组中的“幻灯片母版”按钮，进入“幻灯片母版”视图，在左侧“幻灯片”窗格列出的12种版式中选择“标题和内容”版式，其母版如图5-8所示。

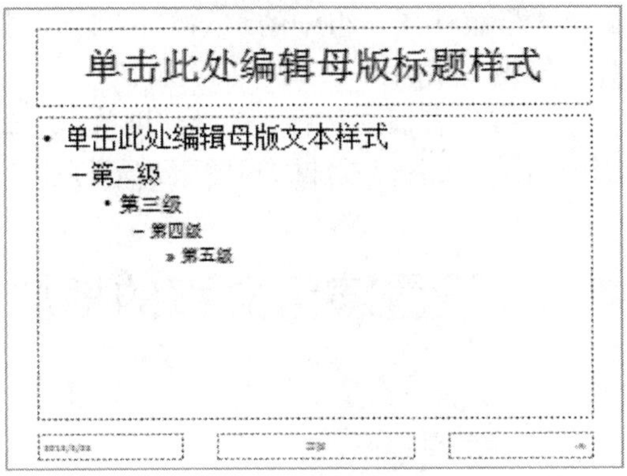

图5-8　“标题和内容”

母版通常有5个占位符：标题、文本、日期、幻灯片编号和页脚。在母版中可以进行下列操作：

（1）更改标题和文本样式；

（2）设置日期、页脚和幻灯片编号；

（3）向母版插入对象。

在幻灯片母版中操作完毕后，单击“幻灯片母版”选项卡“关闭”组中的“关闭母版视图”按钮返回。

版式的母版

讲义母版用于控制幻灯片以讲义形式打印的格式；备注母版主要提供演讲者备注使用的空间以及设置备注幻灯片的格式。可以通过“视图”选项卡“母版视图”组中的相应命令来实现。

【例5-3】在例5-2中演示文稿每张幻灯片的右下角位置加入幻灯片编号，下方正中间加入页脚“人口普查”，并在标题版式母版中设置页脚字号为24磅。

在PowerPoint 2016中，操作步骤如下：

（1）单击“插入”选项卡“文本”组中的“页眉和页脚”按钮，打开“页眉和页脚”对话框，选中“幻灯片编号”和“页脚”复选框，并在页脚文本框中输入“人口普查”，如图5-9所示。单击“全部应用”按钮。

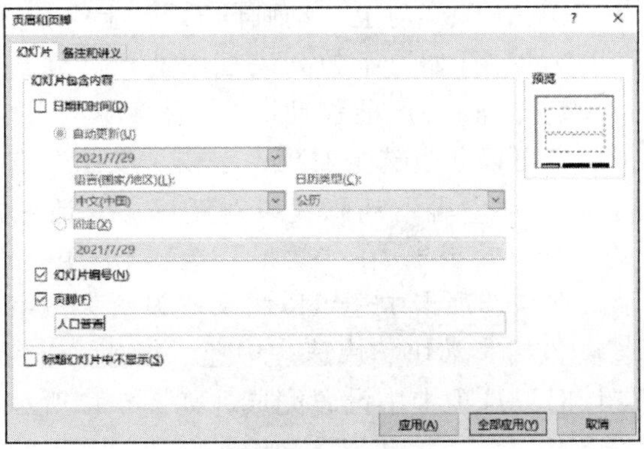

图5-9　设置幻灯片编号和页脚

（2）单击“视图”选项卡“母版视图”组中的“幻灯片母版”按钮，进入“幻灯片母版”视图，在幻灯片窗格中选择“标题幻灯片”版式，在页脚区选中“北京欢迎你”，在“开始”选项卡“字体”组中“字号”下拉列表框中选择“24”，再单击“幻灯片母版”项卡“关闭”组中的“关闭母版视图”按钮返回。此后，添加的标题版式幻灯片中的页脚字号均为24磅。

5.4 设置演示文稿的播放效果

5.4.1 设计动画效果

设计动画效果包括设计幻灯片中对象的动画效果、设计幻灯片间切换的动画效果两部分。

1. 设计幻灯片中对象的动画效果

在为幻灯片中的对象设计动画效果时，可以分别对它们的进入、强调、退出以及动作路径进行设置。

（1）进入动画效果是对象进入幻灯片时产生的效果，一般包括基本型、细微型、温和型及华丽型4种。

（2）强调动画效果用于让对象突出，引人注目，一般选择一些较华丽的效果。

（3）退出动画效果包括百叶窗、飞出、轮子、棋盘等多种效果，可根据需要进行设置。

（4）动作路径用于自定义动画运动的路线及方向，也可用软件预设的多种路径。

① 添加动画：在PowerPoint 2016中，可以通过单击“动画”选项卡“动画”组“动画样式”库中的相应按钮来完成，PowerPoint 2016将一些常用的动画效果放置于“动画样式”库中。也可以单击该选项卡“高级动画”组中的“添加动画”按钮，在其下拉列表中选择操作。如果想使用更多的效果，可以选择“动画样式”库或“添加动画”按钮下拉列表中的相应命令：“更多进入效果”“更多强调效果”“更多退出效果”和“其他动作路径”。例如，选择其中的“更多进入效果”命令，将打开“更改进入效果”对话框，如图5-10所示。

② 编辑动画：动画效果设置好后，还可以对动画方向、运行方式、顺序、声音、动画长度等内容进行编辑，让动画效果更加符合演示文稿的意图。在PowerPoint 2016中，有些动画可以改变方向，这通过单击“动画”选项卡“动画”组中的“效果选项”按钮来完成。动画运行方式包括“单击时”“与上一动画同时”“上一动画之后”3种方式，这在“动画”选项卡“计时”组中的“开始”下拉列表框中选择。改变动画顺序可以先选定对象，单击“计时”组中的相应按钮：“向前移动”“向后移动”，此时对象左上角的动画序号会相应变化；动画添加声音可以通过选定对象，单击“动画”选项卡“动画”组右下角的对话框启动器按钮，打开“空翻”动画效果对话框（对话框的名称随所选动画效果而变化，这里选择的是“空翻”效果），在“效果”选项卡“声音”下拉列表框中选择合适的声音，如图5-11所示。在该选项卡中还可以将文本设置为按字母、词或一次显示全部出现；动画运行的时间长度包括非常快、快速、中速、慢速、非常慢、20秒6种方式，这可以在动画效果对话框“计时”选项卡中设置完成，如图5-12所示。该选项卡中还可以设置动画运行方式和延迟。

图5-10　“更改进入效果”对话框

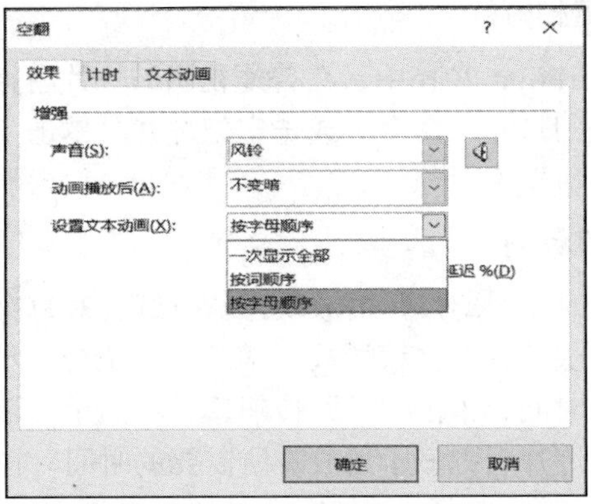

图5-11　声音和动画文本的设置

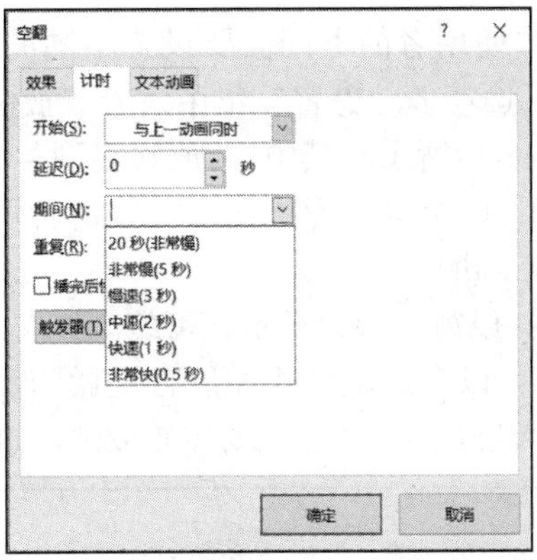

图5-12　动画运行时间长度设置

2．设计幻灯片间切换的动画效果

幻灯片间的切换效果是指移走屏幕上已有的幻灯片，并以某种效果开始新幻灯片的显示，例如平移、百叶窗、溶解、随机等。对幻灯片切换效果的设置中，包括切换方式、切换方向、切换声音以及换片方式4种。在PowerPoint 2016 中，这通过“切换”选项卡“切换到此幻灯片”组和“计时”组中的相应按钮来实现，如图5-13所示。其中“换片方式”可以用鼠标单击进行人工切换，或者设置时间间隔来自动切换；如果要将所选的动画效果应用于其他幻灯片，单击“计时”组的“全部应用”命令按钮即可。

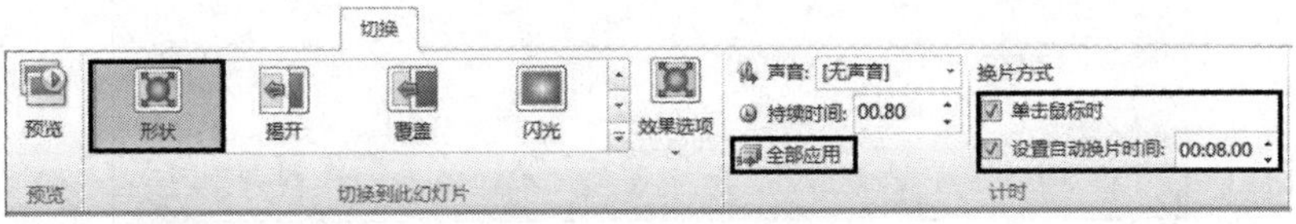

图5-13　“切换”选项卡

5.4.2　播放演示文稿

在放映幻灯片前，一些准备工作是必不可少的，例如将不需要放映的幻灯片隐藏、排练计时、设置幻灯片的放映方式等。

1. 隐藏幻灯片

在PowerPoint 2016中，在普通视图幻灯片窗格中选定幻灯片，右击，在弹出的快捷菜单中选择“隐藏幻灯片”命令。或选定幻灯片，单击“幻灯片放映”选项卡“设置”组中的“隐藏幻灯片”按钮。

2. 排练计时

排练计时是对幻灯片的放映进行排练，对每个动画所使用的时间进行控制，以后将其用于自动运行放映。整个文稿播放完毕后，系统会提示用户幻灯片放映总共所需要的时间并询问是否保留排练时间，单击“是”按钮后，将演示文稿制作软件切换到“幻灯片浏览”视图下，并且在每个幻灯片下方显示出放映所需要的时间。在PowerPoint 2016中，幻灯片排练计时是通过“幻灯片放映”选项卡“设置”组中的“排练计时”按钮来实现的。

3. 设置幻灯片的放映方式

在播放演示文稿前可以根据使用者的不同需要设置不同的放映方式。在PowerPoint 2016中，这通过单击“幻灯片放映”选项卡“设置”组中“设置放映方式”按钮，在“设置放映方式”对话框中操作实现，如图5-14所示。其中，“放映类型”有三种。

（1）演讲者放映（全屏幕）：以全屏幕形式显示，演讲者可以控制放映的进程，可用绘图笔勾画，适于大屏幕投影的会议、讲课。

（2）观众自行浏览（窗口）：以窗口形式显示，可编辑浏览幻灯片，适于人数少的场合。

（3）在展台浏览（全屏幕）：以全屏幕形式在展台上做演示用，按事先预定的或通过“排练计时”命令设置的时间和次序放映，不允许现场控制放映的进程。

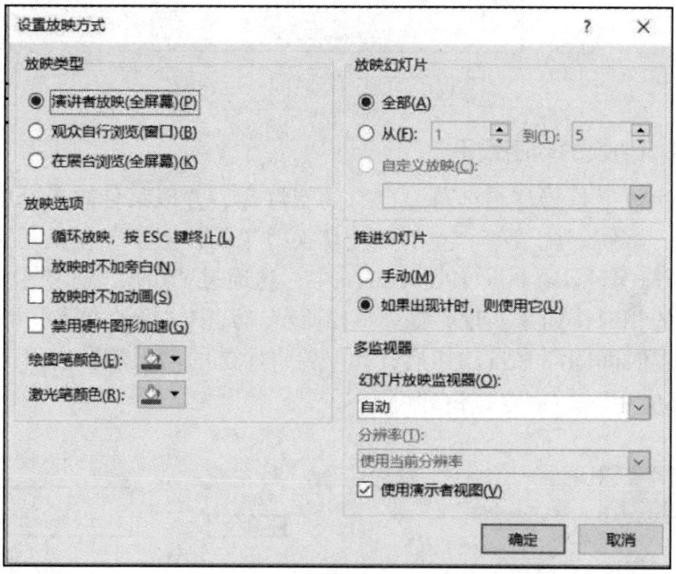

图5-14 “设置放映方式”对话框

要播放演示文稿有多种方式，如按【F5】键；选择“幻灯片放映”选项卡“开始放映幻灯片”组中“从头开始”按钮；在视图显示栏中单击“幻灯片放映”按钮等。其中，除了最后一种方法是从当前幻灯片开始放映外，其他方法都是从第1张幻灯片放映到最后一张幻灯片。

【例5-4】将例5-3中演示文稿第二张幻灯片的标题设置“空翻”的动画效果，速度为“中速”，声音为“风铃”，“上一动画之后”1秒后发生；设置全部幻灯片的切换效果为“形状”，换片方式为单击鼠标时换页或每间隔8秒换页。

在PowerPoint 2016 中，操作步骤如下：

（1）在普通视图幻灯片窗格中，单击第二张幻灯片，选定该幻灯片的标题，单击“动画”选项卡“动画”组中的扩展按钮，在打开的下拉菜单中选择“更多进入效果”命令，在打开的“更改进入效果”对话框“华丽”区中选择“空翻”效果。

（2）选定标题，单击“动画”选项卡“动画”组右下角的对话框启动器，打开“空翻”动画效果对话框，在“效果”选项卡中设置“声音”为“风铃”；然后单击“计时”选项卡，设置“开始”为“上一动画之后”，“延迟”为1秒，“期间”为“中速（2秒）”。

（3）选定任意幻灯片，单击“切换”选项卡“切换到此幻灯片”组中的扩展按钮，在打开的切换效果库中“细微型”区选择“形状”，并在“计时”组中做相应设置，单击“全部应用”按钮。

（4）按【F5】键观看放映，查看动画播放效果。

5.5　演示文稿的打印和打包

1. 演示文稿的打印

演示文稿可以打印，这通过选择“文件”→“打印”命令来实现。

【例5-5】将例5-4中演示文稿以讲义形式用A4纸打印出来，每张纸打印3张幻灯片。在PowerPoint 2016中，操作步骤如下：

打开演示文稿。选择“文件”→“打印”命令，在“打印”选项卡中单击“整页幻灯片”按钮，在展开的列表中单击“讲义”区的“3张幻灯片”图标，在预览区域内即可看到打印出的效果。预览满意后单击“打印”区的“打印”按钮。

2. 演示文稿的打包

演示文稿制作完毕后，可以输出为不同格式的文件，可以创建PDF/XPS文档、创建视频、将演示文稿打包成CD等。

将制作好的演示文稿打包，可以在没有安装PowerPoint 2016的计算机上直接放映，操作步骤如下：

（1）打开演示文稿，选择“文件”选项卡“导出”命令下的“将演示文稿打包成CD”中的“打包成CD”，弹出“打包成CD”对话框，如图5-15所示。

（2）在“打包成CD”对话框中，选择“复制到文件夹”按钮，在后继打开的对话框中设置演示文稿文件夹的名字和文件夹的保存路径，最后单击“确定”按钮即可完成打包。

课件模板及相关素材免费网站推荐：

（1）优品PPT：https://www.ypppt.com。

（2）花瓣网：https://huaban.com。

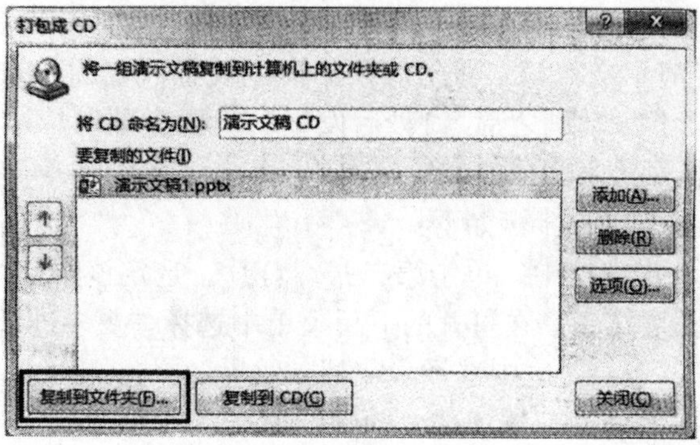

图5-15 “打包成”对话框

5.6 同步实训

在PowerPoint 2016中，利用5-6文件夹内提供的素材，制作“新品上市宣传演示文稿”，以“新品上市宣传.pptx”和“新品上市宣传.mp4”两种格式进行保存，并对该演示文稿进行打包。

5.6.1 制作新品上市宣传演示文稿

1. 利用母版设置幻灯片背景

使用母版功能可以快速统一幻灯片背景，达到事半功倍的效果，如图5-16所示。

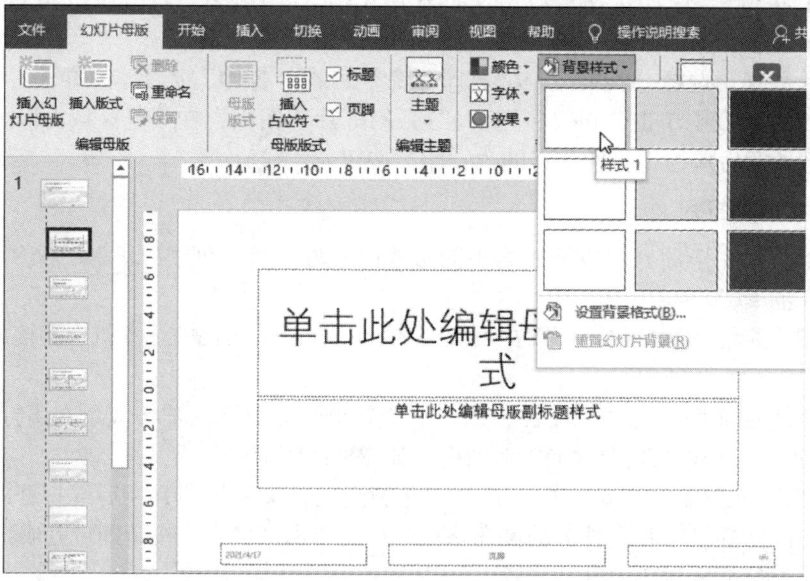

图5-16 设置幻灯片母版

（1）新建空白演示文稿。在“视图”选项卡中单击“幻灯片母版”按钮，打开幻灯片母版视图界面。

（2）选中第1张母版页，在“幻灯片母版”选项卡中单击“背景样式”下拉按钮，在列表中选择“设置背景格式”选项。

（3）打开“设置背景格式”窗格，选中“图片或纹理填充”单选按钮后，在“图片源”列表中单击“插入”按钮。

（4）打开“插入图片”对话框，选择图片后，单击“插入”按钮，在打开的“插入图片”对话框中选择背景图片。

（5）选中的图片随即被插入幻灯片。在“设置背景格式”窗格中修改“透明度”为“90%”。

（6）关闭“设置背景格式”窗格，查看背景图效果。

（7）选中第2张子版式页（标题幻灯片 版式），单击“背景样式”下拉按钮，从列表中选择白色，将当前页面背景设为白色。

（8）单击“关闭母版视图”按钮，返回普通视图。至此幻灯片背景设置完成。

2．制作封面幻灯片

设置好幻灯片背景后，下面将开始制作封面幻灯片，如图5-17所示。在制作过程中所涉及的命令有图片的插入、图片背景去除、图形的绘制、文字格式设置等。

图5-17　封面幻灯片

（1）在普通视图中，选中标题占位符，按【Delete】键将其删除。将“1”图片素材拖至幻灯片中。选中图片任意对角点，按住【Shift】键的同时拖动对角点至合适位置。

（2）完成图片缩放操作后，选中图片，在“图片工具格式”选项卡中单击“旋转对象”下拉按钮，在列表中选择“水平翻转”选项，即可对图片进行旋转操作。

（3）选中该图片，在“图片工具-格式”选项卡中单击“删除背景”按钮，此时系统会自动识别背景图片，并将其高亮显示。

（4）在“背景消除”选项卡中单击“标记要保留的区域”按钮，此时鼠标指针则变为笔的形状，在图片中标记出要保留的区域。

（5）单击“标记要删除的区域”按钮，标记出要删除的区域，调整好后单击“保留更改”按钮，完成图片背景删除操作。

（6）将图片放置于页面左侧合适位置，在“图片工具-格式”选项卡中单击“裁剪”按钮，此时图片四周会显示裁剪点。

（7）选中左侧裁剪点，将其向右拖动至合适位置，调整好图片裁剪范围。

（8）单击页面空白处即可完成图片的裁剪操作。

（9）在“插入”选项卡中单击“形状”下拉按钮，在列表中选择“矩形”形状，使用拖动鼠标的方法，在页面中绘制出矩形。

（10）选中矩形，在“绘图工具-格式”选项卡中单击“形状填充”下拉按钮，从列表中选择“其他填充颜色”选项，在“颜色”对话框中输入“红色（R）”“绿色（G）”“蓝色（B）”的色值参数，单击“确定”按钮。

（11）在“绘图工具-格式”选项卡中单击“形状轮廓”下拉按钮，从列表中选择“无轮廓”选项，将矩形轮廓进行隐藏。

（12）选中矩形，右击，在快捷菜单中选择“置于底层”命令，将矩形放置于图片下方。

（13）在“插入”选项卡的“文本”选项组中单击“文本框”下拉按钮，从列表中选择“绘制横排文本框”选项。

（14）在矩形上方绘制出文本框，并输入文字内容。选中文字，在“开始”选项卡的“字体”选项组中对文字的字体、字号及颜色进行设置。

（15）按照同样的操作，完成封面页标题内容的输入操作。

（16）单击“形状”下拉按钮，从列表中选择“直线”形状，按住【Shift】键的同时在页面合适位置绘制出直线，并通过“形状填充”列表，设置好直线颜色，至此标题页制作完毕。

3．制作内容幻灯片

内容页用来显示演示文稿的内容，用户可以使用图片、图形、图表、艺术字等元素来设计幻灯片,如图5-18所示。

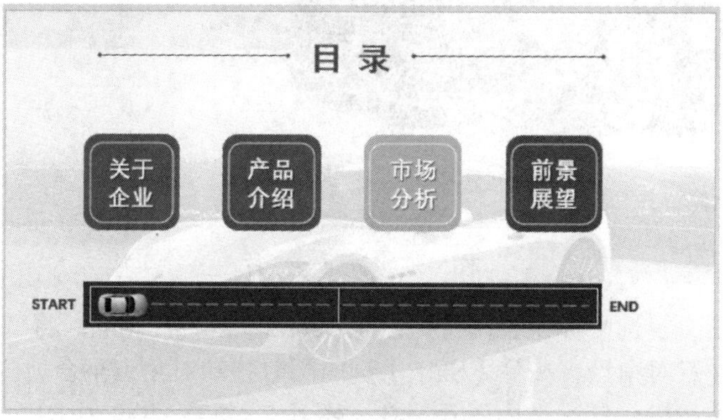

图5-18　内容幻灯片

（1）制作目录幻灯片

①在“开始”选项卡中单击“新建幻灯片”按钮，从列表中选择“标题和内容”选项。此时在封面幻灯片下方会显示刚设置好的背景幻灯片版式。

②删除多余的占位符。使用直线和文本框，输入该幻灯片标题内容。

③选中两条直线，在“绘图工具-格式”选项卡中单击“形状轮廓”下拉按钮，从列表中选择“箭头”选项，在其级联菜单中选择“箭头样式11”，为直线两端添加箭头样式。

④单击“形状”下拉按钮，在列表中选择“圆角矩形”形状，在幻灯片中绘制一个圆角矩

形，大小适中即可。

⑤单击“形状填充”下拉按钮，在列表中设置好圆角矩形的颜色。单击“形状轮廓”下拉按钮，在列表中选择“无轮廓”选项，隐藏矩形轮廓。

⑥复制该圆角矩形，并将其“形状轮廓”设为白色，将轮廓“粗细”设为“2.25磅”，将“形状填充”设为“无填充”，调整好大小，放置于合适位置。

⑦双击大圆角矩形，进入文字编辑状态，输入文本内容，并设置好文本的格式。

⑧同时选中大、小两个圆角矩形，在“绘图工具—格式”选项卡中单击“对齐对象”下拉按钮，在列表中依次选择“水平居中”和“垂直居中”选项，将两个圆角矩形进行对齐。

⑨选中对齐后的两个圆角矩形，在“绘图工具—格式”选项卡中单击“组合”下拉按钮，在列表中选择“组合”选项，将两个圆角矩形进行组合，方便选取。

⑩复制3个组合后的圆角矩形，并选择“垂直居中”和“横向分布”对齐方式，将4个圆角矩形对齐放置在页面合适位置。

⑪分别设置好复制后的圆角矩形的填充颜色，并更改相应的文字内容。

⑫按照以上绘制图形的方法，绘制出车道图形，并插入汽车图片，在车道两端输入“START”和“END”文本内容，设置好其字体格式。至此目录页内容制作完毕。

（2）制作第3~4张幻灯片

①复制目录幻灯片，创建第三张幻灯片。删除幻灯片中的内容，保留标题内容。双击标题文本框，更改标题内容，调整好标题位置。

②使用圆形、图片、文本框等命令，制作第三张幻灯片的内容，具体操作可参考目录页的制作步骤，这里就不重复介绍了，如图5-19所示。

③按照同样的操作方法，制作第四张幻灯片，如图5-20所示。

图5-19　第三张幻灯片

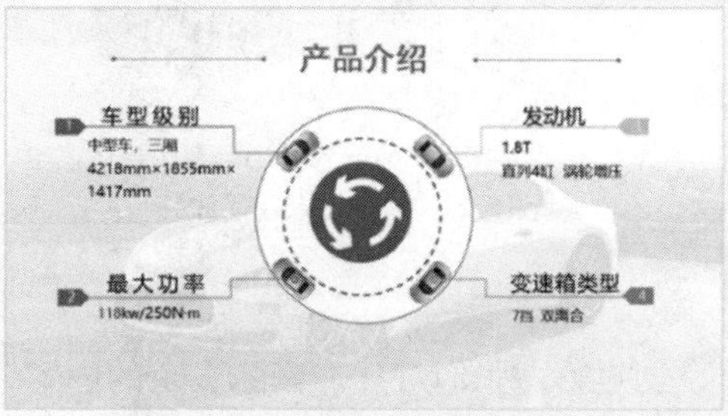

图5-20　第四张幻灯片

4．制作流程图幻灯片

（1）复制第四张幻灯片，创建第五张幻灯片。删除其内容，保留标题。在“插入”选项卡中单击“SmartArt”按钮，打开“选择SmartArt图形”对话框。

（2）在对话框左侧列表中选择“层次结构”选项，并选择“水平多层层次结构”类型，单击“确定”按钮。

（3）在幻灯片中单击结构图中的“[文本]”，输入文本内容。

（4）选中“后悬架类型”图形，右击，从快捷菜单中选择“添加形状”命令，并在其级联菜单中选择“在后面添加形状”。

（5）此时会添加一个同级别的形状，直接输入文字内容即可。

（6）右击“内容配置”图形，在快捷菜单中选择“添加形状”命令，并在其级联菜单中选择“在下方添加形状”。

（7）此时会为被选图形添加一个下一级别的形状，直接输入所需文字内容。

（8）按照同样操作方法为“前悬架类型”“后悬架类型”“驱动方式”这三个图形分别添加一个下级形状，并输入文字内容。

（9）选中“汽车性能”文本内容，在“开始”选项卡中单击“文字方向”下拉按钮，从列表中选择“所有文字旋转90°”选项，旋转该文字。

（10）保持“汽车性能”文本的选中状态，在“字体”选项组中单击“减小字号”按钮，将该文字减小一号。选中创建的结构图右下角控制点，将其拖动至合适位置，调整好结构图的大小，并放置在页面中间位置。

（11）选中结构图，在“SmartArt工具—设计”选项卡中单击“更改颜色”下拉按钮，在列表中选择一款合适的颜色，来快速更改当前默认颜色。

（12）在“SmartArt工具—设计”选项卡的“SmartArt样式”选项组中单击“其他”下拉按钮，在列表中选择合适的样式，可快速更改当前样式。

（13）选中结构图中的文本内容，适当地的调小文字字号，让结构图显得更加精致。至此，流程图幻灯片制作完毕，如图5-21所示。

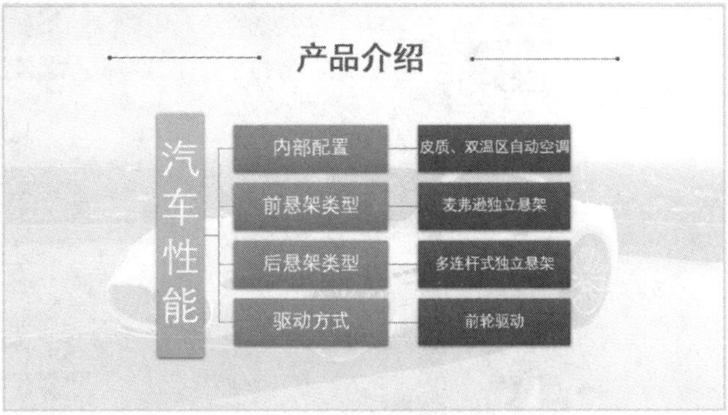

图5-21　第五张幻灯片

5．制作图表幻灯片

（1）复制第五张幻灯片，创建第六张幻灯片。删除多余的内容，保留并修改标题内容。

（2）在“插入”选项卡中单击“图表”按钮，打开“插入图表”对话框，在此选择“簇状柱形图”选项，单击“确定”按钮。

（3）此时，系统会自动在幻灯片中插入一张柱形图表模板，并自动打开Excel编辑窗口，用户可根据需要在该窗口中输入数据内容。

（4）输入完成后关闭Excel编辑窗口，返回幻灯片查看创建的图表效果。

（5）选中图表右下角控制点，将其拖动至合适位置，可快速调整图表的大小。双击图表标题文本，更改其标题内容，并设置好标题文本格式。

（6）分别选中图表横坐标和图例，在“字体”选项组中调整好文本的大小。

（7）单击图表右侧“图表元素”按钮，在打开的列表中单击“坐标轴”右侧三角按钮，在其级联菜单中取消勾选“主要纵坐标轴”复选框，隐藏该坐标轴。

（8）再次打开“图表元素”列表，取消勾选“网格线”复选框，隐藏图表网格线。

（9）在“图表元素”列表中勾选“数据标签”复选框，为图表添加数据标签。

（10）在图表中选中“车型1”数据系列，右击，在快捷菜单中选择“设置数据系列格式”命令。

（11）打开“设置数据系列格式”窗格。切换至“填充与线条”选项卡，在“填充”列表中选中“图片或纹理填充”单选按钮，并单击“插入”按钮。

（12）打开“插入图片”对话框，选择所需图片素材，单击“插入”按钮。

（13）在“设置数据系列格式”窗格的“填充与线条”选项卡中选中“层叠”单选按钮，调整好图片填充的状态。

（14）按照同样的操作方法，填充“车型2”数据系列。至此图表幻灯片制作完毕，如图5-22所示。

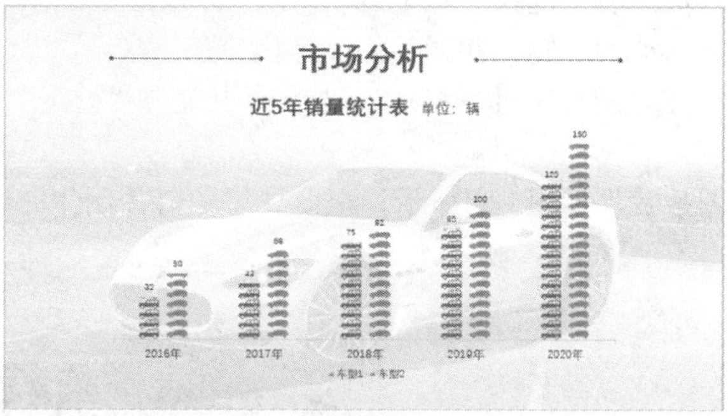

图5-22　第6张幻灯片

6. 制作表格幻灯片

（1）复制第六张幻灯片，创建第7张幻灯片。删除多余内容，保留并修改标题内容。

（2）在“插入”选项卡中单击“表格”下拉按钮，从中选取2行4列的表格，随即在幻灯片中会插入相应的表格。

（3）选择中插入的表格，将其移动至页面合适位置。选中表格，在“表格工具-布局”选项卡的“表格尺寸”选项组中，将“高度”设为10厘米，将“宽度”设为24厘米，调整表格大小。

（4）将光标放置于表格首行第1个单元格中，在“表格工具—设计”选项卡中单击“底纹”下拉按钮，从列表中选择“图片”选项。

（5）在打开的“插入图片”对话框中选择所需表格图片。

（6）单击“插入”按钮，图片随即被插入该单元格。

（7）在“表格工具-设计”选项卡的“表格样式”选项组中单击“边框”下拉按钮，从列表中选择“内部框线”选项，将设置的边框线样式应用于当前表格边框中。

（8）设置后用户可查看表格效果。至此表格幻灯片制作完成，如图5-23所示。

图5-23　第7张幻灯片

7．制作结尾幻灯片

结尾幻灯片的制作很简单，只需在封面幻灯片的基础上稍加变化，做到首尾相呼应。

（1）复制封面幻灯片，创建第8张幻灯片。选中汽车图片，在“图片工具-格式”选项卡中单击“旋转”下拉按钮，从列表中选择“水平翻转”选项，翻转图片。

（2）将页面右侧文字移动到左侧，并调整好文字内容。

（3）选中汽车图片，在“图片工具—格式”选项卡中单击“校正”下拉按钮，在列表中可调整图片的亮度和对比度。

（4）操作完成后，图片效果如图5-24所示。至此结尾幻灯片制作完毕。

图5-24　结尾幻灯片

5.6.2　为新品上市宣传方案添加背景乐

在幻灯片中插入背景乐的方法很简单，只需将背景音乐直接拖动至页面中即可。

（1）打开“新品上市宣传方案”演示文稿，选中封面幻灯片，将所给素材“背景乐”音频文件直接拖动至该幻灯片中。

（2）当幻灯片中显示音响图标和播放器后，说明背景乐已成功插入。

（3）单击播放器中的播放按钮即可试听背景乐。

（4）单击播放器右侧音量按钮，可调整背景乐音量的高低，如图5-25所示。

图5-25　调整背景乐音量

（5）想让背景音乐持续播放，就需对其播放模式进行设置。

①在“音频工具-播放”选项卡中勾选“跨幻灯片播放”复选框，此时背景乐将持续播放，直到音乐结束为止，如图5-26（a）所示。

②在“音频工具-播放”选项卡中勾选“循环播放，直到停止”复选框，背景乐会循环播放，直到所有幻灯片放映结束为止，如图5-26（b）所示。

（6）勾选“放映时隐藏”复选框，在放映幻灯片时，页面中的喇叭图标将会被隐藏，如图5-26（c）所示

（7）勾选“播放完毕返回开头”复选框，背景乐播放完后将自动返回到开始，不会循环播放，如图5-26（d）所示。

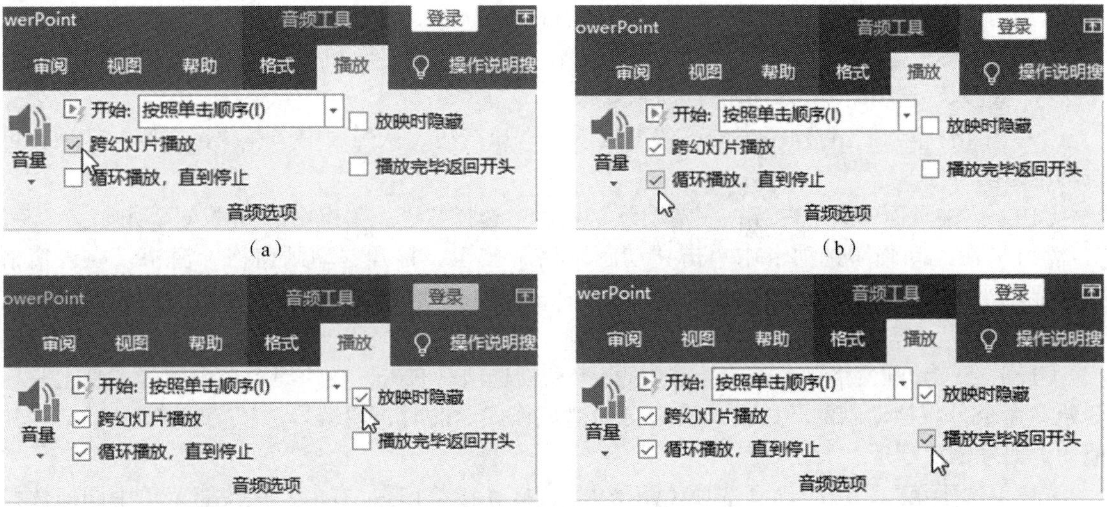

（a）　（b）

（c）　（d）

图5-26　播放模式设置

5.6.3　为新品上市宣传方案添加动画效果

1．设置封面幻灯片动画效果

在封面幻灯片中，用户可使用路径动画和进入动画，具体操作如下，如图5-27所示。

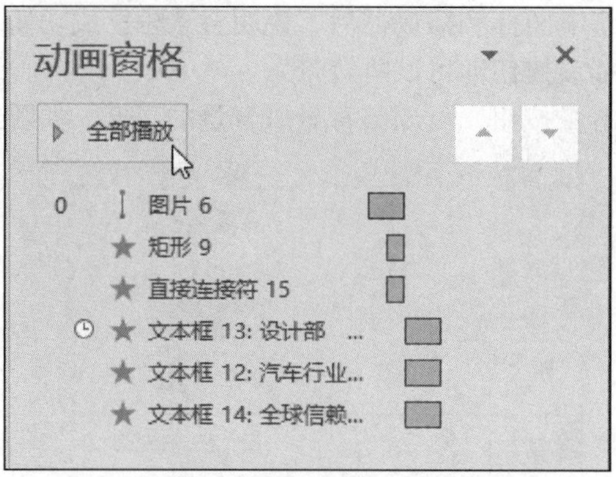

图5-27　动画空格

（1）打开“新品上市宣传演示文稿”素材文件。选择封面幻灯片，选中汽车图片，先将其移至页面外合适位置，以方便路径的添加操作。

（2）保持图片为选中状态，在“动画”选项卡的“动画”选项组中单击“其他”下拉按钮，打开动画列表，在该列表中选择“动作路径”选项组中的“直线”选项。

（3）此时系统会自动为图片添加一个直线路径，用户可预览该动画效果。

（4）选中红色终止圆形标记，将其拖动至页面合适位置，调整该路径的运动方向。

（5）单击“动画”选项卡中的“预览”按钮，即可预览当前路径动画。

（6）该保持路径动画选中状态，单击“动画”选项卡的“动画”选项组的对话框启动器按钮，打开“向下”对话框，在“计时”选项卡中，将“期间”设为“快速（1秒）”。

（7）切换到“效果”选项卡，将“弹跳结束”设为“0.15秒”。

（8）设置好后单击“确定”按钮，完成操作。选中右侧矩形和直线图形，在“动画”列表中选择“进入”选项组中的“擦除”动画效果。

（9）单击“动画”选项组中的“效果选项”下拉按钮，从列表中选择“自右侧”选项，更改动画运动方向。

（10）选中页面中文本内容，在“动画”列表中选择“进入”组中的“浮入”动画。

（11）在“动画”选项卡中单击“动画窗格”按钮，打开“动画窗格”窗格。在该窗格中会显示当前幻灯片中所有的动画，选中其中一个动画选项，其幻灯片中相应的动画将会被选中。

（12）在“动画窗格”窗格中，选中第1个动画选项，右击，在快捷菜单中选择“从上一项开始”命令，将该动画的开始方式设为自动播放模式。此时，原编号“1”变为编号“0”，其他动画编号依次顺延。

（13）选中第二、三个动画选项（矩形9、直接连接符15），右击，在快捷菜单中同样选择“从上一项开始”命令。

（14）选中第四个动画选项（文本框13），右击，在快捷菜单中选择“从上一项之后开始”命令。

（15）选中第二、三个动画选项（矩形9、直接连接符），在“动画”选项卡的“计时”选项组中将“延迟”参数设为0.5秒（00.50）。

（16）设置完成后，单击“动画窗格”窗格中的“全部播放”按钮，即可查看该幻灯片所有动画效果。

2．设置目录幻灯片动画效果

目录幻灯片中用户可使用强调动画和组合动画，具体操作如下，目录如图5-28所示。

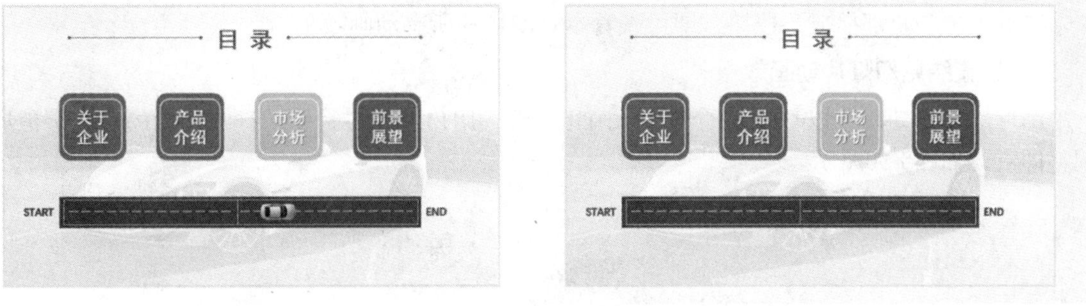

图5-28　目录动画示例

（1）选择目录幻灯片，并选中“关于企业”图形，在“动画”列表中选择“强调”组中的“脉冲”动画效果，为其添加脉冲强调动画。

（2）单击“动画”选项组的对话框启动器按钮，打开“脉冲”对话框，切换到“计时”选项卡，将“重复”参数设为2。

（3）保持该动画的选中状态，在“动画”选项卡的“高级动画”选项组中单击“动画刷”按钮，当鼠标指针右上角出现刷子形状时，选中幻灯片中的“产品介绍”图形。

（4）此时脉冲动画已被快速应用到“产品介绍”图形中。

（5）按照同样的方法，利用动画刷功能，将脉冲动画快速应用至“市场分析”和“前景展望”图形中。

（6）选中目录幻灯片中的汽车图片，为其添加直线路径动画，其方向为从左至右，并调整好路径起止位置。

3．设置内容幻灯片动画效果

由于内容幻灯片的数量比较多，所以用户在为其设置动画时，只需选择重点内容幻灯片设置即可。下面将为“产品介绍”内容幻灯片设置动画效果，最终效果如图5-29所示。

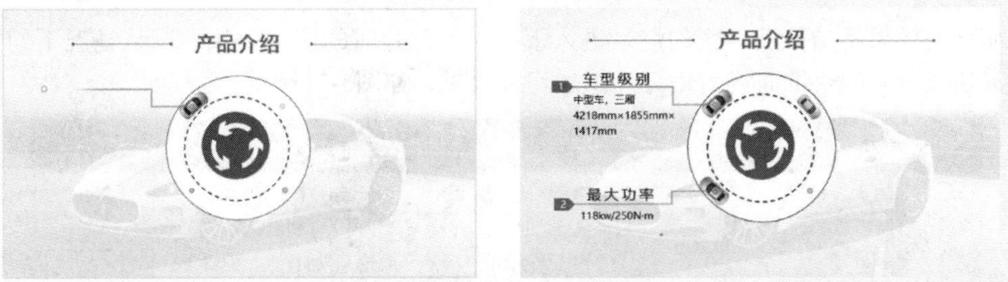

图5-29　“产品介绍”幻灯片效果图

（1）选择第四张幻灯片，并选中任意一张汽车图片，为其添加“缩放”进入动画。

（2）选中该图片的引导线，为其添加“擦除”进入动画。

（3）单击“效果选项”下拉按钮，将擦除方向设为“自右侧”。选中引导线箭头，同样为其添加“擦除”进入动画，并将其“效果选项”设为“自右侧”。

（4）选中相应的文字内容，为其添加“缩放”进入动画。

（5）使用动画刷功能，将当前这组数据上的动画分别应用于其他三组数据中。

（6）打开“动画窗格”窗格，分别设置好每项动画的开始方式。

（7）单击“全部播放”按钮，即可查看本页幻灯片所有动画效果。

4. 设置结尾幻灯片动画效果

结尾幻灯片动画可以与封面幻灯片动画相一致，用户只需在封面幻灯片动画的基础上稍加调整即可，如图5-30所示。

图5-30 “结尾”幻灯片动画设置

（1）选中封面幻灯片汽车图片动画，使用“动画刷”功能，将其应用至结尾幻灯片汽车图片上。

（2）选中结尾幻灯片的路径动画并右击，在快捷菜单中选择“反转路径方向”命令，将路径起点与终点进行反转。

（3）选中路径一端红色圆点，调整其位置。

（4）使用动画刷制作结尾幻灯片其他动画效果，并使用“效果选项”功能调整好动画运行方向。

（5）打开“动画窗格”窗格，调整好各动画的开始方式。

（6）单击“全部播放”按钮查看设置好的动画效果。至此结尾页幻灯片动画设置完毕。

5. 为幻灯片添加切换效果

页面切换效果是指从上一张幻灯片进入下一张幻灯片时的衔接效果，默认情况下幻灯片页面是没有切换效果的。下面将为幻灯片添加切换效果，如图5-31所示。

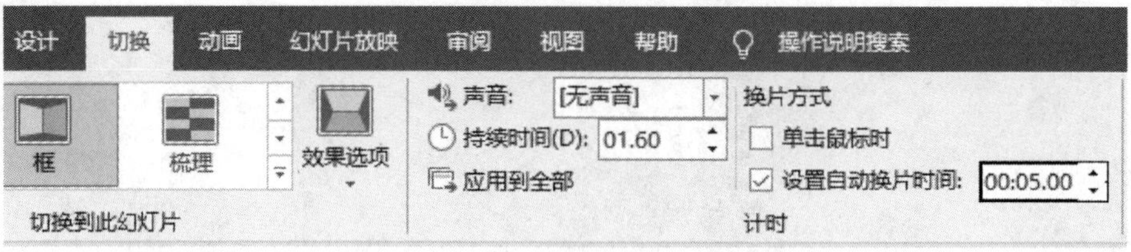

图5-31 幻灯片切换设置

（1）选中任意幻灯片，在“切换”选项卡的“切换到此幻灯片”选项组中单击“其他”下拉按钮，在列表中选择“华丽”组中的“框”效果。

（2）此时，该幻灯片将会应用该切换效果。

（3）单击“效果选项”下拉按钮，在列表中可以选择效果切换方向。

（4）设置好后，系统会自动播放切换效果。

（5）在“切换”选项卡的“计时”选项组中单击“应用到全部”按钮，可将该切换效果应用到其他幻灯片中。

在放映幻灯片时，默认单击可切换到下一张幻灯片，如果想实现自动切换幻灯片，可在“切换”选项卡的“计时”选项组中勾选“设置自动换片时间”复选框，并设定好换片时间，然后取消勾选“单击鼠标时”复选框，单击“应用到全部”按钮。

5.6.4　为新品宣传方案添加链接

1．为目录幻灯片添加链接

在目录幻灯片中添加链接后，用户可通过单击链接项，直接跳转到所需幻灯片内容，而不需要一页页地切换查找，提高了一定的工作效率。

（1）打开“新品上市宣传演示文稿”素材文件，选择第二张幻灯片，并选中“关于企业”文本内容。

（2）在“插入”选项卡的“链接”选项组中单击“链接”按钮。

（3）在“插入超链接”对话框中，选择“本文档中的位置”选项，并在右侧列表中选择目标幻灯片。

（4）单击“确定”按钮，关闭对话框。此时被选中的文本下方会出现下划线。将鼠标指针移至该文本内容上时，会显示链接信息。

（5）此时，按【Ctrl】键并单击链接，随即会跳转到目标幻灯片。如果在放映状态下直接单击该链接，会跳转到相关幻灯片内容。

（6）按照以上相同的方法，为其他目录内容设置链接，效果如图5-32所示。

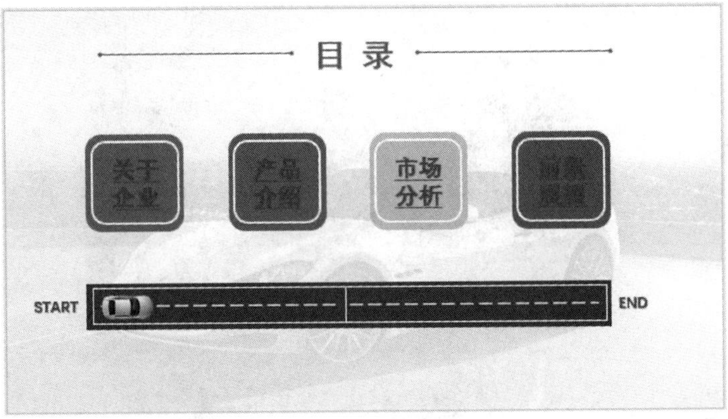

图5-32　“目录”幻灯片链接效果图

2．更改链接颜色

默认情况下，为文本内容添加链接后，该文本的颜色会发生改变，这样或多或少会影响页面整体色调。遇到这种情况，用户可以对链接的颜色进行更改。

（1）单击“设计”选项卡的“变体”选项组的“其他”按钮下拉，在列表中选择“颜色”

选项，并在其级联菜单中选择“自定义颜色”。

（2）在“新建主题颜色”对话框中，单击“超链接”下拉按钮，在打开的颜色列表中重新选择一款链接颜色。

（3）单击“已访问的超链接”下拉按钮，在列表中可以选择访问后链接的颜色。

（4）设置好后，单击“保存”按钮，关闭对话框。此时链接的文本颜色已发生了改变，最终效果如图5-33所示。

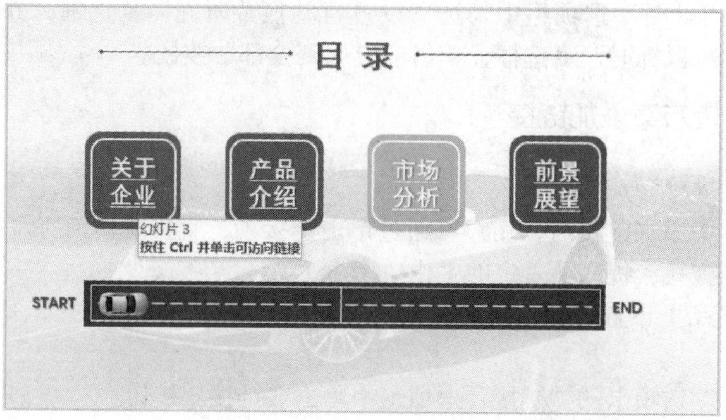

图5-33　幻灯片链接文本颜色更改后的效果图

3. 设置返回按钮

为演示文稿设置返回按钮如图5-34所示，可灵活地控制演示文稿的放映，在操作时会给用户带来很大的便利。

图5-34　设置返回按钮

（1）选中第五张幻灯片，在“插入”选项卡中单击“形状”下拉按钮，在列表中选择“动作按钮：转到主页”选项。

（2）在幻灯片合适位置，绘制该动作按钮。

（3）绘制后，系统会自动打开“操作设置”对话框，在“超链接到”下拉列表中选择“幻灯片”选项。

（4）在“超链接到幻灯片”对话框中选择要链接的目标幻灯片，这里选择目录页幻灯片。

（5）单击“确定”按钮，返回上一层对话框，单击“确定”按钮，完成返回按钮的添加操作。

（6）选中添加的返回按钮，在“绘图工具-格式”选项卡中单击“编辑形状”下拉按钮，在列表中选择“更改形状”选项，并在形状列表中选择椭圆形。

（7）单击“形状填充”下拉按钮，从列表中选择“图片”选项。

（8）在“插入图片”对话框中选择素材文件，单击“插入”按钮。

（9）单击“形状轮廓”下拉按钮，从列表中选择“无轮廓”选项，隐藏按钮轮廓。

（10）将设置好的按钮复制到第8、10、12张幻灯片中。当鼠标指针移至该按钮上时，系统会显示链接信息。按【Ctrl】键并单击该按钮即可返回目录幻灯片。

5.6.5　输出新品上市宣传方案

1．输出视频

（1）单击“文件”选项卡，选择“导出”选项，在“导出”界面中选择“创建视频”选项，并单击“创建视频”按钮。

（2）在“另存为”对话框中选择好视频保存位置，单击“保存”按钮。

（3）在创建的过程中，演示文稿底部状态栏中会显示创建的进度。

（4）创建完成后在文件夹中找到视频文件，选择好播放器，即可放映该视频，如图5-35所示。

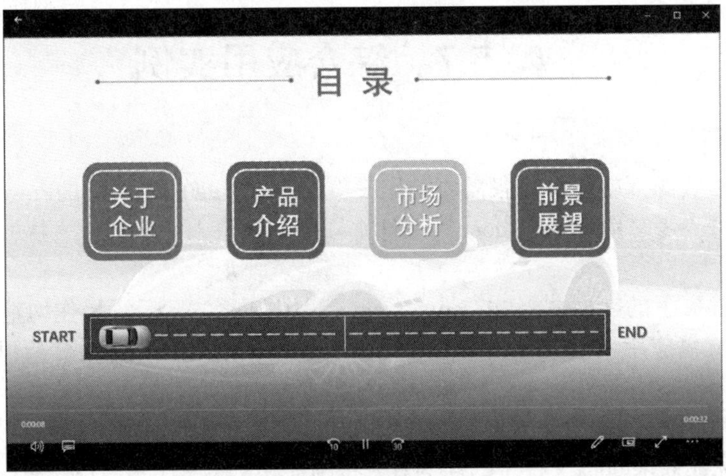

图5-35　视频文件

2．打包演示文稿

如果演示文稿中使用的素材文件比较多，那么用户可使用打包功能，将所有配套素材与演示文稿统一归档打包，以避免出现素材遗漏，而无法正常放映的情况。

（1）单击“文件”选项卡，选择“导出”选项，在“导出”界面中选择“将演示文稿打包成CD”选项，单击“打包成CD”按钮。

（2）在“打包成CD”对话框中的“将CD命名为”文本框中输入打包名称，单击“复制到文件夹”按钮。

（3）在“复制到文件夹”对话框中单击“浏览”按钮。

（4）打开“选择位置”对话框，选择好保存位置，单击“选择”按钮。

（5）返回“复制到文件夹”对话框，单击“确定”按钮，系统打开对话框，单击“是”按钮，开始打包。

（6）在打包过程中会显示打包进度，打包完成后会自动打开打包的文件夹，在此可查看所有配套的素材文件以及该演示文稿，如图5-36所示。

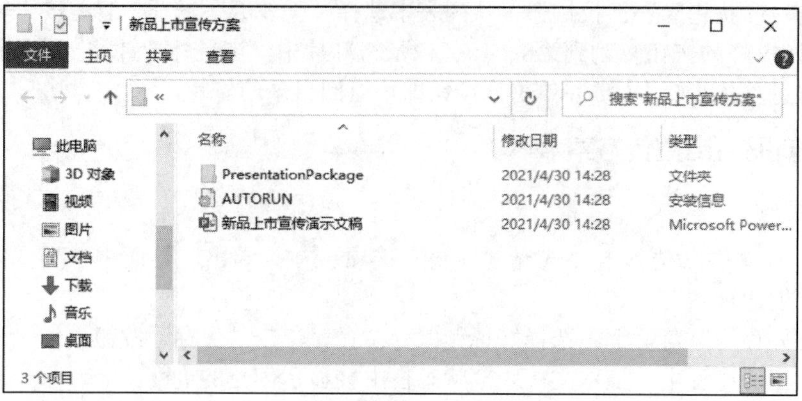

图5-36　打包文件

5.7　综合应用实例

【新员工培训】

在某公司人力资源部就职的小张需要制作一份供新员工培训时使用的PowerPoint演示文稿。按照下列要求，并参考“完成效果.docx”文件中样例的效果，完成演示文稿的制作。

制作要求：

（1）打开文件夹下的素材文档PPT.ppt(“.pptx”为扩展名)，后续操作均基于此文件。

（2）为演示文稿应用考生文件夹下的主题“员工培训主题.thmx”，然后再应用ArialBlack-Arial的主题字体。

（3）在幻灯片2中插入考生文件夹下的图片“欢迎图片.jpg，并应用“棱台形椭圆黑色”的图片样式，参考“完成效果.docx文件中的样例效果将图片和文本置于适合的位置，如图5-37所示。

图5-37　幻灯片2样例效果图

（4）将幻灯片3中的项目符号列表转换为SmartArt图形，布局为“降序基本块列表”，为每个形状添加超链接，链接到相应的幻灯片4、5、6、7、8、9、11。

（5）在幻灯片5中，参考样例效果图5-38，将项目符号列表转换为SmartArt图形，布局为“组织结构图”，将文本“监事会”和“总经理”的级别调整为“助理”；在采购部下方添加“北区”和“南区”两个形状，分支布局为“标准”，为SmartArt图形添加“淡出”的进入动画效果，效果选项为“一次级别”。

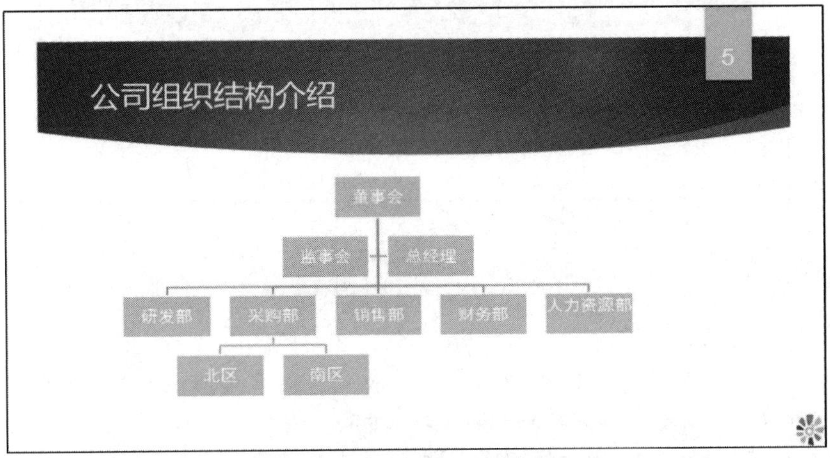

图5-38　幻灯片5的样例效果图

（6）在幻灯片9中，使用考生文件夹下的“学习曲线.xlsx”文档中的数据，参考样例效果图5-39，创建图表，不显示图表标题和图例，垂直轴的主要刻度单位为1，不显示垂直轴；在图表数据系列的右上方插入正五角星形状，并应用“强烈效果-橙色，强调颜色3的形状样式(注意:正五角星形状为图表的一部分，无法拖曳到图表区以外)。

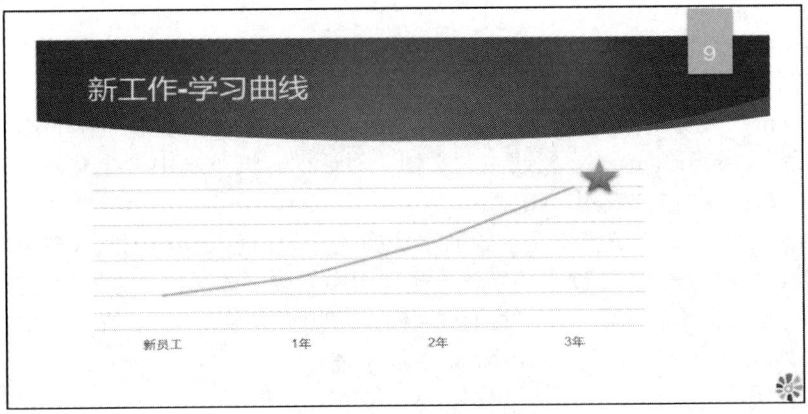

图5-39　幻灯片9样例效果图

（7）在幻灯片9中，为图表添加“擦除”的进入动画效果，方向为“自左侧”，序列为“按系列”，并删除图表背景部分的动画。

（8）在幻灯片10中，参考样例效果图5-40，适当调整各形状的位置与大小，将“了解”、“开始熟悉”和“达到精通”三个文本框的形状更改为“对角圆角矩形”，但不要改变这些形状原先的样式与效果；为三个对角圆角矩形添加“淡出”的进入动画，持续时间都为0.5秒，“了解”形状首先自动出现，“开始熟悉”和“达到精通”两个形状在前一个形状的动画完成之后，依次自动出现。为弧形箭头形状添加“擦除”的进入动画效果，方向为“自底部”持续时间为1.5秒，要求和“了解”形状的动画同时开始，和“达到精通”形状的动画同时结束。

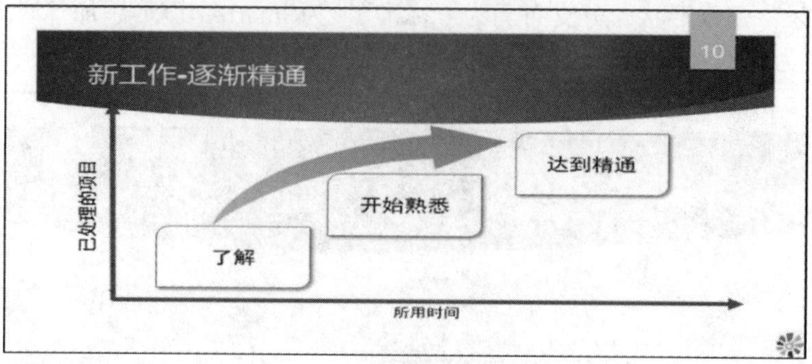

图5-40　幻灯片10样例效果图

（9）将幻灯片11的版式修改为“图片与标题”，在右侧的图片占位符中插入图片“员工照片.jpg”，并应用一种恰当的图片样式s为幻灯片左侧下方的文本占位符和右侧的图片添加“淡出”的进入动画效果，要求两部分动画同时出现并同时结束。

（10）在幻灯片13中，将文本设置为在文本框内水平和垂直都居中对齐，将文本框设置为在幻灯片中水平和垂直都居中；为文本添加一种适当的艺术字效果，设置“陀螺旋”的强调动画效果，并重复到下一次单击为止。

（11）为演示文稿添加幻灯片编号，且标题幻灯片中不显示；为除了首张幻灯片之外的其他幻灯片设置一种恰当的切换效果。

（12）通过设置幻灯片母版，在所有幻灯片右下角插入图片“公司logo.jpg”，并适当调整其大小。

操作步骤：

（1）幻灯片主题和主题字体设置。

步骤1：单击“设计”选项卡下“主题”功能组的“其他”按钮，在下拉列表框中选择“浏览主题”命令，打开“选择主题或主题文档”对话框，浏览选中考生文件夹下的“员工培训主题.thmx”文件，单击“应用”按钮。

说明：第十三张幻灯片在应用完主题后字体颜色变为白色,无法识别,可在第13张幻灯片处按C1+A全选,然后在“开始”选项卡“字体”选项组中更改字体颜色，方便后续操作。

步骤2：单击“设计”选项卡下“变体”组的“其他”按钮，在下拉列表中选择“字体”，在弹出的级联列表中选择“Arial Black-Arial"主题字体。

（2）图片设置。

步骤1：选中第二张幻灯片，单击“插入”选项卡下“图像”功能组中的“图片”按钮，弹出“插入图片”对话框，浏览考生文件夹，选中“欢迎图片jpg”文件，单击“插入”按钮。

步骤2：参考考生文件夹下“完成效果.doc”文件中的样例效果，选中插入的图片文件，单击“图片工具—格式”选项卡下“图片样式”功能组中的“楼台形椭圆，黑色”样式。

步骤3：参考样式文件，适当缩放图片大小并将其移动到合适的位置。

（3）SmartArt图形及其超链接设置。

步骤1：选中第三张幻灯片下方的内容占位符，单击“开始”选项卡下“段落”功能组中的"转换为SmartArt图形"命令，在下拉列表中选择“其他SmartArt图形”，弹出“选择SmartArt图形”对话框，在左侧的列表框中选择“列表”，在右侧选择“降序基本块列表”，单击“确定”按钮。

步骤2：在SmartArt图形中选中左侧的第一个形状(注意选中第一个形状，不是选中文本内容)，右击，在弹出的快捷菜单中选择“超链接”弹出“插入超链接”对话框，选择左侧“链接到”列表框中的“本文档中的位置”，在右侧“请选择文档中的位置”中选择“4.公司历史/公司展望”，单击“确定”按钮。

步骤3：按照同样方法，为后面几项形状添加超链接到幻灯片5、6、7、8、9、11。

（4）SmartArt图形及其动画效果设置。

步骤1：单击选中第5张幻灯片，选中幻灯片中的内容占位符，单击“开始”选项卡下“段落”功能组中的"转换为SmartArt图形按钮，在下拉列表中选择“其他SmartArt图形”，弹出“选择SmartArt图形”对话框，在左侧的列表框中选择“层次结构”，在右侧选择“组织结构图”，单击“确定”按钮。

步骤2：将“董事会”和“监事会”两个形状叫除，然后选中“总经理”形状，将“总经理”修改为文本“董事会”，再单击“SmartArt工具,设计”选项卡下“创建图形”功能组中的“添加形状”按钮，在下拉列表中选择“添加助理”，此时在“董事会”下方新增加一个形状，在形状中输入文本“监事会”;继续在"董事会”下方添加一个新的“助理”形状，输入文本“总经理”。

步骤3：选中下方的“采购部”形状，单击“SmartArt工具设计”选项卡下“创建图形”功能组中的“布局”按钮，在下拉列表中选择“标准”，继续单击右侧的“添加形状”按钮，在下拉列表中选择“在下方添加形状”，再单击“添加形状”按钮，在下拉列表中选择“在后面添加形状”，在两个新添加的形状中分别输入文本“北区”和“南区”。

步骤4：选中整个SmartArt对象，单击“动画”选项卡下“动画”功能组中的“淡化”进入动画效果，为SmartArt对象添加动画效果;然后单击右侧的“效果选项”按钮，在下拉列表中选择“序列”为“一次级别”。

（5）图表和形状设置。

步骤1：选中第九张幻灯片，在内容占位符中，单击“插入图表”按钮，弹出“插入图表”对话框，在左侧列表框中选择“折线图”，在右侧列表框中选择“折线图”，单击“确定”按钮。

步骤2：此时会弹出一个Excel工作簿对象，打开考生文件夹下的“学习曲线x文件，将数据区域复制到新打开的Excel工作表中，删除多余的2列数据。最后关闭Exce1工作簿对象。

步骤3：选中图表，单击“图表工具—设计”选项卡下“图表布局”组中的“添加图表元素”按钮，在展开列表中单击“图表标题”中的“无”和“图例”中的“无”。

步骤4：继续选中纵坐标轴，右击，在弹出的快捷菜单中选择“设置坐标轴格式”，弹出“设置坐标轴格式”窗格，在“坐标轴选项”下的“单位”中“主要”的输入框中输入值“1.0”，在“标签”下的“标签位置”中设置为“无”，关闭窗格。

步骤5：选中图表区，单击“插入”选项卡下“插图”功能组中的“形状”按钮，在下拉列表中选择“星与旗帜/五角星”，参考样例图效果，在图表数据系列的右侧绘制出正五角星形状(绘制时按住键盘上的【Shift】键，可以得到正五角星形状)，选中绘制出的五角星，单击“绘图工具—格式”选项卡下“形状样式”功能组中的“其他”按钮，展开所有形状样式，选择“强烈效果 橙色，强调颜色3”样式，适当调整该五角星的位置。

（6）动画效果设置。

步骤1：选中第九张幻灯片中的图表对象，单击“动画”选项卡下“动画”功能组中的"擦除"进入动画效果，单击右侧的“效果选项”按钮，在下拉列表中选择“方向/自左侧”，继续单击“效果选项”按钮，在下拉列表中选择“序列,按系列”。

步骤2：单击右侧“高级动画”功能组中的“动画窗格”按钮，弹出“动画窗格”窗口，展开所有项，选中第一项“背景”右侧的下拉按钮，在下拉列表中选择“删除”，设置完成后关闭“动画窗格”窗口。

（7）形状及其动画效果设置。

步骤1：选中第十张幻灯片，参考样例图效果，将各形状适当调整大小与位置(例如，将横纵轴箭头调短，将左侧的坐标轴标题文本框下移，将三个文本框形状调小，将大箭头形状调小)。

光骤2：选中第一个文本框形状“了解”，按住键盘上的【Ctrl】键，依次单击选中其他两个文本框“开始熟悉”和“达到精通”，单击“绘图工具格式”选项卡下“插入形状”功能组中的“编辑形状”按钮，在下拉列表中选择“更改形状”，在级联列表中选择“矩形/对角圆角矩形”。

步骤3：继续选中三个对角圆角矩形，单击“动画”选项卡下“动画”功能组中的“淡化”进入动画效果，持续时间均采用默认的“00.50”秒，单击“计时”功能组中的“开始”右侧的下拉按钮，在下拉列表中选择“与上一动画同时”；选中“开始熟悉”形状，在“计时”功能组中将延迟时间修改为“00.50”秒;选中“达到精通”形状，在“计时”功能组中将延迟时间修改为“01.00”秒。

步骤4：选中幻灯片中的弧形箭头图形，单击“动画”选项卡下“动画”功能组中的"擦除"进入动画效果，单击右侧的“效果选项”按钮，在下拉列表中选择“方向/自底部”，将“开始”设置为“与上一动画同时”，将“持续时间”设置为“01.50”，将延迟时间设置为“00.00”。

（8）幻灯片版式应用、图片设置和动画效果设置。

步骤1：选中第十一张幻灯片，单击“开始”选项卡下“幻灯片”功能组中的“版式”按钮，在下拉列表中选择“图片与标题”版式，单击右侧图片占位符中的“插入图片”命令，弹出“插入图片”对话框，浏览并选中考生文件夹中的“员工照片jpg”文件，单击“插入”按钮。

步骤2：参考样例图效果，选中新插入的图片对象，单击“图片工具—格式”功能组中的“图片样式”，在其中选择一种恰当的图片样式，例如“矩形投影”样式。

步骤3：选中幻灯片左侧下方的文本占位符，按住键盘上的【Ctrl】键，继续选择右侧的图片对象，单击“动画”选项卡下“动画”功能组中的“淡化”进入动画效果;在“计时”功能组中将两个动画对象的“开始”方式均设置为“与上一动画同时”。

（9）对齐方式、艺术字样式和动画效果设置。

步骤1：选中第十三张幻灯片，选中文本框对象，单击“开始”选项卡下“段落”功能组中的“居中”命令，再单击“对齐文本”按钮，在下拉列表中选择“中部对齐”。

步骤2：选中文本框对象，单击“绘图工具—格式”选项卡下“排列”功能组中的“对齐”按钮，在下拉列表中选择“水平居中”和“垂直居中”。

步骤3：选中文本框对象，单击“绘图工具—格式”选项卡下“艺术字样式”功能组中的

“其他”按钮，在下拉列表中选择一种适当的艺术字样式。

步骤4：选中文本框对象，单击“动画”选项卡下“动画”功能组中的“其他”按钮，在下拉列表中选择“强调,陀螺旋”效果，单击“动画”功能组右下角的对话框启动器按钮，打开“陀螺旋”对话框，在“计时”选项中将“重复”设置为“直到下一次单击”，最后单击“确定”按钮，关闭对话框。

（10）幻灯片编号和切换方式设置。

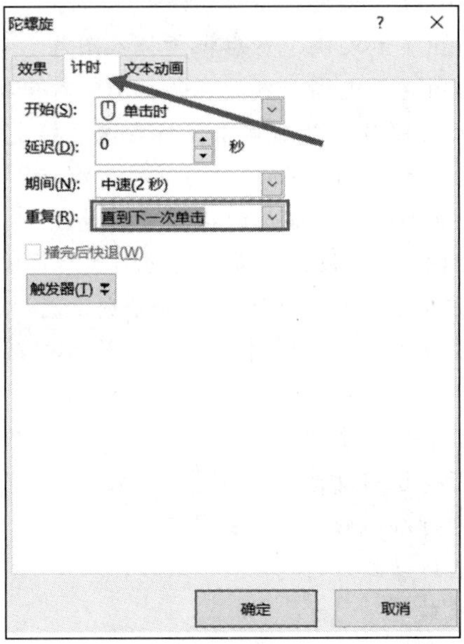

图5-41　“陀螺旋”对话框

步骤1：在左侧编略图窗格中选中任意一张幻灯片，单击“插入”选项卡下“文本”功能组中的“幻灯片编号”按钮，弹出“页眉和页脚”对话框，在对话框中勾选“幻灯片编号”和“标题幻灯片中不显示”两个复选框，最后单击“全部应用”按钮。

步骤2：选中第二张幻灯片，按住键盘上的【shift】键，再选中最后一张幻灯片，即可选中第2~13张幻灯片，然后单击“切换”选项卡下“切换到此幻灯片”功能组中的一种切换效果，为除第一张幻灯片以外的所有幻灯片应用一种切换效果。

（11）幻灯片母版设置。

步骤1：单击“视图”选项卡下“母版视图”功能组中的“幻灯片母版”按钮，打开幻灯片母版视图。选中母版版式“员工培训主题”幻灯片母版，单击“插入”选项卡下“图像”功能组中的“图片”按钮，弹出“插入图片”对话框，浏览并选中考生文件夹中的“公司logo.jpg”文件，单击“插入”按钮。

步骤2：在幻灯片母版中选中刚插入的图片对象，适当调整其大小，并将其移动到母版右下角位置(如有版式不能显示图片，复制粘贴图片到该版式，使每一个版式中均有图片)。

步骤3：单击“幻灯片母版”选项卡下“关闭”功能组中的“关闭母版视图"按钮，退出幻灯片母版视图窗口。

步骤4：单击快速访问工具栏中的“保存”按钮，关闭“PPT.pptx”文件。

思考与练习

一、单选题

1. 在一次校园活动中拍摄了很多数码照片，现需将这些照片整理到一个PowerPoint演示文稿中，快速制作的最优操作方法是（　　）。

A. 创建一个PowerPoint相册文件

B. 创建一个PowerPoint演示文稿，然后批量插入图片

C. 创建一个PowerPoint演示文稿，然后在每页幻灯片中插入图片

D. 在文件夹中选中所有照片，然后单击鼠标右键直接发送到PowerPoint演示文稿中

2. 李老师在用PowerPoint制作课件，她希望将学校的徽标图片放在除标题页之外的所有幻灯片右下角，并为其指定一个动画效果。最优的操作方法是（　　）。

A. 先在一张幻灯片上插入徽标图片，并设置动画,然后将该徽标图片复制到其他幻灯片上

B. 分别在每一张幻灯片上插入徽标图片，并分别设置动画

C. 先制作一张幻灯片并插入徽标图片，为其设置动画,然后多次复制该张幻灯片

D. 在幻灯片母版中插入徽标图片，并为其设置动画

3. 在PowerPoint中，幻灯片浏览视图主要用于（　　）。

A. 对所有幻灯片进行整理编排或次序调整

B. 对幻灯片的内容进行编辑修改及格式调整

C. 对幻灯片的内容进行动画设计

D. 观看幻灯片的播放效果

4. 在PowerPoint中可以通过多种方法创建一张新幻灯片，下列操作方法错误的是（　　）。

A. 在普通视图的幻灯片缩略图窗格中，定位光标后按Enter键

B. 在普通视图的幻灯片缩略图窗格中单击右键，从快捷菜单中选择“新建幻灯片”命令

C. 在普通视图的幻灯片缩略图窗格中定位光标，从“开始”选择卡上单击“新建幻灯片”按钮

D. 在普通视图的幻灯片缩略图窗格中定位光标，从“插入”选择卡上单击“幻灯片”按钮

5. 小马正在制作有关员工培训的新演示文稿，他想借鉴自己以前制作的某个培训文稿中的部分幻灯片，最优的操作方法是(　　)。

A. 将原演示文稿中有用的幻灯片一一复制到新文稿

B. 放弃正在编辑的新文稿，直接在原演示文稿中进行增删修改，并另行保存

C. 通过“重用幻灯片”功能将原文稿中有用的幻灯片引用到新文稿中

D. 单击“插入”选项卡上的“对象”按钮，插入原文稿中的幻灯片

6. 在PowerPoint中制作演示文稿时，希望将所有幻灯片中标题的中文字体和英文字体分别统一为微软雅黑、Arial，正文的中文字体和英文字体分别统一为仿宋、Arial，最优的操作方法是(　　)。

A. 在幻灯片母版中通过“字体”对话框分别设置占位符中的标题和正文字体

B. 在一张幻灯片中设置标题、正文字体，然后通过格式刷应用到其他幻灯片的相应部分

C. 通过“替换字体”功能快速设置字体

D. 通过自定义主题字体进行设器

7. 小明利用PowerPoint 2016制作一份考试培训的演示文稿，他希望在每张幻灯片中添加包含“样例”文字的水印效果，最优的操作方法是(　　)。

A. 通过“插入”选项卡上的“插入水印”功能输入文字并设定版式

B. 在幻灯片母版中插入包含“样例”二字的文本框，并调整其格式及排列方式

C. 将“样例”二字制作成图片，再将该图片作为背景插入并应用到全部幻灯片中

D. 在一张幻灯片中插入包含“样例”二字的文本框，然后复制到其他幻灯片

8. 小郑通过 PowerPoint 2016制作公司宣传片时，在幻灯片母版中添加了公司徽标图片。现在他希望放映时暂不显示该徽标图片，最优的操作方法是(　　)。

A. 在幻灯片母版中，插入一个以白色填充的图形框遮盖该图片

B. 在幻灯片母版中通过“格式”选项卡上的“删除背景”功能删除该徽标图片，放映过后再加上

C. 选中全部幻灯片，设置隐藏背景图形功能后再放映

D. 在幻灯片母版中，调整该图片的颜色、亮度、对比度等参数直到其变为白色

二、实操题

制作以“自我介绍”为主题的演示文稿，设计制作要求：

（1）自行网上收集素材；设计漂亮美观的幻灯片背景；

（2）制作至少五张幻灯片，要包含文字、图片等素材（素材可以网上自行查找）；

（3）幻灯片要有切换动画效果，切换效果至少三种；幻灯片上的文字、图片等对象要有动画效果，动画效果至少三种，如进入、强调、退出等；整体画面完整且美观，具有吸引力；

（4）需要给背景添加音乐，可采用给的素材，也可以自行选择音乐素材；

（5）保存成“学号（后2位）+姓名.pptx”格式文件,进行提交。

第6章 新一代信息技术与应用

我们所处的是一个风云变幻的时代，面对的是一个日新月异的世界。物联网、大数据、云计算、人工智能等高新技术不仅给IT界带来深刻影响，也对社会的发展与进步做出了巨大的贡献。计算机新技术研究的热点很多，如量子计算机、3D打印、可视化计算、虚拟现实、远程沉浸、移动计算、情感计算、感知计算等，本节讨论几种影响较大的计算机新技术。

6.1 大 数 据

数据是指存储在某一种媒体上能够识别的物理符号，是表达和传递信息的工具。数据能够输入计算机并被计算机处理，也能用来描述人们所看到的景象和听到的情况。数据是计算机处理的对象，是信息的载体。随着计算机技术、数据存储技术、数据传输技术等一系列技术的飞速发展，大量日常工作、事务等产生的数据都已信息化，人们生产数据的能力和数量得到飞速提升，产生了数以亿计的海量数据。以前传统的数据处理技术已经无法胜任，需求催生技术，一种用来处理海量数据的技术应运而生，这就是大数据技术如图6-1所示。大数据作为继云计算、物联网之后IT行业又一颠覆性的技术，备受人们关注。大数据无处不在，包括金融、电信、能源、医疗、体育、娱乐、餐饮、零售、汽车等在内的社会各行业，都融入了大数据的印迹。大数据对人类的社会生产和生活并将产生重大而深远的影响。

图6-1 大数据

6.1.1 大数据时代

美国互联网数据中心指出：互联网上的数据每年增长50%，每两年翻一番，目前世界上

90% 以上的数据是最近几年才产生的。此外，这些数据并非单纯是人们在互联网上发布的信息，85% 的数据由传感器和计算机设备自动生成。全世界的各种工业设备、汽车、摄像头以及无数的数码传感器，随时都在测量和传递着有关信息，这导致了海量数据的产生。例如，一个计算不同地点车辆流量的交通遥测应用，就会产生大量的数据。

2012年联合国发布的大数据政务白皮书指出：大数据对于联合国和各国政府来说都是一个历史性机遇，各国政府应当利用大数据更好地服务和保护人民。

6.1.2　大数据的定义与特征

大数据是一个体量规模巨大，数据类别特别多的数据集，并且无法通过目前主流软件工具，在合理时间内达到提取、管理、处理并整理成为有用的信息。

大数据技术，是指从各种类型的数据中，快速获得有价值信息的能力。适用于大数据的技术，包括大规模并行处理（MPP）数据库、数据挖掘、分布式文件系统、分布式数据库、云计算平台、互联网、可扩展的存储系统等。

数据具有4V的特征：一是数据体量（volume）大，一般在10 TB 左右；二是数据类型多（variety），如网络日志、视频、图片、地理位置信息等，数据来自多种数据源，数据类型和格式非常丰富，囊括了半结构化和非结构化的数据；三是数据处理速度（velocity）快，在数据量非常庞大的情况下，也能够做到数据的实时处理。随着现代感测、互联网、计算机技术的发展，数据生成、存储、分析、处理的速度远远超出人们的想象，它能满足实时数据分析需求，数据处理遵循“1秒定律”；四是数据价值密度低（value），大数据经过采集、清洗、深度挖掘、数据分析之后，具有巨大的、潜在的商业价值。但同其呈几何指数爆发式增长相比，某一对象或模块数据的价值密度较低，即价值密度的高低与数据总量的大小成反比。如在连续不间断地监控一部几小时的视频中，有用的数据可能仅有一两秒。如何通过强大的机器算法更迅速地完成数据的价值成为目前大数据背景下亟待解决的难题。

IBM公司对大数据平台和应用的框架如图6-2所示。

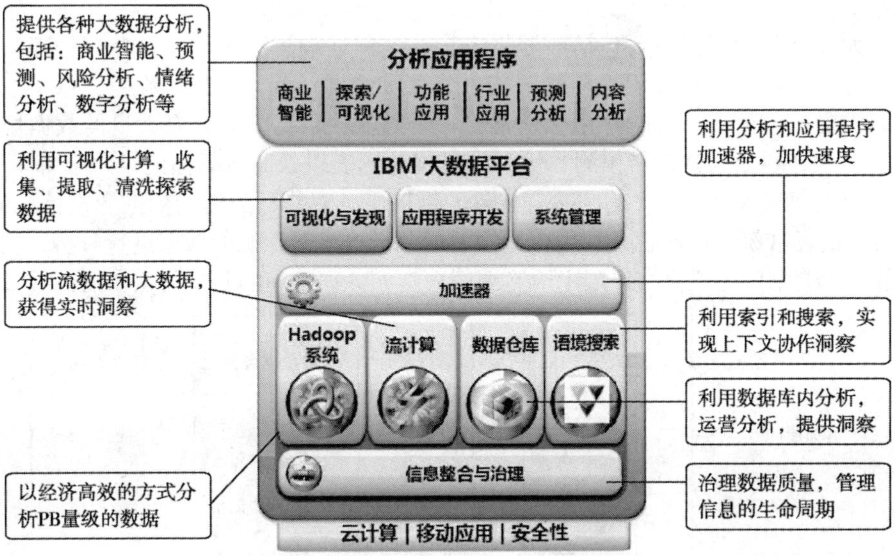

图6-2　IBM 大数据平台和应用框架

6.1.3 大数据的来源

大数据的数据来源很多，主要有信息管理系统、网络信息系统、物联网系统、科学实验系统等，其数据类型包括结构化数据、半结构化数据和非结构化数据。

信息管理系统；企业内部使用的信息系统，包括办公自动化系统、业务管理系统等，是常见的数据产生方式。信息管理系统主要通过用户输入和系统二次加工的方式产生数据，其产生的大数据大多数为结构化数据，通常存储在数据库中。

网络信息系统：基于网络运行的信息系统即网络信息系统是大数据产生的重要方式，如电子商务系统、社交网络、社会媒体、搜索引擎等都是常见的网络信息系统。网络信息系统产生的大数据多为半结构化或非结构化的数据。

物联网系统：物联网是新一代信息技术，其核心和基础仍然是互联网，是在互联网基础上的延伸和扩展的网络。其用户端延伸和扩展到任何物品与物品之间，进行信息交换和通信，通过传感技术获取外界的物理、化学和生物等数据信息。

科学实验系统：主要用于科学技术研究，其环境是预先设定的，数据可以由真实的实验产生，也可以通过模拟方式获取仿真数据。

6.1.4 大数据处理的基本流程

大数据处理的数据源类型多种多样，在不同的场合通常需要使用不同的处理方法。在处理大数据的过程中，通常需要经过采集、存储、分析和结果呈现等步骤。数据无处不在，互联网网站、零售系统、政务系统、办公系统、监控摄像头、自动化生产系统、传感器等，每时每刻都在不断产生数据。这些分散在各处的数据，需要采用相应的设备或软件进行采集。采集到的数据通常无法直接用于后续的数据分析，因为对于来源众多、类型多样的数据而言，数据缺失和语义模糊等问题是不可避免的，因而必须采取相应措施有效解决这些问题，这就需要一个被称为“数据预处理”的过程，把数据变成一个可用的状态。数据经过预处理以后，会被存放到文件系统或数据库系统中进行存储与管理，然后采用数据挖掘工具对数据进行处理分析，最后采用可视化工具为用户呈现结果。

因此，大数据处理流程主要包括数据收集、数据预处理、数据存储、数据处理与分析、数据展示／数据可视化、数据应用等环节，其中数据质量贯穿整个大数据流程，每一个数据处理环节都会对大数据质量产生影响作用。通常，一个好的大数据产品要有大量的数据规模、快速的数据处理、精确的数据分析与预测、优秀的可视化图表以及简练易懂的结果解释。

大数据的处理流程可以定义为在适合工具的辅助下，对广泛异构的数据源进行抽取和集成，结果按照一定的标准统一存储，并利用合适的数据分析技术对存储的数据进行分析，从中提取有益的信息并选择合适的方式将结果展示给终端用户。大数据处理的基本流程如图6-3所示。

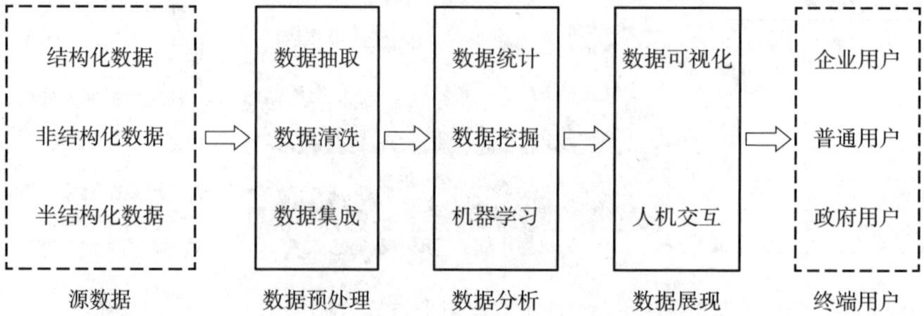

图6-3 大数据处理的基本流程

6.1.5　大数据的关键技术

当人们谈到大数据时，往往并非仅指数据本身，而是数据和大数据技术这两者的综合。大数据技术是从各种类型的数据中快速获得有价值信息的技术。这个领域已经涌现出了大量的新技术，它们成为大数据采集、存储、处理和呈现的有力武器。

大数据处理关键技术一般包括：大数据采集、大数据预处理、大数据存储及管理、大数据分析及挖掘、大数据展现和应用（大数据检索、大数据可视化、大数据应用、大数据安全等）。大数据技术的不同层面及其功能具体见表6-1。

表6-1　大数据技术的不同层面及其功能

技 术 层 面	功　　能
数据采集与预处理	利用ETL工具将分布的、异构数据源中的数据，如关系数据、平面数据文件等，抽取到临时中间层后进行清洗、转换、集成、最后加载到数据仓库或数据集市中，成为联机分析处理、数据挖掘的基础；或者也可以把实时采集的数据作为流计算系统的输入，进行实时处理分析
数据存储和管理	利用分布式文件系统、数据仓库、关系数据库、NaSQL数据库、云数据库等，实现对结构化、半结构化和非结构化海量数据的存储和管理
数据处理与分析	利用分布式并行编程模型和计算框架，结合机器学习和数据挖掘算法，实现对海量数据的处理和分析；对分析结果进行可视化呈现，帮助人们更好地理解数据、分析数据
数据隐私和安全	在从大数据中挖掘潜在的巨大商业价值和学术价值的同时，构建隐私数据保护体系和数据安全体系，有效保护个人隐私和数据安全

6.1.6　大数据的计算模式

MapReduce是被大家所熟悉的大数据处理技术。实际上，MapReduce只是大数据计算模式中的一种。大数据处理的问题复杂多样，单一的计算模式是无法满足不同类型的计算需求的，MapReduce代表了针对大规模数据的批量处理技术。除此以外，还有流计算、图计算、查询分析计算等多种大数据计算模式，见表6-2。

表6-2　大数据计算模式及其代表产品

大数据计算模式	解 决 问 题	代 表 产 品
批处理计算	针对大规模数据的批量处理	MapReduce、Spark 等
流计算	针对流数据的实时计算	Som、S4、Streams、Flume、Puma、Mario、DStreams、银河流数据处理平台等
图计算	针对大规模图结构数据的处理	Pregel、GaphX、Giraph、PowerGraph、Hama、Golde-nOrb等
查询分析计算	大规模数据的存储管理和查询分析	Hive、Cassandra、Dremel、Impala等

1. 批处理计算

批处理在大数据世界有着悠久的历史。批处理主要操作大容量静态数据集，并在计算过程完成后返回结果。批处理计算主要解决针对大规模数据的批量处理，也是我们日常数据分析工作中常见的一类数据处理需求。MapReduce是最具有代表性和影响力的大数据批处理技术，可以并行执行大规模数据处理任务，用于大规模数据集（大于1TB）的并行运算。Spark是一个针对超大数据集合的低延迟的集群分布式计算系统，它使用内存替代HDFS或本地磁盘来存储中间结果，因此Spark要比Map Reduce的速度快许多。Spark启用了内存分布数据集，除了能够提供交互式查询外，还可以优化迭代工作负载。可做迭代计算的Spark，实时性也更好。

2．流计算

流数据（或数据流）是指在时间分布和数量上无限的一系列动态数据集合体，流数据也是大数据分析中的重要数据类型，数据的价值随着时间的流逝而降低。如网购数据、游戏内玩家活动、社交网站信息、金融交易大厅或地理空间服务，以及来自数据中心内所连接设备或仪器的遥测数据等需要实时处理，给出实时响应，否则分析结果会失去商业价值。因此，必须采用实时计算的方式给出秒级响应。

流计算可以实时处理来自不同数据源的、连续到达的流数据，经过实时分析处理，给出有价值的分析结果。目前业内已涌现出许多的流计算框架与平台：第一类是商业级的流计算平台，包括IBM InfoSphere Streams 和 IBM StreamBase等；第二类是开源流计算框架，包括Twitter Storm、Yahoo！ S4（simple scalable streaming system）、SparkStreaming等；第三类是公司为支持自身业务开发的流计算框架，如百度开发了通用实时流数据计算系统

DStream，Facebook 使用Puma和HBase相结合来处理实时数据，淘宝开发了通用流数据实时计算系统-银河流数据处理平台。

3．图计算

在大数据时代，许多大数据都是以大规模图或网络的形式呈现，如社交网络、交通事故对路网的影响、传染病传播途径等，此外，许多非图结构的大数据也常常会被转换为图模型后再进行处理分析。图计算用于挖掘人、物和实体之间的潜在不易观察的行为和联系，而这些联系很难用传统数据表示，图计算是对全图结构进行传播迭代得到点或边的全局属性的过程。

因此，针对大型图的计算，需要采用图计算模式，目前已经出现了不少相关图计算产品。Pregel是一种基于BSP（bulk synchronous parallel）模型实现的并行图处理系统。为了解决大型图的分布式计算问题，Pregel搭建了一套可扩展的、有容错机制的平台，该平台提供了一套非常灵活的API，可以描述各种图计算。Pregel主要用于图遍历、最短路径、PageRank计算等。其他代表性的图计算产品还包括Facebook针对Pregel的开源实现Giraph、Spark下的GraphX等。

4．查询分析计算

在大数据时代，数据查询分析计算系统是最常见的系统。数据查询分析计算系统需要具备对大规模数据进行实时或准实时查询的能力，数据规模的增长已经超出了传统关系型数据库的承载和处理能力。正因如此，数据查询分析计算系统是比较受欢迎的。

就目前而言，主要的数据查询分析计算系统包括很多内容，主要是Hive、Cassandra、Dremel、Impala、HBase等。Hive是基于Hadoop的数据仓库工具，用于查询、管理分布式存储中的大数据集，提供完整的SQL查询功能，可以将结构化的数据文件映射为一张数据表。而Hive提供了一种类SQL语言，可以将SQL语句转换为MapReduce 任务运行。而Cassandra有所不同，Cassandra是开源的NoSQL数据库系统，并且有很好的可扩展性。Dremel是由谷歌公司开发的一种可扩展的、交互式的实时查询系统，可以组建成规模上千的集群，处理PB级别的数据。通过结合多级树状执行过程和列式数据结构，它能做到几秒内完成对万亿张表的聚合查询。MapReduce处理一个数据，需要分钟级的时间，Dremel 将处理时间缩短到秒级。系统可以扩展

到成千上万的CPU上，满足谷歌上万用户操作PB 级的数据，并且可以在2~3秒内完成PB级别数据的查询。HBase是开源、分布式、面向列的非关系型数据库模型，实现了其中的压缩算法、内存操作和布隆过滤器。而HBase的编程语言为Java，可以通过Java API来存取数据。Impala是运行在 Hadoop平台上的开源的大规模并行SQL查询引擎。用户可以使用标准的SQL接口的工具查询存储在Hadoop的HDFS和HBase中的PB级大数据。

6.1.7　大数据应用案例

百度搜索和微博消息，使得人们的行为和情绪的细节化测量成为可能。挖掘用户的行为习惯和喜好，可以从凌乱纷繁的数据背后找到更符合用户兴趣和习惯的产品和服务，并对这些产品和服务进行针对性地调整和优化，这就是大数据的价值。

例如，2024年春节期间，北京大学联合中国联通智慧足迹发布了《2024年春节期间人群活动强度与区域经济分析》报告。该报告利用连续六年的全国尺度百亿级出行时空轨迹大数据，对为期40天的春运进行了高精度模拟预测。报告预测，2024年春运全国跨城非通勤出行量达30.8亿人次，超过疫情前2019年同期水平。此外，还分析了与区域经济发展相关的全国重点产业园区、商圈、国家级夜间文旅消费集聚区等，提供了关于劳动力吸引力、人才吸引力和产业园区繁忙度的详细信息。同时，百度地图也发布了《2024年春节假期出行预测报告》，该报告由百度地图联合交通运输部公路科学研究院、公安部交通管理科学研究所等单位共同撰写。报告基于百度地图的交通出行数据、车辆轨迹数据、位置定位数据等，提供了人口迁徙预测、交通出行预测和出游趋势预测。报告预测，2024年春节假期人口迁徙总量将远超去年，预计涨幅或超40%，并指出了“旅游过年”可能成为新趋势。这些报告都采用了大数据分析技术，提供了对春节前后人口大迁徙的全面分析和可视化呈现，从而实现了对春运期间人口流动的全程、动态、即时和直观展现。

又如，谷歌公司有一个名为“谷歌流感趋势”的工具，通过跟踪搜索词来判断全美地区的流感情况（如患者会搜索“流感”两个字）。它对健康服务产业和流行病专家来说非常有用，因为它的时效性极强，能够很好地帮助疾病暴发的跟踪和处理。事实证明，通过海量搜索词的跟踪获得的趋势报告很有说服力，仅波士顿地区就有700例流感得到确认。

再如，在加拿大多伦多的一家医院，针对早产婴儿，每秒钟有超过3 000次的数据读取。通过这些数据分析，医院能够提前知道哪些早产儿出现问题并且有针对性地采取措施，避免早产婴儿夭折。

还有NTT docomo公司将手机位置信息和互联网上的信息结合起来，为顾客提供附近的餐饮店信息，接近末班车时间时，提供末班车信息服务。

大数据所带来的社会变革已经深入人们生活的各个方面。大数据无处不在，包括互联网行业、生物医学领域、工业和制作业、智慧城市管理、餐饮行业、能源、汽车、体育和娱乐等在内的社会各行各业都已经融入了大数据的印迹。大数据技术能够将隐藏于海量数据中的信息和知识挖掘出来，为人类的社会经济活动提供依据，从而提高各个领域的运行效率，大大提高整个社会经济的集约化程度。大数据在一些领域的应用举例如下：

1. 互联网行业

互联网企业拥有大量的线上数据，而且数据量还在快速增长，除了利用大数据提升自己的业务之外，互联网企业已经开始实现数据业务化，利用大数据发现新的商业价值。借助大数据技术，可以分析客户行为，“千人千面”这种面向消费者的大数据应用可以进行个性化的商品推荐和有针对性地广告投放。近年来的实践证明，合理地运用大数据技术能将电子商务的营业效率提高60%以上。

2．生物医学领域

早期，大部分医疗相关数据是以纸张化的形式存在，而非电子数据化存储。随着强大的数据存储、计算平台以及移动互联网的发展，现在的趋势是医疗数据的大量爆发及快速的电子数字化。大数据技术在医疗领域的技术层面、业务层面都有十分重要的应用价值。在技术层面，大数据技术可以应用于非结构化数据的分析、挖掘，大量实时监测数据分析等，为医疗卫生管理系统、综合信息平台等建设提供技术支持；在业务层面，大数据技术可以向医生提供临床辅助决策和科研支持，向管理者提供管理辅助决策、行业监管、绩效考核支持，向居民提供健康监测支持，向药品研发提供统计学分析、就诊行为分析支持。大数据还可以帮助我们实现流行病预测、智慧医疗、健康管理，同时还可以帮助我们解读DNA，了解更多的生命奥秘。

3．工业和制造业

随着近些年国家工业信息化进程脚步的不断加快，以及国际社会在工业现代化、工业4.0等方面的不断演进，使得大数据技术在工业行业以及制造业方面也进行了比较深度的技术融合和应用融合。工业4.0本质上是通过信息物理系统实现工厂的设备传感和控制层的数据与企业信息系统融合，使得生产大数据传到云计算数据中心进行存储、分析，形成决策并反过来指导生产。大数据的作用不仅局限于此，它还可以渗透到制造业的各个环节并利用工业大数据提升制造业水平，包括产品故障诊断与预测、分析工艺流程、改进生产工艺、优化生产过程能耗、工业供应链分析与优化、生产计划与排程等。

4．智慧城市管理

智慧城市是基于数字城市、物联网和云计算建立的现实世界与数字世界的融合，运用信息和通信技术手段感测、分析、整合城市运行核心系统的各项关键信息，以实现对人和物的感知、控制和智能服务，从而对包括民生、环保、公共安全、城市服务、工商业活动在内的各种需求做出智能响应。大数据是信息和通信技术领域的概念，而智慧城市的实现依赖这项技术，可以利用大数据实现智能交通、环保监测、城市规划和智能安防等。

5．餐饮行业

利用大数据实现餐饮O2O模式，彻底改变传统餐饮经营方式。餐饮大数据的挑战会比线上更加艰巨，因为非结构化的数据占比非常大。顾客的一言一行都是对商家产品和服务的态度，消费行为也就是在这些态度中表现出来的。支付、点单、评价、拍照分享、使用打折优惠、顾客或会员管理CRM等，这些都只是餐饮大数据的一些数据节点，产生这些数据节点的决策过程更有挖掘价值，能够反映顾客自身条件，并可以指导如何用产品和服务更好地满足顾客。

6．能源行业

能源是人类活动的物质基础。人类社会的发展离不开优质能源的出现和先进能源技术的使用。随着智能电网的发展，电力公司可以掌握海量的用户用电信息，利用大数据技术分析用户用电模式，可以改进电网运行，合理地设计电力需求响应系统，确保电网运行安全。

7．汽车行业

汽车行业的规模可能比人们想象的要大，汽车行业离不开大数据。如价值分析、供应链管理、成本管理和安全改进等，几乎每个层面都将使用大数据。大数据的应用对汽车行业影响深远。如果某人拥有一辆汽车或者计划在不久的将来购买一辆汽车，大数据或将使其受益，这得益于大数据和预测分析，人们的车辆的价格将变得越来越便宜和安全，并可以根据个人需求量身定制。利用大数据和物联网技术的无人驾驶汽车，在不远的未来将走进我们的日常生活。

8．体育和娱乐

在体育领域，大数据在这几年内蓬勃发展，各种新的科技层出不穷。无论我们谈论足球、赛车还是帆船的体育运动，捕获、存储和分析数据方面的进步正在影响体育行业的方方面面。从教练、球员，再到工作人员，运用这些数据可以更好地帮助球员得分、合同谈判，或是避免伤病。数据还使运动员能够更好、更有效地进行训练，并可以让团队根据他们所看到的情况来调整其决策。这也改变了广播公司制作体育赛事的方式，以及体育团队和广播公司与球迷的互动方式等。

9．个人生活

现在的社会是一个高速发展的社会，科技发达，信息流通，人们之间的交流越来越密切，生活也越来越方便，大数据技术对我们的影响不仅体现在日常衣食住行上，而且通过实现数据的重复利用，大大降低了交易成本，提升人们开发自我潜能的空间。人们可以低成本或零成本进行事务信息全息式的纵向历史比对和横向现实比对。大数据技术自身不仅能够迅速衍生为新兴信息产业，还可以同云计算、物联网和智慧工程技术联动，支撑一个信息技术的新时代。

练 习 题

1. 当前大数据技术的基础是由（　　）首先提出的。

　A. 微软　　B. 百度　　C. 谷歌　　D. 阿里巴巴

2. 下列不属于典型大数据常用单位的是(　　)。

　A. MB　　B. ZB　　C. PB　　D. EB

6.2　人 工 智 能

人工智能是相对人的智能而言的。正是由于意识是一种特殊的物质运动形式，所以根据控制论理论，运用功能模拟的方法，制造电脑模拟人脑的部分功能，把人的部分智能活动机械化，叫人工智能。人工智能的本质是对人思维的信息过程的模拟，是人的智能的物化。尽管人工智能可以模拟人脑的某些活动，甚至在某些方面超过人脑的功能，但人工智能不会成为人类智能而取代人的意识。随着科学技术的发展，人工智能将向更高水平发展，反过来推动科学技术、生产力和人类智慧向更高水平发展，对人类社会进步将起着巨大的推动作用。如图6-4所示为仿人双足机器人Walker。

图6-4 仿人双足机器人Walker

6.2.1 人工智能的定义

2017年12月，人工智能入选“2017年度中国媒体十大流行语”。入选理由是经过多年的演进人工智能发展进入了新阶段。为抢抓人工智能发展的重大战略机遇，构筑我国人工智能发展的先发优势，加快建设创新型国家和世界科技强国。

百度百科上对人工智能的定义是：研究开发用于模拟、延伸和扩展人的智能的理论、方法、技术及应用系统的一门新技术科学。人工智能是模仿人类但不局限于人类人工制造的智能形式，是计算机科学的一个分支。

目前能够用来研究人工智能的主要手段以及能够实现人工智能技术的设备就是计算机。人工智能的发展历史是和计算机科学与技术的发展史联系在一起的。除了计算机科学以外，人工智能还涉及信息论、控制论、自动化、仿生学、生物学、心理学、数理逻辑、语言学、医学和哲学等多门学科。人工智能需要研究的主要内容包括知识表示、自动推理和搜索方法、机器学习和知识获取、知识处理系统、自然语言理解、计算机视觉、智能机器人、自动程序设计等方面。

当代的学术界将人工智能分为强人工智能和弱人工智能。强人工智能是指达到人类级别，能够进行思考、计划、解决问题、抽象思维、理解理念、快速学习和从经验中学习。创造强人工智能比弱人工智能难得多，现在还做不到。弱人工智能是擅长于某个方面的人工智能，比如有能战胜象棋世界冠军的人工智能，但是它只会下棋，要问它怎样更好地在硬盘上存储数据，它就不知道怎么回答你了。

人工智能技术关系到人工智能产品是否可以应用到我们的日常生活中。人工智能领域，包含了机器学习、数据挖掘、智能算法、自然语言处理、人机交互、计算机视觉、生物特征识别等几个技术。

1. 机器学习

研究计算机怎样模拟或实现人类的学习行为，以获取新的知识或技能，重新组织已有的知识结构，不断完善自身性能，达到操作者的特定要求。

2. 数据挖掘

通过算法搜索，挖掘有用的信息，应用于市场分析、科学探索、疾病预测等。

3．智能算法

解决某类问题的一些特定模式算法，例如最短路径问题以及工程预算问题等。

4．自然语言处理

这是计算机科学领域与人工智能领域中的一个重要方向，研究能实现人与计算机之间用自然语言进行有效沟通的各种理论和方法，主要包括机器翻译、机器阅读理解和问答系统等。

5．人机交互

传统的人机交互主要依靠交互设备进行，主要包括键盘、鼠标、操纵杆、数据服装、眼动跟踪器、位置跟踪器、数据手套、压力笔等输入设备，以及打印机、绘图仪、显示器、头盔式显示器、音箱等输出设备。人机交互技术除了传统的基本交互和图形交互外，还包括语音交互、情感交互、体感交互和脑交互等技术。

6．计算机视觉

计算机视觉是使用计算机和成像设备对生物视觉的一种模拟。它的主要任务是通过采集的图片或者视频进行处理，以获得相应场景的二维或三维信息，从而使计算机像人那样“看到”事物，理解事物，甚至做出反应。计算机视觉的最终研究目标就是计算机像人那样通过视觉观察和理解世界，具有自主适应环境的能力。

7．生物特征识别

生物特征识别是指通过个体生理特征或行为特征对个体身份进行识别的技术。生物特征识别技术涉及的内容十分广泛，包括指纹、掌纹、人脸、虹膜、指静脉、声纹、步态等多种生物特征，其识别过程涉及图像处理、计算机视觉、语音识别、机器学习等多项技术。目前，生物特征识别作为重要的智能化身份认证技术，在金融、公共安全、教育、交通等领域得到广泛的应用。

8．知识图谱

知识图谱本质上是结构化的语义知识库，是一种由节点和边组成的图数据结构，以符号形式描述物理世界中的概念及其相互关系，其基本组成单位是“实体-关系-实体”三元组，以及实体及其相关“属性-值”对。不同实体之间通过关系相互联结，构成网状的知识结构。在知识图谱中，每个节点表示现实世界的“实体”，每条边为实体与实体之间的“关系”。通俗地讲，知识图谱就是把所有不同种类的信息连接在一起得到的一个关系网络，提供了从“关系”的角度去分析问题的能力。

9．虚拟现实 / 增强现实

虚拟现实（VR）/ 增强现实（AR）是以计算机为核心的新型视听技术。结合相关科学技术，在一定范围内生成与真实环境在视觉、听觉、触感等方面高度近似的数字化环境。用户借助必要的装备与数字化环境中的对象进行交互，相互影响，获得近似真实环境的感受和体验，通过显示设备、跟踪定位设备、触力觉交互设备、数据获取设备、专用芯片等实现。

6.2.2　人工智能的发展史

1956年夏，麦卡锡、明斯基等科学家在美国达特茅斯学院开会研讨“如何用机器模拟人的智能”，首次提出“人工智能”（artificial intelligence,AI）这一概念，标志着人工智能学科的诞生。

人工智能是研究开发能够模拟、延伸和扩展人类智能的理论、方法、技术及应用系统的一门新的技术科学，研究目的是促使智能机器会听（语音识别、机器翻译等）、会看（图像识别、文字识别等）、会说（语音合成、人机对话等）、会思考（人机对弈、定理证明等）、会学习（机器学习、知识表示等）、会行动（机器人、自动驾驶汽车等）。

人工智能的发展历程划分为以下6个阶段：

一是起步发展期：1956年至20世纪60年代初。人工智能概念提出后，相继取得了一批令人瞩目的研究成果，如机器定理证明、跳棋程序等，掀起人工智能发展的第一个高潮。

二是反思发展期：20世纪60年代至70年代初。人工智能发展初期的突破性进展大大提升了人们对人工智能的期望，人们开始尝试更具挑战性的任务，并提出了一些不切实际的研发目标。然而，接二连三的失败和预期目标的落空（例如，无法用机器证明两个连续函数之和还是连续函数、机器翻译闹出笑话等），使人工智能的发展走入低谷。

三是应用发展期：20世纪70年代初至80年代中。20世纪70年代出现的专家系统模拟人类专家的知识和经验解决特定领域的问题，实现了人工智能从理论研究走向实际应用、从一般推理策略探讨转向运用专门知识的重大突破。专家系统在医疗、化学、地质等领域取得成功，推动人工智能走入应用发展的新高潮。

四是低迷发展期：20世纪80年代中至90年代中。随着人工智能的应用规模不断扩大，专家系统存在的应用领域狭窄、缺乏常识性知识、知识获取困难、推理方法单一、缺乏分布式功能、难以与现有数据库兼容等问题逐渐暴露出来。

五是稳步发展期：20世纪90年代中至2010年。由于网络技术特别是互联网技术的发展，加速了人工智能的创新研究，促使人工智能技术进一步走向实用化。1997年国际商业机器公司（简称IBM）深蓝超级计算机战胜了国际象棋世界冠军卡斯帕罗夫，2008年IBM 提出“智慧地球”的概念。以上都是这一时期的标志性事件。

六是蓬勃发展期：2011年至今。随着大数据、云计算、互联网、物联网等信息技术的发展，在感知数据和图形处理器等计算平台推动以深度神经网络为代表的人工智能技术飞速发展，大幅跨越了科学与应用之间的“技术鸿沟”，诸如图像分类、语音识别、知识问答、人机对弈、无人驾驶等人工智能技术实现了从“不能用、不好用”到“可以用”的技术突破，迎来爆发式增长的新高潮。

6.2.3 人工智能的应用

人工智能应用的范围很广，包括：计算机科学、金融贸易、医药、诊断、重工业、运输、远程通信、在线服务、法律、科学、游戏和音乐诸多方面。

1. 智能家居

智能家居是基于物联网技术，通过智能硬件、软件系统、云计算平台构成一套完整的家居生态圈。用户可以远程控制设备，设备之间可以互联，并进行自我学习，来优化整体家居环境的安全性、节能性、便捷性。近年来随着智能语音技术的发展，智能音箱成为一个爆点，小米、天猫、百度等企业纷纷推出自家的智能音箱。不仅成功打开家居市场，也为未来更多的智能家居用品培养了用户习惯。

2. 交通领域

智能交通系统是将计算机技术、信息技术、通信技术、自动控制技术、人工智能及电子技术综合运用于交通运输管理体系中，建立一种大范围的准时、高效、准确的交通运输管理体系。例如车牌识别系统、城市智能交通系统、智能城市轨道系统。人工智能技术是无人驾驶技术的基础，国内外都有无人驾驶技术领先的企业，比如国内的百度、国外的特斯拉和谷歌等。无人驾驶的汽车可以极大减少汽车行驶的不可靠因素，从而大大提高交通系统的效率和安全性，有利于解决日益凸显的城市交通问题。

3．零售电商

人工智能在零售领域的应用十分广泛，无人便利店、智慧供应链、客流统计、无人仓库、无人车等都是热门方向。京东自主研发的无人仓库采用大量智能物流机器人进行协同和配合，通过人工智能、深度学习、图像智能识别、大数据应用等技术，让工业机器人进行自主的判断和行为，完成商品分拣、运输、出库等环节的自动化。图普科技将人工智能技术应用于客流统计，使用人工智能和计算机视觉等前沿技术成果与线下门店运营管理相结合，通过人脸识别客流统计功能，门店可以建立到店客流用户画像，为调整运营策略提供数据基础，帮助门店精准营销店内顾客，优化店内消费体验。

4．医疗领域

目前的图像算法和自然语言处理技术已经可以基本满足医疗行业的需求，市场上出现了众多技术服务商，提供智能医学影像技术，研发人工智能细胞识别医学诊断系统，提供智能辅助诊断服务平台，统计和处理医疗数据等。

5．教育领域

以数字化信息和网络为基础，在计算机和网络技术上建立起来的对教学、科研、管理、技术服务、生活服务等校园信息的收集、处理、整合、存储、传输和应用，使数字资源得到充分优化利用。通过实现从环境（包括设备，教室等）、资源（如图书、讲义、课件等）到应用（包括教、学、管理、服务、办公等）的全部数字化，在传统校园基础上构建一个数字空间，以拓展现实教育的时间和空间维度，提升传统教育的管理、运行效率，扩展传统校园的业务功能，最终实现教育过程的全面信息化，从而在一定程度上改善教育行业师资分布不均衡、费用高昂等问题，提供更有效的学习方式。

6．物流领域

物流行业通过利用智能搜索、推理规划、计算机视觉以及智能机器人等技术在运输、仓储、配送装卸等流程上已经进行了自动化改造，能够基本实现无人操作。比如利用大数据对商品进行智能配送规划，优化配置物流供给、需求匹配、物流资源等。目前物流行业大部分人力分布在“最后一公里”的配送环节，京东、苏宁、菜鸟争先研发无人车、无人机，力求抢占市场。

7．安防领域

近年来，人工智能七大应用领域中安防监控行业发展迅速，视频监控数量不断增长，在公共和个人场景监控摄像头安装越来越普及。而且，在部分一线城市，视频监控已经实现了全覆盖。不过，相对于国外而言，我国安防监控领域仍然有很大成长空间。目前的安防监控行业经历了四个阶段，分别为模拟监控、数字监控、网络高清和智能监控时代。每一次变革都得益于算法、芯片和零件的技术创新。因此，技术创新和成品控制成为安防监控系统升级、产业规模增长的关键，也成为产业可持续发展的基础。

练 习 题

1. 以下关于人工智能的说法,正确的是（　　）。
   A. 人工智能的产品离普通人很遥远。
   B. 通用型人工智能将在短期内到来。
   C. 人工智能就是根据对环境的感知,做出合理的行动,并获得最大收益的计算机程序。
   D. 人工智能可以独立、自主地产生意识。
2. 最早具备人类双足行走能力的机器人身高1.3米,它是由本田公司所研发的,它的名字叫（　　）。
   A. 尤尼梅特　　B. 索菲亚　　C. 阿西莫　　D. 但丁

6.3　云计算技术

6.3.1　云计算的定义及特征

迄今为止云计算没有统一的定义，不同的组织从不同的角度给出了不同的定义。

美国国家标准与技术研究院（NIST）对云计算的定义为：云计算是一个方便灵活的计算模式，可通过网络进行访问和使用的计算资源共享池（例如，网络、服务器、存储、应用程序服务等），它以最少的管理付出，与服务供应商有最少的交互前提下，可以达到将各种计算资源迅速地配置和退出。

云计算是一种商业计算模型，它将计算任务分布在大量计算机构成的资源池上，使各种应用系统能够根据需要获取计算力、存储空间和信息服务。云计算是通过网络按需提供可动态伸缩的廉价计算服务。

云计算是分布式计算技术的一种，应用这项技术，网络服务提供者可以在数秒之内，达成处理数以千万计甚至亿计的信息，达到和“超级计算机”同样强大效能的网络服务。最简单的云计算技术在网络服务中已经随处可见，如搜寻引擎、网络信箱等，使用者只要输入简单指令即能得到大量信息。未来如手机、GPS等行动装置都可以应用云计算技术，发展出更多的应用服务。

与传统的资源提供相比，云计算主要具有以下特征：

1．超大规模

“云计算”拥有庞大的规模，在国内，云计算市场蓬勃发展，众多企业纷纷布局云服务器。例如，阿里巴巴旗下的阿里云、腾讯云、华为云、百度云等，都拥有强大的云服务器资源，为用户提供高效、稳定的云计算服务。此外，京东云、金山云、中国电信的天翼云、中国移动的移动云等也是国内知名的云服务提供商。

在国外，Google云计算平台已经部署了超过100万台服务器。同样，亚马逊、IBM、微软等国际巨头也各自拥有数十万台服务器组成的云基础设施。这些 "云"服务为用户提供了前所未有的计算能力。

2．虚拟化

云计算支持用户在任意位置使用各种终端获取应用服务。所请求的资源来自“云”，它不是固定的有形的实体，而是利用软件来实现硬件资源的虚拟化管理、调度和应用。应用在“云”中的某处运行，用户无须了解、也不用关心应用运行的具体位置，只须利用终端（一台笔记本计算机或者一部手机）通过网络服务来实现需要的一切，甚至包括超级计算这样的任务。

3．高可靠性

在云计算中，用户数据存储在服务器端，应用程序在服务器端运行，计算由服务器端处理，数据被复制到多个服务器节点上，当某一节点任务失败，即可终止该节点，再启动另一程序或节点，保证应用和计算的正常进行。“云”使用了数据多副本容错、计算节点同构可互换等措施来保障服务的高可靠性，使用云计算比使用本地计算机更可靠。

4．高可扩展性

云计算是从一种资源低效的分散使用过渡到资源高效的集约化使用。将分散在不同计算机上的资源集中起来后，资源利用率会大幅提升，资源的集中和需求的不断提高，对资源池的可扩展性提出了更高要求，因此，云计算系统必须具有优秀的扩展能力，满足资源、应用和用户规模不断增长的需要。

5．按需服务

对用户而言，云计算系统最大的好处就是敏捷地适应用户对资源不断变化的需求，云计算系统实现按需向用户提供资源，能大大节省用户的硬件资源开支。用户不用自己购买并维护大量固定的硬件资源，只须向自己实际消费的资源量付费。“云”是一个庞大的资源池，用户按需购买，云可以像自来水、电和煤气等那样计费。

6．潜在的危险性

云计算服务除了提供计算服务外，还提供存储服务。但云计算服务当前垄断在私人机构或企业手中，而他们仅能提供商业信用。对于选择云计算服务的政府机构、商业机构而言，就存在数据或信息被泄露的危险，因此在选择云计算服务时应保持足够的警惕。

6.3.2　云计算的服务类型及部署模式

云计算按照服务类型大致可以分为三类，即基础设施即服务（iaaS）、平台即服务（paas）和软件即服务（saas），如图6-5所示。

1．LaaS

基础设施即服务（infrastructure as a service, IaaS）：服务提供商把底层 / 物理层基础设施资源（服务器、存储和数据中心、网络、数据库管理等）作为一项服务提供给用户，用户无须购买服务器、网络设备、存储设备等，只须通过互联网租赁，即可搭建自己的应用系统。在互联网的作用下，供应商将不同服务器集群后所形成的“云端”等基础设施作为基本量来为客户提供服务，其服务种类包括资源存储以及服务的虚拟化等，该服务类型属于硬件托管式，用户对供应商提供的硬件采取服务使用的方式进行。像国际上的亚马逊AWS，还有国内的阿里云都在提供IaaS服务，是实际部署最多的一种服务模式。

2．PaaS

平台即服务（platform as a service, PaaS）：服务提供商将一个完整的计算机平台，包括软件开发环境和运行环境等以开发平台的形式提供给用户，用户不需要购买硬件和软件，只须利用平台就能创建、测试和部署应用和服务。这种方式主要是为用户提供开发软件平台以及相关研发环境为主，通过其提供的开发平台，客户能自行研发各种程序，并在互联网的作用下得到使用。用户使用PaaS的模式与SaaS具有相同之处。不同之处在于前者是开发软件的平台，而后者是应用软件的平台。比较典型的PaaS服务提供商有 Google Apps Engine、Force.com、He roku 和微软Azure等。

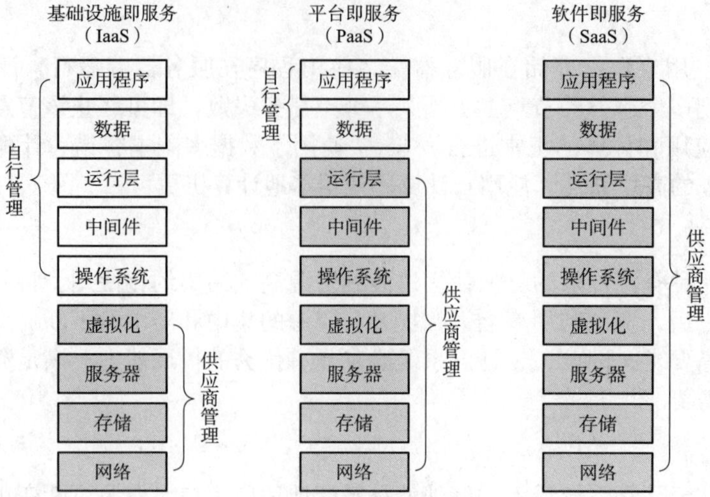

图6-5　云计算的服务类型

3．SaaS

软件即服务（software as a service, SaaS）：是用户获取软件服务的一种新形式。服务提供商将应用软件提供给用户，用户不需要将软件产品安装在自己的电脑或服务器上，而是按某种服务水平协议（SLA）直接通过网络向专门的提供商获取自己所需要的、带有相应软件功能的服务。在这种模式下，应用作为一项服务托管，通过Internet提供给用户，可以帮助用户更好地管理他们的IT项目和服务，确保IT应用的质量和性能，监控在线业务。SaaS实际上是提供了具体的软件服务，细化到了具体的分类，相比IaaS和Paas面向程序员，SaaS是直接面向产品经理甚至用户的。典型的应用有GoogleDoc、Salesforce.com、Oracle CRM OnDemand、Office Live Workspace。

6.3.3　云计算的部署模式

云计算的最终目标是将计算、服务和应用作为一种公共设施提供给公众，使人们能够像使用水、电、煤气和电话那样使用计算机资源。

云计算的部署配置模式主要有三种类型，分别是私有云、公有云和混合云，如图6-6所示。

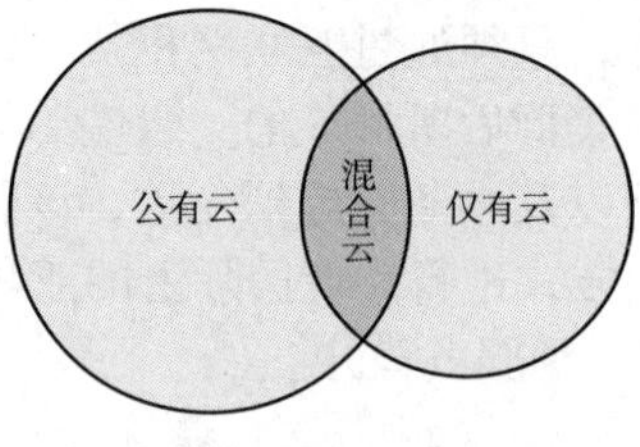

图6-6　云计算机部署模式分类

1．私有云

大型企业按照云计算的架构搭建平台，面向企业内部需求提供云计算服务。云端资源只给一个单位组织内的用户使用，这是私有云的核心特征。而云端的所有权、日程管理和操作的主体到底属于谁并没有严格的规定，可能是本单位，也可能是第三方机构，还可能是二者的联合。私有云服务中的数据与程序都在组织内管理，且不会受到网络带宽、安全疑虑、法规限制影响；此外，私有云服务让供应者及用户更能掌握云基础架构，改善安全与弹性。

2．公有云

由云服务提供商运营，面向外部用户需求，通过开放网络为用户提供云计算服务。在该方式下，云端资源开发给社会公众使用。云服务提供商要保证所提供资源的安全性和可能性，而非功能性需求；最终用户不关心具体资源由谁提供、如何实现等问题。云端的所有权、日常管理和操作的主体可以是一个商业组织、学术机构、政府部门或者它们其中的几个联合。云端可能部署在本地，也可能部署在其他地方，比如武汉市民公共云的云端可能建在武汉，也可能建在深圳。

3．混合云

混合云属于多云的一种，它由两个或两个以上不同类型的云（私有云、社区云、公共云）组成，它们各自独立，但用标准的或专有的技术将它们组合起点，而这些技术能实现云之间的数据和应用程序的平滑流转。这种模式既能为企业内部，又能为外部用户提供云计算服务。私有云和公共云构成的混合云是目前最流行的-当私有云资源短暂性需求过大即为云爆发时，自动租赁公共云资源来平抑私有云资源的需求峰值。例如，网店在“双十一”期间点击量巨大，这时就会临时使用公共云资源来应急。

6.3.4　云计算的应用

随着云计算技术的产品、解决方案的不断成熟，云计算技术的应用领域也不断扩展，衍生出了云制造、教育云、环保云、物流云、云安全、云游戏等各种服务，对医药医疗、工业制造、金融能源、电子政务、教育科研等领域影响巨大，为电子邮箱、数据存储、虚拟办公等方面也提供了很大便利。

1．云制造

云制造是在“制造即服务”理念的基础上，借鉴了云计算思想发展起来的一个新概念。随着信息技术在企业中的广泛应用与发展，现代制造业的工作模式已经由传统的闭门造车式发展到跨平台、跨企业、跨地域的协同制造模式，制造企业间通过相互合作与协同达到企业利益共赢的目标变得越来越重要。云制造是先进的信息技术、制造技术以及新兴物联网技术等交叉融合的产品，是制造即服务理念的体现。采取包括云计算在内的当代信息技术前沿理念，支持制造业在广泛的网络资源环境下，为产品提供高附加值、低成本和全球化制造的服务。

云制造是在云计算提供的laaS、PaaS、SaaS基础上的延伸和发展，它丰富和拓展了云计算的资源共享内容、服务模式和技术。若将制造资源或制造能力增加到laaS中云计算的计算模式和运营模式将为制造业信息化走向“敏捷化、绿色化、智能化、服务化”提供一种可行的新思路。

2．云教育

教育在云技术平台上的开发和应用，被称为“教育云”。云教育从信息技术的应用方面打破了传统教育的垄断和固有边界，以“随时获取，按需服务”为核心，充分利用云计算技术、媒体技术和教育云终端设备，将基础设施、教育资源、教学管理、教育服务、校园安全完美结合，使教育的不同参与者-教师、学生、家长、教育部门等在云技术平台上进行教育、教学、娱乐、沟通等功能。同时可以通过视频云计算的应用对学校特色教育课程进行直播和录播，并将信息存储在服务器上，便于长时间和多渠道享受教育成果。教育云可使各类用户随时随地获取所需资源，得到实时互动的教与学，在这种分布式环境中，教育云将优化教育资源，提高教学效果，提升教育管理和服务。

3．云安全

云安全是云计算在互联网安全领域的应用，是云计算的重要分支。云安全融合了并行处理、网格计算、未知病毒行为判断等新兴技术和概念，它通过大量的客户端对网络中软件的异常行为进行监测，获取互联网中恶意程序或木马的最新信息，进行自动分析和处理，并将解决方案发送到每一个客户端。理论上可以把病毒的传播范围控制在一定的范围内，且整个云安全网络对病毒的上报和查杀速度极快，还可以获取最新病毒程序信息，将信息发送至服务端进行处理并推送最便捷的解决建议。通过云计算技术使整个互联网变成了终极安全卫士。

4．云社交

云社交是一种虚拟社交应用。它以资源分享为主要目标，将物联网、云计算和移动互联网相结合，通过其交互作用创造新型虚拟社交模式。云社交的主要特征就是把大量的社会资源统一整合和评测，构成一个资源有效池向用户按需提供服务。用户流量越大，资源集成越多，云社交的价值就越大。目前云社交已经具备了初步模型。

5．云物联

物联网是新一代信息技术浪潮的生力军。物联网通过智能感知、识别技术等广泛应用于互联网各方面。物联网作为互联网的业务和应用，随着其深入发展和流量的增加，对数据储存和计算量的要求将带来对云计算的需求增加；并且在物联网的高级阶段，必将需要虚拟云计算技术的进一步应用。

6．云游戏

云游戏是一种以云计算技术为基础的在线游戏技术。云游戏模式中所有游戏都在服务器端运行，并通过网络将渲染后的游戏画面进行压缩并传送给用户。云游戏技术主要包括云端完成游戏运行与画面渲染的云计算技术，以及用户端与云端之间的流媒体传输技术。对游戏运营商而言，只须支出服务器升级的费用，无须不断投入巨额的新主机研发费用；对用户而言，只须具备基本的视频解压能力，无须拥有强大的图形运算与数据处理能力、高端处理器和显卡等。

练 习 题

下列不属于云计算特点的是(　　)。

A. 高可扩展性　　B. 按需服务　　C. 高可靠性　　D. 非网络化

6.4　物联网技术

1．物联网的发展

1991年美国麻省理工学院（MIT）的Kevin Ashton 教授首次提出物联网的概念。2005 年，在突尼斯举行的信息社会世界峰会（WSIS）上，国际电信联盟（ITU）发布了《ITU 互联网报告2005：物联网》，正式提出物联网（internet of things, IOT）的概念。ITU报告指出：无所不在的“物联网”通信时代即将来临，世界上所有的物体从轮胎到牙刷、从房屋到纸巾，都可以通过互联网主动进行交换。RFID（射频识别）技术、传感器技术、纳米技术、智能嵌入技术将得到更加广泛的应用。

2．物联网的定义

目前对物联网没有一个统一的标准定义，早期（1999年）物联网的定义是：将物品通过射频识别信息、传感设备与互联网连接起来，实现物品的智能化识别和管理。

以上定义体现了物联网的3个主要本质：一是互联网特征，物联网的核心和基础仍然是互联网，需要联网的物品一定要能够实现互联互通；二是识别与通信特征，即纳入物联网的“物”一定要具备自动识别（如RFID）与物物通信（machine to machine, M2M）的功能；三是智能化特征，即网络系统应具有自动化、自我反馈与智能控制的特点。

物联网中的“物”要满足以下条件：要有相应信息的接收器；要有数据传输通路；要有一定的存储功能；要有专门的应用程序；要有数据发送器；遵循物联网的通信协议；在世界网络中有被识别的唯一编号等，物联网的核心技术和应用如图6-7所示。

图6-7　物联网的核心技术（左）和应用（右）示意图

通俗地说，物联网就是物物相连的互联网。这里有两层含义：一是物联网的核心和基础仍然是互联网，是在互联网基础上延伸和扩展的网络；二是用户端延伸和扩展到了物品与物品之间进行信息交换和通信。物联网包括互联网上所有的资源，兼容互联网所有的应用，但物联网中所有的元素（设备、资源及通信等）都是个性化的。

3．物联网的应用前景

物联网通过智能感知、识别技术和普适计算，广泛应用于社会各个领域之中，因此被称为继计算机、互联网之后，信息产业发展的第三次浪潮。物联网并不是一个简单的概念，它联合了众多对人类发展有益的技术，为人类提供着多种多样的服务。IBM 公司认为：IT 产业下一阶段的任务是把新一代IT充分运用在各行各业之中，具体地说，就是把感应器嵌入和装备到电网、铁路、桥梁、隧道、公路、建筑、供水系统、大坝、油气管道等各种物体中，并且被普遍连接，形成物联网。在这一巨大的产业中，需要技术研发人员、工程实施人员、服务监管人员、大规模计算机提供商，以及众多领域的研发者与服务提供人员。可以想象，这一庞大技术将派生出巨大的经济规模。

现在来看，人们刚迈出物联网发展的第一步。类似谷歌眼镜、智能手表等可穿戴智能设备的时代即将到来。例如，小米的智能健身腕带在人们跑步、走路时，就可以自动监测人们的血糖、呼吸、脉搏等与健康相关的数据，这是物联网的创新性尝试。

网的联合应用，开展的新型电子政务模式。这种方便快捷的办公模式近年来在政府部门快速发展、逐步成熟，迅速拉近了政府与群众的距离，让党和政府的方针政策利用这种现代化的办公手段迅速落实到广大的人民群众。这样的办公模式取消了中央、地方和群众之间的隔阂，让政务信心更加公开化、快捷化、透明化，也让人民群众直接感受到政府就在身边。

练 习 题

智能健康手环的应用开发,体现了( )的数据采集技术的应用。

A. 统计报表　　B. 网络爬虫　　C. API接口　　D. 传感器

6.5 区块链技术

区块链是一个信息技术领域的术语。从本质上讲，它是一个共享数据库，存储于其中的数据或信息，具有“不可伪造”“全程留痕”“可以追溯”“公开透明”“集体维护”等特征。基于这些特征，区块链技术奠定了坚实的“信任”基础，创造了可靠的“合作”机制，具有广阔的运用前景。

2019年1月10日，国家互联网信息办公室发布《区块链信息服务管理规定》。2019年10月24日，在中央政治局第十八次集体学习时，习近平总书记强调，“把区块链作为核心技术自主创新的重要突破口”“加快推动区块链技术和产业创新发展”。“区块链”已走进大众视野，成为社会的关注焦点。

1．概念定义

什么是区块链？从科技层面来看，区块链涉及数学、密码学、互联网和计算机编程等很多科学技术问题。从应用视角来看，简单来说，区块链是一个分布式的共享账本和数据库，具有去中心化、不可篡改、全程留痕、可以追溯、集体维护、公开透明等特点。这些特点保证了区块链的“诚实”与“透明”，为区块链创造信任奠定基础。而区块链丰富的应用场景，基本上都基于区块链能够解决信息不对称问题，实现多个主体之间的协作信任与一致行动。

区块链是分布式数据存储、点对点传输、共识机制、加密算法等计算机技术的新型应用模式。区块链（blockchain）是比特币的一个重要概念，它本质上是一个去中心化的数据库，同时作为比特币的底层技术，是一串使用密码学方法相关联产生的数据块，每一个数据块中包含了一批次比特币网络交易的信息，用于验证其信息的有效性（防伪）和生成下一个区块 。

2．类型

1）公有区块链

公有区块链（public block chains) 是指：世界上任何个体或者团体都可以发送交易，且交易能够获得该区块链的有效确认，任何人都可以参与其共识过程。公有区块链是最早的区块链，也是应用最广泛的区块链，各大虚拟数字货币均基于公有区块链，世界上有且仅有一条该币种对应的区块链。

2）联合（行业）区块链

行业区块链（consortium block chains)：由某个群体内部指定多个预选的节点为记账人，每个块的生成由所有的预选节点共同决定（预选节点参与共识过程），其他接入节点可以参与交易，但不过问记账过程(本质上还是托管记账，只是变成分布式记账，预选节点的多少，如何决定每个块的记账者成为该区块链的主要风险点），其他任何人可以通过该区块链开放的API进行限定查询。

3）私有区块链

私有区块链（private block chains)：仅仅使用区块链的总账技术进行记账，可以是一个公司，也可以是个人，独享该区块链的写入权限，本链与其他的分布式存储方案没有太大区别。传统金融都是想实验尝试私有区块链，而公链的应用已经工业化，私链的应用产品还在摸索当中。

3. 特征

1）去中心化

区块链技术不依赖额外的第三方管理机构或硬件设施，没有中心管制，除了自成一体的区块链本身，通过分布式核算和存储，各个节点实现了信息自我验证、传递和管理。去中心化是区块链最突出最本质的特征。

2）开放性

区块链技术基础是开源的，除了交易各方的私有信息被加密外，区块链的数据对所有人开放，任何人都可以通过公开的接口查询区块链数据和开发相关应用，因此整个系统信息高度透明。

3）独立性

基于协商一致的规范和协议（类似哈希算法等各种数学算法）整个区块链系统不依赖其他第三方，所有节点能够在系统内自动安全地验证、交换数据，不需要任何人为的干预。

4）安全性

只要不能掌控全部数据节点的51%，就无法肆意操控修改网络数据，这使区块链本身变得相对安全，避免了主观人为的数据变更。

5）匿名性

除非有法律规范要求，单从技术上来讲，各区块节点的身份信息不需要公开或验证，信息传递可以匿名进行。

4. 应用

1）金融领域

区块链在国际汇兑、信用证、股权登记和证券交易所等金融领域有着潜在的巨大应用价值。将区块链技术应用在金融行业中，能够省去第三方中介环节，实现点对点的直接对接，从而在大大降低成本的同时，快速完成交易支付。

比如Visa 推出基于区块链技术的 Visa B2B Connect，它能为机构提供一种费用更低、更快速和安全的跨境支付方式来处理全球范围的企业对企业的交易。要知道传统的跨境支付需要等

3~5天，并为此支付1%~3%的交易费用。

2）物联网和物流领域

区块链在物联网和物流领域也可以天然结合。通过区块链可以降低物流成本，追溯物品的生产和运送过程，并且提高供应链管理的效率。该领域被认为是区块链一个很有前景的应用方向。区块链通过结点连接的散状网络分层结构，能够在整个网络中实现信息的全面传递，并能够检验信息的准确程度。这种特性一定程度上提高了物联网交易的便利性和智能化。区块链+大数据的解决方案就利用了大数据的自动筛选过滤模式，在区块链中建立信用资源，可双重提高交易的安全性，并提高物联网交易便利程度。为智能物流模式应用节约时间成本。区块链结点具有十分自由地进出能力，可独立的参与或离开区块链体系，不对整个区块链体系有任何干扰。区块链+大数据解决方案就利用了大数据的整合能力，促使物联网基础用户拓展更具有方向性，便于在智能物流的分散用户之间实现用户拓展。

3）公共服务领域

区块链在公共管理、能源、交通等领域都与民众的生产生活息息相关，但是这些领域的中心化特质也带来了一些问题，可以用区块链来改造。区块链提供的去中心化的完全分布式DNS服务通过网络中各个节点之间的点对点数据传输服务就能实现域名的查询和解析，可用于确保某个重要的基础设施的操作系统和固件没有被篡改，可以监控软件的状态和完整性，发现不良的篡改，并确保使用了物联网技术的系统所传输的数据没用经过篡改。

5. 数字版权领域

通过区块链技术，可以对作品进行鉴权，证明文字、视频、音频等作品的存在，保证权属的真实、唯一性。作品在区块链上被确权后，后续交易都会进行实时记录，实现数字版权全生命周期管理，也可作为司法取证中的技术性保障。例如，美国纽约一家创业公司Mine Labs开发了一个基于区块链的元数据协议，这个名为Mediachain 的系统利用IPFS 文件系统，实现数字作品版权保护，主要是面向数字图片的版权保护应用。

①保险领域

在保险理赔方面，保险机构负责资金归集、投资、理赔，往往管理和运营成本较高。通过智能合约的应用，既无须投保人申请，也无须保险公司批准，只要触发理赔条件，实现保单自动理赔。一个典型的应用案例就是LenderBot，是2016年由区块链企业Stratumn、德勤与支付服务商Lemonway 合作推出，它允许人们注册定制化的微保险产品，为个人之间交换的高价值物品进行投保，而区块链在贷款合同中代替了第三方角色。

②公益领域

区块链上存储的数据，高可靠且不可篡改，天然适合用在社会公益场景。公益流程中的相关信息，如捐赠项目、募集明细、资金流向、受助人反馈等，均可以存放于区块链上，并且有条件地进行透明公开公示，方便社会监督。

练 习 题

区块链技术最常用于以下（　　）领域。

A. 社交媒体　　B. 电子商务　　C. 加密货币（如比特币）　　D. 云计算服务

6.6　生成式人工智能

生成式人工智能是人工智能技术驱动的自然语言处理工具，它能够基于在预训练阶段所见的模式和统计规律，来生成回答，还能根据聊天的上下文进行互动，真正像人类一样来聊天交流，甚至能完成撰写论文、邮件、脚本、文案、翻译、代码等任务。

ChatGPT（Chat Generative Pre-trained Transformer），是OpenAI研发的一款聊天机器人程序，于2022年11月30日发布。

常用的生成式人工智能工具除了Chat GPT外，还有文心一言（百度）、讯飞星火（科大讯飞）、通义（阿里云）、豆包（抖音）等。

简单易用的AI绘画平台：通义万相和文心一格等。

练 习 题

1. 准备去“哈尔滨”，使用任意一款生成式人工智能工具，做一份旅游攻略。
2. 使用任意一款生成式人工智能工具，制作一幅“中国风”的漫画，关键字（词）自定。

思考与练习

选择题

1. 万物互联必然带来万物智慧，（　　）就是人工智能的触角，（　　）为人工智能提供了计算资源，而（　　）则为人工智能提供了决策的基础。

　A. 互联网　　B. 云计算　　C. 物联网　　D. 大数据

2. 利用计算机来模拟人类的某些思维活动，如医疗诊断、定理证明等，这一应用属于（　　）。

　A. 数值计算　　B. 数据处理　　C. 过程控制　　D. 人工智能

3. 未来将从IT时代进入DT时代，DT就是（　　）。

　A. 计算机技术　　B. 信息科技　　C. 数据科技　　D. 电子技术

4. 当前大数据技术的基础是由（　　）首先提出的。

　A. 微软　　B. 百度　　C. 谷歌　　D. 阿里巴巴

5. 智能健康手环的应用开发，体现了（　　）的数据采集技术的应用。

　A. 统计报表　　B. 网络爬虫　　C. API接口　　D. 传感器

6. 目前广泛使用的航空（火车）售票系统、财务管理等软件，按计算机应用分类，应属于（　　）。

　A. 实时控制　　B. 科学计算　　C. 计算机辅助工程　　D. 数据处理

7. 人工智能是让计算机能模仿人的一部分智能，下列（　　）不属于人工智能领域中的应用。

　A. 机器人　　B. 信用卡　　C. 人机对弈　　D. 机械手

8. 战胜人类象棋大师卡斯帕罗夫的人工智能机器叫作（　　）。
A. 深蓝　B. 泰坦　C. 红杉　D. AlphaGo

9. 战胜世界围棋冠军柯杰的人工智能程序是由（　　）公司研发的。
A. IBM　B. 微软　C. 谷歌　D. 亚马逊

10. 击败世界围棋冠军柯杰的人工智能程序是（　　）。
A. ENIAC　B. K computer　C. 沃森　D. AlphaGo

11. 以下（　　）说法是错误的。
A. 图灵是人工智能之父　B. 图灵是计算机科学之父
C. 蒂姆•伯纳斯•李是互联网之父　D. 图灵是计算机之父

12. 百度公司的人工智能产品是（　　）。
A. 阿里绿网　B. 度秘　C. 天猫精灵　D. Echo

13. 以下哪项不属于阿里巴巴公司的人工智能产品（　　）。
A. Deep Speech　B. 阿里绿网　C. 阿里小蜜　D. 天猫精灵

14. 以下关于人工智能的说法，正确的是（　　）。
A. 人工智能的产品离普通人很遥远
B. 通用型人工智能将在短期内到来
C. 人工智能就是根据对环境的感知，做出合理的行动，并获得最大收益的计算机程序
D. 人工智能可以独立、自主地产生意识

15. 最早具备人类双足行走能力的机器人身高1.3米，它是由本田公司所研发的，它的名字叫（　　）。
A. 尤尼梅特　B. 索菲亚　C. 阿西莫　D. 但丁

16. 第一个具有人类公民身份的机器人叫作（　　）。
A. 阿西莫　B. 但丁　C. 尤尼梅特　D. 索菲亚

17. 机器人最早出现是为了满足（　　）。
A. 汽车制造业　B. 仓储物流　C. 太空探索　D. 火山探测

18. 亚马逊公司转运货物的机器人属于（　　）。
A. 服务机器人　B. 工业机器人　C. 仿人机器人　D. 通用型人工智能

19. AlphaGo的主要工作原理是（　　）。
A. 遗传算法　B. 深度学习　C. 数据挖掘　D. 搜索树

20. 自动驾驶汽车原型最早是由（　　）公司所研发的。
A. 百度　B. 亚马逊　C. 谷歌　D. 特斯拉

21. 以下不属于人工智能研究领域的是（　　）。
A. 智能家居　B. 邮件筛选　C. 无人机　D. 射频识别

22. 物流利用计算机对快递包裹进行自动分拣的技术是（　　）。
A. 机器翻译　B. 自然语言理解　C. 过程控制　D. 模式识别

23. 下列不属于典型大数据常用单位的是（　　）。
A. MB　B. ZB　C. PB　D. EB

24. AR技术是指（　　）。
A. 虚拟现实技术　B. 增强现实技术　C. 混合现实技术　D. 影像现实技术

25. 人工智能的实际应用不包括（　　）
A. 自动驾驶　B. 人工客服　C. 智慧生活　D. 智慧医疗

参考答案

第一章

1.1 1. A 2. C 3. B **1.2** 1. D 2. C 3. A 4. C **1.3** 1. D 2. D 3. C
1.4 C **1.5** B **1.7** 1. D 2. D 3. A **1.8** 1. C 2. D

思考与练习

1. A 2. B 3. A 4. C 5. C 6. D 7. A 8. B 9. A 10. B
11. A 12. B 13. D 14. C 15. B 16. A 17. A 18. D 19. C 20. D
21. D 22. A 23. A 24. A 25. C 26. B 27. B 28. D 29. D 30. D

第二章

思考与练习

1. B 2. A 3. D 4. C 5. D 6. D 7. C 8. A 9. B 10. A
11. C 12. D 13. A 14. C 15. B 16. D 17. D 18. A 19. A 20. B
21. A

第三章

思考与练习

一、1. C 2. B 3. C 4. C 5. C 6. B 7. C 8. D 二、(略)

第四章

思考与练习

一、1. A 2. B 3. C 4. A 5. C 6. B 7. C 8. D 9. A 10. C 二、(略)

第五章

思考与练习

一、1. A 2. D 3. A 4. D 5. C 6. A 7. B 8. C 二、(略)

第六章

6.1 1. C 2. A
6.2 1. C 2. C
6.3 D
6.4 D
6.5 C
6.6 略

思考与练习

1. C、B、D 2. D 3. C 4. C 5. D 6. A 7. B 8. A 9. C 10. D
11. D 12. B 13. A 14. C 15. C 16. D 17. A 18. A 19. B 20. C
21. D 22. D 23. A 24. B 25. D

参考文献

[1] 李卫卫.大学计算机应用技术教程[M].广州:华南理工大学出版社，2022.
[2] 刘志成，石坤泉.大学计算机基础[M].3版.北京:人民邮电出版社，2021.
[3] 欧阳春娟，吴兰英.计算机基础与实践教程[M].上海:上海交通大学出版社，2023.
[4] 林敏，郝丽娜，湛茂溪.计算机应用基础[M].长沙:中南大学出版社，2021.
[5] 卜言彬，王瑞，曹海.Office 2016办公应用案例教程[M].北京:人民邮电出版社，2022.
[6] 欧敬敏.计算机应用基础教程[M].沈阳：东北大学出版社，2020.
[7] 杨洁，孟雨婷.计算机基础及办公室自动化[M].郑州:郑州大学出版社，2021.
[8] 施炜，袁春花.计算机应用基础[M].北京. 北京航空航天大学出版社，2021.
[9] 郑立华，马钦，吕春利.大学计算机基础及应用[M].武汉:华中科技大学出版社，2023.
[10] 张帆，赵莉，谭玲丽.计算机基础[M].3版. 北京:北京理工大学出版社，2021.
[11] 翟萍，王贺明.大学计算机基础[M].5版.北京:清华大学出版社，2018.
[12] 刘震，姚文亮，范彬.大学计算机应用基础[M].北京:北京理工大学出版社，2023.
[13] 胡致杰.大学计算机基础教程(微课版)[M].成都:电子科技大学出版社，2023.
[14] 雷芸.计算机基础教程[M].2版.北京:北京理工大学出版社，2022.
[15] 常晋义，高燕.计算机科学导论[M].3版.北京:清华大学出版社，2018.
[16] 刘艳慧.大学计算机应用基础教程[M].北京:人民邮电出版社，2020.